Linux
设备驱动开发

**Linux Device Drivers
Development**

[法] 约翰·马迪厄（John Madieu）著

袁鹏飞 刘寿永 译

人民邮电出版社
北京

图书在版编目（CIP）数据

Linux设备驱动开发 /（法）约翰·马迪厄
(John Madieu) 著 ；袁鹏飞，刘寿永译. -- 北京 ：人
民邮电出版社，2021.3
ISBN 978-7-115-55555-7

Ⅰ. ①L⋯ Ⅱ. ①约⋯ ②袁⋯ ③刘⋯ Ⅲ. ①Linux操
作系统－驱动程序－程序设计 Ⅳ. ①TP316.85

中国版本图书馆CIP数据核字(2020)第247368号

版 权 声 明

- ◆ 著　　　[法] 约翰·马迪厄（John Madieu）
　　译　　　袁鹏飞　刘寿永
　　责任编辑　陈聪聪
　　责任印制　王 郁　彭志环
- ◆ 人民邮电出版社出版发行　　北京市丰台区成寿寺路 11 号
　　邮编　100164　电子邮件　315@ptpress.com.cn
　　网址　https://www.ptpress.com.cn
　　北京盛通印刷股份有限公司印刷
- ◆ 开本：800×1000　1/16
　　印张：30.75　　　　　　　　2021 年 3 月第 1 版
　　字数：570 千字　　　　　　 2025 年 1 月北京第 16 次印刷
　　著作权合同登记号　图字：01-2017-8619 号

定价：149.00 元
读者服务热线：(010)81055410　印装质量热线：(010)81055316
反盗版热线：(010)81055315
广告经营许可证：京东市监广登字 20170147 号

内容提要

本书讲解了 Linux 驱动开发的基础知识以及所用到的开发环境，全书分为 22 章，其内容涵盖了各种 Linux 子系统，包含内存管理、PWM、RTC、IIO 和 IRQ 管理等，还讲解了直接内存访问和网络设备驱动程序的实用方法。在学完本书之后，读者将掌握设备驱动开发环境的概念，并可以从零开始为任何硬件设备编写驱动程序。

阅读本书需要具备基本的 C 语言程序设计能力，且熟悉 Linux 基本命令。本书主要是为嵌入式工程师、Linux 系统管理员、开发人员和内核黑客而设计的。无论是软件开发人员，还是系统架构师或制造商，只要愿意深入研究 Linux 驱动程序开发，阅读本书后都将有所收获。

内容提要

关于作者

约翰·马迪厄（John Madieu）是嵌入式 Linux 和内核研发工程师，居住在法国巴黎。他主要为自动化、运输、医疗、能源等领域的公司开发驱动程序并提供开发板支持包（Board Support Package，BSP）。他目前就职于法国公司 EXPEMB，该公司专注于模块化计算机的电子开发板设计和嵌入式 Linux 解决方案。同时，他还是一位开源和嵌入式系统爱好者，坚信通过知识分享能够学到更多的知识。

他爱好拳击，接受过 6 年的专业训练，并开始提供培训课程。

致谢

我非常感谢德维卡·巴蒂克（Devika Battike）、格宾·乔治（Gebin George）和 Packt 团队为按时出版本书所做的努力。没有他们这本书很可能无法面市，与他们合作非常愉快。

感谢多年来帮助过我，并仍在陪伴着我的所有良师益友：西普里恩·帕肯·恩格法特克（Cyprien Pacôme Nguefack），多年来我一直向他学习编程技巧；杰罗姆·普里耶（Jérôme Pouillier）和克里斯托夫·诺维奇（Christophe Nowicki），他们向我介绍了 Buildroot，并把我带入内核编程领域；让·克里斯蒂安·雷拉（Jean-Christian Rerat）和 EXPEMB 的让·菲利普·杜泰尔（Jean-Philippe DU-Teil），对我职业生涯提供了指导和陪伴；对于所有帮助过我，但在本文中没有提到的人，我仍然要感谢他们提供的素材和信息，我会通过本书将这些信息传播给读者。

杰罗姆·普里耶（Jérôme Pouillier）是一位极客，对理

他是 Linux 的早期使用者。他发现 Linux 是不受任何

不可修改的。Linux 是一个出色的平台。

杰罗姆·普里耶毕业于法国高等信息工程师学院（E
Technologies Avancées，EPITA），主修机器学习。除此之
很快把注意力从所有高级系统转移到操作系统。现在操作

多年来，杰罗姆·普里耶为多个行业（多媒体、医疗、
固件。

除从事咨询活动外，杰罗姆·普里耶还是法国国立应用
SciencesAppliquées，INSA）的操作系统专业教授。他撰写
统设计、实时系统等方面的课程资料。

关于审校者

杰罗姆·普里耶（Jérôme Pouillier）是一位极客，对理解事物如何运作着迷。

他是 Linux 的早期使用者。他发现 Linux 是不受任何限制的系统，其中没有什么是不可修改的。Linux 是一个出色的平台。

杰罗姆·普里耶毕业于法国高等信息工程师学院（Ecole Pour l'Informatique et les Technologies Avancées，EPITA），主修机器学习。除此之外，他还自学了电子学。但他很快把注意力从所有高级系统转移到操作系统。现在操作系统是他最喜欢的科目之一。

多年来，杰罗姆·普里耶为多个行业（多媒体、医疗、核能）设计（和调试）Linux 固件。

除从事咨询活动外，杰罗姆·普里耶还是法国国立应用科学学院（Institut National des SciencesAppliquées，INSA）的操作系统专业教授。他撰写了许多关于系统编程、操作系统设计、实时系统等方面的课程资料。

前言

Linux 内核是一种复杂、轻便、模块化并被广泛使用的软件。大约 80% 的服务器和全世界一半以上设备的嵌入式系统上运行着 Linux 内核。设备驱动程序在整个 Linux 系统中起着至关重要的作用。由于 Linux 已成为非常流行的操作系统，因此本人对开发基于 Linux 的设备驱动程序的兴趣也在逐步提升。

设备驱动程序通过内核在用户空间和设备之间建立连接。

本书前两章介绍驱动程序的基础知识，为 Linux 内核的学习做准备。之后介绍基于 Linux 各个子系统的驱动程序开发，如内存管理、PWM、RTC、IIO、GPIO、IRQ 管理等。本书还介绍了直接内存访问和网络设备驱动程序的实用方法。

本书中的源代码已经在 x86 PC 和 SECO 的 UDOO Quad 上进行了测试，其中 UDOO Quad 的主芯片是恩智浦的 ARM i.MX6，它具有丰富的功能和外部接口，可以覆盖本书中讨论的所有测试。它还提供了一些驱动程序来测试价格较低的组件，如 MCP23016 和 24LC512，它们分别是 I2C GPIO 控制器和电可擦可编程只读存储器。

读完本书，读者能深刻理解设备驱动程序开发的概念，并且可以使用内核（本书写作时 Linux 内核版本为 v4.13）从零开始编写任何设备驱动程序。

本书内容

第 1 章介绍 Linux 内核开发过程，主要讨论内核下载、配置和编译步骤，适用于 x86 系统和基于 ARM 的系统。

第 2 章介绍如何用内核模块来实现 Linux 的模块化，以及模块的加/卸载。本章还介绍了驱动程序的架构一些基本概念和内核最佳实践。

第 3 章介绍常用的内核功能和机制，如工作队列、等待队列、互斥锁、自旋锁，以及其他用于提高驱动程序可靠性的功能。

第 4 章重点介绍通过字符设备把设备功能输出到用户空间，以及 IOCTL 接口支持的自定义命令。

第 5 章解释什么是平台设备，介绍伪平台总线的概念，以及设备和总线的匹配机制。本章描述平台设备驱动的总体体系结构，以及处理平台数据的方法。

第 6 章讨论向内核提供设备描述的机制，解释设备寻址、资源处理、DT 及其内核 API 支持的各种数据类型。

第 7 章深入讨论 I2C 设备驱动体系架构、数据结构和该总线上的设备寻址及访问方法。

第 8 章介绍基于 SPI 的设备驱动体系架构及其涉及的数据结构，还讨论了各种设备的访问方法和特性、应该避免的陷阱，以及 SPI DT 绑定。

第 9 章概述 Regmap API 及其对底层 SPI 和 I2C 处理的抽象方法，这些方法对通用 API 和专用 API 都适用。

第 10 章介绍内核数据采集和测量框架，以处理数模转换（DAC）和模数转换（ADC），重点涉及 IIO API、触发缓冲区和连续数据捕获的处理方法，以及通过 sysfs 接口的单通道数据采集方法。

第 11 章先介绍虚拟内存的概念，以描述内核内存的总体布局。然后介绍内核内存管理子系统，讨论内存分配和映射，以及内核缓存机制。

第 12 章介绍 DMA 及其新的内核 API：DMA 引擎 API。除了讨论各种 DMA 映射方法，介绍与缓存寻址相关的问题，还总结了基于恩智浦 i.MX6 SoC 的整体使用方法。

第 13 章介绍 Linux 的核心内容，描述内核中对象的表示方法，Linux 的内部设计方法，从 kobject 到设备，再到各种总线、类和设备驱动程序。此外，还强调用户空间中鲜为人知的一面——sysfs 中的内核对象层次结构。

第 14 章介绍内核引脚控制 API 和 gpiolib，它们是处理 GPIO 的内核 API。本章还讨论原来基于整数的 GPIO 接口和基于描述符的新接口。最后，介绍在 DT 内配置它们的方法。

第 15 章主要介绍 GPIO 控制器，它是编写这些设备驱动程序必需的元素。其主要数据结构是 gpio_chip 结构，本章将详细介绍该结构，并在本书配套的源代码中提供了一个完整可用的驱动程序。

第 16 章深入浅出地解释 Linux IRQ 核心内容：全面介绍 Linux IRQ 管理，先从中断在系统中的传播、中断控制器驱动程序开始，进而解释 IRQ 复用的概念，以及 Linux IRQ 域 API 的使用。

第 17 章全面介绍输入子系统——处理基于 IRQ 的输入设备和轮询输入设备，并引入二者的 API。此外，还解释和展示了用户空间代码对这些设备的处理方式。

第 18 章介绍 RTC 子系统及其 API，详细解释 RTC 驱动程序怎样处理闹钟。

第 19 章全面描述 PWM 框架，讨论控制器端 API 和消费端 API，最后还讨论了用户空间的 PWM 管理。

第 20 章强调电源管理的重要性，先介绍电源管理 IC（Power Management IC，PMIC），解释其驱动程序设计和 API。接着，重点介绍消费端，讨论电源调节器的请求和使用。

第 21 章解释帧缓冲概念及其工作方式，介绍帧缓冲驱动程序的设计及其 API，讨论加速和非加速方法，说明驱动程序怎样公开帧缓冲内存，从而使用户空间能够写入，而不必顾及底层任务。

第 22 章介绍 NIC 驱动程序体系结构及其数据结构，说明怎样处理设备配置、数据传输和套接字缓冲区。

阅读本书所需知识

阅读本书需要读者对 Linux 操作系统具有一定的了解，具备基本的 C 语言程序设计能力（至少需要理解指针处理）。如果某些章节需要其他知识辅助理解，书中会提供参考文档链接，便于读者快速学习。

Linux 内核编译是一项费时又艰辛的工作，其最低硬件或虚拟机要求如下。

- CPU：4 核。
- 内存：4 GB。
- 磁盘可用空间：5 GB。

本书还需要以下软件。

- Linux 操作系统：最好是基于 Debian 的版本，本书示例使用的是 Ubuntu 16.04。
- gcc 和 gcc-arm-linux 至少应是第 5 版（本书使用该版本）。
- 本书用到的其他软件包将在具体章节中介绍。内核源代码的下载需要网络连接。

读者对象

阅读本书需要读者具备基本的 C 语言程序设计能力，熟悉 Linux 基本命令。本书介绍的 Linux 驱动程序开发广泛用于嵌入式设备，使用的内核版本是 v4.1，本书写作时的 Linux 内核最新版本是 v4.13。本书主要是为嵌入式工程师、Linux 系统管理员、开发人员和内核黑客设计的。无论是软件开发人员，还是系统架构师或制造商，只要愿意深入研究 Linux 驱动程序开发，本书就适合您阅读。

资源与支持

本书由异步社区出品，社区（https://www.epubit.com/）为您提供相关资源和后续服务。

配套资源

本书提供如下资源：

本书源代码。

要获得以上配套资源，请在异步社区本书页面中单击 ，跳转到下载界面，按提示进行操作即可。注意：为保证购书读者的权益，该操作会给出相关提示，要求输入提取码进行验证。

提交勘误

作者和编辑尽最大努力来确保书中内容的准确性，但难免会存在疏漏。欢迎您将发现的问题反馈给我们，帮助我们提升图书的质量。

当您发现错误时，请登录异步社区，按书名搜索，进入本书页面，单击"提交勘误"，输入勘误信息，单击"提交"按钮即可（见下图）。本书的作者和编辑会对您提交的勘误进行审核，确认并接受后，您将获赠异步社区的 100 积分。积分可用于在异步社区兑换优惠券、样书或奖品。

扫码关注本书

扫描下方二维码，您将会在异步社区微信服务号中看到本书信息及相关的服务提示。

与我们联系

我们的联系邮箱是 contact@epubit.com.cn。

如果您对本书有任何疑问或建议,请您发邮件给我们,并请在邮件标题中注明本书书名,以便我们更高效地做出反馈。

如果您有兴趣出版图书、录制教学视频,或者参与图书翻译、技术审校等工作,可以发邮件给我们;有意出版图书的作者也可以到异步社区在线提交投稿(直接访问 www.epubit.com/selfpublish/submission 即可)。

如果您所在的学校、培训机构或企业,想批量购买本书或异步社区出版的其他图书,也可以发邮件给我们。

如果您在网上发现有针对异步社区出品图书的各种形式的盗版行为,包括对图书全部或部分内容的非授权传播,请您将怀疑有侵权行为的链接发邮件给我们。您的这一举动是对作者权益的保护,也是我们持续为您提供有价值的内容的动力之源。

关于异步社区和异步图书

"异步社区" 是人民邮电出版社旗下 IT 专业图书社区,致力于出版精品 IT 技术图书和相关学习产品,为作译者提供优质出版服务。异步社区创办于 2015 年 8 月,提供大量精品 IT 技术图书和电子书,以及高品质技术文章和视频课程。更多详情请访问异步社区官网 https://www.epubit.com。

"异步图书" 是由异步社区编辑团队策划出版的精品 IT 专业图书的品牌,依托于人民邮电出版社近 30 年的计算机图书出版积累和专业编辑团队,相关图书在封面上印有异步图书的 LOGO。异步图书的出版领域包括软件开发、大数据、AI、测试、前端、网络技术等。

异步社区

微信服务号

目录

第1章
内核开发简介

Linux 起源于芬兰的莱纳斯·托瓦尔兹（Linus Torvalds）在 1991 年凭个人爱好开创的一个项目。这个项目不断发展，至今全球有 1000 多名贡献者。现在，Linux 已经成为嵌入式系统和服务器的必选。内核作为操作系统的核心，其开发不是一件容易的事。

和其他操作系统相比，Linux 拥有更多的优点。

- 免费。
- 丰富的文档和社区支持。
- 跨平台移植。
- 源代码开放。
- 许多免费的开源软件。

本书尽可能做到通用，但是仍然有些特殊的模块，比如设备树，目前在 x86 上没有完整实现。那么话题将专门针对 ARM 处理器，以及所有完全支持设备树的处理器。为什么选这两种架构？因为它们在桌面和服务器（x86）以及嵌入式系统（ARM）上得到广泛应用。

本章涉及以下主题。

- 开发环境设置。
- 获取、配置和构建内核源码。
- 内核源代码组织。
- 内核编码风格简介。

1.1 环境设置

在开始任何开发之前，都需要设置开发环境。用于 Linux 开发的环境相当简单，至少在基于 Debian 的系统上是这样：

```
$ sudo apt-get update
$ sudo apt-get install gawk wget git diffstat unzip texinfo \
gcc-multilib build-essential chrpath socat libsdl1.2-dev \
xterm ncurses-dev lzop
```

本书部分代码与 ARM 片上系统（System on Chip，SoC）兼容，应该安装 gcc-arm：

```
sudo apt-get install gcc-arm-linux-gnueabihf
```

我在华硕 RoG 上运行 Ubuntu 16.04，使用的是 Intel Core i7（8 个物理内核），16 GB 内存，256 GB 固态硬盘和 1 TB 磁盘驱动器。我最爱用的编辑器是 Vim，读者可以使用任意一款自己熟悉的编辑器。

1.1.1　获取源代码

在早期内核（2003 年前）中，使用奇偶数对版本进行编号：奇数是稳定版，偶数是不稳定版。随着 2.6 版本的发布，版本编号方案切换为 X.Y.Z 格式。

- X：代表实际的内核版本，也被称为主版本号，当有向后不兼容的 API 更改时，它会递增。
- Y：代表修订版本号，也被称作次版本号，在向后兼容的基础上增加新的功能后，它会递增。
- Z：代表补丁，表示与错误修订相关的版本。

这就是所谓的语义版本编号方案，这种方案一直持续到 2.6.39 版本；当 Linus Torvalds 决定将版本升级到 3.0 时，意味着语义版本编号在 2011 年正式结束，然后采用的是 X.Y 版本编号方案。

升级到 3.20 版时，Linus 认为不能再增加 Y，决定改用随意版本编号方案：当 Y 值增加到手脚并用也数不过来时就递增 X。这就是版本直接从 3.20 变化到 4.0 的原因。

现在内核使用的 X.Y 随意版本编号方案，这与语义版本编号无关。

源代码的组织

为了本书的需要，必须使用 Linus Torvald 的 Github 仓库。

```
git clone https://github.com/torvalds/linux
git checkout v4.1
ls
```

- arch/：Linux 内核是一个快速增长的工程，支持越来越多的体系结构。这意味着，内核尽可能通用。与体系结构相关的代码被分离出来，并放入此目录中。该目录包含与处理器相关的子目录，例如 `alpha/`、`arm/`、`mips/`、`blackfin/`等。

- `block/`：该目录包含块存储设备代码，实际上也就是调度算法。
- `crypto/`：该目录包含密码 API 和加密算法代码。
- `Documentation/`：这应该是最受欢迎的目录。它包含不同内核框架和子系统所使用 API 的描述。在论坛发起提问之前，应该先看这里。
- `drivers/`：这是最重的目录，不断增加的设备驱动程序都被合并到这个目录，不同的子目录中包含不同的设备驱动程序。
- `fs/`：该目录包含内核支持的不同文件系统的实现，诸如 NTFS、FAT、EXT{2,3,4}、sysfs、procfs、NFS 等。
- `include/`：该目录包含内核头文件。
- `init/`：该目录包含初始化和启动代码。
- `ipc/`：该目录包含进程间通信（IPC）机制的实现，如消息队列、信号量和共享内存。
- `kernel/`：该目录包含基本内核中与体系架构无关的部分。
- `lib/`：该目录包含库函数和一些辅助函数，分别是通用内核对象（kobject）处理程序和循环冗余码（CRC）计算函数等。
- `mm/`：该目录包含内存管理相关代码。
- `net/`：该目录包含网络（无论什么类型的网络）协议相关代码。
- `scripts/`：该目录包含在内核开发过程中使用的脚本和工具，还有其他有用的工具。
- `security/`：该目录包含安全框架相关代码。
- `sound/`：该目录包含音频子系统代码。
- `usr/`：该目录目前包含了 initramfs 的实现。

内核必须保持它的可移植性。任何体系结构特定的代码都应该位于 `arch` 目录中。当然，与用户空间 API 相关的内核代码不会改变（系统调用、/proc、/sys），因为它会破坏现有的程序。

 本书使用的内核版本是 4.1。因此，v4.11 版本之前所做的任何更改都会涉及，至少会涉及框架和子系统。

1.1.2　内核配置

Linux 内核是一个基于 makefile 的工程,有 1000 多个选项和驱动程序。配置内核可以使用基于 ncurse 的接口命令 make menuconfig,也可以使用基于 X 的接口命令 make xconfig。一旦选择,所有选项会被存储到源代码树根目录下的.config 文件中。

大多情况下不需要从头开始配置。每个 arch 目录下面都有默认的配置文件可用,可以把它们用作配置起点:

```
ls arch/<you_arch>/configs/
```

对于基于 ARM 的 CPU,这些配置文件位于 arch/arm/configs/;对于 i.MX6 处理器,默认的配置文件位于 arch/arm/configs/imx_v6_v7_defconfig;类似地,对于 x86 处理器,可以在 arch/x86/configs/找到配置文件,仅有两个默认配置文件:i386_defconfig 和 x86_64_defconfig,它们分别对应于 32 位和 64 位版本。对 x86 系统,内核配置非常简单:

```
make x86_64_defconfig
make zImage -j16
make modules
makeINSTALL_MOD_PATH </where/to/install> modules_install
```

对于基于 i.MX6 的主板,可以先执行 ARCH=arm make imx_v6_v7_defconfig,然后执行 ARCH=arm make menuconfig。前一个命令把默认的内核选项存储到.config 文件中;后一个命令则根据需求来更新、增加或者删除选项。

在执行 make xconfig 时,可能会遇到与 Qt4 相关的错误,这种情况下,应该执行下列命令安装相关的软件包:

```
sudo apt-get install  qt4-dev-tools qt4-qmake
```

1.1.3　构建自己的内核

构建自己的内核需要指定相关的体系结构和编译器。这也意味着,不一定是本地构建:

```
ARCH=arm make imx_v6_v7_defconfig
ARCH=arm CROSS_COMPILE=arm-linux-gnueabihf- make zImage -j16
```

输出如下:

```
[...]
  LZO      arch/arm/boot/compressed/piggy_data
  CC       arch/arm/boot/compressed/misc.o
  CC       arch/arm/boot/compressed/decompress.o
  CC       arch/arm/boot/compressed/string.o
  SHIPPED arch/arm/boot/compressed/hyp-stub.S
  SHIPPED arch/arm/boot/compressed/lib1funcs.S
  SHIPPED arch/arm/boot/compressed/ashldi3.S
  SHIPPED arch/arm/boot/compressed/bswapsdi2.S
  AS       arch/arm/boot/compressed/hyp-stub.o
  AS       arch/arm/boot/compressed/lib1funcs.o
  AS       arch/arm/boot/compressed/ashldi3.o
  AS       arch/arm/boot/compressed/bswapsdi2.o
  AS       arch/arm/boot/compressed/piggy.o
  LD       arch/arm/boot/compressed/vmlinux
  OBJCOPY arch/arm/boot/zImage
  Kernel: arch/arm/boot/zImage is ready
```

内核构建完成后，会在 arch/arm/boot/ 下生成一个单独的二进制映像文件。使用下列命令构建模块：

```
ARCH=arm CROSS_COMPILE=arm-linux-gnueabihf- make modules
```

可以通过下列命令安装编译好的模块：

```
ARCH=arm CROSS_COMPILE=arm-linux-gnueabihf- make modules_install
```

modules_install 目标需要指定一个环境变量 INSTALL_MOD_PATH，指出模块安装的目录。如果没有设置，则所有的模块将会被安装到/lib/modules/ $ (KERNELRELEASE)/kernel/目录下，具体细节将会在第 2 章讨论。

i.MX6 处理器支持设备树，设备树是一些文件，可以用来描述硬件（相关细节会在第 6 章介绍）。无论如何，运行下列命令可以编译所有 ARCH 设备树：

```
ARCH=arm CROSS_COMPILE=arm-linux-gnueabihf- make dtbs
```

然而，dtbs 选项不一定适用于所有支持设备树的平台。要构建一个单独的 DTB，应该执行下列命令：

```
ARCH=arm CROSS_COMPILE=arm-linux-gnueabihf- make imx6d-    sabrelite.dtb
```

1.2　内核约定

在内核代码的演化过程中应该遵守标准规则，这里只做简单介绍，后面会专门讨论。第 3 章～第 13 章会更全面地介绍内核开发的过程和要点。

1.2.1　编码风格

深入学习本节之前应该先参考一下内核编码风格手册，它位于内核源代码树的 Documentation/CodingStyle 目录下。编码风格是应该遵循的一套规则，如果想要内核开发人员接受其补丁就应该遵守这一规则。其中一些规则涉及缩进、程序流程、命名约定等。

常见的规则如下。

- 始终使用 8 个字符的制表符缩进，每一行不能超过 80 个字符。如果缩进妨碍函数书写，那只能说明嵌套层次太多了。使用内核源代码 scripts/cleanfile 中的脚本可以设置制表符的大小和行长度：

  scripts/cleanfile my_module.c

- 可以使用 intent 工具正确缩进代码：

  sudo apt-get install indent
  scripts/Lindent my_module.c

- 每一个不被导出的函数或变量都必须声明为静态的。
- 在带括号表达式的内部两端不要添加空格。s = sizeof (struct file); 是可以接受的，而 s = sizeof(struct file);是不被接受的。
- 禁止使用 typedef。
- 请使用/* this */注释风格，不要使用// this。
  - ➢ 坏：// 请不要用这个。
  - ➢ 好：/* 内核开发人员这样用注释 */。
- 宏定义应该大写，但函数宏可以小写。
- 不要试图用注释去解释一段难以阅读的代码。应该重写代码，而不是添加注释。

1.2.2 内核结构分配和初始化

内核总是为其数据结构和函数提供两种可能的分配机制。

下面是其中的一些数据结构。

- 工作队列。
- 列表。
- 等待队列。
- Tasklet。
- 定时器。
- 完成量。
- 互斥锁。
- 自旋锁。

动态初始化器是通过宏定义实现的，因此全用大写：INIT_LIST_HEAD()、DECLARE_WAIT_QUEUE_HEAD()、DECLARE_TASKLET()等。

这些将在第 3 章详细讨论。因此，表示框架设备的数据结构总是动态分配的，每个都有其自己的分配和释放 API。框架设备类型如下。

- 网络设备。
- 输入设备。
- 字符设备。
- IIO 设备。
- 类设备。
- 帧缓冲。
- 调节器。
- PWM 设备。
- RTC。

静态对象在整个驱动程序范围内都是可见的，并且通过该驱动程序管理的每个设备也是可见的。而动态分配对象则只对实际使用该模块特定实例的设备可见。

1.2.3 类、对象、面向对象的编程

内核通过类和设备实现面向对象的编程。内核子系统被抽象成类，有多少子系统，/sys/class/下几乎就有多少个目录。struct kobject 结构是整个实现的核心，它

包含一个引用计数器，以便于内核统计有多少用户使用了这个对象。每个对象都有一个父对象，在 sysfs（加载之后）中会有一项。

　　属于给定子系统的每个设备都有一个指向 operations(ops) 结构的指针，该结构提供一组可以在此设备上执行的操作。

1.3　总结

　　本章简要介绍了如何下载 Linux 源代码、构建第一个内核版本，以及一些常见概念。也就是说，本章很简短，不够详细，但是这只是一个简介，第 2 章将更详细地介绍内核构建过程、怎样实际编译外部或内核驱动程序，以及在启动内核开发之旅之前应该学习的一些基础知识。

第 2 章
设备驱动程序基础

驱动程序是专用于控制和管理特定硬件设备的软件，因此也被称作设备驱动程序。从操作系统的角度来看，它可以位于内核空间（以特权模式运行），也可以位于用户空间（具有较低的权限）。本书仅涉及内核空间驱动程序，特别是 Linux 内核驱动程序。我们给出的定义是，设备驱动程序把硬件功能提供给用户程序。

本书的目的不是教读者怎样成为 Linux 专家（我根本不是专家），但是在编写设备驱动程序之前，应该了解一些概念。C 语言编程技巧是必需的，至少应该熟悉指针，并熟悉一些处理函数和必要的硬件知识。

本章涉及以下主题。

- 模块构建过程及其加载和卸载。
- 驱动程序框架以及调试消息管理。
- 驱动程序中的错误处理。

2.1 内核空间和用户空间

内核空间和用户空间的概念有点抽象，主要涉及内存和访问权限，如图 2-1 所示。可以这样认为：内核是有特权的，而用户应用程序则是受限制的。这是现代 CPU 的一项功能，它可以运行在特权模式或非特权模式。学习第 11 章之后，这个概念会更加清晰。

图 2-1 说明内核空间和用户空间的分离，并强调了系统调用代表它们之间的桥梁（将在本章后面讨论）。每个空间的描述如下。

- 内核空间：内核驻留和运行的地址空间。内核内存（或内核空间）是由内核拥有的内存范围，受访问标志保护，防止任何用户应用程序有意或无意间与内核搞混。另一方面，内核可以访问整个系统内存，因为它在系统上以更高的优先级运行。

在内核模式下，CPU 可以访问整个内存（内核空间和用户空间）。

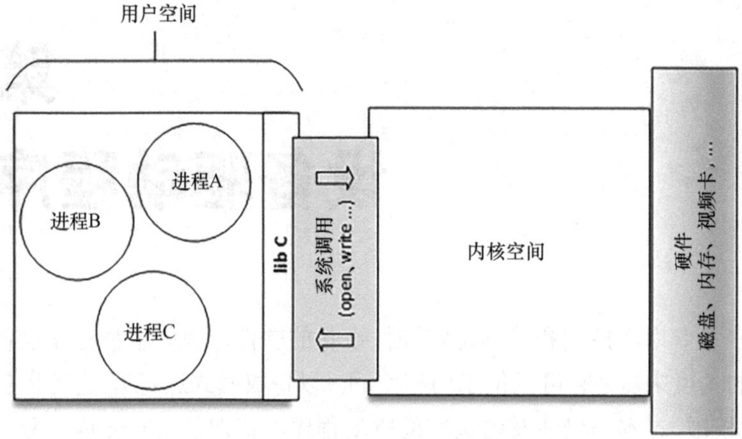

图 2-1　内核空间和用户空间

● 用户空间：正常程序（如 gedit 等）被限制运行的地址（位置）空间。可以将其视为沙盒或监狱，以便用户程序不能混用其他程序拥有的内存或任何其他资源。在用户模式下，CPU 只能访问标有用户空间访问权限的内存。用户应用程序运行到内核空间的唯一方法是通过系统调用，其中一些调用是 read、write、open、close 和 mmap 等。用户空间代码以较低的优先级运行。当进程执行系统调用时，软件中断被发送到内核，这将打开特权模式，以便该进程可以在内核空间中运行。系统调用返回时，内核关闭特权模式，进程再次受限。

2.1.1　模块的概念

模块之于 Linux 内核就像插件（组件）之于用户软件（如 Firefox），模块动态扩展了内核功能，甚至不需要重新启动计算机就可以使用。大多数情况下，内核模块是即插即用的。一旦插入，就可以使用了。为了支持模块，构建内核时必须启用下面的选项：

```
CONFIG_MODULES=y
```

2.1.2　模块依赖

Linux 内核中的模块可以提供函数或变量，用 EXPORT_SYMBOL 宏导出它们即可供其他模块使用，这些被称作符号。模块 B 对模块 A 的依赖是指模块 B 使用从模块 A 导出的符号。

在内核构建过程中运行 depmod 工具可以生成模块依赖文件。它读取 /lib/modules/<kernel_release>/ 中的每个模块来确定它应该导出哪些符号以及它需要什么符号。该处理的结果写入文件 modules.dep 及其二进制版本 modules.dep.bin。它是一种模块索引。

2.1.3 模块的加载和卸载

模块要运行，应该先把它加载到内核，可以用 insmod 或 modprobe 来实现，前者需要指定模块路径作为参数，这是开发期间的首选；后者更智能化，是生产系统中的首选。

1. 手动加载

手动加载需要用户的干预，该用户应该拥有 root 访问权限。实现这一点的两种经典方法如下。

在开发过程中，通常使用 insmod 来加载模块，并且应该给出所加载模块的路径：

```
insmod /path/to/mydrv.ko
```

这种模块加载形式低级，但它是其他模块加载方法的基础，也是本书中将要使用的方法。相反，系统管理员或在生产系统中则常用 modprobe。modprobe 更智能，它在加载指定的模块之前解析文件 modules.dep，以便首先加载依赖关系。它会自动处理模块依赖关系，就像包管理器所做的那样：

```
modprobe mydrv
```

能否使用 modprobe 取决于 depmod 是否知道模块的安装。

```
/etc/modules-load.d/<filename>.conf
```

如果要在启动的时候加载一些模块，则只需创建文件 /etc/modules-load.d/<filename> .conf，并添加应该加载的模块名称（每行一个）。<filename> 应该是有意义的名称，人们通常使用模块：/etc/modules-load.d/modules.conf。当然也可以根据需要创建多个 .conf 文件。

下面是一个 /etc/modules-load.d/mymodules.conf 文件中的内容：

```
#this line is a comment
uio
iwlwifi
```

2. 自动加载

depmod 实用程序的作用不只是构建 modules.dep 和 modules.dep.bin 文件。内核开发人员实际编写驱动程序时已经确切知道该驱动程序将要支持的硬件。他们把驱动程序支持的所有设备的产品和厂商 ID 提供给该驱动程序。depmod 还处理模块文件以提取和收集该信息，并在/lib/modules/<kernel_ release>/modules.alias 中生成 modules.alias 文件，该文件将设备映射到其对应的驱动程序。

下面的内容摘自 modules.alias：

```
alias usb:v0403pFF1Cd*dc*dsc*dp*ic*isc*ip*in* ftdi_sio
alias usb:v0403pFF18d*dc*dsc*dp*ic*isc*ip*in* ftdi_sio
alias usb:v0403pDAFFd*dc*dsc*dp*ic*isc*ip*in* ftdi_sio
alias usb:v0403pDAFEd*dc*dsc*dp*ic*isc*ip*in* ftdi_sio
alias usb:v0403pDAFDd*dc*dsc*dp*ic*isc*ip*in* ftdi_sio
alias usb:v0403pDAFCd*dc*dsc*dp*ic*isc*ip*in* ftdi_sio
alias usb:v0D8Cp0103d*dc*dsc*dp*ic*isc*ip*in* snd_usb_audio
alias usb:v*p*d*dc*dsc*dp*ic01isc03ip*in* snd_usb_audio
alias usb:v200Cp100Bd*dc*dsc*dp*ic*isc*ip*in* snd_usb_au
```

在这一步，需要一个用户空间热插拔代理（或设备管理器），通常是 udev（或 mdev），它将在内核中注册，以便在出现新设备时得到通知。

通知由内核发布，它将设备描述（pid、vid、类、设备类、设备子类、接口以及可标识设备的所有其他信息）发送到热插拔守护进程，守护进程再调用 modprobe，并向其传递设备描述信息。接下来，modprobe 解析 modules.alias 文件，匹配与该设备相关的驱动程序。在加载模块之前，modprobe 会在 module.dep 中查找与其有依赖关系的模块。如果发现，则在相关模块加载之前先加载所有依赖模块；否则，直接加载该模块。

3. 模块卸载

常用的模块卸载命令是 rmmod，人们更喜欢用这个来卸载 insmod 命令加载的模块。使用该命令时，应该把要卸载的模块名作为参数向其传递。模块卸载是内核的一项功能，该功能的启用或禁用由 CONFIG_MODULE_ UNLOAD 配置选项的值决定。没有这个选项，就不能卸载任何模块。以下设置将启用模块卸载功能：

```
CONFIG_MODULE_UNLOAD=y
```

在运行时，如果模块卸载会导致其他不良影响，则即使有人要求卸载，内核也将阻止这样做。这是因为内核通过引用计数记录模块的使用次数，这样它就知道模块是否在用。如果内核认为删除一个模块是不安全的，就不会删除它。然而，以下设置可以改变这种行为：

```
MODULE_FORCE_UNLOAD=y
```

上面的选项应该在内核配置中设置，以强制卸载模块：

```
rmmod -f mymodule
```

而另一个更高级的模块卸载命令是 modprobe -r，它会自动卸载未使用的相关依赖模块：

```
modprobe -r mymodule
```

这对于开发者来说是一个非常有用的选择。用下列命令可以检查模块是否已加载：

```
lsmod
```

2.2 驱动程序框架

请看模块 helloworld，它将成为本章其余部分工作的基础：

helloworld.c

```c
#include <linux/init.h>
#include <linux/module.h>
#include <linux/kernel.h>

static int __init helloworld_init(void) {
    pr_info("Hello world!\n");
    return 0;
}

static void __exit helloworld_exit(void) {
    pr_info("End of the world\n");
}

module_init(helloworld_init);
module_exit(helloworld_exit);
MODULE_AUTHOR("John Madieu <john.madieu@gmail.com>");
MODULE_LICENSE("GPL");
```

2.2.1 模块的入点和出点

内核驱动程序都有入点和出点：前者对应于模块加载时调用的函数（modprobe 和 insmod），后者是模块卸载时执行的函数（在执行 rmmod 或 modprobe -r 时）。

main() 函数是用 C/C ++ 编写的每个用户空间程序的入点，当这个函数返回时，程序将退出。而对于内核模块，情况就不一样了：入点可以随意命名，它也不像用户空间程序那样在 main() 返回时退出，其出点在另一个函数中定义。开发人员要做的就是通知内核把哪些函数作为入点或出点来执行。实际函数 helloworld_init 和 helloworld_exit 可以被命名成任何名字。实际上，唯一必须要做的是把它们作为参数提供给 module_init() 和 module_exit() 宏，将它们标识为相应的加载和删除函数。

综上所述，module_init() 用于声明模块加载（使用 insmod 或 modprobe）时应该调用的函数。初始化函数中要完成的操作是定义模块的行为。module_exit() 用于声明模块卸载（使用 rmmod）时应该调用的函数。

 在模块加载或卸载后，init 函数或 exit 函数立即运行一次。

__init 和 __exit 属性

__init 和 __exit 实际上是在 include/linux/init.h 中定义的内核宏，如下所示：

```
#define __init __section(.init.text)
#define __exit __section(.exit.text)
```

__init 关键字告诉链接器将该代码放在内核对象文件的专用部分。这部分事先为内核所知，它在模块加载和 init 函数执行后被释放。这仅适用于内置驱动程序，而不适用于可加载模块。内核在启动过程中第一次运行驱动程序的初始化函数。

由于驱动程序不能卸载，因此在下次重启之前不会再调用其 init 函数，没有必要在 init 函数内记录引用次数。对于 __exit 关键字也是如此，在将模块静态编译到内核或未启用模块卸载功能时，其相应的代码会被忽略，因为在这两种情况下都不会调用 exit 函数。__exit 对可加载模块没有影响。

我们花一点时间进一步了解这些属性的工作方式，这涉及被称作可执行和可链接格式（ELF）的目标文件。ELF 目标文件由不同的命名部分组成，其中一些部分是必需的，它们成为 ELF 标准的基础，但也可以根据自己的需要构建任一部分，并由特殊程序使用。内核就是这样做。执行 `objdump -h module.ko` 即可打印出指定内核模块 `module.ko` 的不同组成部分。

图 2-2 中只有少部分属于 ELF 标准。

- `.text`：包含程序代码，也称为代码。
- `.data`：包含初始化数据，也称为数据段。
- `.rodata`：用于只读数据。
- `.comment`：注释。
- 未初始化的数据段，也称为由符号开始的块（block started by symbol，bss）。

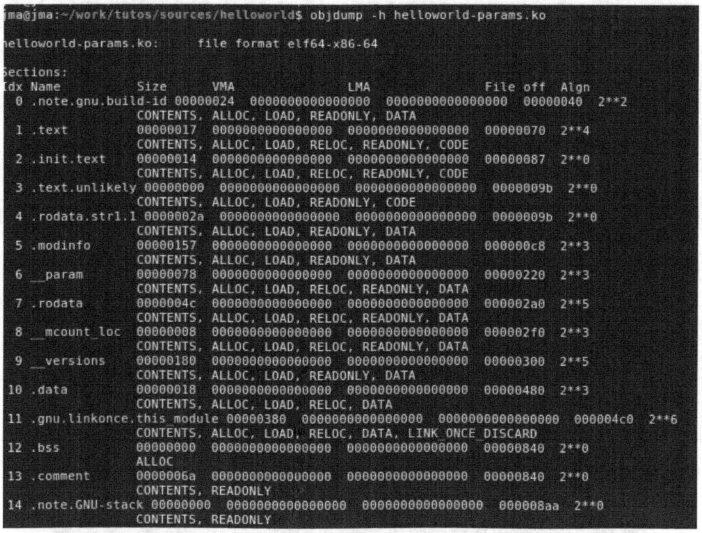

```
jma@jma:~/work/tutos/sources/helloworld$ objdump -h helloworld-params.ko

helloworld-params.ko:     file format elf64-x86-64

Sections:
Idx Name          Size      VMA               LMA               File off  Algn
  0 .note.gnu.build-id 00000024  0000000000000000  0000000000000000  00000040  2**2
                  CONTENTS, ALLOC, LOAD, READONLY, DATA
  1 .text         00000017  0000000000000000  0000000000000000  00000070  2**4
                  CONTENTS, ALLOC, LOAD, RELOC, READONLY, CODE
  2 .init.text    00000014  0000000000000000  0000000000000000  00000087  2**0
                  CONTENTS, ALLOC, LOAD, RELOC, READONLY, CODE
  3 .text.unlikely 00000000  0000000000000000  0000000000000000  0000009b  2**0
                  CONTENTS, ALLOC, LOAD, READONLY, CODE
  4 .rodata.str1.1 0000002a  0000000000000000  0000000000000000  0000009b  2**0
                  CONTENTS, ALLOC, LOAD, READONLY, DATA
  5 .modinfo      00000157  0000000000000000  0000000000000000  000000c8  2**3
                  CONTENTS, ALLOC, LOAD, READONLY, DATA
  6 __param       00000078  0000000000000000  0000000000000000  00000220  2**3
                  CONTENTS, ALLOC, LOAD, RELOC, READONLY, DATA
  7 .rodata       0000004c  0000000000000000  0000000000000000  000002a0  2**5
                  CONTENTS, ALLOC, LOAD, RELOC, READONLY, DATA
  8 __mcount_loc  00000008  0000000000000000  0000000000000000  000002f0  2**3
                  CONTENTS, ALLOC, LOAD, RELOC, READONLY, DATA
  9 __versions    00000180  0000000000000000  0000000000000000  00000300  2**5
                  CONTENTS, ALLOC, LOAD, READONLY, DATA
 10 .data         00000018  0000000000000000  0000000000000000  00000480  2**3
                  CONTENTS, ALLOC, LOAD, RELOC, DATA
 11 .gnu.linkonce.this_module 00000380  0000000000000000  0000000000000000  000004c0  2**6
                  CONTENTS, ALLOC, LOAD, RELOC, DATA, LINK_ONCE_DISCARD
 12 .bss          00000000  0000000000000000  0000000000000000  00000840  2**0
                  ALLOC
 13 .comment      0000006a  0000000000000000  0000000000000000  00000840  2**0
                  CONTENTS, READONLY
 14 .note.GNU-stack 00000000  0000000000000000  0000000000000000  000008aa  2**0
                  CONTENTS, READONLY
```

图 2-2 helloworld-params.ko 模块的组成部分列表

其他部分是根据内核的需要添加的。本章较重要的部分是`.modinfo` 和`.init.text`，前者存储有关模块的信息，后者存储以`__init` 宏为前缀的代码。

链接器（Linux 系统上的 `ld`）是 binutils 的一部分，负责将符号（数据、代码等）放置到生成的二进制文件中的适当部分，以便在程序执行时可以被加载器处理。二进制文件中的这些部分可以自定义、更改它们的默认位置，甚至可以通过提供链接器脚本[称为链接器定义文件（LDF）或链接器定义脚本（LDS）] 来添加其他部分。要实现这些操作只需通过编译器指令把符号的位置告知链接器即可，GNU C 编译器为此提供了一些属性。Linux 内核提供了一个自定义 LDS 文件，它位于 `arch/<arch> /kernel/vmlinux.lds.S` 中。对于要放置在内核 LDS 文件所映射的专用部分中的符号，使用`__init` 和

__exit 进行标记。

总之，__init 和 __exit 是 Linux 指令（实际上是宏），它们使用 C 编译器属性指定符号的位置。这些指令指示编译器将以它们为前缀的代码分别放在 .init.text 和 .exit.text 部分，虽然内核可以访问不同的对象部分。

2.2.2　模块信息

即使不读代码，也应该能够收集到关于给定模块的一些信息（如作者、参数描述、许可）。内核模块使用其 .modinfo 部分来存储关于模块的信息，所有 MODULE_* 宏都用参数传递的值更新这部分的内容。其中一些宏是 MODULE_DESCRIPTION()、MODULE_AUTHOR() 和 MODULE_LICENSE()。内核提供的在模块信息部分添加条目的真正底层宏是 MODULE_INFO(tag, info)，它添加的一般信息形式是 tag = info。这意味着驱动程序作者可以自由添加其想要的任何形式信息，例如：

```
MODULE_INFO(my_field_name, "What eeasy value");
```

在给定模块上执行 objdump -d -j .modinfo 命令可以转储内核模块 .modinfo 部分的内容，如图 2-3 所示。

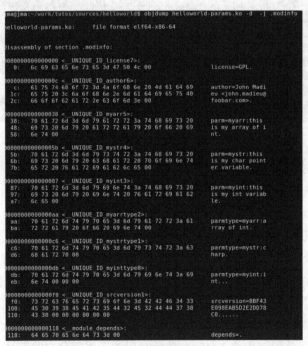

图 2-3　helloworld-params.ko 模块 .modinfo 部分的内容

modinfo 部分可以看作模块的数据表。实际格式化打印信息的用户空间工具是 modinfo，如图 2-4 所示。

```
jma@jma:~/work/tutos/sources/helloworld$ modinfo ./helloworld-params.ko
filename:       /home/jma/work/tutos/sources/helloworld/./helloworld-params.ko
license:        GPL
author:         John Madieu <john.madieu@foobar.com>
my_field_name:  What eeasy value
srcversion:     47B038B61944D8CD2E680DB
depends:
vermagic:       4.4.0-93-generic SMP mod_unload modversions
parm:           myint:this is my int variable (int)
parm:           mystr:this is my char pointer variable (charp)
parm:           myarr:this is my array of int (array of int)
```

图 2-4 modinfo 输出

除自定义信息之外，还应该提供标准信息，内核为这些信息提供了宏，包括许可、模块作者、参数描述、模块版本和模块描述。

1. 许可

模块的许可由 MODULE_LICENSE() 宏定义：

```
MODULE_LICENSE ("GPL");
```

应该如何与其他开发人员共享（或不共享）许可定义源代码。MODULE_LICENSE() 告诉内核模块采用何种许可。它对模块行为有影响，因为与 GPL 不兼容的许可将导致模块不能通过 EXPORT_SYMBOL_GPL()宏看到/使用内核导出的服务/函数，这个宏只对 GPL 兼容模块显示符号，这与 EXPORT_SYMBOL()相反，后者为具有任何许可的模块导出函数。加载 GPL 不兼容模块也会导致内核被污染，这意味着已经加载非开源或不可信代码，可能没有社区支持。请记住，没有 MODULE_LICENSE()的模块被认为是非开源的，也会污染内核。以下摘自 include/linux/module.h，描述了内核支持的许可：

```
/*
 * 下列许可标识符目前被接受为指示自由软件模块
 *
 * "GPL"                          [GNU 公共许可证 v2 或更高版本]
 * "GPL v2"                       [GNU 公共许可证 v2]
 * "GPL and additional rights"   [GNU 公共许可证 v2 附加权利等]
 * "Dual BSD/GPL"                 [GNU 公共许可证 v2 式 BCD 许可证选择]
 *                                [GNU 公共许可证证 MIT 许可证选择]
 * "Dual MIT/GPL"                 [GNU 公共许可证 v2]
```

```
*                            or MIT license choice]
* "Dual MPL/GPL"             [GNU 公共许可证 v2 式 mozilla 许可证选择]
*
*
* 以下其他标识是可用的
*
* "Proprietary"             [非免费产品]
*
* 有双重许可组件，但是与 Linux 一起运行时，因为 GPL 是相关的，所以这不是
* 问题。同样，与 GPL 链接的 LGPL 是 GPL 的组合
*
* 这种情况的存在有几个原因
* 1.    modinfo 可以为想要审查其设置的用户免费显示许可信息
* 2.    社区可以忽略包括专有模块在内的 Bug 报告
* 3.    供应商也可以根据自己的策略进行同样的操作
*/
```

 模块至少必须与 GPL 兼容，才能享受完整的内核服务。

2. 模块作者

MODULE_AUTHOR() 声明模块的作者：

```
MODULE_AUTHOR("John Madieu <john.madieu@gmail.com>");
```

作者可能有多个，在这种情况下，每个作者必须用 MODULE_AUTHOR() 声明：

```
MODULE_AUTHOR("John Madieu <john.madieu@gmail.com>");
MODULE_AUTHOR("Lorem Ipsum <l.ipsum@foobar.com>");
```

3. 模块描述

MODULE_DESCRIPTION() 简要描述模块的功能：

```
MODULE_DESCRIPTION("Hello, world! Module");
```

2.3　错误和消息打印

错误代码由内核或用户空间应用程序（通过 errno 变量）解释。错误处理在软件开发中非常重要，而不仅仅是在内核开发中。幸运的是，内核提供的几种错误，几乎涵盖了可能会遇到的所有错误，有时需要把它们打印出来以帮助进行调试。

2.3.1 错误处理

为给定的错误返回错误的错误码会导致内核或用户空间应用产生不必要的行为，从而做出错误的决定。为了保持清楚，内核树中预定义的错误几乎涵盖了我们可能遇到的所有情况。一些错误（及其含义）在 include/uapi/asm-generic/errno-base.h 中定义，列表的其余错误可以在 include/uapi/asm- generic/errno.h 中找到。以下是从 include/uapi/asm- generic/errno-base.h 中摘录的错误列表：

```
#define    EPERM       1      /* 操作不允许*/
#define    ENOENT      2      /* 没有这样的文件或目录 */
#define    ESRCH       3      /* 没有这样的进程 */
#define    EINTR       4      /* 中断系统调用 */
#define    EIO         5      /* I/O 错误*/
#define    ENXIO       6      /* 没有这样的设备或地址 */
#define    E2BIG       7      /* 参数列表太长 */
#define    ENOEXEC     8      /* Exec 格式错误 */
#define    EBADF       9      /* 错误的文件数量*/
#define    ECHILD      10     /* 没有子进程 */
#define    EAGAIN      11     /* 再试一次 */
#define    ENOMEM      12     /* 内存不足 */
#define    EACCES      13     /* 没有权限 */
#define    EFAULT      14     /* 错误的地址 */
#define    ENOTBLK     15     /* 块设备要求*/
#define    EBUSY       16     /* 设备或资源忙 */
#define    EEXIST      17     /* 文件已存在 */
#define    EXDEV       18     /* 跨设备的链接 */
#define    ENODEV      19     /* 没有这样的设备 */
#define    ENOTDIR     20     /* 不是目录 */
#define    EISDIR      21     /* 是目录 */
#define    EINVAL      22     /* 无效参数 */
#define    ENFILE      23     /* 文件表溢出*/
#define    EMFILE      24     /* 打开的文件太多 */
#define    ENOTTY      25     /* 不是打字机 */
#define    ETXTBSY     26     /* 文本文件忙 */
#define    EFBIG       27     /* 文件太大 */
#define    ENOSPC      28     /* 设备上没有空间了 */
#define    ESPIPE      29     /* 非法寻求 */
#define    EROFS       30     /* 只读文件系统 */
#define    EMLINK      31     /* 链接太多 */
#define    EPIPE       32     /* 破坏的管道 */
#define    EDOM        33     /* 函数域外的数学参数 */
#define    ERANGE      34     /* 数学结果无法表示 */
```

大多情况下，经典的返回错误方式是这种形式：return -ERROR，特别是在响应系统调用时。例如，对于 I/O 错误，错误代码是 EIO，应该执行的语句是 return -EIO：

```
dev = init(&ptr);
if(!dev)
return -EIO
```

错误有时会跨越内核空间，传播到用户空间。如果返回的错误是对系统调用（open、read、ioctl、mmap）的响应，则该值将自动赋给用户空间 errno 全局变量，在该变量上调用 strerror(errno) 可以将错误转换为可读字符串：

```
#include <errno.h>   /* 访问 errno 全局变量 */
#include <string.h>
[...]
if(wite(fd, buf, 1) < 0) {
    printf("something gone wrong! %s\n", strerror(errno));
}
[...]
```

当遇到错误时，必须撤销在这个错误发生之前的所有设置。通常的做法是使用 goto 语句：

```
ptr = kmalloc(sizeof (device_t));
if(!ptr) {
        ret = -ENOMEM
        goto err_alloc;
}
dev = init(&ptr);
if(dev) {
        ret = -EIO
        goto err_init;
}
return 0;

err_init:
        free(ptr);
err_alloc:
        return ret;
```

使用 goto 语句的原因很简单。当处理错误时，假设错误出现在第 5 步，则必须清除以前的操作（步骤 1～步骤 4）。而不是像下面这样执行大量的嵌套检查操作：

```
if (ops1() != ERR) {
```

```
    if (ops2() != ERR) {
        if ( ops3() != ERR) {
            if (ops4() != ERR) {
```

这可能会令人困惑，并可能导致缩进问题。像下面这样用 goto 语句会使控制流程显得更直观，这种方法更受欢迎：

```
if (ops1() == ERR) // |
    goto error1;   // |
if (ops2() == ERR) // |
    goto error2;   // |
if (ops3() == ERR) // |
    goto error3;   // |
if (ops4() == ERR) // V
    goto error4;
error5:
[...]
error4:
[...]
error3:
[...]
error2:
[...]
error1:
[...]
```

这就是说应该只在函数中使用 goto 跳转。

2.3.2　处理空指针错误

当返回指针的函数返回错误时，通常返回的是 NULL 指针。而去检查为什么会返回空指针是没有任何意义的，因为无法准确了解为什么会返回空指针。为此，内核提供了 3 个函数 ERR_PTR、IS_ERR 和 PTR_ERR：

```
void *ERR_PTR(long error);
long IS_ERR(const void *ptr);
long PTR_ERR(const void *ptr);
```

第一个函数实际上把错误值作为指针返回。假若函数在内存申请失败后要执行语句 return -ENOMEM，则必须改为这样的语句：return ERR_PTR (-ENOMEM);。第二个函数用于检查返回值是否是指针错误：if (IS_ERR(foo))。最后一个函数返回实际错误代码：return PTR_ERR(foo);。以下是一个例子，说明如何使用 ERR_PTR、

IS_ERR 和 PTR_ERR：

```
static struct iio_dev *indiodev_setup(){
    [...]
    struct iio_dev *indio_dev;
    indio_dev = devm_iio_device_alloc(&data->client->dev, sizeof(data));
    if (!indio_dev)
        return ERR_PTR(-ENOMEM);
    [...]
    return indio_dev;
}

static int foo_probe([...]){
    [...]
    struct iio_dev *my_indio_dev = indiodev_setup();
    if (IS_ERR(my_indio_dev))
        return PTR_ERR(data->acc_indio_dev);
    [...]
}
```

关于错误处理补充一点，摘录自内核编码风格部分：如果函数名称是动作或命令式命令，则函数返回的错误代码应该是整数；如果函数名称是一个谓词，则该函数应返回布尔值 succeeded（成功的）。例如，add work 是一个命令，add_work() 函数返回 0 表示成功，返回-EBUSY 表示失败。同样，PCI device present 是谓词，pci_dev_present() 函数如果成功找到匹配设备，则返回 1；否则返回 0。

2.3.3　消息打印——printk()

printk() 是在内核空间使用的，其作用和在用户空间使用 printf() 一样，执行 dmesg 命令可以显示 printk() 写入的行。根据所打印消息的重要性不同，可以选用 include/linux/kern_levels.h 中定义的八个级别的日志消息，下面将介绍它们的含义。

下面列出的是内核日志级别，每个级别对应一个字符串格式的数字，其优先级与该数字的值成反比。例如，0 具有较高的优先级：

```
#define KERN_SOH       "\001"           /* ASCII 头开始 */
#define KERN_SOH_ASCII    '\001'
#define KERN_EMERG    KERN_SOH "0"      /* 系统不可用 */
#define KERN_ALERT    KERN_SOH "1"      /* 必须立即采取行动*/
```

```
#define KERN_CRIT     KERN_SOH "2"     /* 重要条件 */
#define KERN_ERR      KERN_SOH "3"     /* 错误条件 */
#define KERN_WARNING  KERN_SOH "4"     /* 警报条件 */
#define KERN_NOTICE   KERN_SOH "5"     /* 正常但重要的情况*/
#define KERN_INFO     KERN_SOH "6"     /* 信息 */
#define KERN_DEBUG    KERN_SOH "7"     /* 调试级别消息 */
```

以下代码显示如何打印内核消息和日志级别：

```
printk(KERN_ERR "This is an error\n");
```

如果省略调试级别(printk("This is an error\n"))，则内核将根据CONFIG_DEFAULT_MESSAGE_LOGLEVEL 配置选项（这是默认的内核日志级别）向该函数提供一个调试级别。实际上可以使用以下宏，其名称更有意义，它们是对前面所定义内容的包装——pr_emerg、pr_alert、pr_crit、pr_err、pr_warning、pr_notice、pr_info 和 pr_debug：

```
pr_err("This is the same error\n");
```

对于新开发的驱动程序，建议使用这些包装。printk()的实现是这样的：调用它时，内核会将消息日志级别与当前控制台的日志级别进行比较；如果前者比后者更高（值更低），则消息会立即打印到控制台。可以这样检查日志级别参数：

cat /proc/sys/kernel/printk
4 4 1 7

上面的输出中，第一个值是当前日志级别（4），第二个值是按照 CONFIG_DEFAULT_MESSAGE_LOGLEVEL 选项设置的默认值。其他值与本章内容无关，可以忽略。

内核日志级别列表如下：

```
/* integer equivalents of KERN_<LEVEL> */
#define LOGLEVEL_SCHED        -2    /* 计划代码中的延迟消息设置为此特殊级别 */
#define LOGLEVEL_DEFAULT  -1    /*默认（或最新）日志级别*/
#define LOGLEVEL_EMERG        0    /* 系统不可用 */
#define LOGLEVEL_ALERT        1    /* 必须立即采取行动*/
#define LOGLEVEL_CRIT         2    /* 重要条件 */
#define LOGLEVEL_ERR      3    /* 错误条件 */
#define LOGLEVEL_WARNING  4    /* 警报条件 */
#define LOGLEVEL_NOTICE       5    /* 正常但重要的情况*/
#define LOGLEVEL_INFO         6    /* 信息 */
#define LOGLEVEL_DEBUG        7    /* 调试级别消息 */
```

当前日志级别可以这样更改：

```
# echo <level> > /proc/sys/kernel/printk
```

 printk()永远不会阻塞，即使在原子上下文中调用也足够安全。它会尝试锁定控制台打印消息。如果锁定失败，输出则被写入缓冲区，函数返回，永不阻塞。然后通知当前控制台占有者有新的消息，在它释放控制台之前打印它们。

内核也支持其他调试方法：动态调试或者在文件的顶部使用#define DEBUG。对这种调试方式感兴趣的人可以参考以下内核文档：Documentation/dynamic-debug-howto.txt。

2.4　模块参数

像用户程序一样，内核模块也可以接受命令行参数。这样能够根据给定的参数动态地改变模块的行为，开发者不必在测试/调试期间无限期地修改/编译模块。为了对此进行设置，首先应该声明用于保存命令行参数值的变量，并在每个变量上使用 module_param()宏。该宏在 include/linux/moduleparam.h（这也应该包含在代码中：#include <linux/moduleparam.h>）中这样定义：

```
module_param(name, type, perm);
```

该宏包含以下元素。
- name：用作参数的变量的名称。
- type：参数的类型（bool、charp、byte、short、ushort、int、uint、long、ulong），其中 charp 代表字符指针。
- perm：代表/sys/module/<module>/parameters/<param>文件的权限，其中包括 S_IWUSR、S_IRUSR、S_IXUSR、S_IRGRP、S_WGRP 和 S_IRUGO。
  - S_I：只是一个前缀。
  - R：读。W：写。X：执行。
  - USR：用户。GRP：组。UGO：用户、组和其他。

可以使用|（或操作）设置多个权限。如果 perm 为 0，则不会创建 sysfs 中的文件参数。强烈推荐使用 S_IRUGO 只读参数；使用||（OR）与其他属性可以获得细粒度的属性。

当使用模块参数时，应该用 MODULE_PARM_DESC 描述每个参数。这个宏将把每个参数的描述填充到模块信息部分。以下例子摘自本书代码库提供的 helloworld-params.c 源文件：

```
#include <linux/moduleparam.h>
[...]

static char *mystr = "hello";
static int myint = 1;
static int myarr[3] = {0, 1, 2};

module_param(myint, int, S_IRUGO);
module_param(mystr, charp, S_IRUGO);
module_param_array(myarr, int,NULL, S_IWUSR|S_IRUSR); /*  */

MODULE_PARM_DESC(myint,"this is my int variable");
MODULE_PARM_DESC(mystr,"this is my char pointer variable");
MODULE_PARM_DESC(myarr,"this is my array of int");

static int foo()
{
    pr_info("mystring is a string: %s\n", mystr);
    pr_info("Array elements: %d\t%d\t%d", myarr[0], myarr[1], myarr[2]);
    return myint;
}
```

要在加载该模块时提供参数，请执行以下操作：

```
# insmod hellomodule-params.ko mystring="packtpub" myint=15 myArray=1,2,3
```

在加载模块之前，执行 modinfo 可以显示该模块支持的参数说明：

```
$ modinfo ./helloworld-params.ko
filename: /home/jma/work/tutos/sources/helloworld/./helloworld-params.ko
license: GPL
author: John Madieu <john.madieu@gmail.com>
srcversion: BBF43E098EAB5D2E2DD78C0
depends:
vermagic: 4.4.0-93-generic SMP mod_unload modversions
parm: myint:this is my int variable (int)
parm: mystr:this is my char pointer variable (charp)
parm: myarr:this is my array of int (array of int)
```

2.5　构建第一个模块

可以在两个地方构建模块，这取决于是否希望用户能够自己使用内核配置界面启用该模块。

2.5.1　模块的 makefile

makefile 是用来执行一组操作的特殊文件，其中最重要的操作是程序的编译。专用工具 make 用于解析 makefile。在说明整个 make 文件之前，先介绍一下 obj- <X> kbuild 变量。

几乎在每个内核的 makefile 中都至少会有 obj <-X>变量的一个实例。这实际上对应于 obj- <X>模式，其中<X>应该是 y、m、空白或 n。总的来说，位于内核构建系统头部的 makefile 使用它。这些行定义要构建的文件、所有特殊的编译选项，以及要递归进入的任何子目录。一个简单的例子如下：

```
obj-y += mymodule.o
```

这告诉 kbuild 在当前目录中有一个名为 mymodule.o 的对象。mymodule.o 将从 mymodule.c 或 mymodule.S 构建。如何以及是否构建或链接 mymodule.o 取决于<X>的值。

- 如果<X>设置为 m，则使用变量 obj-m，并将 mymodule.o 构建为模块。
- 如果<X>设置为 y，则使用变量 obj-y，mymodule.o 将构建为内核的一部分。也可以说它是一个内置模块。
- 如果<X>设置为 n，则使用变量 obj-n，不会构建 mymodule.o。

因此，经常用到 obj-$(CONFIG_XXX) 模式（其中 CONFIG_XXX 是内核配置选项），在内核配置过程中可以设置或者不设置它。下面是一个例子：

```
obj-$(CONFIG_MYMODULE) += mymodule.o
```

$(CONFIG_MYMODULE) 根据内核配置期间的值计算为 y 或 m（请记住 make menuconfig）。如果 CONFIG_MYMODULE 既不是 y 也不是 m，则文件不会被编译或链接。y 表示内置（在内核配置过程中代表 yes），m 代表模块。$(CONFIG_MYMODULE) 从正常的配置过程中获取正确的设置，这将在 2.5.2 节中解释。

最后一个用例如下：

```
obj-<X> += somedir/
```

这意味着 kbuild 应该进入 somedir 目录，查找其中所有的 makefile 并处理它们，以决定应该构建哪些对象。

回到 makefile，下面是 makefile 的内容，我们将用它构建本书中介绍的每个模块：

```
obj-m := helloworld.o

KERNELDIR ?= /lib/modules/$(shell uname -r)/build

all default: modules
install: modules_install

modules modules_install help clean:
$(MAKE) -C $(KERNELDIR) M=$(shell pwd) $@
```

- `obj-m := helloworld.o`：`obj-m` 列 出 要 构 建 的 模 块 。 对 于 每 一 个 `<filename>` `.o`，进行系统构建时会查找 `<filename>` `.c`。`obj-m` 用于构建模块，而 `obj-y` 将构建内置对象。
- `KERNELDIR := /lib/modules/$(shell uname -r)/build`：`KERNELDIR` 是预构建的内核源码的位置。正如前面所说，构建任何模块都需要预构建内核。如果已经从源代码构建了内核，则应该把这个变量设置为内核构建源代码目录的绝对路径。`-C` 要求实用程序 `make` 在读取 makefile 或执行其他任何操作之前先更改到指定的目录。
- `M=$(shell pwd)`：这与内核构建系统相关。内核 makefile 使用这个变量来定位要构建的外部模块的目录。`.c` 文件应该被放置在这里。
- `all default: modules`：此行指示实用程序 `make` 执行 modules 目标，在构建用户应用程序时，无论 `all` 还是 `default` 都是传统目标。换句话说，`make default`、`make all` 或者简单的 `make` 命令将被翻译为 `make modules` 来执行。
- `modules modules_install help clean:`：这行代表 makefile 中列出的目标有效。
- `$(MAKE) -C $(KERNELDIR ) M=$(shell pwd) $@`：为上面列举的每个目标所执行的规则。`$ @`将被替换为引起规则运行的目标名称。换句话说，如果调用 `make modules`，则 `$@` 将被替换为 `modules`，规则将变为 `$(MAKE) -C $(KERNELDIR ) M=$(shell pwd) module`。

2.5.2　内核树内

在内核树中构建驱动程序之前，应该先确定驱动程序中的哪个目录用于存放 .c 文件。假若文件名是 `mychardev.c`，它包含特殊字符驱动程序的源代码，则应该把它放在内核源码的 `drivers/char` 目录中。驱动程序中的每个子目录都有 makefile 和 kconfig 文件。

将以下内容添加到该目录的 kconfig 中：

```
config PACKT_MYCDEV
    tristate "Our packtpub special Character driver"
    default m
    help
      Say Y here if you want to support the /dev/mycdev device.
      The /dev/mycdev device is used to access packtpub.
```

在同一个目录的 makefile 中添加：

```
obj-$(CONFIG_PACKT_MYCDEV)    += mychardev.o
```

更新 makefile 时要小心，.o 文件名称必须与 .c 文件名完全一致。如果源文件是 foobar.c，则需在 makefile 中使用 foobar.o。要把驱动程序构建为模块，请在 arch/arm/configs 目录下开发板的 defconfig 中添加下面一行内容：

```
CONFIG_PACKT_MYCDEV=m
```

也可以运行 make menuconfig 来从 UI 中选择它，然后运行 make，构建内核，再运行 make modules 构建模块（包括自己的模块）。为了将驱动程序编译到内核中，只需用 y 替换 m：

```
CONFIG_PACKT_MYCDEV=m
```

这里所介绍的一切都是嵌入式开发板制造商所做的，它们为开发板提供开发板支持包（Board Support Package，BSP），以及包含自定驱动程序的内核，如图 2-5 所示。

图 2-5　内核树中的 packt_dev 模块

配置完成后，可以分别使用 make 和 make modules 构建内核和模块。

内核源码树中包含的模块安装在 /lib/modules/$ (KERNELRELEASE) /kernel/中。在 Linux 系统上，它是/lib/modules/$(uname -r)/kernel/。运行以下命令安装模块：

```
make modules_install
```

2.5.3　内核树外

在构建外部模块之前，需要有一个完整的、预编译的内核源代码树。内核源码树版本必须与将加载和使用模块的内核相同。有两种方法可以获得预构建的内核版本。

● 自己构建（前面讨论过）。
● 从发行版本库安装 linux-headers- *包。

```
sudo apt-get update
sudo apt-get install linux-headers-$(uname -r)
```

这将只安装头文件，而不是整个源代码树。然后，头文件将被安装在/usr/src/linux-headers-$(uname -r) 下。在我的计算机上，它位于 /usr/src/linux-headers-4.4.0-79-generic/。有一个符号链接/lib/modules/$(uname -r)/build，指向前面安装的头文件，这应该是在 makefile 中指定为内核目录的路径。这就是需要为预构建的内核所做的一切。

2.5.4　构建模块

处理完 makefile 后，只需要切换到源码目录并运行 make 命令或者 make modules：

```
jma@jma:~/work/tutos/sources/helloworld$ make
make -C /lib/modules/4.4.0-79-generic/build \
    M=/media/jma/DATA/work/tutos/sources/helloworld modules
make[1]: Entering directory '/usr/src/linux-headers-4.4.0-79-generic'
    CC [M]
/media/jma/DATA/work/tutos/sources/helloworld/helloworld.o
    Building modules, stage 2.
    MODPOST 1 modules
    CC
/media/jma/DATA/work/tutos/sources/helloworld/helloworld.mod.o
    LD [M]
/media/jma/DATA/work/tutos/sources/helloworld/helloworld.ko
    make[1]: Leaving directory '/usr/src/linux-headers-4.4.0-79- generic'
```

```
jma@jma:~/work/tutos/sources/helloworld$ ls
helloworld.c  helloworld.ko  helloworld.mod.c  helloworld.mod.o
helloworld.o  Makefile  modules.order  Module.symvers
jma@jma:~/work/tutos/sources/helloworld$ sudo insmod  helloworld.ko
jma@jma:~/work/tutos/sources/helloworld$ sudo rmmod helloworld
jma@jma:~/work/tutos/sources/helloworld$ dmesg
[...]
[308342.285157] Hello world!
[308372.084288] End of the world
```

上面的例子使用的是本地构建,在 x86 机器上为 x86 机器编译。交叉编译怎么实现?这个过程是在机器 A(称为宿主机)上编译,该代码要运行在机器 B(称为目标机)上;宿主机和目标机具有不同的体系结构。经典用例是在 x86 机器上构建的代码要运行在 ARM 架构上,交叉编译就是这样。

交叉编译内核模块时,内核 makefile 实际上需要了解两个变量:ARCH 和 CROSS_COMPILE,它们分别表示目标体系结构和编译器的前缀名称。因此内核模块本地编译和交叉编译之间的差别是 make 命令。下面这条命令是为 ARM 构建:

```
make ARCH=arm CROSS_COMPILE=arm-none-linux-gnueabihf-
```

2.6　总结

本章介绍了驱动程序开发的基础知识,解释了模块/内置设备的概念以及它们的加载和卸载。即使不熟悉用户空间,读者也可以编写完整的驱动程序,打印格式化消息,理解 init/exit 的概念。第 3 章将介绍字符设备,这样能够定位增强功能,编写可从用户空间访问的代码,并对系统产生重大影响。

第 3 章
内核工具和辅助函数

内核是独立的软件，正如将在本章中看到的那样，它没有使用任何 C 语言库。它实现了现代库中可能具有的所有机制（甚至更多），如压缩、字符串函数等。

本章涉及以下主题。

- 介绍内核容器数据结构。
- 探讨内核睡眠机制。
- 使用定时器。
- 深入研究内核锁定机制（互斥锁、自旋锁）。
- 使用内核专用 API 实现延迟工作。
- 使用 IRQ。

3.1　理解宏 container_of

在代码中管理多个数据结构时，几乎总是需要将一个结构嵌入另一个结构中，并随时检索它们，而不关心有关内存偏移或边界的问题。假设有一个 struct person，其定义如下：

```
struct person {
    int  age;
    char *name;
} p;
```

只用 age 或 name 上的指针就可以检索包装（包含）该指针的整个结构。顾名思义，container_of 宏用于查找指定结构字段的容器。该宏在 include/linux/kernel.h 中定义，如下所示：

```
#define container_of(ptr, type, member) ({            \
```

```
const typeof(((type *)0)->member) * __mptr = (ptr);    \
(type *)((char *)__mptr - offsetof(type, member)); })
```

不要害怕指针，就当它是：

```
container_of(pointer, container_type, container_field);
```

前面代码片段中包含的元素如下。
- `pointer`：指向结构字段的指针。
- `container_type`：包装（包含）指针的结构类型。
- `container_field`：`pointer` 指向的结构内字段的名称。

来看下面的容器：

```
struct person {
    int   age;
    char *name;
 };
```

现在考虑其一个实例，以及一个指向其 name 成员的指针：

```
struct person somebody;
[...]
char **the_name_ptr = &somebody.name;
```

除指向 name 成员的指针（the_name_ptr）外，还可以使用 container_of 宏
来获取指向包装此成员的整个结构（容器）的指针，方法如下：

```
struct person *the_person;
the_person = container_of(the_name_ptr, struct person, name);
```

container_of 考虑 name 从该结构开始处的偏移量，进而获得正确的指针位置。
从指针 the_name_ptr 中减去字段 name 的偏移量，即可得到正确的位置。这就是该
宏最后一行代码的功能：

```
(type *)( (char *)__mptr - offsetof(type,member) );
```

下面的例子实际应用该宏：

```
struct family {
    struct person *father;
    struct person *mother;
    int number_of_suns;
    int salary;
```

```
} f;

/*
 * 指向结构字段的指针
 * （可以是任何家庭的任何成员吗）
 */
struct *person = family.father;
struct family *fam_ptr;

/*找回他的家族 */
fam_ptr = container_of(person, struct family, father);
```

关于 container_of 宏，只需了解这些就够了。本书将进一步开发的真正驱动程序像下面这样：

```
struct mcp23016 {
    struct i2c_client *client;
    struct gpio_chip chip;
}

/* 检索给定指针 chip 字段的 mcp23016 结构体*/
static inline struct mcp23016 *to_mcp23016(struct gpio_chip *gc)
{
    return container_of(gc, struct mcp23016, chip);
}

static int mcp23016_probe(struct i2c_client *client,
                const struct i2c_device_id *id)
{
    struct mcp23016 *mcp;
    [...]
    mcp = devm_kzalloc(&client->dev, sizeof(*mcp), GFP_KERNEL);
    if (!mcp)
        return -ENOMEM;
    [...]
}
```

宏 container_of 主要用在内核的通用容器中。在本书的一些例子（从第 5 章开始）中，会用到 container_of 宏。

3.2　链表

想象一下，有一个驱动程序管理多个设备，假设有 5 个设备，可能需要在驱动程序中跟踪每个设备，这就需要链表。链表实际上有两种类型。

- 单链表。
- 双链表。

内核开发者只实现了循环双链表，因为这个结构能够实现 FIFO 和 LIFO，并且内核开发者要保持最少代码。为了支持链表，代码中要添加的头文件是<linux/list.h>。内核中链表实现核心部分的数据结构是 struct list_head，其定义如下：

```
struct list_head {
    struct list_head *next, *prev;
 };
```

Struct list_head 用在链表头和每个节点中。在内核中，将数据结构表示为链表之前，该结构必须嵌入 struct list_head 字段。例如，我们来创建汽车链表：

```
struct car {
    int door_number;
    char *color;
    char *model;
};
```

在创建汽车链表之前，必须修改其结构，嵌入 struct list_head 字段。结构变成如下形式：

```
struct car {
    int door_number;
    char *color;
    char *model;
    struct list_head list; /*内核的表结构 */
};
```

创建 struct list_head 变量，该变量总是指向链表的头部（第一个元素）。list_head 的这个实例与任何汽车都无关，而是一个特殊实例：

```
static LIST_HEAD(carlist) ;
```

现在可以创建汽车并将其添加到链表 carlist：

```
#include <linux/list.h>

struct car *redcar = kmalloc(sizeof(*car), GFP_KERNEL);
struct car *bluecar = kmalloc(sizeof(*car), GFP_KERNEL);
```

```
/* 初始化每个节点的列表条目*/
INIT_LIST_HEAD(&bluecar->list);
INIT_LIST_HEAD(&redcar->list);

/* 为颜色和模型字段分配内存, 并填充每个字段 */
 [...]
list_add(&redcar->list, &carlist) ;
list_add(&bluecar->list, &carlist) ;
```

现在，carlist 包含两个元素。接下来深入介绍链表 API。

3.2.1 创建和初始化链表

有两种方法创建和初始化链表。

1. 动态方法

动态方法由 struct list_head 组成，用 INIT_LIST_HEAD 宏初始化：

```
struct list_head mylist;
INIT_LIST_HEAD(&mylist);
```

以下是 INIT_LIST_HEAD 的展开形式：

```
static inline void INIT_LIST_HEAD(struct list_head *list)
    {
        list->next = list;
        list->prev = list;
    }
```

2. 静态方法

静态分配通过 LIST_HEAD 宏完成：

```
LIST_HEAD(mylist)
```

LIST_HEAD 的定义如下：

```
#define LIST_HEAD(name) \
    struct list_head name = LIST_HEAD_INIT(name)
```

其展开如下：

```
#define LIST_HEAD_INIT(name) { &(name), &(name) }
```

这为 name 字段内的每个指针（prev 和 next）赋值，使其指向 name 自身（就像 INIT_LIST_HEAD 做的那样）。

3.2.2　创建链表节点

要创建新节点，只需创建数据结构实例，初始化嵌入在其中的 list_head 字段。以汽车为例，其代码如下：

```
struct car *blackcar = kzalloc(sizeof(struct car), GFP_KERNEL);

/* 非静态初始化，因为它是嵌入的列表字段*/
INIT_LIST_HEAD(&blackcar->list);
```

如前所述，使用的 INIT_LIST_HEAD 是动态分配的链表，它通常是另一个结构的一部分。

3.2.3　添加链表节点

内核提供的 list_add 用于向链表添加新项，它是内部函数 __list_add 的包装：

```
void list_add(struct list_head *new, struct list_head *head);
static inline void list_add(struct list_head *new, struct list_head *head)
{
    __list_add(new, head, head->next);
}
```

__list_add 将两个已知项作为参数，在它们之间插入元素。它在内核中的实现非常简单：

```
static inline void __list_add(struct list_head *new,
                struct list_head *prev,
                struct list_head *next)
{
    next->prev = new;
    new->next = next;
    new->prev = prev;
    prev->next = new;
}
```

下面的例子在链表中添加两辆车：

```
list_add(&redcar->list, &carlist);
list_add(&blue->list, &carlist);
```

这种模式可以用来实现堆栈。将节点添加到链表的另一个函数，代码如下：

```
void list_add_tail(struct list_head *new, struct list_head *head);
```

这将把指定新项插入链表的末尾。对于之前的例子，可以使用以下代码：

```
list_add_tail(&redcar->list, &carlist);
list_add_tail(&blue->list, &carlist);
```

这种模式可以用来实现队列。

3.2.4 删除链表节点

内核代码中的链表处理是一项简单的任务。删除节点很简单：

```
void list_del(struct list_head *entry);
```

删除红色车：

```
list_del(&redcar->list);
```

 list_del 断开指定节点的 prev 和 next 指针，移除该节点。分配给该节点的内存需要使用 kfree 手动释放。

3.2.5 链表遍历

使用宏 list_for_each_entry(pos, head, member) 进行链表遍历。

- head：链表的头节点。
- member：数据结构（在我们的例子中，它是 list）中链表 struct list_head 的名称。
- pos：用于迭代。它是一个循环游标，就像 for(i=0; i<foo; i++) 中的 i。head 可以是链表的头节点或任一项，这没关系，因为所处理的是双向链表：

```
struct car *acar; /* 循环计数器*/
int blue_car_num = 0;

/* list 是数据结构中的 list_head 结构的名称 */
list_for_each_entry(acar, carlist, list){
    if(acar->color == "blue")
        blue_car_num++;
}
```

为什么需要数据结构中 `list_head` 类型字段的名称？请看 `list_for_each_entry`：

```
#define list_for_each_entry(pos, head, member)          \
for (pos = list_entry((head)->next, typeof(*pos), member);    \
     &pos->member != (head);          \
     pos = list_entry(pos->member.next, typeof(*pos), member))

#define list_entry(ptr, type, member) \
    container_of(ptr, type, member)
```

鉴于此，我们可以理解这都是 `container_of` 的功能。另外，还请记住 `list_for_each_ entry_safe(pos, n, head, member)`。

3.3　内核的睡眠机制

进程通过睡眠机制释放处理器，使其能够处理其他进程。处理器睡眠的原因可能在于感知数据的可用性，或等待资源释放。

内核调度器管理要运行的任务列表，这被称作运行队列。睡眠进程不再被调度，因为已将它们从运行队列中移除。除非其状态改变（唤醒），否则睡眠进程将永远不会被执行。进程一旦进入等待状态，就可以释放处理器，一定要确保有条件或其他进程会唤醒它。Linux 内核通过提供一组函数和数据结构来简化睡眠机制的实现。

等待队列

等待队列实际上用于处理被阻塞的 I/O，以等待特定条件成立，并感知数据或资源可用性。为了理解其工作方式，来看一看它在 include/linux/wait.h 中的结构：

```
struct __wait_queue {
    unsigned int flags;
#define WQ_FLAG_EXCLUSIVE 0x01
    void *private;
    wait_queue_func_t func;
    struct list_head task_list;
};
```

请注意 `task_list` 字段。正如所看到的，它是一个链表。想要其入睡的每个进程都在该链表中排队（因此被称作等待队列）并进入睡眠状态，直到条件变为真。等待队列可以被看作简单的进程链表和锁。

处理等待队列时，常用到的函数如下。

● 静态声明：

```
DECLARE_WAIT_QUEUE_HEAD(name)
```

● 动态声明：

```
wait_queue_head_t my_wait_queue;
init_waitqueue_head(&my_wait_queue);
```

● 阻塞：

```
/*
 * 如果条件为 false，则阻塞等待队列中的当前任务（进程）
 */
int wait_event_interruptible(wait_queue_head_t q, CONDITION);
```

● 解除阻塞：

```
/*
 * 如果上述条件为 true，则唤醒在等待队列中休眠的进程
 */
void wake_up_interruptible(wait_queue_head_t *q);
```

wait_event_interruptible 不会持续轮询，而只是在被调用时评估条件。如果条件为假，则进程将进入 TASK_INTERRUPTIBLE 状态并从运行队列中删除。之后，当每次在等待队列中调用 wake_up_interruptible 时，都会重新检查条件。如果 wake_up_interruptible 运行时发现条件为真，则等待队列中的进程将被唤醒，并将其状态设置为 TASK_RUNNING。进程按照它们进入睡眠的顺序唤醒。要唤醒在队列中等待的所有进程，应该使用 wake_up_interruptible_all。

实际上，主要函数是 wait_event、wake_up 和 wake_up_all。它们以独占（不可中断）等待的方式处理队列中的进程，因为它们不能被信号中断。它们只能用于关键任务。可中断函数只是可选的（但推荐使用），由于它们可以被信号中断，所以应该检查它们的返回值。非零值意味着睡眠被某种信号中断，驱动程序应该返回 ERESTARTSYS。

如果调用了 wake_up 或 wake_up_interruptible，并且条件仍然是 FALSE，则什么都不会发生。如果没有调用 wake_up（或 wake_up_interuptible），进程将永远不会被唤醒。下面是一个等待队列的例子：

```
#include <linux/module.h>
#include <linux/init.h>
#include <linux/sched.h>
#include <linux/time.h>
#include <linux/delay.h>
#include<linux/workqueue.h>

static DECLARE_WAIT_QUEUE_HEAD(my_wq);
static int condition = 0;

/* 声明一个工作队列*/
static struct work_struct wrk;

static void work_handler(struct work_struct *work)
{
    printk("Waitqueue module handler %s\n", __FUNCTION__);
    msleep(5000);
    printk("Wake up the sleeping module\n");
    condition = 1;
    wake_up_interruptible(&my_wq);
}


static int __init my_init(void)
{
    printk("Wait queue example\n");

    INIT_WORK(&wrk, work_handler);
    schedule_work(&wrk);

    printk("Going to sleep %s\n", __FUNCTION__);
    wait_event_interruptible(my_wq, condition != 0);

    pr_info("woken up by the work job\n");
    return 0;
}

void my_exit(void)
{
    printk("waitqueue example cleanup\n");
}

module_init(my_init);
module_exit(my_exit);
MODULE_AUTHOR("John Madieu <john.madieu@foobar.com>");
MODULE_LICENSE("GPL");
```

在上一个例子中，当前进程（实际上是 insmod）将在等待队列中进入睡眠状态 5s，然后由工作处理程序唤醒。dmesg 输出如下：

```
[342081.385491] Wait queue example
[342081.385505] Going to sleep my_init
[342081.385515] Waitqueue module handler work_handler
[342086.387017] Wake up the sleeping module
[342086.387096] woken up by the work job
[342092.912033] waitqueue example cleanup
```

3.4 延迟和定时器管理

时间是继内存之后常用的资源之一。它用于执行几乎所有的事情：延迟工作、睡眠、调度、超时以及许多其他任务。

时间有两类。内核使用绝对时间来了解具体时间，也就是一天的日期和时间，而相对时间则被内核调度程序使用。对于绝对时间，有一个称为实时时钟（RTC）的硬件芯片。稍后将在本书第 18 章介绍这类设备。为了处理相对时间，内核依赖于被称作定时器的 CPU 功能（外设），从内核的角度来看，它被称为内核定时器。内核定时器是本节将要讨论的内容。

内核定时器分为两个不同的部分。

- 标准定时器或系统定时器。
- 高精度定时器。

3.4.1 标准定时器

标准定时器是内核定时器，它以 Jiffy 为粒度运行。

1. jiffy 和 HZ

Jiffy 是在<linux/jiffies.h>中声明的内核时间单位。为了理解 Jiffy，需要引入一个新的常量 HZ，它是 jiffies 在 1s 内递增的次数。每个增量被称为一个 Tick。换句话说，HZ 代表 Jiffy 的大小。HZ 取决于硬件和内核版本，也决定了时钟中断触发的频率。这在某些体系结构上是可配置的，而在另一些机器上则是固定的。

这就是说 jiffies 每秒增加 HZ 次。如果 HZ = 1000，则递增 1000 次（每 1/1000s 一次 Tick）。定义之后，当可编程中断定时器（PIT，这是一个硬件组件）发生中断时，可以用该值编程 PIT，以增加 Jiffy 值。

根据平台不同，`jiffies` 可能会导致溢出。在 32 位系统中，HZ = 1000 只会导致大约 50 天的持续时间，而在 64 位系统上持续时间大约是 6 亿年。将 Jiffy 存储在 64 位变量中就可以解决这个问题。`<linux/jiffies.h>` 中引入和定义了另一个变量：

```
extern u64 jiffies_64;
```

32 位系统上采用这种方式时，`jiffies` 将指向低 32 位，`jiffies_64` 将指向高位。在 64 位平台上，`jiffies = jiffies_64`。

2. 定时器 API

定时器在内核中表示为 `timer_list` 的一个实例：

```
#include <linux/timer.h>

struct timer_list {
    struct list_head entry;
    unsigned long expires;
    struct tvec_t_base_s *base;
    void (*function)(unsigned long);
    unsigned long data;
);
```

`expires` 是以 `jiffies` 为单位绝对值。`entry` 是双向链表，`data` 是可选的，被传递给回调函数。

初始化定时器的步骤如下。

（1）设置定时器。设置定时器，提供用户定义的回调函数和数据：

```
void setup_timer( struct timer_list *timer, \
        void (*function)(unsigned long), \
        unsigned long data);
```

也可使用下面的函数：

```
void init_timer(struct timer_list *timer);
```

`setup_timer` 是对 `init_timer` 的包装。

（2）设置过期时间。当定时器初始化时，需要在启动回调之前设置它的过期时间：

```
int mod_timer( struct timer_list *timer, unsigned long expires);
```

（3）释放定时器。定时器用过之后需要释放：

```
void del_timer(struct timer_list *timer);
int del_timer_sync(struct timer_list *timer);
```

无论是否已经停用挂起的定时器，del_timer 的返回总是 void。对于不活动定时器，它返回 0；而对于活动定时器，它返回 1。最后一个函数 del_timer_sync 等待处理程序（即使是在另一个 CPU 上执行）执行完成。不应该持有阻止处理程序完成的锁，这样将导致死锁。应该在模块清理例程中释放定时器。可以独立检查定时器是否正在运行：

```
int timer_pending( const struct timer_list *timer);
```

这个函数检查是否有触发的定时器回调函数挂起。

标准定时器示例如下：

```
#include <linux/init.h>
#include <linux/kernel.h>
#include <linux/module.h>
#include <linux/timer.h>

static struct timer_list my_timer;

void my_timer_callback(unsigned long data)
{
    printk("%s called (%ld).\n", __FUNCTION__, jiffies);
}
static int __init my_init(void)
{
    int retval;
    printk("Timer module loaded\n");

    setup_timer(&my_timer, my_timer_callback, 0);
    printk("Setup timer to fire in 300ms (%ld)\n", jiffies);

    retval = mod_timer( &my_timer, jiffies + msecs_to_jiffies(300) );
    if (retval)
        printk("Timer firing failed\n");
    return 0;
}
static void my_exit(void)
{
    int retval;
    retval = del_timer(&my_timer);
```

```
    /* 定时器仍然是活动的（1）或没有（0）*/
    if (retval)
        printk("The timer is still in use...\n");

    pr_info("Timer module unloaded\n");
}

module_init(my_init);
module_exit(my_exit);
MODULE_AUTHOR("John Madieu <john.madieu@gmail.com>");
MODULE_DESCRIPTION("Standard timer example");
MODULE_LICENSE("GPL");
```

3.4.2　高精度定时器（HRT）

标准的定时器不够精确，不适合实时应用。内核 v2.6.16 引入了高精度定时器，由内核配置中的 CONFIG_HIGH_RES_TIMERS 选项启用，其精度达到微秒（取决于平台，最高可达纳秒），而标准定时器的精度则为毫秒。标准定时器取决于 HZ（因为它们依赖于 jiffies），而 HRT 实现是基于 ktime。

在系统上使用 HRT 时，要确认内核和硬件支持它。换句话说，必须用与平台相关的代码来访问硬件 HRT。

需要的头文件如下：

```
#include <linux/hrtimer.h>
```

在内核中 HRT 表示为 hrtimer 的实例：

```
struct hrtimer {
    struct timerqueue_node node;
    ktime_t _softexpires;
    enum hrtimer_restart (*function)(struct hrtimer *);
    struct hrtimer_clock_base *base;
    u8 state;
    u8 is_rel;
};
```

HRT 设置初始化的步骤如下。

（1）初始化 hrtimer。hrtimer 初始化之前，需要设置 ktime，它代表持续时间。下面的例子说明如何实现这个功能：

```
void hrtimer_init( struct hrtimer *time, clockid_t which_clock,
                   enum hrtimer_mode mode);
```

（2）启动 hrtimer。可以按照例子所示的那样启动 hrtimer：

```
int hrtimer_start( struct hrtimer *timer, ktime_t time,
                   const enum hrtimer_mode mode);
```

mode 代表到期模式。对于绝对时间值，它应该是 HRTIMER_MODE_ABS，对于相对于现在的时间值，应该是 HRTIMER_MODE_REL。

（3）取消 hrtimer。可以取消定时器或者查看是否可能取消它：

```
int hrtimer_cancel( struct hrtimer *timer);
int hrtimer_try_to_cancel(struct hrtimer *timer);
```

这两个函数当定时器没被激活时都返回 0，激活时返回 1。这两个函数之间的区别是，如果定时器处于激活状态或其回调函数正在运行，则 hrtimer_try_to_cancel 会失败，返回-1，而 hrtimer_cancel 将等待回调完成。

用下面的函数可以独立检查 hrtimer 的回调函数是否仍在运行：

```
int hrtimer_callback_running(struct hrtimer *timer);
```

请记住，hrtimer_try_to_cancel 内部调用 hrtimer_callback_running。

 为了防止定时器自动重启，hrtimer回调函数必须返回HRTIMER_ NORESTART。

执行以下操作可以检查系统上是否可用 HRT。
- 查看内核配置文件，其中应该包含像这样的内容：CONFIG_ HIGH_RES_ TIMERS=y: zcat /proc/configs.gz | grep CONFIG_HIGH_RES_TI MERS；。
- 查看 cat /proc/timer_list 或 cat /proc/timer_list | grep resolution 的结果。.resolution 项必须显示 1 nsecs，事件处理程序必须显示 hrtimer_interrupts。
- 使用 clock_getres 系统调用。
- 在内核代码中，使用#ifdef CONFIG_HIGH_RES_TIMERS。

在系统启用 HRT 的情况下，睡眠和定时器系统调用的精度不再依赖于 jiffies，但它们会像 HRT 一样精确。这就是有些系统不支持 nanosleep() 之类的原因。

3.4.3　动态 Tick/Tickless 内核

使用之前的 HZ 选项，即使处于空闲状态，内核也会每秒中断 HZ 次以再次调度任务。如果将 HZ 设置为 1000，则每秒会有 1000 次内核中断，阻止 CPU 长时间处于空闲状态，因此影响 CPU 的功耗。

现在来看一看无固定或预定义 Tick 的内核，这些内核中，在需要执行某些任务之前禁用 Tick。这样的内核称为 Tickless（无 Tick）内核。实际上，Tick 激活是依据下一个操作安排的，其正确的名字应该是动态 Tick 内核。内核负责系统中的任务调度，并维护可运行任务列表（运行队列）。当没有任务需要调度时，调度器切换到空闲线程，它启用动态 Tick 的方法是，在下一个定时器过期前（新任务排队等待处理），禁用周期性 Tick。

内核内部还维护一个任务超时列表（它知道什么时候要睡眠以及睡眠多久）。在空闲状态下，如果下一个 Tick 比任务列表超时中的最小超时更远，内核则使用该超时值对定时器进行编程。当定时器到期时，内核重新启用周期 Tick 并调用调度器，它调度与超时相关的任务。通过以上方式，Tickless 内核移除周期性 Tick，节省电量。

3.4.4　内核中的延迟和睡眠

延迟有两种类型，取决于代码运行的上下文：原子的或非原子的。处理内核延迟需要包含的头文件是#include <linux/delay.h>。

1. 原子上下文

原子上下文中的任务（如 ISR）不能进入睡眠状态，无法进行调度。这就是原子上下文延迟必须使用繁忙—等待循环的原因。内核提供 Xdelay 系列函数，在繁忙循环中消耗足够长的时间（基于 jiffies），得到所需的延迟。

- ndelay(unsigned long nsecs)。
- udelay(unsigned long usecs)。
- mdelay(unsigned long msecs)。

应该始终使用 udelay()，因为 ndelay() 的精度取决于硬件定时器的精度（嵌入式 SOC 不一定如此）。不建议使用 mdelay()。

定时器处理程序（回调）在原子上下文中执行，这意味着根本不允许进入睡眠。这指的是可能导致调用程序进入睡眠的所有功能，如分配内存、锁定互斥锁、显式调用 sleep() 函数等。

2. 非原子上下文

在非原子上下文中，内核提供 sleep[_range]系列函数，使用哪个函数取决于需要延迟多长时间。

- udelay(unsigned long usecs)：基于繁忙—等待循环。如果需要睡眠数微秒（小于等于 10 us 左右），则应该使用该函数。
- usleep_range(unsigned long min, unsigned long max)：依赖于 hrtimer，睡眠数微秒到数毫秒（10 us～20 ms）时建议使用它，避免使用 udelay()的繁忙—等待循环。
- msleep(unsigned long msecs)：由 jiffies/传统定时器支持。对于数毫秒以上的长睡眠（10 ms+）请使用该函数。

> 内核源文档 Documentation/timers/timers-howto.txt 中详细解释了睡眠和延迟相关的主题。

3.5　内核的锁机制

锁机制有助于不同线程或进程之间共享资源。共享资源可以是数据或设备，它们至少能够被两个用户同时或非同时访问。锁机制可防止过度访问，例如，当一个进程在读取数据时，另一个进程要在同一个地方写入数据，或者两个进程访问同一设备（如相同的 GPIO）。内核提供了几种锁机制。

- 互斥锁。
- 信号量。
- 自旋锁。

这里只介绍互斥锁和自旋锁，因为它们在设备驱动程序中被广泛使用。

3.5.1　互斥锁

Mutex（互斥锁）是较常用的锁机制。为了理解它是如何工作的，来看一看它在 include/linux/mutex.h 中的结构定义：

```
struct mutex {
    /* 1: 解锁, 0: 锁定, negative: 锁定, 可能的等待 */
    atomic_t count;
    spinlock_t wait_lock;
    struct list_head wait_list;
```

```
    [...]
};
```

正如在 3.3.1 节中所看到的，其结构中有一个链表类型字段：wait_list，睡眠的原理是一样的。

竞争者从调度器的运行队列中删除，放入处于睡眠状态的等待链表（wait_list）中。然后内核调度并执行其他任务。当锁被释放时，等待队列中的等待者被唤醒，从 wait_list 移出，然后重新被调度。

互斥锁 API

使用互斥锁只需要几个基本的函数。

（1）声明

● 静态声明：

```
DEFINE_MUTEX(my_mutex);
```

● 动态声明：

```
struct mutex my_mutex;
mutex_init(&my_mutex);
```

（2）获取与释放

● 锁定：

```
void mutex_lock(struct mutex *lock);
int  mutex_lock_interruptible(struct mutex *lock);
int  mutex_lock_killable(struct mutex *lock);
```

● 解锁：

```
void mutex_unlock(struct mutex *lock);
```

有时，可能需要检查互斥锁是否锁定。为此使用 int mutex_is_locked(struct mutex *lock) 函数：

```
int mutex_is_locked(struct mutex *lock);
```

这个函数只是检查互斥锁的所有者是否为空（NULL）。还有一个函数 mutex_trylock，如果还没有锁定，则它获取互斥锁，并返回 1；否则返回 0。

```
int mutex_trylock(struct mutex *lock);
```

与等待队列的可中断系列函数一样，建议使用 mutex_lock_interruptible()，它使驱动程序可以被所有信号中断，而对于 mutex_lock_killable()，只有杀死进程的信号才能中断驱动程序。

调用 mutex_lock() 时要非常小心，只有能够保证无论在什么情况下互斥锁都会释放时才可以使用它。在用户上下文中，建议始终使用 mutex_lock_ interruptible() 来获取互斥锁，因为 mutex_lock() 即使收到信号（甚至是 Ctrl＋C 组合键），也不会返回。

下面是互斥锁实现的例子：

```
struct mutex my_mutex;
mutex_init(&my_mutex);

/* 在工作或线程内部*/
mutex_lock(&my_mutex);
access_shared_memory();
mutex_unlock(&my_mutex);
```

请查看内核源码中的 include/linux/mutex.h，了解使用互斥锁必须严格遵守的规则。下面是其中的一些。

- 一次只能有一个任务持有互斥锁；这其实不是规则，而是事实。
- 多次解锁是不允许的。
- 它们必须通过 API 初始化。
- 持有互斥锁的任务可能不会退出，因为互斥锁将保持锁定，可能的竞争者会永远等待（将睡眠）。
- 不能释放锁所在的内存区。
- 持有的互斥锁不得重新初始化。
- 由于它们涉及重新调度，因此互斥锁不能用在原子上下文中，如 Tasklet 和定时器。

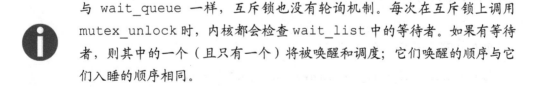

与 wait_queue 一样，互斥锁也没有轮询机制。每次在互斥锁上调用 mutex_unlock 时，内核都会检查 wait_list 中的等待者。如果有等待者，则其中的一个（且只有一个）将被唤醒和调度；它们唤醒的顺序与它们入睡的顺序相同。

3.5.2 自旋锁

像互斥锁一样，自旋锁也是互斥机制，它只有两种状态。

- 锁定（已获取）。

- 解锁（已释放）。

需要获取自旋锁的所有线程都会激活循环，直到获得该锁为止（退出循环）。这是互斥锁和自旋锁的不同之处。由于自旋锁在循环过程中会大量消耗 CPU，因此在可以快速获取时再应该使用它，尤其是当持有自旋锁的时间比重新调度时间少时。一旦关键任务完成，自旋锁就应该被释放。

为了避免因为调度可能自旋的线程而浪费 CPU，可以尝试获取从运行队列移出的其他线程持有的锁，只要持有自旋锁的代码正在运行，内核就会禁止抢占。禁止抢占可以防止自旋锁持有者被移出运行队列，这会导致等待进程长时间自旋而消耗 CPU。

只要有一个任务持有自旋锁，其他任务就可能在等待的时候自旋。用自旋锁时，必须确保不会长时间持有它。可能有人会说在循环中自旋所浪费 CPU 时间，比线程进入睡眠，上下文切换到其他线程或进程，然后再唤醒所浪费的 CPU 更好一些。在一个处理器上自旋意味着在该处理器上不能再运行其他任何任务；在单核机器上使用自旋锁是没有任何意义的。最佳情况下，系统可能会变慢，最糟情况下，和互斥锁一样会造成死锁。正是因为这个原因，内核在处理单个处理器上的 spin_lock(spinlock_t *lock) 调用时将禁止抢占。在单个处理器（核）系统上，应该使用 spin_lock_irqsave() 和 spin_unlock_ irqrestore()，它们分别禁用处理器上中断，防止中断并发。

由于事先并不知道所写驱动程序运行在什么系统上，因此建议使用 spin_lock_irqsave (spinlock_t *lock, unsigned long flags) 获取自旋锁，该函数会在获取自旋锁之前，禁止当前处理器（调用该函数的处理器）上中断。spin_lock_irqsave 在内部调用 local_irq_save (flags) 和 preempt_disable()，前者是一个依赖于体系结构的函数，用于保存 IRQ 状态，后者禁止在相关 CPU 上发生抢占。然后应该用 spin_unlock_irqrestore() 释放锁，它执行的操作与我们前面列举的相反。下面代码实现锁的获取和释放，这是 IRQ 处理程序，但我们只关注锁方面。3.6 节将更详细地讨论 IRQ 处理程序：

```
spinlock_t my_spinlock;
spin_lock_init(my_spinlock);

static irqreturn_t my_irq_handler(int irq, void *data)
{
    unsigned long status, flags;

    spin_lock_irqsave(&my_spinlock, flags);
    status = access_shared_resources();
```

```
        spin_unlock_irqrestore(&gpio->slock, flags);
        return IRQ_HANDLED;
}
```

自旋锁与互斥锁的比较

自旋锁和互斥锁用于处理内核中并发访问，它们有各自的使用对象。
- 互斥锁保护进程的关键资源，而自旋锁保护 IRQ 处理程序的关键部分。
- 互斥锁让竞争者在获得锁之前睡眠，而自旋锁在获得锁之前一直自旋循环（消耗 CPU）。
- 鉴于上一点，自旋锁不能长时间持有，因为等待者在等待取锁期间会浪费 CPU 时间；而互斥锁则可以长时间持有，只要保护资源需要，因为竞争者被放入等待队列中进入睡眠状态。

> 当处理自旋锁时，请牢记：只是持有自旋锁线程抢占被禁止，而自旋锁的等待者没有禁止抢占。

3.6 工作延迟机制

延迟是将所要做的工作安排在将来执行的一种方法，这种方法推后发布操作。显然，内核提供了一些功能来实现这种机制；它允许延迟调用和执行任何类型函数。下面是内核中的 3 项功能。
- SoftIRQ：执行在原子上下文。
- Tasklet：执行在原子上下文。
- 工作队列：执行在进程上下文。

3.6.1 Softirq 和 Ksoftirqd

Softirq（软中断或软件中断）这种延迟机制仅用于快速处理，因为它在禁用的调度器（在中断上下文中）下运行。很少（几乎从不）直接使用 Softirq，只有网络和块设备子系统使用 Softirq。Tasklet 是 Softirq 的实例，几乎每种需要使用 Softirq 的情况，有 Tasklet 就足够了。

在大多数情况下，Softirq 在硬件中断中被调度，这些中断发生很快，快过对它们的服务速度，内核会对它们排队以便稍后处理。Ksoftirqd 负责后期执行（进程上下文）。Ksoftirqd 是单 CPU 内核线程，用于处理未服务的软件中断，如图 3-1 所示。

```
jma@jma:~$ top

top - 16:24:48 up 22:21,  1 user,  load average: 0,60, 0,65, 0,58
Tasks: 315 total,   1 running, 314 sleeping,    0 stopped,    0 zombie
%Cpu(s):  1,2 us,  5,9 sy,  0,0 ni, 92,9 id,  0,0 wa,  0,0 hi,  0,0 si,  0,0 st
KiB Mem : 16328448 total,  4970168 free,  1947672 used.  9410608 buff/cache
KiB Swap: 16672764 total, 16622644 free,    50120 used.  7623576 avail Mem

  PID USER      PR  NI    VIRT    RES    SHR S  %CPU %MEM     TIME+ COMMAND
31795 jma       20   0 8058284 6,381g 6,188g S  42,9 41,0  45:11.31 vmware-vmx
 1206 root      20   0  424440 181272  61612 S   4,3  1,1  32:36.91 Xorg
 2304 jma       20   0 1757216 335860  63464 S   2,7  2,1  19:28.33 compiz
29216 jma       20   0  755508 240316  89356 S   2,3  1,5   3:02.26 skype
32554 jma       20   0  657824  38472  28796 S   1,0  0,2   0:01.79 gnome-terminal-
 1224 root     -51   0       0      0      0 S   0,7  0,0   6:17.17 irq/139-nvidia
  531 root     -51   0       0      0      0 S   0,3  0,0   0:11.80 irq/141-iwlwifi
 2987 jma       20   0   42092   4104   3200 R   0,3  0,0   0:00.03 top
30410 jma       20   0 1014808 105680  67860 S   0,3  0,6   0:09.12 vmplayer
31893 jma       20   0   93624   8380   6560 S   0,3  0,1   0:00.39 thnuclnt
    1 root      20   0  120004   5556   3700 S   0,0  0,0   0:02.10 systemd
    2 root      20   0       0      0      0 S   0,0  0,0   0:00.03 kthreadd
    3 root      20   0       0      0      0 S   0,0  0,0   0:00.06 ksoftirqd/0
    5 root       0 -20       0      0      0 S   0,0  0,0   0:00.00 kworker/0:0H
    7 root      20   0       0      0      0 S   0,0  0,0   1:51.71 rcu_sched
    8 root      20   0       0      0      0 S   0,0  0,0   0:00.00 rcu_bh
    9 root      rt   0       0      0      0 S   0,0  0,0   0:00.05 migration/0
   10 root      rt   0       0      0      0 S   0,0  0,0   0:00.30 watchdog/0
   11 root      rt   0       0      0      0 S   0,0  0,0   0:00.28 watchdog/1
   12 root      rt   0       0      0      0 S   0,0  0,0   0:00.04 migration/1
   13 root      20   0       0      0      0 S   0,0  0,0   0:00.05 ksoftirqd/1
   15 root       0 -20       0      0      0 S   0,0  0,0   0:00.00 kworker/1:0H
   16 root      rt   0       0      0      0 S   0,0  0,0   0:00.27 watchdog/2
   17 root      rt   0       0      0      0 S   0,0  0,0   0:00.04 migration/2
   18 root      20   0       0      0      0 S   0,0  0,0   0:00.04 ksoftirqd/2
   20 root       0 -20       0      0      0 S   0,0  0,0   0:00.00 kworker/2:0H
   21 root      rt   0       0      0      0 S   0,0  0,0   0:00.29 watchdog/3
   22 root      rt   0       0      0      0 S   0,0  0,0   0:00.03 migration/3
   23 root      20   0       0      0      0 S   0,0  0,0   0:00.06 ksoftirqd/3
   25 root       0 -20       0      0      0 S   0,0  0,0   0:00.00 kworker/3:0H
   26 root      rt   0       0      0      0 S   0,0  0,0   0:00.26 watchdog/4
   27 root      rt   0       0      0      0 S   0,0  0,0   0:00.05 migration/4
   28 root      20   0       0      0      0 S   0,0  0,0   0:00.02 ksoftirqd/4
   30 root       0 -20       0      0      0 S   0,0  0,0   0:00.00 kworker/4:0H
   31 root      rt   0       0      0      0 S   0,0  0,0   0:00.27 watchdog/5
   32 root      rt   0       0      0      0 S   0,0  0,0   0:00.06 migration/5
   33 root      20   0       0      0      0 S   0,0  0,0   0:00.04 ksoftirqd/5
   35 root       0 -20       0      0      0 S   0,0  0,0   0:00.00 kworker/5:0H
   36 root      rt   0       0      0      0 S   0,0  0,0   0:00.24 watchdog/6
   37 root      rt   0       0      0      0 S   0,0  0,0   0:00.05 migration/6
   38 root      20   0       0      0      0 S   0,0  0,0   0:00.02 ksoftirqd/6
   40 root       0 -20       0      0      0 S   0,0  0,0   0:00.00 kworker/6:0H
   41 root      rt   0       0      0      0 S   0,0  0,0   0:00.24 watchdog/7
   42 root      rt   0       0      0      0 S   0,0  0,0   0:00.05 migration/7
   43 root      20   0       0      0      0 S   0,0  0,0   0:00.02 ksoftirqd/7
   45 root       0 -20       0      0      0 S   0,0  0,0   0:00.00 kworker/7:0H
   46 root       0 -20       0      0      0 S   0,0  0,0   0:00.00 kdevtmpfs
   47 root       0 -20       0      0      0 S   0,0  0,0   0:00.00 netns
   48 root       0 -20       0      0      0 S   0,0  0,0   0:00.00 perf
   49 root      20   0       0      0      0 S   0,0  0,0   0:00.06 khungtaskd
   50 root       0 -20       0      0      0 S   0,0  0,0   0:00.00 writeback
   51 root      25   5       0      0      0 S   0,0  0,0   0:00.00 ksmd
   52 root      39  19       0      0      0 S   0,0  0,0   0:00.85 khugepaged
   53 root       0 -20       0      0      0 S   0,0  0,0   0:00.00 crypto
   54 root       0 -20       0      0      0 S   0,0  0,0   0:00.00 kintegrityd
   55 root       0 -20       0      0      0 S   0,0  0,0   0:00.00 bioset
   56 root       0 -20       0      0      0 S   0,0  0,0   0:00.00 kblockd
   57 root       0 -20       0      0      0 S   0,0  0,0   0:00.00 ata_sff
   58 root       0 -20       0      0      0 S   0,0  0,0   0:00.00 md
   59 root       0 -20       0      0      0 S   0,0  0,0   0:00.00 devfreq_wq
   63 root      20   0       0      0      0 S   0,0  0,0   0:02.30 kswapd0
   64 root       0 -20       0      0      0 S   0,0  0,0   0:00.00 vmstat
   65 root       0 -20       0      0      0 S   0,0  0,0   0:00.00 fsnotify_mark
   66 root      20   0       0      0      0 S   0,0  0,0   0:00.00 ecryptfs-kthrea
   82 root       0 -20       0      0      0 S   0,0  0,0   0:00.00 kthrotld
   83 root       0 -20       0      0      0 S   0,0  0,0   0:00.00 acpi_thermal_pm
   86 root       0 -20       0      0      0 S   0,0  0,0   0:00.00 bioset
   87 root       0 -20       0      0      0 S   0,0  0,0   0:00.00 bioset
   88 root       0 -20       0      0      0 S   0,0  0,0   0:00.00 bioset
```

图 3-1　top 显示 Softirqd

　　图 3-1 是在我个人计算机执行 top 命令的显示结果，可以看到 ksoftirqd/n 项，其中 n 是运行 Ksoftirqd 的 CPU 编号。CPU 资源被 Ksoftirqd 大量消耗，说明系统过载或

处于中断风暴下，这从来都不是好事。可以看一下 `kernel/softirq.c` 了解 Ksoftirqd 是如何设计的。

3.6.2 Tasklet

Tasklet 构建在 Softirq 之上的下半部（稍后将会看到这意味着什么）机制。它们在内核中表示为 `struct tasklet_struct` 的实例：

```
struct tasklet_struct
{
    struct tasklet_struct *next;
    unsigned long state;
    atomic_t count;
    void (*func)(unsigned long);
    unsigned long data;
};
```

Tasklet 本质上是不可再入的。如果代码执行期间随处可中断，并且之后能够被再次安全地调用，就称其为可再入。这样设计 Tasklet 使其只能运行在一个 CPU 上（即使是在 SMP 系统上），也就是调度它的 CPU。不同的 Tasklet 可以同时运行在不同的 CPU 上。Tasklet API 非常简单直观。

1. 声明 Tasklet

● 动态声明

```
void tasklet_init(struct tasklet_struct *t,
        void (*func)(unsigned long),  unsigned long data);
```

● 静态声明

```
DECLARE_TASKLET( tasklet_example, tasklet_function, tasklet_data );
DECLARE_TASKLET_DISABLED(name, func, data);
```

这两个函数有一个区别，前者创建的 Tasklet 已经启用，并准备好在没有任何其他函数调用的情况下被调度，这通过将 count 字段设置为 0 来实现；而后者创建的 Tasklet 被禁用（通过将 count 设置为 1 来实现），必须在其上调用 `tasklet_enable ()` 之后，才可以调度这一 Tasklet：

```
#define DECLARE_TASKLET(name, func, data) \
    struct tasklet_struct name = { NULL, 0, ATOMIC_INIT(0), func, data }
```

```
#define DECLARE_TASKLET_DISABLED(name, func, data) \
    struct tasklet_struct name = { NULL, 0, ATOMIC_INIT(1), func, data }
```

在全局范围内，将 count 字段设置为 1 意味着 Tasklet 被禁用，此时不能执行，而非零值的意义则正好相反。

2. 启用和禁用 Tasklet

下面的函数启用 Tasklet：

```
void tasklet_enable(struct tasklet_struct *);
```

tasklet_enable 只是启用该 Tasklet。在较早的内核版本中，可能使用 void tasklet_hi_enable(struct tasklet_struct *)，但这两个函数的作用完全相同。要禁用 Tasklet，请调用：

```
void tasklet_disable(struct tasklet_struct *);
```

也可以调用：

```
void tasklet_disable_nosync(struct tasklet_struct *);
```

tasklet_disable 将禁用 Tasklet，并且仅在这一 Tasklet 终止其执行（如果它正在运行的话）后返回，而 tasklet_disable_nosync 将立即返回，即使 Tasklet 还没有终止。

3.6.3　Tasklet 调度

有两个 Tasklet 调度函数，具体取决于 Tasklet 是具有正常优先级还是更高的优先级：

```
void tasklet_schedule(struct tasklet_struct *t);
void tasklet_hi_schedule(struct tasklet_struct *t);
```

内核把普通优先级和高优先级的 Tasklet 维护在两个不同的链表中。tasklet_schedule 将 Tasklet 添加到普通优先级链表中，用 TASKLET_SOFTIRQ 标志调度相关的 Softirq。tasklet_hi_schedule 将 Tasklet 添加到高优先级链表中，并用 HI_SOFTIRQ 标志调度相关的 Softirq。高优先级 Tasklet 旨在用于具有低延迟要求的软中断处理程序。下面是与 Tasklet 相关的一些特点。

- 在已经被调度但尚未开始执行的 Tasklet 上调用 tasklet_schedule 将不会执

行任何操作，该 Tasklet 最终也仅执行一次。

- 可以在 Tasklet 中调用 `tasklet_schedule`,这意味着 Tasklet 可以重新调度自己。
- 高优先级的 Tasklet 总是在正常优先级的 Tasklet 之前执行。滥用高优先级任务会增加系统延迟。一定要在真正需要快速执行时再使用它们。

调用函数 tasklet_kill 可以停止 Tasklet,这个函数的主要作用是防止 Tasklet 再次运行,或者该 Tasklet 当前计划运行时，会等待其执行完成后再杀掉它。

```
void tasklet_kill(struct tasklet_struct *t);
```

请看下面的例子：

```
#include <linux/kernel.h>
#include <linux/module.h>
#include <linux/interrupt.h>      /* Tasklet API */

char tasklet_data[]="We use a string; but it could be pointer to a
structure";

/* Tasklet 处理程序，只打印数据 */
void tasklet_work(unsigned long data)
{
    printk("%s\n", (char *)data);
}

DECLARE_TASKLET(my_tasklet, tasklet_work, (unsigned long)
tasklet_data);

static int __init my_init(void)
{
    /*
     * 安排处理程序
     * 从中断处理程序调度 Tasklet arealso
     */
    tasklet_schedule(&my_tasklet);
    return 0;
}

void my_exit(void)
{
    tasklet_kill(&my_tasklet);
}

module_init(my_init);
```

```
module_exit(my_exit);
MODULE_AUTHOR("John Madieu <john.madieu@gmail.com>");
MODULE_LICENSE("GPL");
```

3.6.4　工作队列

工作队列是从 Linux 内核 2.6 版本开始增加的，这是一种最常用、最简单的延迟机制。这也是本章要讨论的最后一个主题。作为延迟机制，工作队列采用的方法与我们之前介绍的方法相反，它只能运行在抢占上下文中。如果需要在中断下半部睡眠，工作队列则是唯一的选择（3.7 节将介绍什么是下半部）。睡眠是指处理 I/O 数据、持有互斥锁、延迟，以及可能导致睡眠或将任务移出运行队列的所有其他任务。

请记住，工作队列构建在内核线程上，这就是不把内核线程作为延迟机制来讨论的原因。然而，内核有两种方法可以处理工作队列。一种方法是默认的共享工作队列，由一组内核线程处理，每个内核线程运行在一个 CPU 上。一旦有工作任务需要调度，就使该工作到全局工作队列中排队，它将在适当的时候执行。另一种方法是在专用内核线程内运行工作队列。这意味着无论何时需要执行工作队列处理程序，都会唤醒专用的内核线程来处理它，而不是默认的预定义线程之一。

处理工作队列要调用的结构和函数是不同的，具体取决于选择共享工作队列还是专用工作队列。

1.　内核全局工作队列——共享队列

除非别无选择，或者需要关键性能，又或者需要控制从工作队列初始化到工作调度的每个细节，否则，如果只是偶尔提交任务，则应使用内核提供的共享工作队列。这种队列被整个系统共享，可以但不应该长时间独占该队列。

由于队列上挂起的任务在每个 CPU 上是串行执行的，因此任务不应该长时间睡眠。因为在它唤醒之前，该队列上的其他任务都无法运行，一个任务甚至不知道它和哪些任务共享工作队列，所以任务可能需要较长时间才能得到 CPU。共享工作队列中的工作由每个 CPU 上内核创建的 events/n 线程执行。

在这种情况下，工作也必须用 INIT_WORK 宏来初始化。由于接下来要使用共享工作队列，因此不需要创建工作队列结构。只需要使用 work_struct 结构，并把它作为参数传递。有 4 个函数可以调度共享工作队列上的工作。

● 这个版本把工作绑定到当前 CPU：

```
int schedule_work(struct work_struct *work);
```

● 这个版本同样把工作绑定到当前 CPU 但延迟执行：

```
static inline bool schedule_delayed_work(struct delayed_work
*dwork,unsigned long delay)
```

● 这个函数实际调度指定 CPU 上的工作：

```
int schedule_work_on(int cpu, struct work_struct *work);
```

● 和前一个函数一样，但延迟执行：

```
int scheduled_delayed_work_on(int cpu, struct delayed_work *dwork,
unsigned long delay);
```

所有这些函数所调度的工作都是作为参数传递给系统共享队列 system_wq，它在 kernel/workqueue.c 中定义：

```
struct workqueue_struct *system_wq __read_mostly;
EXPORT_SYMBOL(system_wq);
```

已经提交到共享队列的工作可以通过函数 cancel_delayed_work 取消，调用下面的函数可以刷新共享队列：

```
void flush_scheduled_work(void);
```

由于这个队列被整个系统所共享，因此在 flush_scheduled_work() 返回之前不可能知道它会持续多长时间：

```
#include <linux/module.h>
#include <linux/init.h>
#include <linux/sched.h>          /* 睡眠 */
#include <linux/wait.h>           /* 等待列队 */
#include <linux/time.h>
#include <linux/delay.h>
#include <linux/slab.h>           /* kmalloc() */
#include <linux/workqueue.h>

//static DECLARE_WAIT_QUEUE_HEAD(my_wq);
static int sleep = 0;

struct work_data {
    struct work_struct my_work;
    wait_queue_head_t my_wq;
    int the_data;
```

```
};

static void work_handler(struct work_struct *work)
{
    struct work_data *my_data = container_of(work, \
                                    struct work_data, my_work);
    printk("Work queue module handler: %s, data is %d\n", __FUNCTION__,
my_data->the_data);
    msleep(2000);
    wake_up_interruptible(&my_data->my_wq);
    kfree(my_data);
}

static int __init my_init(void)
{
    struct work_data * my_data;

    my_data = kmalloc(sizeof(struct work_data), GFP_KERNEL);
    my_data->the_data = 34;

    INIT_WORK(&my_data->my_work, work_handler);
    init_waitqueue_head(&my_data->my_wq);

    schedule_work(&my_data->my_work);
    printk("I'm going to sleep ...\n");
    wait_event_interruptible(my_data->my_wq, sleep != 0);
    printk("I am Waked up...\n");
    return 0;
}

static void __exit my_exit(void)
{
    printk("Work queue module exit: %s %d\n", __FUNCTION__, __LINE__);
}

module_init(my_init);
module_exit(my_exit);
MODULE_LICENSE("GPL");
MODULE_AUTHOR("John Madieu <john.madieu@gmail.com> ");
MODULE_DESCRIPTION("Shared workqueue");
```

 为了把数据传递给工作队列处理程序，有两个例子都把 work_struct 结构嵌入自定义的数据结构中，并使用 container_of 来检索它，这是一种把数据传递给工作队列处理程序的通用方法。

2. 专用工作队列

这里，工作队列代表 `struct workqueue_struct` 的实例，在工作队列中排队的工作表示为 `struct work_struct` 的实例。在内核线程中调度工作之前需要执行以下 4 步。

（1）声明/初始化 `struct workqueue_struct`。

（2）创建工作函数。

（3）创建 `struct work_struct`，这样就可以把工作函数嵌入 `work_struct` 中。

（4）把工作函数嵌入 `work_struct` 中。

下面的函数定义在 `include/linux/workqueue.h` 内。

● 声明工作和工作队列：

```
struct workqueue_struct *myqueue;
struct work_struct thework;
```

● 定义工作函数（处理程序）：

```
void dowork(void *data) {  /*代码*/ };
```

● 初始化工作队列，把工作内嵌到工作队列中：

```
myqueue = create_singlethread_workqueue( "mywork" );
INIT_WORK( &thework, dowork, <data-pointer> );
```

也可以通过宏 `create_workqueue` 创建工作队列。`create_workqueue` 和 `create_singlethread_workqueue` 之间的不同在于，前者将创建工作队列，该队列会在每个可用的处理器上创建单独的内核线程。

● 调度工作：

```
queue_work(myqueue, &thework);
```

延迟指定时间后到指定的工作现场排队：

```
queue_dalayed_work(myqueue, &thework, <delay>);
```

如果该工作已经在队列内，则这些函数返回 `false`；否则返回 `true`。delay 表示入队之前等待的 jiffy 数，可以使用辅助函数 `msecs_to_jiffies` 把标准 ms 延迟转换为 jiffy。例如，要让工作在 5 ms 后入队，则可以使用 `queue_delayed_ work(myqueue, &thework, msecs_to_jiffies(5));`。

● 在指定队列上等待所有挂起的工作：

```
void flush_workqueue(struct workqueue_struct *wq)
```

在所有排队的工作都执行完成后，flush_workqueue 睡眠。新进（入队）工作对该睡眠没有影响，通常使用这种方法关闭处理程序。

● 清理。

使用 cancel_work_sync() 或者 cancel_delayed_work_sync() 同步取消，它们将取消还没有运行的工作，或者阻塞直到工作完成。即使是工作自身再次入队，它也会被取消。还必须确保在处理程序返回之前不会销毁上次排队的工作队列。下面这些函数分别用于非延迟或延迟工作：

```
int cancel_work_sync(struct work_struct *work);
int cancel_delayed_work_sync(struct delayed_work *dwork);
```

从 Linux v4.8 内核以后，可以使用 cancel_work 或者 cancel_delayed_work 实现异步取消。必须检查函数的返回值是否是 true。确保工作自身没有再次入队，之后必须显式刷新工作队列：

```
if ( !cancel_delayed_work( &thework) ){
flush_workqueue(myqueue);
destroy_workqueue(myqueue);
}
```

下面是另外一种为所有处理器创建单独线程的方法。如果需要在入队之前有一定的延迟，可以使用下面的工作初始化宏定义：

```
INIT_DELAYED_WORK(_work, _func);
INIT_DELAYED_WORK_DEFERRABLE(_work, _func);
```

使用前面这些宏意味着应该使用下面的函数在工作队列中入队或者调度：

```
int queue_delayed_work(struct workqueue_struct *wq,
            struct delayed_work *dwork, unsigned long delay)
```

queue_work 把工作绑定到当前 CPU 上，也可以使用函数 queue_work_on 指定运行处理程序的 CPU：

```
int queue_work_on(int cpu, struct workqueue_struct *wq,
                struct work_struct *work);
```

对延迟的工作，可以使用下面的函数：

```
int queue_delayed_work_on(int cpu, struct workqueue_struct *wq,
    struct delayed_work *dwork, unsigned long delay);
```

下面是一个使用专用工作队列的例子：

```c
#include <linux/init.h>
#include <linux/module.h>
#include <linux/workqueue.h>          /*工作队列*/
#include <linux/slab.h>               /*kmalloc()*/

struct workqueue_struct *wq;
struct work_data {
    struct work_struct my_work;
    int the_data;
};
static void work_handler(struct work_struct *work)
{
    struct work_data * my_data = container_of(work,
                                    struct work_data, my_work);
    printk("Work queue module handler: %s, data is %d\n",
        __FUNCTION__, my_data->the_data);
    kfree(my_data);
}

static int __init my_init(void)
{
    struct work_data * my_data;

    printk("Work queue module init: %s %d\n",
            __FUNCTION__, __LINE__);
    wq = create_singlethread_workqueue("my_single_thread");
    my_data = kmalloc(sizeof(struct work_data), GFP_KERNEL);

    my_data->the_data = 34;
    INIT_WORK(&my_data->my_work, work_handler);
    queue_work(wq, &my_data->my_work);
    return 0;
}

static void __exit my_exit(void)
{
    flush_workqueue(wq);
    destroy_workqueue(wq);
    printk("Work queue module exit: %s %d\n",
                __FUNCTION__, __LINE__);
}

module_init(my_init);
```

```
module_exit(my_exit);
MODULE_LICENSE("GPL");
MODULE_AUTHOR("John Madieu <john.madieu@gmail.com>");
```

3. 预定义（共享的）工作队列和标准工作队列函数

预定义工作队列在文件 kernel/workqueue.c 中这样定义：

```
struct workqueue_struct *system_wq __read_mostly;
```

它只不过是标准工作，内核为其提供的自定义 API 只是对标准 API 的简单包装。内核预定义工作队列函数和标准工作队列函数之间的比较如表 3-1 所示。

表 3-1　　　　　　　内核预定义工作队列函数和标准工作队列函数的比较

预定义工作队列函数	标准工作队列函数
schedule_work(w)	queue_work(keventd_wq,w)
schedule_delayed_work(w,d)	queue_delayed_work(keventd_wq,w,d)（在任意 CPU）
schedule_delayed_work_on(cpu,w,d)	queue_delayed_work(keventd_wq,w,d)（在指定 CPU）
flush_scheduled_work()	flush_workqueue(keventd_wq)

3.6.5　内核线程

工作队列运行在内核线程上。使用工作队列时已经使用了内核线程，所以这里不再过多讨论内核线程。

3.7　内核中断机制

中断是设备中止内核的一种方法，告诉内核发生了有趣或重要的事情。这些在 Linux 系统上被称作 IRQ。中断的主要优点是避免对设备的轮询，由设备上报自身状态的改变，而不是由内核去轮询设备状态。

为获取中断通知，需要注册到 IRQ，提供一个称作中断处理程序的函数，在每次中断发生的时候，将调用这个函数。

3.7.1　注册中断处理程序

可以注册一个回调函数，当感兴趣的中断（或中断线）发生时运行它。这可以通过函数 request_irq()实现，该函数在<linux/interrupt.h>中声明：

```
int request_irq(unsigned int irq, irq_handler_t handler,
    unsigned long flags, const char *name, void *dev)
```

request_irq()可能会失败，成功则返回 0。下面详细说明该函数中的一些元素。

- flags：这是一些位掩码，定义在<linux/interrupt.h>中。常用的掩码值如下。

  ➤ IRQF_TIMER：通知内核这个处理程序是由系统定时器中断触发的。

  ➤ IRQF_SHARED：用于两个或多个设备共享的中断线。共享这个中断线的所有设备都必须设置该标志。如果被忽略，将只能为该中断线注册一个处理程序。

  ➤ IRQ_ONESHOT：主要在线程中断中使用，它要求内核在硬中断处理程序没有完成之前，不要重新启用该中断。在线程处理程序运行之前，中断会一直保持禁用状态。

  ➤ 在早期内核版本（v2.6.35 之前）中，还有 IRQF_DISABLED 标志，它请求内核在中断处理过程中禁用所有中断。这个标志位现在不再使用。

- name：内核用来标识/proc/interrupts 和/proc/irq 中的驱动程序。

- dev：其主要用途是作为参数传递给中断处理程序，这对每个中断处理程序都是唯一的，因为它用来标识这个设备。对于非共享中断，它可以是 NULL，但共享中断不能为 NULL。使用它的常见方法是提供设备结构，因为它既独特，又可能对处理程序有用。也就是说，指向有一个指向设备数据结构的指针就足够了。

```
struct my_data {
    struct input_dev *idev;
    struct i2c_client *client;
    char name[64];
    char phys[32];
};
static irqreturn_t my_irq_handler(int irq, void *dev_id)
{
    struct my_data *md = dev_id;
    unsigned char nextstate = read_state(lp);
    /* Check whether my device raised the irq or no */
    [...]
    return IRQ_HANDLED;
}
/* 在 probe 函数的某些位置 */
int ret;
struct my_data *md;
```

```
md = kzalloc(sizeof(*md), GFP_KERNEL);
ret = request_irq(client->irq, my_irq_handler,
                  IRQF_TRIGGER_LOW | IRQF_ONESHOT,
                  DRV_NAME, md);
/* 在释放函数中*/
free_irq(client->irq, md);
```

● handler：这是在中断发生时运行的回调函数。中断处理程序的结构如下：

```
static irqreturn_t my_irq_handler(int irq, void *dev)
```

它包含下面的代码元素。

➤ irq：IRQ 数值（与 request_irq 中的作用相同）。

➤ dev：和 reqeust_irq 中的 dev 作用相同。

这两个参数由内核传递给中断处理程序。中断处理程序只有两个返回值，这取决于设备是否发起 IRQ。

● IRQ_NONE：设备不是中断的发起者（在共享中断线上尤其会出现这种情况）。

● IRQ_HANDLED：设备引发中断。

根据处理的不同，可以使用 IRQ_RETVAL(val) 宏，如果值为非零，则返回 IRQ_HANDLED；否则返回 IRQ_NONE。

 编写中断处理程序时，不必担心重入问题，为了避免中断嵌套，所有处理器上的中断处理程序服务的中断线均被内核禁用。

释放已经注册的中断处理程序的相关函数如下：

```
void free_irq(unsigned int irq, void *dev)
```

如果指定的 IRQ 不是共享的，那么 free_irq 不会删除中断处理程序，而仅仅是禁用中断线。如果 IRQ 是共享的，则只有删除通过 dev（应该与 request_irq 中使用的相同）确定的中断处理程序，但是中断线依然保留，直到最后一个中断处理程序被删除后，中断线才会被禁用。free_irq 会阻塞，直到指定 IRQ 的所有正在执行的中断完成。必须避免在中断上下文中使用 request_irq 和 free_irq。

中断处理程序和锁

中断处理程序运行在原子上下文中，只能使用自旋锁控制并发。每当有全局数据可供用户代码（用户任务，即系统调用）和中断代码访问时，此共享数据应受用户代码中 spin_lock_irqsave() 的保护。让我们看一看为什么不能只使用自旋锁。中断处理程序的优先级总是高于用户任务，即使该任务持有旋锁。仅仅禁用 IRQ 是不够的。在另一个 CPU 上可能会发生中断。如果更新数据的用户任务被尝试访问相同数据的中断处理程序中断，那将是一场灾难。使用 spin_lock_irqsave() 将禁用本地 CPU 上的所有中断，防止系统调用被任何类型的中断所中断：

```
ssize_t my_read(struct file *filp, char __user *buf, size_t count,
    loff_t *f_pos)
{
    unsigned long flags;
    /* 一些代码 */
    [...]
    unsigned long flags;
    spin_lock_irqsave(&my_lock, flags);
    data++;
    spin_unlock_irqrestore(&my_lock, flags)
    [...]
}

static irqreturn_t my_interrupt_handler(int irq, void *p)
{
    /*
     * 在运行中断处理程序时禁用抢占
     * 服务的 IRQ 线路被禁用，直到处理程序完成
     * 不需要禁用所有其他的 IRQ，只用 spin_lock 和 spin_unlock
     */
    spin_lock(&my_lock);
    /* 处理数据 */
    [...]
    spin_unlock(&my_lock);
    return IRQ_HANDLED;
}
```

两个不同的中断处理程序间共享数据时（也就是同一个驱动程序管理两个或多个设备，每一个设备都有其自己的中断线），在这些处理程序中还应该使用 spin_lock_irqsave() 来保护共享数据，以防止其他 IRQ 触发和无用的自旋。

3.7.2　下半部的概念

下半部（Bottom halves）是一种把中断处理程序分成两部分的机制，这引入了另一个术语——上半部。在介绍之前，先来看一看它们的起源，以及它们解决什么样的问题。

1. 问题——中断处理程序的设计限制

无论中断处理程序是否持有自旋锁，在运行该中断处理程序的 CPU 上都会禁止抢占。中断处理程序浪费的时间越多，给予其他任务的 CPU 时间就越少，这可能会增大其他中断的延迟，从而增加整个系统的延迟。要保持系统的响应，挑战在于尽快确认引发中断的设备。

在 Linux 系统上（实际上在所有操作系统上，硬件设计决定），任何中断处理程序运行时，都会在所有处理器上禁用其当前中断线，有时可能需要在实际运行处理程序的 CPU 上禁止所有中断，但绝对不会希望错过中断。为了满足这一需要，引入了半部的概念。

2. 解决方案——下半部

这个方案把中断处理过程分成两个部分。

- 第一部分称作上半部或者硬 IRQ，它使用 request_irq()注册函数，最终将根据需要屏蔽/隐藏中断（在当前 CPU 上，正在服务的中断除外，因为内核在运行该处理程序之前已经禁用它），执行快速操作（实际上是时间敏感任务，读/写硬件寄存器，以及快速处理此数据），调度第二部分和下一部分，然后确认中断线。禁用的所有中断都必须在退出下半部之前重新启用。
- 第二部分称作下半部，会处理一些比较耗时的任务，在它执行期间，中断再次启用。这样就不会错过中断。

下半部设计使用了工作延迟机制，这在前面已经介绍过。根据选择不同，下半部可以运行在（软件）中断上下文，也可运行在进程上下文。下半部机制如下。

- Softirq。
- Tasklet。
- 工作队列。
- 线程 IRQ。
- Softirq 和 Tasklet 在（软件）中断上下文（这意味着禁止抢占）中执行，工作队列和线程 IRQ 在进程（或者只是任务）上下文中执行，并且可以被抢占，但是，这不妨碍根据需求来改变它们的实时属性和抢占行为（见 CONFIG_PREEMPT 和 CONFIG_PREEMPT_VOLUNTARY，这同样会影响整个系统）。下半部并不总是可能的，但如果有可能，则肯定是最好的选择。

3. Tasklet 作为下半部

Tasklet 延迟机制大多数情况下在 DMA、网络和块设备驱动程序中。请在内核源代

码中试一下下面的命令:

```
grep -rn tasklet_schedule
```

现在介绍在中断处理程序中怎样实现这一机制:

```
struct my_data {
    int my_int_var;
    struct tasklet_struct the_tasklet;
    int dma_request;
};

static void my_tasklet_work(unsigned long data)
{
    /* 代码 */
}

struct my_data *md = init_my_data;

/* 在 probe 或 init 函数中的某个位置*/
[...]
    tasklet_init(&md->the_tasklet, my_tasklet_work,
                 (unsigned long)md);
[...]

static irqreturn_t my_irq_handler(int irq, void *dev_id)
{
    struct my_data *md = dev_id;

    /* 安排 Tasklet */
    tasklet_schedule(&md.dma_tasklet);

    return IRQ_HANDLED;
}
```

在上面的例子中, Tasklet 将执行函数 my_tasklet_work()。

4. 工作队列作为下半部

先看一个实例:

```
static DECLARE_WAIT_QUEUE_HEAD(my_wq);        /* 声明并初始化等待队列 */
static struct work_struct my_work;

/* probe 函数的某些地方 */
```

```
/*
 *工作队列的初始化。work_handler 是将要返回的调用
 */
INIT_WORK(my_work, work_handler);

static irqreturn_t my_interrupt_handler(int irq, void *dev_id)
{
    uint32_t val;
    struct my_data = dev_id;

    val = readl(my_data->reg_base + REG_OFFSET);
    if (val == 0xFFCD45EE)) {
        my_data->done = true;
        wake_up_interruptible(&my_wq);
    } else {
        schedule_work(&my_work);
    }

    return IRQ_HANDLED;
};
```

上面的示例使用等待队列或工作队列来唤醒正在等待而可能睡眠的进程，或者根据寄存器的值来调度工作。由于没有共享数据或资源，因此不需要禁用其他的 IRQ（spin_lock_irq_disable）。

5. Softirq 作为下半部

正如本章开始所提到的，这里不讨论 Softirq。在任何需要使用 Softirq 的地方，使用 Tasklet 就足够了。下面只讨论一下它们的默认情况。

Softirq 在软件中断上下文中运行，并且禁用抢占，保持 CPU 直到它们完成。Softirq 应该快速执行，否则会减慢系统速度。无论什么原因，当 Softirq 阻止内核调度其他任务时，任何新传入的 Softirq 都将由在进程上下文中运行的 Ksoftirqd 线程处理。

3.8　线程化中断

线程化中断（threaded IRQ）的主要目标是将中断禁用的时间减少到最低限度。使用线程化中断，注册中断处理程序的方式将得到简化。甚至不必自己调度下半部。核心部分会完成。下半部在专用内核线程中执行。这里使用 request_threaded_irq() 来代替 request_irq()：

```
int request_threaded_irq(unsigned int irq, irq_handler_t handler,\
                         irq_handler_t thread_fn, \
                         unsigned long irqflags, \
                         const char *devname, void *dev_id)
```

request_threaded_irq()函数在其参数中接收两个函数。

- @handler 函数：这与使用 request_irq()注册时使用的函数一样。它表示上半部函数，在原子上下文（或硬中断）中运行。如果它能更快地处理中断，就可以根本不用下半部，它应该返回 IRQ_HANDLED。但是，如果中断处理需要100μs 以上，如前所述，则应该使用下半部。在这种情况下，它应该返回 IRQ_WAKE_THREAD，从而导致调度 thread_fn 函数（必须提供）。
- @thread_fn 函数：这代表下半部，由上半部调度。当硬中断处理程序（handler函数）返回 IRQ_WAKE_THREAD 时，将调度与该下半部相关联的内核线程，在内核线程运行时调用 thread_fn 函数。thread_fn 函数完成时必须返回IRQ_HANDLED。执行后，再重新触发该中断，并且在硬中断返回 IRQ_WAKE_THREAD 之前，内核线程不会被再次调度。

在任何能够使用工作队列调度下半部的地方，都可以使用线程化中断。真正的线程化中断必须定义 handler 和 thread_fn。如果 handler 为 NULL，而 thread_fn不为 NULL（请参阅下面的内容），则内核将安装默认的硬中断处理程序，它将简单地返回 IRQ_WAKE_THREAD 来调度下半部。handler 总是在中断上下文中调用，无论是开发人员定义还是由内核默认提供：

```
/*
 * 线程中断的默认主中断处理程序
 * 当使用 handler == NULL 调用 request_threaded_irq 时，被指定为主处理程序
 * 适用于热中断
 */
static irqreturn_t irq_default_primary_handler(int irq, void *dev_id)
{
    return IRQ_WAKE_THREAD;
}

request_threaded_irq(unsigned int irq, irq_handler_t handler,
                     irq_handler_t thread_fn, unsigned long irqflags,
                     const char *devname, void *dev_id)
{
        [...]
        if (!handler) {
                if (!thread_fn)
```

```
                    return -EINVAL;
            handler = irq_default_primary_handler;
        }
        [...]
    }
EXPORT_SYMBOL(request_threaded_irq);
```

使用线程化中断时，中断处理程序的定义没有改变，只是注册方式稍微变动：

```
request_irq(unsigned int irq, irq_handler_t handler, \
        unsigned long flags, const char *name, void *dev)
{
    return request_threaded_irq(irq, handler, NULL, flags,
                                name, dev);
}
```

线程化的下半部

下面的代码演示如何实现线程化下半部机制：

```
static irqreturn_t pcf8574_kp_irq_handler(int irq, void *dev_id)
{
    struct custom_data *lp = dev_id;
    unsigned char nextstate = read_state(lp);

    if (lp->laststate != nextstate) {
        int key_down = nextstate < ARRAY_SIZE(lp->btncode);
        unsigned short keycode = key_down ?
            p->btncode[nextstate] : lp->btncode[lp->laststate];

        input_report_key(lp->idev, keycode, key_down);
        input_sync(lp->idev);
        lp->laststate = nextstate;
    }
    return IRQ_HANDLED;
}

static int pcf8574_kp_probe(struct i2c_client *client, \
                    const struct i2c_device_id *id)
{
    struct custom_data *lp = init_custom_data();
    [...]
    /*
     * @handler 为 NULL 并且@thread_fn !为 NULL
     * 安装了默认的主处理程序，它将返回 IRQ_WAKE_THREAD，并将调度连
```

```
 * 接到下半部的线程。完成后，下半部分必须返回 irq_handling
 */
ret = request_threaded_irq(client->irq, NULL, \
                        pcf8574_kp_irq_handler, \
                        IRQF_TRIGGER_LOW | IRQF_ONESHOT, \
                        DRV_NAME, lp);
if (ret) {
    dev_err(&client->dev, "IRQ %d is not free\n", \
            client->irq);
    goto fail_free_device;
}
ret = input_register_device(idev);
[...]
}
```

中断处理程序执行时，其服务的中断在所有 CPU 上总是处于禁用状态，在硬中断（上半部）完成时重新启用。但是，如果出于某种原因，需要在上半部之后不再重新启用该中断线，并让它在线程化处理程序运行之前保持禁用状态，则应该请求启用带 IRQF_ONESHOT 标志的线程化中断（只需像上面的例子那样执行或操作）。这样，中断线将在下半部完成后重新启用。

3.9　从内核调用用户空间应用程序

用户空间应用程序大部分时间是由其他应用程序在用户空间内调用的。具体细节不再介绍，来看下面的例子：

```
#include <linux/init.h>
#include <linux/module.h>
#include <linux/workqueue.h>     /* 工作队列 */
#include <linux/kmod.h>

static struct delayed_work initiate_shutdown_work;
static void delayed_shutdown( void )
{
   char *cmd = "/sbin/shutdown";
   char *argv[] = {
        cmd,
        "-h",
        "now",
        NULL,
   };
```

```
    char *envp[] = {
        "HOME=/",
        "PATH=/sbin:/bin:/usr/sbin:/usr/bin",
        NULL,
    };

    call_usermodehelper(cmd, argv, envp, 0);
}
static int __init my_shutdown_init( void )
{
    schedule_delayed_work(&delayed_shutdown, msecs_to_jiffies(200));
    return 0;
}

static void __exit my_shutdown_exit( void )
{
    return;
}
module_init( my_shutdown_init );
module_exit( my_shutdown_exit );

MODULE_LICENSE("GPL");
MODULE_AUTHOR("John Madieu", <john.madieu@gmail.com>);
MODULE_DESCRIPTION("Simple module that trigger a delayed shut down");
```

在前面的例子中，使用的 API（call_usermodehelper）是 Usermode-helper API 的一部分，所有函数都定义在 kernel/kmod.c 内。其用法非常简单，只要看一看 kmod.c 的内容就会了解。为什么要定义这个 API？它由内核使用，例如，用于模块的加载/卸载和 Cgroup 管理。

3.10　总结

本章讨论了用于驱动程序开发的基本元素，介绍了驱动程序中常用的各种机制。本章的内容非常重要，是学习其他章节的基础。例如，第 4 章介绍字符设备时将使用本章讨论的一些内容。

第 4 章
字符设备驱动程序

字符设备通过字符（一个接一个的字符）以流方式向用户程序传递数据，就像串行端口那样。字符设备驱动通过/dev 目录下的特殊文件公开设备的属性和功能，通过这个文件可以在设备和用户应用程序之间交换数据，也可以通过它来控制实际的物理设备。这也是 Linux 的基本概念，一切皆文件。字符设备驱动程序是内核源码中最基本的设备驱动程序。字符设备在内核中表示为 struct cdev 的实例，它定义在 include/linux/cdev.h 中：

```
struct cdev {
    struct kobject kobj;
    struct module *owner;
    const struct file_operations *ops;
    struct list_head list;
    dev_t dev;
    unsigned int count;
};
```

本章涉及以下主题。
- 字符设备驱动程序的特性。
- 它们如何创建、识别和向系统注册设备。
- 详细介绍设备文件方法，内核通过这些方法向用户空间公开设备功能，这些功能可通过与文件相关的系统调用（读取、写入、选择、打开、关闭等）进行访问，struct file_operations 结构定义这些功能。

4.1 主设备和次设备的概念

字符设备在/dev 目录下，不能简单地把它们当作普通文件。字符设备文件的类型是可以识别的，用 `ls -l` 命令能够查看。主设备号和次设备号标识设备，并将其与驱动程序进行绑定。下面列出/dev 目录（`ls -l /dev`）的内容，让我们看一看其工作原理：

```
[...]
drwxr-xr-x 2 root root 160 Mar 21 08:57 input
crw-r----- 1 root kmem 1, 2 Mar 21 08:57 kmem
lrwxrwxrwx 1 root root 28 Mar 21 08:57 log -> /run/systemd/journal/dev-log
crw-rw---- 1 root disk 10, 237 Mar 21 08:57 loop-control
brw-rw---- 1 root disk 7, 0 Mar 21 08:57 loop0
brw-rw---- 1 root disk 7, 1 Mar 21 08:57 loop1
brw-rw---- 1 root disk 7, 2 Mar 21 08:57 loop2
brw-rw---- 1 root disk 7, 3 Mar 21 08:57 loop3
```

每一列的第一个字符代表文件类型，它有如下取值。

- c：字符设备文件。
- b：块设备文件。
- l：符号链接。
- d：目录。
- s：套接字。
- p：命名管道。

针对 b 和 c 类型的文件，日期左边的第五、第六列用<X, Y>格式表示。其中，X 代表主设备号，Y 代表次设备号。比如，第三行是<1, 2>，最后一行是<7, 3>。这是典型的从用户空间识别字符设备，及其主、次设备号的方法。

内核用 dev_t 类型变量来维持设备号，该变量是 u32（32 位无符号长整数）。主设备号表示仅占 12 位，而次设备号编码使用剩下的 20 位。

dev_t 类型变量在 include/linux/kdev_t.h 中定义，可以通过如下两个宏定义来提取主、次设备号：

```
MAJOR(dev_t dev);
MINOR(dev_t dev);
```

如果有主设备号和次设备号，也可以通过宏 `MKDEV(int major, int minor)` 来构建 dev_t：

```
#define MINORBITS      20
#define MINORMASK      ((1U << MINORBITS) -1 )
#define MAJOR(dev)     ((unsigned int) ((dev) >> MINORBITS))
#define MINOR(dev)     ((unsigned int) ((dev) & MINORMASK))
#define MKDEV(ma,mi)   (((ma) << MINORBITS) | (mi))
```

设备注册时，必须使用主设备号和次设备号，前者标识这个设备，后者用作本地设备列表中的数组索引，因为同一个驱动程序的一个实例可以处理多个设备，而不同的驱动程序可以处理相同类型的不同设备。

设备号的分配和释放

设备号在系统范围内标识设备文件，这意味着可以有两种不同的方法来分配设备号码（实际上是主设备号和次设备号）。

- 静态方法：假设一个主设备号还没被其他驱动程序调用 register_chrdev_region() 函数所占用，应该尽量少用这种方法。下面是这个函数的原型：

```
int register_chrdev_region(dev_t first, unsigned int count, \
                           char *name);
```

这个函数执行成功，则返回 0；否则返回负的错误码。first 是由我们所需的主设备号和合理范围内的次设备号组成，可以通过 MKDEV(ma, mi) 来获取。count 是所需的连续设备号数量，name 是相关设备或者驱动程序的名字。

- 动态方法：使用 alloc_chrdev_region() 函数，使内核为自动分配设备号。建议采用这种方法获取有效的设备。其原型如下：

```
int alloc_chrdev_region(dev_t *dev, unsigned int firstminor, \
                        unsigned int count, char *name);
```

这个函数如果执行成功，则返回 0；否则返回负的错误码。dev 是唯一的输出参数，它代表内核分配的第一个数字。firstminor 代表申请的次设备号范围内的第一个数字，count 代表申请的次设备的数量，name 代表相关设备或者驱动程序的名字。

这两种分配方法的区别在于，第一种方法必须事先知道所需的设备号，这就是注册制：把所需的设备号告诉内核。这可能仅在教学中使用，只有自己在用该驱动程序时，才会这样选择。如果在其他机器上加载该驱动程序，就无法保证所选择的设备号在这台机器未被占用，这会引起设备号的冲突和麻烦。第二种方法更清晰、更安全。因为内核帮助获取一个合适的设备号，所以我们甚至不需要关心在其他机器上加载该模块所出现的问题，内核将根据具体情况来自动分配。

无论如何，上面这些函数一般不在驱动程序中直接调用，它们会被驱动程序所依赖框架（IIO 框架、输入框架、RTC 等）的专用 API 所屏蔽。这些框架会在本书后面的章节中介绍。

4.2　设备文件操作

可以在文件上执行的操作取决于管理文件的设备驱动程序。这样的操作在内核中定义为 `struct file_operations` 的实例。`struct file_operations` 定义了一组回调函数，用于处理文件上的所有用户空间系统调用。举个例子，如果想让用户在设备文件上执行 `write` 操作，必须在驱动中实现与 `write` 函数对应的回调函数，并把它添加到绑定在设备上的 `struct file_operations` 中。请看下面的文件操作结构：

```
struct file_operations {
    struct module *owner;
    loff_t (*llseek) (struct file *, loff_t, int);
    ssize_t (*read) (struct file *, char __user *, size_t, loff_t *);
    ssize_t (*write) (struct file *, const char __user *, size_t, loff_t*);
    unsigned int (*poll) (struct file *, struct poll_table_struct *);
    int (*mmap) (struct file *, struct vm_area_struct *);
    int (*open) (struct inode *, struct file *);
    long (*unlocked_ioctl) (struct file *, unsigned int, unsigned long);
    int (*release) (struct inode *, struct file *);
    int (*fsync) (struct file *, loff_t, loff_t, int datasync);
    int (*fasync) (int, struct file *, int);
    int (*lock) (struct file *, int, struct file_lock *);
    int (*flock) (struct file *, int, struct file_lock *);
    [...]
};
```

上面的结构只列举了一些重要的方法，尤其是和本书需要相关的一些方法。这些方法的完整描述请参阅内核源码 `include/linux/fs.h`。其中的每一个回调函数都和系统调用链接到一起，它们都不是必需的。当用户代码在指定文件上调用与文件相关的系统调用时，内核会查找负责这个文件的驱动程序（尤其是创建该文件的驱动程序），定位它的 `struct file_operations` 结构，并检查和该系统调用匹配的方法是否已经定义。如果定义了，就运行它；如果未定义，则根据系统调用不同返回不同的错误码。举个例子，未定义的 `(*map)` 方法将返回 `-NODEV` 给用户，而未定义的 `(*write)` 方法将返回 `-EINVAL`。

内核中的文件表示

内核把文件描述为 `inode` 结构（不是文件结构）的实例，`inode` 结构在

include/linux/fs.h 中定义：

```
struct inode {
    [...]
    struct pipe_inode_info *i_pipe;      /* 如果这是 Linux 内核管道，则设置并使用 */
    struct block_device *i_bdev;         /* 如果这是块设备，则设置并使用 */
    struct cdev      *i_cdev;            /* 如果这是字符设备，则设置并使用 */
    [...]
}
```

struct inode 是文件系统的数据结构，它只与操作系统相关，用于保存文件（无论它的类型是字符、块、管道等）或目录（从内核的角度来看，目录也是文件，是其他文件的入口点）信息。

struct file 结构（也在 include/linux/fs.h 中定义）是更高级的文件描述，它代表内核中打开的文件，依赖于低层的 struct inode 数据结构：

```
struct file {
    [...]
    struct path f_path;                   /* 文件路径 */
    struct inode *f_inode;                /* 与此文件相关的 inode */
    const struct file_operations *f_op;   /* 可以在此文件上执行的操作 */
    loff_t f_pos;                         /* 此文件中光标的位置 */
    /* 需要 tty 驱动程序等 */
    void *private_data;        /* 驱动程序可以设置的私有数据，以便在文件操作之间共享，
                                  这可以指向任何结构 */
    [...]
}
```

struct inode 和 struct file 的区别在于，inode 不跟踪文件的当前位置和当前模式，它只是帮助操作系统找到底层文件结构的内容（管道、目录、常规磁盘文件、块/字符设备文件等）。而 struct file 则是一个基本结构（它实际上持有一个指向 struct inode 的指针），它代表打开的文件，并且提供一组函数，它们与底层文件结构上执行的方法相关，这些方法包括 open、write、seek、read、select 等。所有这一切都强化了 UNIX 系统的哲学：一切皆是文件。

换句话说，struct inode 代表内核中的文件，struct file 描述实际打开的文件。同一个文件打开多次时，可能会有不同的文件描述符，但它们都指向同一个 inode。

4.3 分配和注册字符设备

字符设备在内核中表示为 struct cdev 的实例。在编写字符设备驱动程序时，目

标是最终创建并注册与 struct file_operations 关联的结构实例，为用户空间提供一组可以在该设备上执行的操作（函数）。为了实现这个目标，必须执行以下几个步骤。

（1）使用 alloc_chrdev_region() 保留一个主设备号和一定范围的次设备号。

（2）使用 class_create() 创建自己的设备类，该函数在 /sys/class 中定义。

（3）创建一个 struct file_operation（传递给 cdev_init），每一个设备都需要创建，并调用 call_init 和 cdev_add() 注册这个设备。

（4）调用 device_create() 创建每个设备，并给它们一个合适的名字。这样，就可在 /dev 目录下创建出设备。

```
#define EEP_NBANK 8
#define EEP_DEVICE_NAME "eep-mem"
#define EEP_CLASS "eep-class"

struct class *eep_class;
struct cdev eep_cdev[EEP_NBANK];
dev_t dev_num;

static int __init my_init(void)
{
    int i;
    dev_t curr_dev;

    /* 为 EEP_NBANK 设备请求内核*/
    alloc_chrdev_region(&dev_num, 0, EEP_NBANK, EEP_DEVICE_NAME);

    /* 创建设备的类，在 /sys/class 中可见 */
    eep_class = class_create(THIS_MODULE, EEP_CLASS);

    /* 每个 eeprom bank 表示为一个字符设备（cdev）*/
    for (i = 0; i < EEP_NBANK; i++) {

        /* 将 file_operations 绑定到 cdev */
        cdev_init(&my_cdev[i], &eep_fops);
        eep_cdev[i].owner = THIS_MODULE;

        /* 用于将 cdev 添加到核心的设备号 */
        curr_dev = MKDEV(MAJOR(dev_num), MINOR(dev_num) + i);

        /* 让用户访问设备 */
        cdev_add(&eep_cdev[i], curr_dev, 1);

        /*
```

```
         * 为每个设备的/dev/ ep-mem0、/dev/ ep-mem1 创建一个设备节点。由于这里使用了类,
         * 因此还可以在/sys/class/ ep-class 下查看设备
    */
    device_create(eep_class,
                NULL,       /* 没有父设备 */
                curr_dev,
                NULL,       /* 没有额外的数据*/
                EEP_DEVICE_NAME "%d", i); /* eep-mem[0-7] */
    }
    return 0;
}
```

4.4 写文件操作

介绍完上述文件操作之后,就可以对其实现,以增强驱动程序的功能,向用户空间提供该设备的方法(通过系统调用)。每种方法都有其特殊性,将在本节中重点介绍。

4.4.1 内核空间和用户空间数据交换

本节不再描述任何驱动程序文件操作,而是介绍一些可用于编写这些驱动程序方法的内核功能。驱动程序的 write() 方法包括从用户空间读取数据到内核空间,然后在内核中处理这些数据。这一处理就像是把数据推给设备。另外,驱动程序的 read() 方法主要是把数据从内核复制到用户空间中。在详细讨论这两种方法之前介绍一些新元素。第一个是 __user。这是一个 Sparse 使用的 cookie(语义检查器,内核用来查找可能的编码错误),让开发人员知道他实际上将要使用不可信指针(也就是在当前虚拟地址映射中可能无效的指针),他不应该解引用,而应使用专用的内核函数来访问该指针指向的内存。

这样能够引入访问内存(读或写)所需的不同内核函数。这些函数是 copy_from_user() 和 copy_to_user(),它们分别把缓冲区内容从用户空间复制到内核空间,以及把缓冲区内容从内核空间复制到用户空间。

```
unsigned long copy_from_user(void *to, const void __user *from,
                            unsigned long n)
unsigned long copy_to_user(void __user *to, const void *from,
                            unsigned long n)
```

这两个函数中,带 __user 前缀的指针指向用户空间(不可信)内存。n 代表要复制的字节数量,from 代表源地址,to 代表目的地址。每个函数的返回值是未复制的字节数,如果成功,则返回值应该是 0。

请注意，使用 copy_to_user() 时，如果某些数据无法复制，则该函数将使用零字节将复制的数据填充到请求的大小。

单值复制

当复制像 char 和 int 这样的单个简单变量，而不是像结构和数组这样的大数据类型时，内核会提供专用的宏来快速执行所需的操作。这些宏是 put_user(x, ptr) 和 get_user(x, ptr)，解释如下。

- put_user(x, ptr);：该宏将内核空间变量值复制到用户空间。x 表示要复制到用户空间的值，ptr 是用户空间中的目标地址。该宏成功时返回 0，出错时返回-EFAULT。x 必须可分配给间接引用 ptr 的结果。换句话说，它们必须有（或指向）相同的类型。
- get_user(x, ptr);：该宏将用户空间的变量值复制到内核空间，成功时返回 0，错误时返回-EFAULT。请注意，错误时 x 被设置为 0。x 表示存储结果的内核变量，ptr 是用户空间的源地址。间接引用 ptr 的结果必须在没有强制类型转换的情况下可赋值给 x，猜一猜这是什么意思。

4.4.2　open 方法

open 方法在每次打开设备文件时被调用。如果这个方法没有定义，则设备文件打开总是成功。通常用这个方法来执行设备和数据结构的初始化，如果有错误发生，则返回负的错误码；否则返回 0。open 方法的原型定义如下：

```
int (*open)(struct inode *inode, struct file *filp);
```

每次在设备上执行 open 时，将把 struct inode 作为参数传递给该回调函数，inode 是文件在内核底层的表示。struct inode 结构内的 i_cdev 字段指向在 init 函数中分配出来的 cdev。像下面例子中 struct pcf2127 那样在设备指定数据中嵌入 struct cdev，就可以用 container_of 宏获取指向该指定数据的指针。下面是 open 方法例子。

下面是相关的数据结构：

```
struct pcf2127 {
    struct cdev cdev;
    unsigned char *sram_data;
    struct i2c_client *client;
    int sram_size;
```

```
    [...]
};
```

给定这个数据结构后，open 方法像下面这样：

```
static unsigned int sram_major = 0;
static struct class *sram_class = NULL;

static int sram_open(struct inode *inode, struct file *filp)
{
    unsigned int maj = imajor(inode);
    unsigned int min = iminor(inode);

    struct pcf2127 *pcf = NULL;
    pcf = container_of(inode->i_cdev, struct pcf2127, cdev);
    pcf->sram_size = SRAM_SIZE;

    if (maj != sram_major || min < 0 ){
        pr_err ("device not found\n");
        return -ENODEV; /* 没有这样的设备 */
    }

    /* 如果设备是第一次打开，准备缓冲 */
    if (pcf->sram_data == NULL) {
        pcf->sram_data = kzalloc(pcf->sram_size, GFP_KERNEL);
        if (pcf->sram_data == NULL) {
            pr_err("Open: memory allocation failed\n");
            return -ENOMEM;
        }
    }
    filp->private_data = pcf;
    return 0;
}
```

4.4.3 release 方法

与 open 方法相反，release 方法在设备关闭时调用，之后必须撤销在 open 任务中已经执行的所有操作。所需做的操作大致如下。

（1）释放在 open() 阶段分配的所有私有内存。

（2）关闭设备（如果支持关闭），并且在最后一次关闭中释放每个缓冲区（如果设备支持多次打开，或者驱动程序可以同时处理多个设备）。

以下摘自 release 函数：

```
static int sram_release(struct inode *inode, struct file *filp)
{
    struct pcf2127 *pcf = NULL;
    pcf = container_of(inode->i_cdev, struct pcf2127, cdev);

    mutex_lock(&device_list_lock);
    filp->private_data = NULL;

    /* 最后关闭 */
    pcf2127->users--;
    if (!pcf2127->users) {
        kfree(tx_buffer);
        kfree(rx_buffer);
        tx_buffer = NULL;
        rx_buffer = NULL;

        [...]
        if (any_global_struct)
            kfree(any_global_struct);
    }
    mutex_unlock(&device_list_lock);

    return 0;
}
```

4.4.4　write 方法

write()方法用于向设备发送数据，每当用户应用程序调用设备文件上的 write 函数时，就会调用其内核实现。该函数的原型如下：

```
ssize_t(*write)(struct file *filp, const char __user *buf, size_t count,
loff_t *pos);
```

- 返回值是写入的字节数（长度）。
- *buf 表示来自用户空间的数据缓冲区。
- count 是请求传输的数据长度。
- *pos 表示数据在文件中应写入的起始位置。

write 步骤

以下步骤既不是实现驱动程序 write()标准的方法，也不是其通用方法，它只是概述在该方法中可以执行哪些类型的操作。

（1）检查来自用户空间的错误或无效请求。这个步骤只有在设备提供内存（电可擦编程只读存储器、I/O 内存等）时才有意义，它可能有内存大小限制：

```
/* 如果试图写入文件末尾之外，则返回错误
 * 这里的 filesize 对应设备内存的大小（如果有的话）
 */
if ( *pos >= filesize ) return -EINVAL;
```

（2）针对剩余字节数调整 count，以便不超出文件大小。这一步也不是必需的，与第（1）步中的相同条件相关：

```
/* 文件大小强制响应设备内存的大小 */
if (*pos + count > filesize)
    count = filesize - *pos;
```

（3）找到开始写入的位置。只有当设备具有内存，并且 write() 方法要在其中写入指定的数据时，此步骤才是相关的。和第（2）步一样，这一步不是必需的：

```
/* 将 pos 转换为有效地址*/
void *from = pos_to_address( *pos );
```

（4）从用户空间复制数据，并将其写入相应的内核空间：

```
if (copy_from_user(dev->buffer, buf, count) != 0){
    retval = -EFAULT;
    goto out;
}
/* 现在将数据从 dev->buffer 移动到物理设备 */
```

（5）写入物理设备，在失败时返回错误：

```
write_error = device_write(dev->buffer, count);
if ( write_error )
    return -EFAULT;
```

（6）根据写入的字节数移动文件中光标的当前位置。最后，返回复制的字节数：

```
*pos += count;
Return count;
```

以下是一个 write 方法的例子。再次强调，这仅仅是为了给出一个概述：

```
ssize_t
```

```
eeprom_write(struct file *filp, const char __user *buf, size_t count,
    loff_t *f_pos)
{
    struct eeprom_dev *eep = filp->private_data;
    ssize_t retval = 0;

    /*步骤（1）*/
    if (*f_pos >= eep->part_size)
        /* Writing beyond the end of a partition is not allowed. */
        return -EINVAL;

    /*步骤（2）*/
    if (*f_pos + count > eep->part_size)
        count = eep->part_size - *f_pos;

    /*步骤（3）*/
    int part_origin = PART_SIZE * eep->part_index;
    int register_address = part_origin + *f_pos;

    /*步骤（4）*/
    /* 将数据从用户空间复制到内核空间 */
    if (copy_from_user(eep->data, buf, count) != 0)
        return -EFAULT;
        /* 步骤（5）*/
    /* 执行对设备的写操作*/
    if (write_to_device(register_address, buff, count) < 0){
        pr_err("ee24lc512: i2c_transfer failed\n");
        return -EFAULT;
    }

    /* 步骤（6）*/
    *f_pos += count;
    return count;
}
```

4.4.5　read 方法

`read()` 方法的原型如下：

```
ssize_t (*read) (struct file *filp, char __user *buf, size_t count,
loff_t  *pos);
```

返回值是读取的数据量。这个方法中相关参数的描述如下。

● `*buf`：从用户空间接收的缓冲区。

- count：请求传输的数据大小（用户缓冲区的大小）。
- *pos：表示从文件中读取数据的起始位置。

read 步骤

（1）防止读操作超出文件大小，并返回文件结束：

```
if (*pos >= filesize)
  return 0; /* 0 means EOF */
```

（2）读取的字节数不能超过文件大小。适当调整 count：

```
if (*pos + count > filesize)
    count = filesize - (*pos);
```

（3）找到读取的起始位置：

```
void *from = pos_to_address (*pos); /* convert pos into valid
address */
```

（4）将数据复制到用户空间缓冲区，失败时返回错误：

```
sent = copy_to_user(buf, from, count);
if (sent)
    return -EFAULT;
```

（5）根据读取的字节数前移文件的当前位置，并返回复制的字节数：

```
*pos += count;
Return count;
```

以下是一个驱动程序 read() 文件操作的示例，该操作旨在概述可在此处执行的操作：

```
ssize_t  eep_read(struct file *filp, char __user *buf, size_t count,
loff_t *f_pos)
{
    struct eeprom_dev *eep = filp->private_data;

    if (*f_pos >= EEP_SIZE) /* EOF */
        return 0;

    if (*f_pos + count > EEP_SIZE)
        count = EEP_SIZE - *f_pos;

    /* 查找下一个数据字节的位置*/
```

```
    int part_origin  =  PART_SIZE * eep->part_index;
    int eep_reg_addr_start  =  part_origin + *pos;
    * 从设备执行读操作 */
    if (read_from_device(eep_reg_addr_start, buff, count) < 0){
        pr_err("ee241c512: i2c_transfer failed\n");
        return -EFAULT;
    }

    /* 从内核复制到用户空间 */
    if(copy_to_user(buf, dev->data, count) != 0)
        return -EIO;

    *f_pos += count;
    return count;
}
```

4.4.6　llseek 方法

在文件中移动光标位置时，会调用 llseek 函数。这个方法在用户空间中的入口点
是 lseek()。查阅手册页，即可从用户空间打印这两个方法的完整描述：man llseek
和 man lseek。该方法的原型如下：

```
loff_t(*llseek) (structfile *filp, loff_t offset, int whence);
```

● 返回值是文件中的新位置。
● loff_t 是相对于文件当前位置的偏移量，定义当前位置将改变多少。
● whence 定义从哪里开始查找，可能取值如下。
    ➢ SEEK_SET：光标移动相对于文件开头的位置。
    ➢ SEEK_CUR：光标移动相对于当前文件的位置。
    ➢ SEEK_END：光标移动相对于文件结束的位置。

llseek 的步骤

（1）使用 switch 语句检查每种 whence 情况，因为其取值有限，所以还要相应调
整 newpos：

```
switch( whence ) {
    case SEEK_SET:/* 相对于文件开头的位置 */
        newpos = offset; /* 偏移成为新位置*/
        break;
    case SEEK_CUR: /* 相对于当前文件的位置 */
```

```
            newpos = file->f_pos + offset; /* 只需向当前位置添加偏移量 */
            break;
        case SEEK_END: /* 相对于文件结束的位置*/
            newpos = filesize + offset;
            break;
        default:
            return -EINVAL;
    }
```

（2）检查 newpos 是否有效：

```
if ( newpos < 0 )
    return -EINVAL;
```

（3）使用新位置更新 f_pos：

```
filp->f_pos = newpos;
```

（4）返回新的文件指针位置：

```
return newpos;
```

下面的用户程序例子连续读取和搜索文件，之后底层驱动程序将执行 llseek() 文件操作：

```
#include <unistd.h>
#include <fcntl.h>
#include <sys/types.h>
#include <stdio.h>

#define CHAR_DEVICE "toto.txt"

int main(int argc, char **argv)
{
    int fd= 0;
    char buf[20];
    if ((fd = open(CHAR_DEVICE, O_RDONLY)) < -1)
        return 1;

    /* 读取 20 字节*/
    if (read(fd, buf, 20) != 20)
        return 1;
    printf("%s\n", buf);

    /* 将光标相对于其实际位置移动 10 次*/
```

```
    if (lseek(fd, 10, SEEK_CUR) < 0)
        return 1;
    if (read(fd, buf, 20) != 20)
        return 1;
    printf("%s\n",buf);

    /* 将光标相对于文件的起始位置移动 10 次 */
    if (lseek(fd, 7, SEEK_SET) < 0)
        return 1;
    if (read(fd, buf, 20) != 20)
        return 1;
    printf("%s\n",buf);

    close(fd);
    return 0;
}
```

该代码产生的输出以下：

```
jma@jma:~/work/tutos/sources$ cat toto.txt
Lorem ipsum dolor sit amet, consectetur adipiscing elit, sed do eiusmod
tempor incididunt ut labore et dolore magna aliqua.
jma@jma:~/work/tutos/sources$ ./seek
Lorem ipsum dolor si
nsectetur adipiscing
psum dolor sit amet,
jma@jma:~/work/tutos/sources$
```

4.4.7　poll 方法

如果需要实现被动等待（在感知字符设备时不浪费 CPU 周期），则必须实现 poll()
函数，每当用户空间程序在与设备关联的文件上执行系统调用 select()或 poll()时
都会调用 poll()函数：

```
unsigned int (*poll) (struct file *, struct poll_table_struct *);
```

这个方法核心的内核函数是 poll_wait()，它定义在<linux/poll.h>中，这个
头文件应该包含在驱动代码中：

```
void poll_wait(struct file * filp, wait_queue_head_t * wait_address,
poll_table *p)
```

poll_wait()根据注册到 struct poll_table 结构（作为第三个参数传递）中
的事件，把与 struct file 结构（作为第一个参数）关联的设备添加到可以唤醒进程

的列表（由第二个参数 struct wait_queue_head_t 结构指定，进程在其中处于睡眠状态）中。用户进程可以运行 poll()、select() 或者 epoll() 系统调用把需要等待的一组文件添加到等待队列上，以了解是否有相关的设备准备就绪。之后，内核将会调用与每个设备文件相关的驱动程序的 poll 入口。每个驱动程序的 poll 方法再调用 poll_wait，为需要接收内核通知的进程注册事件，在这些事件发生之前把进程置于睡眠状态，并把驱动程序注册为可以唤醒进程的驱动程序。通常的方法是根据 select() （或 poll()）系统调用支持的事件，为每个事件类型使用一个等待队列（一方面是考虑可读性，另一方面是考虑可写性，最后是考虑需要时的异常处理）。

如果有需要读取的数据（此时调用 select 或 poll），(* poll) 文件操作的返回值必须是 POLLIN | POLLRDNORM 则返回；如果设备是可写的（此时也调用 select 或 poll），则返回 POLLOUT | POLLWRNORM；如果没有新数据且设备尚不可写，则返回 0。在下面的例子中，假设设备支持阻塞读取和写入。当然，可以只实现其中的一个。如果驱动程序没有定义这个方法，则设备将被视为总是可读可写的，poll() 或 select() 系统调用立即返回。

poll 步骤

当实现 poll 函数时，read 或 write 方法可能会改变。

（1）为每个需要实现被动等待的事件类型（读、写、异常）声明等待队列，当无数据可读或设备不可写时，把任务放入该队列：

```
static DECLARE_WAIT_QUEUE_HEAD(my_wq);
static DECLARE_WAIT_QUEUE_HEAD(my_rq);
```

（2）像这样实现 poll 函数：

```
#include <linux/poll.h>
static unsigned int eep_poll(struct file *file, poll_table *wait)
{
    unsigned int reval_mask = 0;
    poll_wait(file, &my_wq, wait);
    poll_wait(file, &my_rq, wait);

    if (new-data-is-ready)
        reval_mask |= (POLLIN | POLLRDNORM);
    if (ready_to_be_written)
        reval_mask |= (POLLOUT | POLLWRNORM);
    return reval_mask;
}
```

（3）当有新数据或者是设备可写入时，通知等待队列：

```
wake_up_interruptible(&my_rq); /* 准备读取 */
wake_up_interruptible(&my_wq); /* 准备写入 */
```

通知可读事件可以采用以下两种方法：在驱动程序的 write() 方法中通知，这意味着写入的数据可以读回；在 IRQ 处理程序中通知，这意味着外部设备发送的数据可以读回。另外，通知可写事件可以采用以下两种方法：在驱动程序的 read() 方法中通知，这意味着缓冲区是空的，可以被重新填充；在 IRQ 处理程序中通知，这意味着设备已经完成数据发送，准备好再次接收数据。

当使用睡眠的输入/输出操作（被阻塞的 I/O）时，read 或 write 方法可能会改变。轮询中使用的等待队列也必须在读取中使用。当用户需要读取时，如果有数据，数据会立即发送到进程，等待队列条件必须更新（设置为 false）；如果没有数据，进程在等待队列进入睡眠。

如果 write 方法应该提供数据，那么在 write 回调中，必须填充数据缓冲区，更新等待队列条件（设置为 true），并唤醒读取器（见第 3.3.1 节）。如果是 IRQ，则必须在其处理程序中执行这些操作。

以下代码在指定的字符设备上执行 select()，以便感知数据是否可用：

```c
#include <unistd.h>
#include <fcntl.h>
#include <stdio.h>
#include <stdlib.h>
#include <sys/select.h>

#define NUMBER_OF_BYTE 100
#define CHAR_DEVICE "/dev/packt_char"

char data[NUMBER_OF_BYTE];

int main(int argc, char **argv)
{
    int fd, retval;
    ssize_t read_count;
    fd_set readfds;

    fd = open(CHAR_DEVICE, O_RDONLY);
    if(fd < 0)
        /* 打印一条消息并退出*/
        [...]
```

```
    while(1) {
        FD_ZERO(&readfds);
        FD_SET(fd, &readfds);

        /*
         * 只需要通知读取事件, 而不需要超时
         * 这个调用将使进程进入休眠状态, 直到通知它自己注册的事件为止
         */
        ret = select(fd + 1, &readfds, NULL, NULL, NULL);

        /* 从这一行开始, 进程已经得到通知 */
        if (ret == -1) {
            fprintf(stderr, "select call on %s: an error ocurred",
CHAR_DEVICE);
            break;
        }
        /*
         * 文件描述符现在已经准备好了
         * 假设我们只对一个文件感兴趣
         */
        if (FD_ISSET(fd, &readfds)) {
            read_count = read(fd, data, NUMBER_OF_BYTE);
            if (read_count < 0 )
                /* 发生一个错误, 处理这个问题*/
                [...]

            if (read_count != NUMBER_OF_BYTE)
                /* 读取的比需要的字节还少 */
                [...] /* 处理 */
            else
            /* 处理读取的数据*/
            [...]
        }
    }
    close(fd);
    return EXIT_SUCCESS;
}
```

4.4.8 ioctl 方法

典型的 Linux 系统包含大约 350 个系统调用 (syscalls), 但是其中只有少数几个链接到文件操作。有时设备可能需要实现系统调用未提供的特定命令, 特别是与文件和设备

文件相关的命令。在这种情况下，解决方案是使用输入/输出控制（ioctl），这种方法可以扩展与设备相关的系统调用列表（实际上是命令）。用它可以向设备发送特殊命令（重置、关机、配置等）。如果驱动程序没有定义这个方法，则内核将向 ioctl() 系统调用返回 -ENOTTY 错误。

为了有效和安全起见，ioctl 命令需要由系统唯一的号码来标识。系统内 ioctl 号码的唯一性可以防止把正确的命令发送到错误的设备，或者将错误的参数传递给正确的命令（给出重复的 ioctl 号码）。Linux 提供了 4 个帮助宏来创建 ioctl 标识符，选用哪个取决于是否有数据传输和传输的方向。它们各自的原型如下：

```
_IO(MAGIC, SEQ_NO)
_IOW(MAGIC, SEQ_NO, TYPE)
_IOR(MAGIC, SEQ_NO, TYPE)
_IORW(MAGIC, SEQ_NO, TYPE)
```

这些宏的描述如下。

- _IO：ioctl 不需要数据传输。
- _IOW：ioctl 需要写入参数（copy_from_user 或 get_user）。
- _IOR：ioctl 需要读取参数（copy_to_user 或 put_user）。
- _IOWR：ioctl 需要写入和读取参数。

参数的含义（按照传递顺序）如下。

（1）8 位编码数字（0～255），称为魔数。

（2）序列号或命令 ID，也是 8 位。

（3）数据类型（如果有的话），这会通知内核要复制的数据长度。

内核源码的 Documentation/ioctl/ioctl-decoding.txt 中会详细说明，现有的 ioctl 在 Documentation/ioctl/ioctl-number.txt 中列出，需要创建 ioctl 命令时，这是一个很好的开始。

1. 生成 ioctl 编号（命令）

应该在专用头文件中生成自己的 ioctl 编号，这不是强制性的，但建议这样做，因为这个头文件在用户空间中也可以使用。换句话说，应该复制 ioctl 头文件，以便在内核中有一个，在用户空间中也有一个，该文件可以包含在用户应用程序中。现在以一个真实的例子来生成 ioctl 编号：

eep_ioctl.h:

```
#ifndef PACKT_IOCTL_H
#define PACKT_IOCTL_H
/*
 * 需要为驱动选择一个数字，以及每个命令的序列号
 */
#define EEP_MAGIC 'E'
#define ERASE_SEQ_NO 0x01
#define RENAME_SEQ_NO 0x02
#define ClEAR_BYTE_SEQ_NO 0x03
#define GET_SIZE 0x04

/*
 * 分区名必须是最大 32 字节
 */
#define MAX_PART_NAME 32
/*
 * 定义 ioctl 编号
 */
#define EEP_ERASE _IO(EEP_MAGIC, ERASE_SEQ_NO)
#define EEP_RENAME_PART _IOW(EEP_MAGIC, RENAME_SEQ_NO, unsigned long)
#define EEP_GET_SIZE _IOR(EEP_MAGIC, GET_SIZE, int *)
#endif
```

2. ioctl 步骤

看一下 ioctl 的原型，如下所示：

```
long ioctl(struct file *f, unsigned int cmd, unsigned long arg);
```

使用 switch … case 语句，在调用未定义的 ioctl 命令时返回-ENOTTY 错误：

```
/*
 * 用户空间代码还需要包括定义 ioctls 的头文件，这里是 eep_iocl.h
 */
#include "eep_ioctl.h"
static long eep_ioctl(struct file *f, unsigned int cmd, unsigned long arg)
{
    int part;
    char *buf = NULL;
    int size = 1300;

    switch(cmd){
        case EEP_ERASE:
            erase_eepreom();
```

```
            break;
        case EEP_RENAME_PART:
            buf = kmalloc(MAX_PART_NAME, GFP_KERNEL);
            copy_from_user(buf, (char *)arg, MAX_PART_NAME);
            rename_part(buf);
            break;
        case EEP_GET_SIZE:
            copy_to_user((int*)arg, &size, sizeof(int));
            break;
        default:
            return -ENOTTY;
    }
    return 0;
}
```

 如果认为 ioctl 命令需要多个参数，则应该把这些参数集合到结构中，把
该结构的指针传递给 ioctl。

现在，在用户空间中，必须使用与驱动程序代码中相同的 ioctl 头文件：

my_main.c

```
#include <stdio.h>
#include <stdlib.h>
#include <fcntl.h>
#include <unistd.h>
#include "eep_ioctl.h"   /* our ioctl header file */

int main()
{
    int size = 0;
    int fd;
    char *new_name = "lorem_ipsum"; /* 不超过 MAX_PART_NAME */

    fd = open("/dev/eep-mem1", O_RDWR);
    if (fd == -1){
        printf("Error while opening the eeprom\n");
        return -1;
    }

    ioctl(fd, EEP_ERASE);   /* 调用 ioctl 来擦除分区*/
    ioctl(fd, EEP_GET_SIZE, &size); /* 调用 ioctl 获取分区大小 */
    ioctl(fd, EEP_RENAME_PART, new_name);   /*调用 ioctl 来重命名分区 */

    close(fd);
    return 0;
}
```

4.4.9 填充 file_operations 结构

编写内核模块时，最好由指定的初始化程序用它们的参数来静态初始化结构。它包括命名需要为其赋值的成员，可以用 .member-name 形式指定应该初始化的成员。除此之外，还可以以未定义的顺序初始化成员，或者保留不想修改的字段。

定义函数之后，只需像下面这样填写结构：

```
static const struct file_operations eep_fops = {
    .owner =      THIS_MODULE,
    .read =       eep_read,
    .write =      eep_write,
    .open =       eep_open,
    .release =    eep_release,
    .llseek =     eep_llseek,
    .poll =       eep_poll,
    .unlocked_ioctl = eep_ioctl,
};
```

请记住，在 init 方法中，结构作为参数传递给 cdev_init。

4.5   总结

本章深入浅出地介绍字符设备，描述了用户怎样通过设备文件与驱动程序进行交互、如何向用户空间提供文件操作，以及在内核中控制它们的行为。到目前为止，甚至可以实现多设备支持。第 5 章是面向硬件的，因为下一章将介绍平台驱动程序，它把硬件设备功能提供给用户空间。字符驱动程序与平台驱动程序相结合的威力是惊人的。

第5章
平台设备驱动程序

大家都知道即插即用设备,它们一旦插入就被内核处理。这些设备可以是 USB 设备或 PCI Express 设备,也可以是其他任何自动发现的设备。因此,也存在其他设备类型,这些类型不可热插拔,内核在管理之前需要了解这些类型,它们包括 I2C、UART、SPI 和其他没有连接到支持枚举总线的设备。

有些物理总线已为人熟知:USB、I2S、I2C、UART、SPI、PCI、SATA 等。这种总线是名为控制器的硬件设备。由于它们是 SoC 的一部分,因此无法删除,不可发现,也称为平台设备。

 人们常说的平台设备是片上设备(嵌入在 SoC 中)。实际上,这只说对了一部分,因为它们硬连接到芯片中,不能移除。但连接到 I2C 或 SPI 的不是片上设备,而是平台设备,因为它们是不可发现的。类似地,可能有片上 PCI 或 USB 设备,但它们不是平台设备,因为它们是可发现的。

从 SoC 的角度来看,这些设备(总线)内部通过专用总线连接,而且大部分时间是专有的,专门针对制造商。从内核的角度来看,这些是根设备,未连接到任何设备。这就是伪平台总线的用途。伪平台总线也称为平台总线,是内核虚拟总线,用于不在内核所知物理总线上的设备。在本章中,平台设备是指依靠伪平台总线的设备。

处理平台设备实际上需要两个步骤。

● 注册管理设备的平台驱动程序(具有唯一的名称)。
● 注册平台设备(与驱动程序具有相同的名称)及其资源,以便内核获取设备位置。

本章涉及以下主题。

● 平台设备及其驱动程序。
● 内核中的设备和驱动程序匹配机制。
● 注册设备平台驱动程序,以及平台数据。

5.1 平台驱动程序

在进一步介绍之前，请注意以下警告。并非所有平台设备都由平台驱动程序处理（或者应该说伪平台驱动程序）。平台驱动程序专用于不基于传统总线的设备。I2C 设备或 SPI 设备是平台设备，但分别依赖于 I2C 或 SPI 总线，而不是平台总线。对于平台驱动程序一切都需要手动完成。平台驱动程序必须实现 probe 函数，在插入模块或设备声明时，内核调用它。在开发平台驱动程序时，必须填写主结构 struct platform_driver，并用专用函数把驱动程序注册到平台总线核，如下所示：

```
static struct platform_driver mypdrv = {
    .probe      = my_pdrv_probe,
    .remove     = my_pdrv_remove,
    .driver     = {
    .name       = "my_platform_driver",
    .owner      = THIS_MODULE,
    },
};
```

先看一下构成结构的每个元素的含义以及它们的用途。

- probe()是设备匹配后声明驱动程序时所调用的函数。稍后将看到核心如何调用 probe。其声明如下：

```
static int my_pdrv_probe(struct platform_device *pdev)
```

- 驱动程序不再为设备所需而要删除时调用 remove()函数，其声明如下：

```
static int my_pdrv_remove(struct platform_device *pdev)
```

- struct device_driver 描述驱动程序自身，提供名称、所有者和一些字段，稍后将看到。

在内核中注册平台驱动程序很简单，只需在 init 函数中调用 platform_driver_register()或 platform_driver_probe()（模块加载时）。这两个函数之间的区别如下。

- platform_driver_register()：注册驱动程序并将其放入由内核维护的驱动程序列表中，以便每当发现新的匹配时就可以按需调用其 probe()函数。为防止驱动程序在该列表中插入和注册，请使用下一个函数。
- platform_driver_probe()：调用该函数后，内核立即运行匹配循环，检查是否有平台设备名称匹配，如果匹配则调用驱动程序的 probe()，这意味着设备存在；否则，驱动程序将被忽略。此方法可防止延迟探测，因为它不会在系统上注册驱动程序。在这里，probe 函数被放置在 __init 部分，当内核启动完成时这个部分被释放，从而防止了延迟探测并减少驱动程序的内存占用。如果100%确定设备存在于系统中，请使用此方法：

```
    ret = platform_driver_probe(&mypdrv, my_pdrv_probe);
```

下面是一个简单地向内核注册的平台驱动程序：

```
#include <linux/module.h>
#include <linux/kernel.h>
#include <linux/init.h>
#include <linux/platform_device.h>

static int my_pdrv_probe (struct platform_device *pdev){
    pr_info("Hello! device probed!\n");
    return 0;
}


static void my_pdrv_remove(struct platform_device *pdev){
    pr_info("good bye reader!\n");
}


static struct platform_driver mypdrv = {
    .probe          = my_pdrv_probe,
    .remove         = my_pdrv_remove,
    .driver = {
            .name  = KBUILD_MODNAME,
            .owner = THIS_MODULE,
    },
};


static int __init my_drv_init(void)
{
    pr_info("Hello Guy\n");

    /* 向内核注册*/
    platform_driver_register(&mypdrv);
    return 0;
}
static void __exit my_pdrv_remove (void)
{
```

```
    Pr_info("Good bye Guy\n");

    /* 从内核注销 */
    platform_driver_unregister(&my_driver);
}

module_init(my_drv_init);
module_exit(my_pdrv_remove);

MODULE_LICENSE("GPL");
MODULE_AUTHOR("John Madieu");
MODULE_DESCRIPTION("My platform Hello World module");
```

以上模块中 init/exit 函数的功能只是向平台总线核心注册/取消注册，未做其他任何操作。大多数驱动程序是如此。在这种情况下，可以去掉 module_init 和 module_exit，使用 module_platform_driver 宏。

module_platform_driver 宏如下所示：

```
/*
 * module_platform_driver()——帮助那些在模块 init/exit 中
 * 不做任何特殊操作的驱动程序的宏
 * 这消除了很多样板。每个模块只能使用一次此宏，并且调用它会替换
 * module_init()和 module_exit()
 */
#define module_platform_driver(__platform_driver) \
module_driver(__platform_driver, platform_driver_register, \
platform_driver_unregister)
```

这个宏负责将模块注册到平台驱动程序核心。不再需要 module_init 和 module_exit 宏，也不需要 init 和 exit 函数。这并不意味着这些函数不再被调用，只是可以不用自己写这些功能。

> probe 函数不是用来替代 init 函数的。每当给定设备与驱动程序匹配时，都会调用 probe 函数，而 init 函数只在模块加载时运行一次。

```
[...]
static int my_driver_probe (struct platform_device *pdev){
    [...]
}

static void my_driver_remove(struct platform_device *pdev){
```

```
    [...]
}

static struct platform_drivermy_driver = {
    [...]
};
module_platform_driver(my_driver);
```

每个总线都有特定的宏来注册驱动程序，以下列表是其中的一部分。

- `module_platform_driver(struct platform_driver)`：用于平台驱动程序，专用于传统物理总线以外的设备（前面刚刚使用过）。
- `module_spi_driver (struct spi_driver)`：用于 SPI 驱动程序。
- `module_i2c_driver (struct i2c_driver)`：用于 I2C 驱动程序。
- `module_pci_driver(struct pci_driver)`：用于 PCI 驱动程序。
- `module_usb_driver(struct usb_driver)`：用于 USB 驱动程序。
- `module_mdio_driver(struct mdio_driver)`：用于 MDIO。
- [...]。

 如果不知道驱动程序需要哪个总线，因为它是平台驱动程序，所以应该使用 `platform_driver_register` 或 `platform_driver_probe` 来注册驱动程序。

5.2　平台设备

实际上，应该叫伪平台设备，因为这一节涉及的是伪平台总线上的设备。完成驱动程序后，必须向内核提供需要该驱动程序的设备。平台设备在内核中表示为 `struct platform_device` 的实例，如下所示：

```
struct platform_device {
    const char *name;
    u32 id;
    struct device dev;
    u32 num_resources;
    struct resource *resource;
};
```

对于平台驱动程序，在驱动程序和设备匹配之前，`struct platform_device` 和 `static struct platform_driver.driver.name` 的 name 字段必须相同。

num_resources 和 struct resource *resource 字段将在 5.3 节中介绍。请记住，由于 resource 是一个数组，因此 num_resources 必须包含该数组的大小。

资源与平台数据

在可热插拔设备的另一端，内核不知道系统上存在哪些设备、它们能够做什么，或者需要什么才能正常运行。因为没有自动协商的过程，所以提供给内核的任何信息都会受到欢迎。有两种方法可以把有关设备所需的资源（IRQ、DMA、内存区域、I/O 端口、总线）和数据（要传递给驱动程序的任何自定和私有数据结构）通知内核，下面对其进行讨论。

1. 设备配置——废弃的旧方法

这种方法用于不支持设备树的内核版本。使用这种方法，驱动程序可以保持其通用性，使设备注册到与开发板相关的源文件中。

（1）资源

资源代表设备在硬件方面的所有特征元素，以及设备所需的所有元素，以便设置使其正常运行。内核中只有 6 种类型的资源，全部列在 include/linux/ioport.h 中，并用标志来描述资源类型：

```
#define IORESOURCE_IO  0x00000100  /* PCI/ISA I/O 端口 */
#define IORESOURCE_MEM 0x00000200  /* 内存区域*/
#define IORESOURCE_REG 0x00000300  /* 注册补偿 */
#define IORESOURCE_IRQ 0x00000400  /* IRQ 线*/
#define IORESOURCE_DMA 0x00000800  /* DMA 通道 */
#define IORESOURCE_BUS 0x00001000  /* 总线 */
```

资源在内核中表示为 struct resource 的实例：

```
struct resource {
      resource_size_t start;
      resource_size_t end;
      const char *name;
      unsigned long flags;
  };
```

结构中每个元素的含义如下。

- start/end：这代表资源的开始/结束位置。对于 I/O 或内存区域，它表示开始/结束位置。对于中断线、总线或 DMA 通道，开始/结束必须具有相同的值。

- flags：这是表示资源类型的掩码，例如 IORESOURCE_BUS。
- name：标识或描述资源。

一旦提供了资源，就需要在驱动中获取并使用它们。probe 功能是获取它们的好地方。在进一步讨论之前，请记住平台设备驱动程序的 probe 函数声明：

```
int probe(struct platform_device *pdev);
```

内核使用之前注册时的数据和资源自动填充 pdev。下面来看如何获取它们。

嵌入在 struct platform_device 中的 struct resource 可以通过 platform_get_resource() 函数进行检索。以下是 platform_get_resource 的原型：

```
struct resource *platform_get_resource(structplatform_device *dev,
                    unsigned int type, unsigned int num);
```

第一个参数是平台设备自身的实例。第二个参数说明需要什么样的资源。对于内存，它应该是 IORESOURCE_MEM。更多细节请查看 include/linux/ioport.h。num 参数是一个索引，表示需要哪个资源类型。零表示第一个，依此类推。

如果资源是中断，则必须使用 int platform_get_irq(struct platform_device * pdev, unsigned intnum)，其中 pdev 是平台设备，num 是资源内的中断索引（以防有多个中断）。可以使用 probe 函数来获取设备注册的平台数据，probe 函数如下：

```
static int my_driver_probe(struct platform_device *pdev)
{
struct my_gpios *my_gpio_pdata =
                    (struct my_gpios*)dev_get_platdata(&pdev->dev);
    int rgpio = my_gpio_pdata->reset_gpio;
    int lgpio = my_gpio_pdata->led_gpio;

    struct resource *res1, *res2;
    void *reg1, *reg2;
    int irqnum;

    res1 = platform_get_resource(pdev, IORESSOURCE_MEM, 0);
    if((!res1)){
        pr_err(" First Resource not available");
        return -1;
    }
    res2 = platform_get_resource(pdev, IORESSOURCE_MEM, 1);
    if((!res2)){
```

```
        pr_err(" Second Resource not available");
        return -1;
    }

    /* 提取 IRQ */
    irqnum = platform_get_irq(pdev, 0);
    Pr_info("\n IRQ number of Device: %d\n", irqnum);

    /* * 现在可以在 gpio 上使用 gpio_request
     * 在 irqnum 上使用 request_irq, 在 reg1 和 reg2 上使用 ioremap()
     * ioremap()将在第 11 章中讨论
     */
    [...]
    return 0;
}
```

（2）平台数据

所有类型不属于上一部分所列举资源类型的其他数据都属于这里（如 GPIO）。无论它们是什么类型，struct platform_device 都包含 struct device 字段，该字段又包含 struct platform_data 字段。通常，应该将数据嵌入结构中，将其传递到 platform_device.device. platform_data 字段。例如，假若要声明的平台设备需要两个 gpios 号码作为平台数据，一个中断号和两个内存区域作为资源。以下示例说明如何向设备注册平台数据。这里使用 platform_device_ register(struct platform_device * pdev) 函数向平台核心注册平台设备：

```
    /*
     * 除 IRQ 或内存外的其他数据必须嵌入一个结构中，并传递到
     * platform_device.device.platform_data
     */
    struct my_gpios {
        int reset_gpio;
        int led_gpio;
    };

    /*平台数据*/
    static struct my_gpiosneeded_gpios = {
        .reset_gpio = 47,
        .led_gpio   = 41,
    };

    /* 资源组 */
    static struct resource needed_resources[] = {
```

```
    [0] = { /* 第一内存区域 */
            .start = JZ4740_UDC_BASE_ADDR,
            .end   = JZ4740_UDC_BASE_ADDR + 0x10000 - 1,
            .flags = IORESOURCE_MEM,
            .name  = "mem1",
    },
    [1] = {
            .start = JZ4740_UDC_BASE_ADDR2,
            .end   = JZ4740_UDC_BASE_ADDR2 + 0x10000 -1,
            .flags = IORESOURCE_MEM,
            .name  = "mem2",
    },
    [2] = {
            .start = JZ4740_IRQ_UDC,
            .end   = JZ4740_IRQ_UDC,
            .flags = IORESOURCE_IRQ,
            .name  = "mc",
    },
};

static struct platform_devicemy_device = {
    .name = "my-platform-device",
    .id   = 0,
    .dev = {
        .platform_data       = &needed_gpios,
    },
    .resource            = needed_resources,
    .num_resources = ARRY_SIZE(needed_resources),
};
platform_device_register(&my_device);
```

在前面的例子中，使用了 IORESOURCE_IRQ 和 IORESOURCE_MEM 通知内核为其提供的资源类型。要查看所有其他标志类型，请查看内核树中的 include/linux/ioport.h。

为了检索之前注册的平台数据，可以使用 pdev-> dev.platform_data（请记住 struct platform_device 结构），但是建议使用内核提供的函数（它也承担同样的作用）：

```
void *dev_get_platdata(const struct device *dev)
struct my_gpios *picked_gpios = dev_get_platdata(&pdev->dev);
```

（3）声明平台设备

用设备的资源和数据注册设备。在这个废弃的方法中，它们声明在单独的模块中，或者在 arch/<arch>/mach-xxx/yyyy.c 的开发板 init 文件中，在这个例子中是 arch/arm/mach- imx/mach-imx6q.c，因为这里使用的是基于恩智浦 i.MX6Q 的 UDOO quad。在函数 platform_device_register() 内实现声明：

```
static struct platform_device my_device = {
        .name                   = "my_drv_name",
        .id                     = 0,
        .dev.platform_data      = &my_device_pdata,
        .resource               = jz4740_udc_resources,
        .num_resources          = ARRY_SIZE(jz4740_udc_resources),
};
platform_device_register(&my_device);
```

设备的名称非常重要，内核用名称来匹配具有相同名称的驱动程序。

2. 设备配置——推荐的新方法

在第一种方法中，任何修改都需要重构整个内核。如果内核必须包含所有应用程序/开发板特殊配置，则其大小将会大大增加。为了简单起见，从内核源中分离设备声明（因为它们实际上不是内核的一部分），并引入了一个新的概念：设备树（DTS）。DTS 的主要目标是从内核中删除特定且从未测试过的代码。使用设备树，平台数据和资源是同质的。设备树是硬件描述文件，其格式类似于树形结构，每个设备用一个节点表示，任何数据、资源或配置数据都表示为节点的属性。这样，在做一些修改时只需重新编译设备树。设备树是第 6 章的主题，到时将看到如何将其引入平台设备。

5.3　设备、驱动程序和总线匹配

在匹配发生之前，Linux 会调用 platform_match(struct device * dev, struct device_driver * drv)。平台设备通过字符串与驱动程序匹配。根据 Linux 设备模型，总线元素是最重要的部分。每个总线都维护一个注册的驱动程序和设备列表。总线驱动程序负责设备和驱动程序的匹配。每当连接新设备或者向总线添加新的驱动程序时，总线都会启动匹配循环。

现在，假设使用 I2C 核心提供的函数注册新的 I2C 设备（将在第 6 章讨论）。内核通过以下方式触发 I2C 总线匹配循环：调用由 I2C 总线驱动程序注册的 I2C 核心匹配函数，以检查是否有已注册的驱动程序与该设备匹配。如果没有匹配，则什么都不会发生；如果发现匹配，则内核将通知（通过 netlink 套接字通信机制）设备管理器（udev/mdev），由它加载（如果尚未加载）与设备匹配的驱动程序。一旦驱动程序加载完成，其 probe() 函数就立即执行。不仅 I2C 这样运作，而且每个总线自己的匹配机制都大致与此相同。总线匹配循环在每个设备或驱动程序注册时被触发。

前面所述的内容总结如图 5-1 所示。

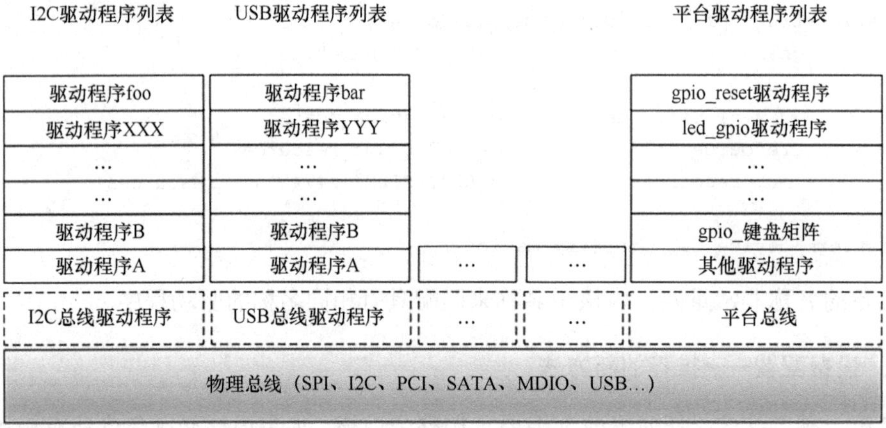

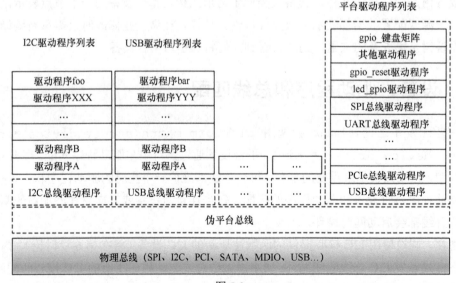

图 5-1

注册的驱动程序和设备位于总线上，这就形成了树。USB 总线可能是 PCI 总线的子总线，而 MDIO 总线通常是其他设备的子设备等。因此，前面的图修改如图 5-2 所示。

图 5-2

在使用 platform_driver_probe() 函数注册驱动程序时,内核遍历注册的平台设备表,查找匹配项。如果有的话,则它与平台数据调用匹配的驱动程序的 probe 函数。

平台设备和平台驱动程序如何匹配

到目前为止,只讨论了如何填充设备和驱动程序的不同结构。但现在将介绍它们是如何在内核中注册的,以及 Linux 如何知道哪个设备由哪个驱动程序处理。答案是 MODULE_DEVICE_TABLE。这个宏让驱动程序公开其 ID 表,该表描述它可以支持哪些设备。同时,如果驱动程序可以编译为模块,则 driver.name 字段应该与模块名称匹配。如果不匹配,模块则不会自动加载,除非已经使用 MODULE_ALIAS 宏为模块添加了另一个名称。编译时,从所有驱动程序中提取该信息,以构建设备表。当内核必须为设备找到驱动程序时(需要执行匹配时),内核遍历设备表。如果找到的条目与添加的设备兼容(设备树),并与设备/供应商 ID 或名称(设备 ID 表或名称)匹配,则加载提供该匹配的模块(运行模块的 init 函数),调用 probe 函数。MODULE_DEVICE_TABLE 宏在 linux/module.h 中定义:

```
#define MODULE_DEVICE_TABLE(type, name)
```

以下是对这个宏每个参数的描述。

- type:这可以是 i2c、spi、acpi、of、platform、usb、pci,也可以是在 include/linux/mod_devicetable.h 中找到的其他任何总线。这取决于设备所在总线,或者想要使用的匹配机制。
- name:这是 XXX_device_id 数组上的指针,用于设备匹配。对于 I2C 设备,结构是 i2c_device_id。对于 SPI 设备,则应该是 spi_device_id,依此类推。对于设备树的 Open Firmware(开放固件,OF)匹配机制,则必须使用 of_device_id。

> 对于新的不可发现的平台设备驱动程序,建议不要再使用平台数据,而使用设备树功能和 OF 匹配机制。请注意,这两种方法不是相互排斥的,因此二者可以混合使用。

下面深入讨论 OF 风格外的其他匹配机制,OF 风格匹配将在第 6 章中讨论。

(1)内核设备与驱动程序匹配函数

内核中负责平台设备和驱动程序匹配功能的函数在/drivers/base/platform.c 中,定义如下:

```
static int platform_match(struct device *dev, struct device_driver *drv)
{
    struct platform_device *pdev = to_platform_device(dev);
    struct platform_driver *pdrv = to_platform_driver(drv);

    /* 在设置 driver_override 时，只绑定到匹配的驱动程序*/
    if (pdev->driver_override)
        return !strcmp(pdev->driver_override, drv->name);

    /* 尝试一个样式匹配*/
    if (of_driver_match_device(dev, drv))
        return 1;

    /* 尝试 ACPI 样式匹配 */
    if (acpi_driver_match_device(dev, drv))
        return 1;

    /* 尝试匹配 ID 表 */
    if (pdrv->id_table)
        return platform_match_id(pdrv->id_table, pdev) != NULL;

    /* 回退到驱动程序名称匹配 */
    return (strcmp(pdev->name, drv->name) == 0);
}
```

可以列举出 4 种匹配机制，它们都是基于字符串比较。查看一下 platform_
match_id，就会了解其底层工作机制：

```
static const struct platform_device_id *platform_match_id(
                        const struct platform_device_id *id,
                        struct platform_device *pdev)
{
        while (id->name[0]) {
                if (strcmp(pdev->name, id->name) == 0) {
                        pdev->id_entry = id;
                        return id;
                }
                id++;
        }
        return NULL;
}
```

现在来看一看在第 4 章讨论的 struct device_driver 结构：

```
struct device_driver {
```

```
            const char *name;
            [...]
            const struct of_device_id        * of_match_table;
            const struct acpi_device_id       * acpi_match_table;
        };
```

这里有意删除了不感兴趣的字段。struct device_driver 是每个设备驱动程序的基础。无论是 I2C、SPI、TTY，还是其他设备驱动程序，它们都嵌入 struct device_driver 元素。

（2）OF 风格和 ACPI 匹配

OF 风格将在第 6 章中讲解。第二种机制是基于 ACPI 表的匹配。在本书中不会讨论它，但是作为参考，它使用 struct acpi_device_id。

（3）ID 表匹配

这种匹配风格已经存在很长时间了，它基于 struct device_id 结构。所有设备 ID 结构都在 include/linux/mod_devicetable.h 中定义。要找到正确的结构名称，需要在 device_id 前加上设备驱动程序所在的总线名称。例如：对于 I2C，结构名称是 struct i2c_device_id，而平台设备是 struct platform_device_id（不在实际物理总线上），SPI 设备是 spi_device_id，USB 是 usb_device_id，等等。平台设备 device_id 表的典型结构如下：

```
struct platform_device_id {
    char name[PLATFORM_NAME_SIZE];
    kernel_ulong_t driver_data;
};
```

无论如何，如果 ID 表已经注册，则每当内核运行匹配函数为未知或新的平台设备查找驱动程序时，都会遍历 ID 表。如果匹配成功，则将调用已匹配驱动程序的 probe 函数，并传递 struct platform_device 参数，这个参数包含一个指向匹配的 ID 表项的指针。.driver_data 元素是 unsigned long 类型，它有时被强制转换为指针地址，以便指向任何类型，就像在 serial-imx 驱动程序中那样。以下例子是 drivers/tty/serial/imx.c 中的 platform_device_id：

```
static const struct platform_device_id imx_uart_devtype[] = {
        {
                .name = "imx1-uart",
                .driver_data = (kernel_ulong_t) &imx_uart_devdata[IMX1_UART],
        }, {
                .name = "imx21-uart",
```

```
                .driver_data = (kernel_ulong_t)
&imx_uart_devdata[IMX21_UART],
        }, {
                .name = "imx6q-uart",
                .driver_data = (kernel_ulong_t)
&imx_uart_devdata[IMX6Q_UART],
        }, {
                /* 标记*/
        }
};
```

.name 字段必须与开发板相关文件中注册设备时所指定的设备名称相同。负责这种匹配风格的函数是 platform_match_id。查看它在 drivers/base/ platform.c 中的定义就会看到：

```
static const struct platform_device_id *platform_match_id(
        const struct platform_device_id *id,
        struct platform_device *pdev)
{
    while (id->name[0]) {
        if (strcmp(pdev->name, id->name) == 0) {
            pdev->id_entry = id;
            return id;
        }
        id++;
    }
    return NULL;
}
```

下面的例子摘自内核源码中的 drivers/tty/serial/imx.c，从中可以看到平台数据如何通过强制类型转换回原来的数据结构。这就是人们有时将任何数据结构作为平台数据的传递方式：

```
static void serial_imx_probe_pdata(struct imx_port *sport,
        struct platform_device *pdev)
{
    struct imxuart_platform_data *pdata = dev_get_platdata(&pdev->dev);

    sport->port.line = pdev->id;
    sport->devdata = (structimx_uart_data *) pdev->id_entry->driver_data;

    if (!pdata)
        return;
```

```
    [...]
}
```

pdev-> id_entry 是一个 struct platform_device_id，它是指向由内核提供的匹配的 ID 表项的指针，并且其 driver_data 元素赋值给一个数据结构上的指针。

（4）每个设备特定的 ID 表匹配数据

前面使用 platform_device_id.platform_data 作为指针。驱动程序可能需要支持多种设备类型。在这种情况下，所支持的每种设备类型都需要特定的设备数据。那就应该使用设备 ID 作为包含每个可能设备数据的数组的索引，而不是指针地址。下面的例子是详细的操作步骤。

1）定义枚举，其内容取决于驱动程序要支持的设备类型：

```
enum abx80x_chip {
    AB0801,
    AB0803,
    AB0804,
    AB0805,
    AB1801,
    AB1803,
    AB1804,
    AB1805,
    ABX80X
};
```

2）定义特定的数据类型结构：

```
struct abx80x_cap {
    u16 pn;
boolhas_tc;
};
```

3）填充数组默认值，根据 device_id 中的索引，可以提取到正确的数据：

```
static struct abx80x_cap abx80x_caps[] = {
    [AB0801] = {.pn = 0x0801},
    [AB0803] = {.pn = 0x0803},
    [AB0804] = {.pn = 0x0804, .has_tc = true},
    [AB0805] = {.pn = 0x0805, .has_tc = true},
    [AB1801] = {.pn = 0x1801},
    [AB1803] = {.pn = 0x1803},
    [AB1804] = {.pn = 0x1804, .has_tc = true},
    [AB1805] = {.pn = 0x1805, .has_tc = true},
```

```
    [ABX80X] = {.pn = 0}
};
```

4）用特定的索引定义 platform_device_id：

```
static const struct i2c_device_id abx80x_id[] = {
    { "abx80x", ABX80X },
    { "ab0801", AB0801 },
    { "ab0803", AB0803 },
    { "ab0804", AB0804 },
    { "ab0805", AB0805 },
    { "ab1801", AB1801 },
    { "ab1803", AB1803 },
    { "ab1804", AB1804 },
    { "ab1805", AB1805 },
    { "rv1805", AB1805 },
    { }
};
```

5）下面是 probe 函数中需要执行的操作：

```
static int rs5c372_probe(struct i2c_client *client,
const struct i2c_device_id *id)
{
    [...]

    /* 选择与设备相对应的索引 */
int index = id->driver_data;
        /*
        * 可以访问每个设备的数据，因为它存储在 abx80x_caps[index]中
        */
    }
```

6）名字匹配——平台设备名字匹配

现在大多数平台驱动程序根本不提供任何 ID 表，它们只在驱动程序名称字段中填写驱动程序本身的名称。但是匹配仍然可行，因为如果看 platform_match 函数，就会发现匹配最后会回到名字匹配，比较驱动程序名称和设备名称。一些较旧的驱动程序仍使用那种匹配机制。以下是 sound/soc/fsl/imx- ssi.c 中的名称匹配：

```
static struct platform_driver imx_ssi_driver = {
    .probe = imx_ssi_probe,
    .remove = imx_ssi_remove,
```

```
    /* 正如看到的，只有 name 字段被填充 */
    .driver = {
        .name = "imx-ssi",
    },
};

module_platform_driver(imx_ssi_driver);
```

要添加与此驱动程序匹配的设备，必须在开发板的特有文件（通常 arch/<your_arch>/ mach - */board - *.c）中以同样的名字 imx-ssi 调用 platform_device_register 或 platform_add_devices。对于基于四核 i.MX6 的 UDOO，它是 arch/arm/mach-imx/mach-imx6q.c。

5.4　总结

内核伪平台总线已经不再神秘了。掌握总线匹配机制，就可以理解如何加载驱动程序、何时加载驱动程序、为什么加载驱动程序，以及驱动程序可以驱动哪个设备。可以根据所需的匹配机制实现任何 probe 函数。由于驱动程序的主要目的是处理设备，因此现在可以在系统中填充设备（被废弃的方式）。为了更完美地加深理解，第 6 章将专门讨论设备树，这种新机制用于填充系统内的设备及其配置。

第 6 章
设备树的概念

设备树（DT）是易于阅读的硬件描述文件，它采用 JSON 式的格式化风格，在这种简单的树形结构中，设备表示为带有属性的节点。属性可以是空（只有键，用来描述布尔值），也可以是键值对，其中的值可以包含任意的字节流。本章简单地介绍 DT，每个内核子系统或框架都有自己的 DT 绑定。讲解有关话题时将包括具体的绑定。DT 源于 OF，这是计算机公司公认的标准，其主要目的是定义计算机固件系统的接口。

本章涉及以下主题。

- 命名约定，以及别名和标签。
- 描述数据类型及其 API。
- 管理寻址方案和访问设备资源。
- 实现 OF 匹配风格，提供应用程序的相关数据。

6.1　设备树机制

将选项 CONFIG_OF 设置为 Y 即可在内核中启用 DT。要在驱动程序中调用 DT API，必须添加以下头文件：

```
#include <linux/of.h>
#include <linux/of_device.h>
```

DT 支持一些数据类型。下面通过对实例节点的描述来介绍这些数据类型：

```
/* 一个评论 */
/* 另一个评论 */
node_label: nodename@reg{
string-property = "a string";
string-list = "red fish", "blue fish";
one-int-property = <197>; /* 该属性中的一个单元格*/
```

```
        int-list-property = <0xbeef 123 0xabcd4>; /*每个数字（单元格）是 32 位
                                                   *整数（Unit32）
                                                   *该属性中有 3 个单元格
                                                   */
    mixed-list-property = "a string", <0xadbcd45>, <35>, [0x01 0x23 0x45]
    byte-array-property = [0x01 0x23 0x45 0x67];
    boolean-property;
};
```

以下是设备树中使用的一些数据类型的定义。

- 文本字符串用双引号表示。可以使用逗号来创建字符串列表。

- 单元格是由尖括号分隔的 32 位无符号整数。

- 布尔数据不过是空属性。其取值是 true 或 false 取决于属性存在与否。

6.1.1 命名约定

每个节点都必须有<name> [@ <address>]形式的名称，其中<name>是一个字符串，其长度最多为 31 个字符，[@ <address>]是可选的，具体取决于节点代表是否为可寻址的设备。<address>是用来访问设备的主要地址。设备命名的一个例子如下：

```
expander@20 {
    compatible = "microchip,mcp23017";
    reg = <20>;
    [...]
};
```

或者

```
i2c@021a0000 {
    compatible = "fsl,imx6q-i2c", "fsl,imx21-i2c";
    reg = <0x021a0000 0x4000>;
    [...]
};
```

另外，仅当打算从另一节点的属性引用节点时，标记节点才有用。在 6.1.2 节将看到标签是指向节点的指针。

6.1.2 别名、标签和 phandle

了解这 3 个要素的工作机制非常重要，它们经常在 DT 中使用。下面的 DT 例子解释它们是如何工作的：

```
aliases {
    ethernet0 = &fec;
    gpio0 = &gpio1;
    gpio1 = &gpio2;
    mmc0 = &usdhc1;
    [...]
};
gpio1: gpio@0209c000 {
    compatible = "fsl,imx6q-gpio", "fsl,imx35-gpio";
    [...]
};
node_label: nodename@reg {
    [...];
    gpios = <&gpio1 7 GPIO_ACTIVE_HIGH>;
};
```

标签不过是标记节点的方法，可以用唯一的名称来标识节点。在现实世界中，DT
编译器将该名称转换为唯一的 32 位值。在前面的例子中，gpio1 和 node_label 都是
标签。之后可以用标签来引用节点，因为标签对于节点是唯一的。

指针句柄（pointer handle，简写为 phandle）是与节点相关联的 32 位值，用于唯一
标识该节点，以便可以从另一个节点的属性引用该节点。标签用于一个指向节点的指针。
使用<&mylabel>可以指向标签为 mylabel 的节点。

&的用途就像在 C 编程语言中一样，用于获取元素的地址。

在前面的例子中，&gpio1 被转换为 phandle，以便引用 gpio1 节点。下面的例子
也是这样：

```
thename@address {
    property = <&mylabel>;
};

mylabel: thename@adresss {
    [...]
}
```

为了在查找节点时不遍历整棵树，引入了别名的概念。在 DT 中，别名节点可以看
作是快速查找表，即另一个节点的索引。可以使用函数 find_node_by_alias() 来查
找指定别名的节点。别名不是直接在 DT 源中使用，而是由 Linux 内核来引用。

6.1.3 DT 编译器

DT 有两种形式：文本形式（代表源，也称作 DTS）和二进制块形式（代表编译后的 DT），也称作 DTB。源文件的扩展名是 .dts。实际上，还有 .dtsi 文本文件，代表 SoC 级定义，而 .dts 文件代表开发板定义。就像在源文件（.c）中包含头文件（.h）一样，应该把 .dtsi 作为头文件包含在 .dts 文件中。而二进制文件则使用 .dtb 扩展名。

实际上还有第三种形式，即 DT 在 / proc/device-tree 中的运行时表示。

正如其名称所述，用于编译设备树的工具称为设备树编译器（dtc）。从根内核源代码，可以为特定的体系结构编译独立的特定 DT 或所有 DT。

下面为 ARM SoC 编译所有 DT（.dts）文件：

```
ARCH=arm CROSS_COMPILE=arm-linux-gnueabihf- make dtbs
```

编译单独的 DT：

```
ARCH=arm CROSS_COMPILE=arm-linux-gnueabihf- make imx6dl-sabrelite.dtb
```

在上一个例子中，源文件的名称是 imx6dl-sabrelite.dts。

对于编译过的设备树（.dtb）文件，可以做相反的操作，从中提取源（.dts）文件：

```
dtc -I dtb -O dtsarch/arm/boot/dts imx6dl-sabrelite.dtb
 >path/to/my_devicetree.dts
```

为了调试，将 DT 公开给用户空间可能是有用的。使用 CONFIG_PROC_DEVICETREE 配置变量可以实现该目的。然后，可以浏览 /proc/device-tree 中的 DT。

6.2 表示和寻址设备

每个设备在 DT 中至少有一个节点。某些属性对于许多设备类型是通用的，特别是位于内核已知总线（SPI、I2C、平台、MDIO 等）上的设备。这些属性是 reg、#address-cells 和 #size-cells，它们的用途是在其所在总线上进行设备寻址。也就是说，主要的寻址属性是 reg，这是一个通用属性，其含义取决于设备所在的总线。size-cell 和 address-cell 的前缀 #（sharp）可以翻译为 length。

每个可寻址设备都具有 reg 属性，该属性是 reg = <address0size0 [address1size1] [address2size2] ...>形式的元组列表，其中每个元组代表

设备使用的地址范围。#size-cells（长度单元）指示使用多少个 32 位单元来表示大小，如果与大小无关，则可以是 0。而#address-cells（地址单元）指示用多少个 32 位单元来表示地址。换句话说，每个元组的地址元素根据#address-cell 来解释；长度元素也是如此，它根据#size-cell 进行解释。

实际上，可寻址设备继承自它们父节点的#size-cell 和#address-cell，父节点代表总线控制器。指定设备中存在#size-cell 和#address-cell 不会影响设备本身，但影响其子设备。换句话说，在解释给定节点的 reg 属性之前，必须知道父节点 #address-cells 和#size-cells 的值。父节点可以自由定义适用于设备子节点（孩子）的寻址方案。

6.2.1　SPI 和 I2C 寻址

SPI 和 I2C 设备都属于非内存映射设备，因为它们的地址对 CPU 不可访问。而父设备的驱动程序（总线控制器驱动程序）将代表 CPU 执行间接访问。每个 I2C/SPI 设备都表示为设备所在 I2C/SPI 总线节点的子节点。对于非存储器映射的设备，#size-cells 属性为 0，寻址元组中的 size 元素为空。这意味着这种设备的 reg 属性总是只有一个单元：

```
&i2c3 {
    [...]
    status = "okay";

    temperature-sensor@49 {
        compatible = "national,lm73";
        reg = <0x49>;
    };

    pcf8523: rtc@68 {
        compatible = "nxp,pcf8523";
        reg = <0x68>;
    };
};

&ecspi1 {
fsl,spi-num-chipselects = <3>;
cs-gpios = <&gpio5 17 0>, <&gpio5 17 0>, <&gpio5 17 0>;
status = "okay";
[...]
```

```
ad7606r8_0: ad7606r8@1 {
    compatible = "ad7606-8";
    reg = <1>;
    spi-max-frequency = <1000000>;
    interrupt-parent = <&gpio4>;
    interrupts = <30 0x0>;
    convst-gpio = <&gpio6 18 0>;
};
};
```

查看 arch/arm/boot/dts/ imx6qdl.dtsi 中的 SoC 级文件就会发现：在 i2c 和 spi 节点中，#size-cells 和#address-cells 分别设置为 0（前者）和 1（后者），它们分别是前面所列 I2C 和 SPI 设备的父节点。这有助于理解它们的 reg 属性，reg 属性只是一个保存地址值的单元格。

I2C 设备的 reg 属性用于指定总线上设备的地址。对于 SPI 设备，reg 表示从控制器节点所具有的芯片选择列表中分配给设备的芯片选择线的索引。例如，对于 ad7606r8 ADC，芯片选择线索引是 1，对应于 cs-gpios 中的<&gpio5 17 0>，cs-gpios 是控制器节点的芯片选择列表。

为什么使用 I2C/SPI 节点的 phandle：因为 I2C/SPI 设备应在开发板文件（.dts）中声明，而 I2C/SPI 总线控制器在 SoC 级文件（.dtsi）中声明。

6.2.2　平台设备寻址

本节介绍简单的内存映射设备，其内存可由 CPU 访问。在这里，reg 属性仍然定义设备的地址，这是可以访问设备的内存区域列表。每个区域用单元格元组表示，其中第一个单元格是内存区域的基地址，第二个元组是该区域的大小。它具有的形式是 reg = <base0 length0 [base1 length1] [address2 length2] ...>。每个元组代表设备使用的地址范围。

在现实世界中，人们应该在知道其他两个属性（#size-cells 和 #address-cells）值的情况下解释 reg 属性。#size-cells 指出在每个子 reg 元组中长度字段有多大。#address-cell 也一样，它说明指定一个地址必须使用多少个单元。

这种设备应该在具有特殊值 compatible = "simple-bus"的节点内声明，这意味着简单的内存映射总线，没有特定的处理和驱动程序：

```
soc {
    #address-cells = <1>;
```

```
    #size-cells = <1>;
compatible = "simple-bus";
aips-bus@02000000 { /* AIPS1 */
    compatible = "fsl,aips-bus", "simple-bus";
    #address-cells = <1>;
    #size-cells = <1>;
    reg = <0x02000000 0x100000>;
    [...];

    spba-bus@02000000 {
        compatible = "fsl,spba-bus", "simple-bus";
        #address-cells = <1>;
        #size-cells = <1>;
        reg = <0x02000000 0x40000>;
        [...]
        ecspi1: ecspi@02008000 {
            #address-cells = <1>;
            #size-cells = <0>;
            compatible = "fsl,imx6q-ecspi", "fsl,imx51-ecspi";
            reg = <0x02008000 0x4000>;
            [...]
        };
        i2c1: i2c@021a0000 {
            #address-cells = <1>;
            #size-cells = <0>;
            compatible = "fsl,imx6q-i2c", "fsl,imx21-i2c";
            reg = <0x021a0000 0x4000>;
            [...]
        };
    };
};
```

在前面的示例中，父节点 compatible 的属性值为 simple-bus，其子节点将被注册为平台设备。设置#size-cells = <0>也能够看到 I2C 和 SPI 总线控制器怎样改变其子节点的寻址方式，因为这与它们无关。从内核设备树文档可以查找所有绑定信息：Documentation/devicetree/bindings/。

6.3 处理资源

驱动程序的主要目的是处理和管理设备，并且大部分时间将其功能展现给用户空间。这里的目标是收集设备的配置参数，特别是资源（存储区、中断线、DMA 通道、时钟等）。

以下是本节中将要使用的设备节点。它是在 arch/arm/boot/dts/imx6qdl.
dtsi 中定义的 i.MX6 UART 设备节点：

```
uart1: serial@02020000 {
        compatible = "fsl,imx6q-uart", "fsl,imx21-uart";
reg = <0x02020000 0x4000>;
        interrupts = <0 26 IRQ_TYPE_LEVEL_HIGH>;
        clocks = <&clks IMX6QDL_CLK_UART_IPG>,
<&clks IMX6QDL_CLK_UART_SERIAL>;
        clock-names = "ipg", "per";
dmas = <&sdma 25 4 0>, <&sdma 26 4 0>;
dma-names = "rx", "tx";
        status = "disabled";
    };
```

6.3.1 命名资源的概念

当驱动程序期望某种类型的资源列表时，由于编写开发板设备树的人通常不是写驱动程序的人，因此不能保证该列表是以驱动程序期望的方式排序。例如，驱动程序可能期望其设备节点具有 2 条 IRQ 线路，一条用于索引 0 处的 Tx 事件，另一条用于索引 1 处的 Rx。如果这种顺序得不到满足会发生什么情况？驱动就会发生异常行为。为了避免这种不匹配，引入了命名资源（clock、irq、dma、reg）的概念。它由定义资源列表和命名组成，因此无论索引是什么，给定的名称总将与资源相匹配。

命名资源的相应属性如下。

● reg-names：reg 属性中的内存区域列表。

● clock-names：clocks 属性中命名 clocks。

● interrupt-names：为 interrupts 属性中的每个中断指定一个名称。

● dma-names：用于 dma 属性。

现在，创建一个假的设备节点以解释上述概念：

```
fake_device {
    compatible = "packt,fake-device";
    reg = <0x4a064000 0x800>, <0x4a064800 0x200>, <0x4a064c00 0x200>;
    reg-names = "config", "ohci", "ehci";
    interrupts = <0 66 IRQ_TYPE_LEVEL_HIGH>,  <0 67 IRQ_TYPE_LEVEL_HIGH>;
    interrupt-names = "ohci", "ehci";
    clocks = <&clks IMX6QDL_CLK_UART_IPG>,    <&clks IMX6QDL_CLK_UART_SERIAL>;
    clock-names = "ipg", "per";
```

```
    dmas = <&sdma 25 4 0>, <&sdma 26 4 0>;
    dma-names = "rx", "tx";
};
```

驱动程序中提取每个命名资源的代码如下所示：

```
struct resource *res1, *res2;
res1 = platform_get_resource_byname(pdev, IORESOURCE_MEM, "ohci");
res2 = platform_get_resource_byname(pdev, IORESOURCE_MEM, "config");

struct dma_chan  *dma_chan_rx, *dma_chan_tx;
dma_chan_rx = dma_request_slave_channel(&pdev->dev, "rx");
dma_chan_tx = dma_request_slave_channel(&pdev->dev, "tx");

inttxirq, rxirq;
txirq = platform_get_irq_byname(pdev, "ohci");
rxirq = platform_get_irq_byname(pdev, "ehci");

structclk *clck_per, *clk_ipg;
clk_ipg = devm_clk_get(&pdev->dev, "ipg");
clk_ipg = devm_clk_get(&pdev->dev, "pre");
```

这样，就可以确保把正确的名字映射到正确的资源上，而不用再使用索引了。

6.3.2　访问寄存器

在这里，驱动程序将占用内存区域，并将其映射到虚拟地址空间。第 11 章将进一步讨论这个问题。

```
struct resource *res;
void __iomem *base;

res = platform_get_resource(pdev, IORESOURCE_MEM, 0);
/*
 * 这里使用 request_mem_region(res->start, resource_size(res), pdev->name)
 * 和 ioremap(iores->start, resource_size(iores)请求和映射内存区域
 *
 * 这些功能在第 11 章中讨论
 */
base = devm_ioremap_resource(&pdev->dev, res);
if (IS_ERR(base))
    return PTR_ERR(base);
```

platform_get_resource()将根据第一个（索引 0）reg 赋值中提供的内存区

域设置 struct res 的开始和结束字段。请记住 platform_get_resource() 的最后一个参数代表资源索引。在前面的示例中，0 指定了该资源类型的第一个值，以防在 DT 节点中为设备分配多个存储区域。在这个例子中，reg = <0x02020000 0x4000> 表示分配的区域从物理地址 0x02020000 开始，大小为 0x4000 字节。platform_get_resource() 将设置 res.start = 0x02020000 和 res.end =0x02023fff。

6.3.3 处理中断

中断接口实际上分为两部分，消费者端和控制器端。DT 中用 4 个属性描述中断连接。控制器是为消费者提供中断线的设备。在控制器端有以下属性。

- interrupt-controller：为了将设备标记为中断控制器而应该定义的空（布尔）属性。
- #interrupt-cells：这是中断控制器的属性。它指出为该中断控制器指定一个中断要使用多少个单元。

消费者是生成中断的设备。消费者绑定需要以下属性。

- interrupt-parent：对于产生中断的设备节点，这个属性包含指向设备所连接的中断控制器节点的指针 phandle。如果省略，则设备从其父节点继承该属性。
- interrupts：它是中断说明符。

中断绑定和中断说明符与中断控制器设备相关联。通过 #interrupt-cells 属性定义的中断输入单元数量取决于中断控制器，这是唯一的决定因素。对于 i.MX6，中断控制器是全局中断控制器（Global Interrupt Controller，GIC）。在 Documentation/devicetree/bindings/arm/gic.txt 中很好地解释了其绑定。

1. 中断处理程序

这包括从 DT 获取 IRQ 号码，映射到 Linux IRQ，再为其注册函数回调。执行此操作的驱动程序代码非常简单：

```
int irq = platform_get_irq(pdev, 0);
ret = request_irq(irq, imx_rxint, 0, dev_name(&pdev->dev), sport);
```

platform_get_irq() 调用将返回中断号，devm_request_irq() 可以用这个中断号（之后 IRQ 在 /proc/interrupts 中是可见的）。第二个参数 0 表示需要在设备节点中指定的第一个中断。如果有多个中断，则可以根据需要的中断更改这个索引，或者只使用命名的资源。

在前面的例子中，设备节点包含中断说明符，像下面这样：

```
interrupts = <0 66 IRQ_TYPE_LEVEL_HIGH>;
```

- 根据 ARM GIC，第一个单元说明中断类型。
  - ➤ 0：共享外设中断（SPI），用于核间共享的中断信号，可由 GIC 路由至任意核。
  - ➤ 1：专用外设中断（PPI），专用于单核的中断信号。
- 第二个单元格保存中断号。该中断号取决于中断线是 PPI 还是 SPI。
- 第三个单元，这里的 IRQ_TYPE_LEVEL_HIGH 代表感知级别。所有可用的感知级别在 include/linux/irq.h 中定义。

2. 中断控制器代码

interrupt-controller 属性用于将设备声明为中断控制器。#interrupt-cells 属性定义必须使用多少个单元格来定义单个中断线。这将在第 16 章中详细讨论。

6.3.4 提取特定应用数据

特定应用数据是公共属性之外的数据（既不是资源，也不是 GPIO、调节器等），可以分配给设备的任意属性和子节点，这样的属性名称通常以制造商代码作前缀。它们可以是任何字符串、布尔值或整数值，以及在 Linux 源代码 drivers/of/base.c 中定义的 API。下面讨论的例子并不详尽，它重新使用本章前面定义的节点：

```
node_label: nodename@reg{
    string-property = ""a string"";
    string-list = ""red fish"", ""blue fish"";
    one-int-property = <197>; /* 此属性的一个单元格 */
    int-list-property = <0xbeef 123 0xabcd4>;
    /* 每个数字（单元格）是 32 位的整数（uint32）这个属性中有 3 个单元格 */
    mixed-list-property = "a string", <0xadbcd45>, <35>, [0x01 0x23 0x45]
    byte-array-property = [0x01 0x23 0x45 0x67];
    one-cell-property = <197>;
    boolean-property;
};
```

1. 文本字符串

下面是一个 string 属性：

```
string-property = "a string";
```

回到驱动程序，它应该使用 of_property_read_string() 读取字符串值。其原型定义如下：

```
int of_property_read_string(const struct device_node *np, const
                          char *propname, const char **out_string)
```

以下代码说明如何使用它：

```
const char *my_string = NULL;
of_property_read_string(pdev->dev.of_node, "string-property", &my_string);
```

2. 单元格和无符号的 32 位整数

下面是 int 属性：

```
one-int-property = <197>;
int-list-property = <1350000 0x54dae47 1250000 1200000>;
```

应该使用 of_property_read_u32() 读取单元格值。其原型定义如下：

```
int of_property_read_u32_index(const struct device_node *np,
                      const char *propname, u32 index, u32 *out_value)
```

回到驱动程序：

```
unsigned int number;
of_property_read_u32(pdev->dev.of_node, "one-cell-property", &number);
```

可以使用 of_property_read_u32_array 读取单元格列表。其原型如下：

```
int of_property_read_u32_array(const struct device_node *np,
                      const char *propname, u32 *out_values, size_t sz);
```

这里，sz 是要读取的数组元素的数量。看一下 drivers/of/base.c 就可知道如何解释它的返回值：

```
unsigned int cells_array[4];
if (of_property_read_u32_array(pdev->dev.of_node, "int-list-property",
cells_array, 4)) {
    dev_err(&pdev->dev, "list of cells not specified\n");
    return -EINVAL;
}
```

3. 布尔

应该使用 of_property_read_bool() 读取布尔属性，属性的名称在函数的第二个参数中给出：

```
bool my_bool = of_property_read_bool(pdev->dev.of_node, "boolean-property");
if(my_bool){
    /* 布尔值为真 */
} else {
    /* 布尔值为假 */
}
```

4．提取并分析子节点

可以在设备节点中添加任何子节点。给定代表闪存设备的节点，可以将分区表示为子节点。对于处理一组输入和输出 GPIO 的设备，每组可以表示为子节点。节点例子如下所示：

```
eeprom: ee24lc512@55 {
        compatible = "microchip,24xx512";
reg = <0x55>;

        partition1 {
            read-only;
            part-name = "private";
            offset = <0>;
            size = <1024>;
        };

        partition2 {
            part-name = "data";
            offset = <1024>;
            size = <64512>;
        };
    };
```

可以使用 `for_each_child_of_node()` 遍历指定节点的子节点：

```
struct device_node *np = pdev->dev.of_node;
struct device_node *sub_np;
for_each_child_of_node(np, sub_np) {
        /* sub_np 将依次指向每个 sub-node */
        [...]
int size;
        of_property_read_u32(client->dev.of_node,
"size", &size);
        ...
    }
```

6.4 平台驱动程序和 DT

平台驱动程序也使用 DT。也就是说，这是现在推荐的处理平台设备的方法，不再需要使用开发板文件，甚至不需要在设备的属性更改时重新编译内核。可否记得，在第 5 章讨论了 OF 匹配样式，这是一种基于 DT 的匹配机制。下面介绍它的工作原理。

6.4.1 OF 匹配风格

"OF 匹配风格"是平台核心执行的第一种匹配机制，以匹配设备及其驱动程序。它使用设备树的 compatible 属性来匹配 of_match_table 中的设备项，设备项是 struct driver 子结构的一个字段。每个设备节点都有 compatible 属性，它是字符串或字符串列表。任何驱动程序只要声明 compatible 属性中列出的字符串之一，就将触发匹配，并看到其 probe 函数执行。

DT 匹配项在内核中被描述为 struct of_device_id 结构的实例，该结构定义在 linux/mod_devicetable.h 中，如下所示：

```
// 我们只对结构的最后两个元素感兴趣
struct of_device_id {
    [...]
    char  compatible[128];
    const void *data;
};
```

该结构中每个元素的含义如下。

- char compatible [128]：这是用来匹配 DT 中设备节点兼容属性的字符串。它们必须完全相同才算匹配。
- const void * data：这可以指向任何结构，这个结构可以用作每个设备类型的配置数据。

由于 of_match_table 是指针，因此可以传递 struct of_device_id 数组，使驱动程序兼容多个设备：

```
static const struct of_device_id imx_uart_dt_ids[] = {
    { .compatible = "fsl,imx6q-uart", },
    { .compatible = "fsl,imx1-uart", },
    { .compatible = "fsl,imx21-uart", },
    { /* sentinel */ }
};
```

一旦在驱动程序的子结构中填充了 ID 数组，就必须把它传递到平台驱动程序的 of_match_table 字段：

```
static struct platform_driver serial_imx_driver = {
    [...]
    .driver     = {
        .name   = "imx-uart",
        .of_match_table = imx_uart_dt_ids,
        [...]
    },
};
```

在这一步，只有驱动程序知道 of_device_id 数组。要使内核也获得通知（这样它可以把 ID 存储在平台核维护的设备列表中），该数组必须像第 5 章介绍的那样用 MODULE_DEVICE_TABLE 注册：

```
MODULE_DEVICE_TABLE(of, imx_uart_dt_ids);
```

这样，驱动程序就兼容 DT。回到 DT，接下来声明与驱动程序兼容的设备：

```
uart1: serial@02020000 {
    compatible = "fsl,imx6q-uart", "fsl,imx21-uart";
    reg = <0x02020000 0x4000>;
    interrupts = <0 26 IRQ_TYPE_LEVEL_HIGH>;
    [...]
};
```

这里提供了两个兼容的字符串。如果第一个与任何驱动程序都不匹配，则平台核心将执行与第二个的匹配。

当发生匹配时，将以 struct platform_device 结构作为参数调用驱动程序的 probe 函数，它包含 struct device dev 字段，其中的字段 struct device_node * of_node 对应于与设备关联的节点，这样就可以使用它来提取设备设置：

```
static int serial_imx_probe(struct platform_device *pdev)
{
    [...]
struct device_node *np;
np = pdev->dev.of_node;

    if (of_get_property(np, "fsl,dte-mode", NULL))
        sport->dte_mode = 1;
        [...]
}
```

可以检查 DT 节点是否设置为知道驱动程序是响应 of_match 而加载，还是从开发板 init 文件中实例化。然后，应该使用 of_match_device 函数选取发起匹配的 struct *of_device_id 项，该项可能包含传递的具体数据：

```
static int my_probe(struct platform_device *pdev)
{
struct device_node *np = pdev->dev.of_node;
const struct of_device_id *match;

    match = of_match_device(imx_uart_dt_ids, &pdev->dev);
    if (match) {
        /* 设备树，提取数据 */
        my_data = match->data
    } else {
        /* 开发板初始化文件 */
        my_data = dev_get_platdata(&pdev->dev);
    }
    [...]
}
```

1. 处理非设备树平台

使用 CONFIG_OF 选项在内核中启用 DT 支持。如果内核中没有启用 DT 支持，则可能会希望避免使用 DT API。其实现方法是检查 CONFIG_OF 是否设置。过去常常这样做：

```
#ifdef CONFIG_OF
    static const struct of_device_id imx_uart_dt_ids[] = {
        { .compatible = "fsl,imx6q-uart", },
        { .compatible = "fsl,imx1-uart", },
        { .compatible = "fsl,imx21-uart", },
        { /* 哨兵 */ }
    };

    /* 其他设备树相关代码 */
    [...]
#endif
```

即使在缺少设备树支持的情况下，of_device_id 数据类型也总会被定义，但在构建期间会忽略封装在#ifdef CONFIG_OF … #endif 中的代码，该代码用于条件编译。这不是唯一选择，还可以使用 of_match_ptr 宏，当 OF 被禁用时它简单地返回 NULL。在需要 of_match_table 作参数传递的任何地方，都可以把它封装在 of_match_ptr 宏中，这样当 OF 被禁用时，它将返回 NULL。该宏在 include/

linux/of.h 中定义：

```
#define of_match_ptr(_ptr) (_ptr) /* 启用 CONFIG_OF 时*/
#define of_match_ptr(_ptr) NULL   /* 不启用时 */
```

可以按照如下方式使用它：

```
static int my_probe(struct platform_device *pdev)
{
    const struct of_device_id *match;
    match = of_match_device(of_match_ptr(imx_uart_dt_ids),
                        &pdev->dev);
    [...]
}
static struct platform_driver serial_imx_driver = {
    [...]
    .driver         = {
    .name   = "imx-uart",
    .of_match_table = of_match_ptr(imx_uart_dt_ids),
    },
};
```

这消除了#ifdef，当 OF 禁用时返回 NULL。

2. 支持每个设备都具有特殊数据的多种硬件

有时候，驱动程序可以支持不同的硬件，且都具有特殊的配置数据，该数据可能是专用的功能表、特定的寄存器值或每个硬件独有的东西。下面的例子描述一种通用方法：

```
/*
 * 用于匹配设备的结构
 */
struct of_device_id {
        [...]
        char    compatible[128];
const void *data;
};
```

令人感兴趣的字段是 const void * data，可以用它为每个特殊的设备传递任何数据。

假设有 3 个不同的设备，每个设备都有特殊的私有数据。of_device_id.data 包含的指针将指向特定参数。这个例子受到 drivers/tty/serial/imx.c 的启发。

声明私有结构：

```
/* i.MX21 类型的 uart 可以在除 i.MX1 and i.MX6q 以外的所有 i.mx 上运行*/
enum imx_uart_type {
    IMX1_UART,
    IMX21_UART,
    IMX6Q_UART,
};

/* 与设备类型相关 */
struct imx_uart_data {
    unsigned uts_reg;
    enum imx_uart_type devtype;
};
```

用每个设备的特定数据填充数组：

```
static struct imx_uart_data imx_uart_devdata[] = {
        [IMX1_UART] = {
                    .uts_reg = IMX1_UTS,
                    .devtype = IMX1_UART,
        },
        [IMX21_UART] = {
                    .uts_reg = IMX21_UTS,
                    .devtype = IMX21_UART,
        },
        [IMX6Q_UART] = {
                    .uts_reg = IMX21_UTS,
                    .devtype = IMX6Q_UART,
        },
 };
```

每个 compatible 项都绑定特定的数组索引：

```
static const struct of_device_id imx_uart_dt_ids[] = {
        { .compatible = "fsl,imx6q-uart", .data =
&imx_uart_devdata[IMX6Q_UART],},
        { .compatible = "fsl,imx1-uart", .data =
&imx_uart_devdata[IMX1_UART], },
        { .compatible = "fsl,imx21-uart", .data =
&imx_uart_devdata[IMX21_UART], },
        { /* 哨兵 */ }
};
MODULE_DEVICE_TABLE(of, imx_uart_dt_ids);

static struct platform_driver serial_imx_driver = {
```

```
    [...]
    .driver         = {
        .name    = "imx-uart",
        .of_match_table = of_match_ptr(imx_uart_dt_ids),
    },
};
```

在 probe 函数中，无论是什么匹配项，都会保存一个指向设备特定结构的指针：

```
static int imx_probe_dt(struct platform_device *pdev)
{
    struct device_node *np = pdev->dev.of_node;
    const struct of_device_id *of_id =
    of_match_device(of_match_ptr(imx_uart_dt_ids), &pdev->dev);

        if (!of_id)
                /* 没有设备树 */
                return 1;
        [...]
        sport->devdata = of_id->data; /* 取回私有数据 */
}
```

在前面的代码中，devdata 是原始源代码中的结构元素，声明为 const struct imx_uart_data * devdata，这样可以在数组中存储任何特定的参数。

6.4.2　匹配风格混合

OF 匹配风格可以与任何其他匹配机制组合。下面的例子混合使用 DT 和设备 ID 匹配风格。

为设备 ID 匹配风格填充数组，每个设备都有其数据：

```
static const struct platform_device_id sdma_devtypes[] = {
    {
        .name = "imx51-sdma",
        .driver_data = (unsigned long)&sdma_imx51,
    }, {
        .name = "imx53-sdma",
        .driver_data = (unsigned long)&sdma_imx53,
    }, {
        .name = "imx6q-sdma",
        .driver_data = (unsigned long)&sdma_imx6q,
    }, {
        .name = "imx7d-sdma",
```

```
        .driver_data = (unsigned long)&sdma_imx7d,
    }, {
        /* 哨兵 */
    }
};
MODULE_DEVICE_TABLE(platform, sdma_devtypes);
```

对于 OF 匹配风格也是这样做：

```
static const struct of_device_id sdma_dt_ids[] = {
    { .compatible = "fsl,imx6q-sdma", .data = &sdma_imx6q, },
    { .compatible = "fsl,imx53-sdma", .data = &sdma_imx53, },
        { .compatible = "fsl,imx51-sdma", .data = &sdma_imx51, },
    { .compatible = "fsl,imx7d-sdma", .data = &sdma_imx7d, },
    { /* 哨兵 */ }
};
MODULE_DEVICE_TABLE(of, sdma_dt_ids);
```

probe 函数如下所示：

```
static int sdma_probe(structplatform_device *pdev)
{
conststructof_device_id *of_id =
of_match_device(of_match_ptr(sdma_dt_ids), &pdev->dev);
structdevice_node *np = pdev->dev.of_node;

    /* 设备树 */
    if (of_id)
drvdata = of_id->data;
    /* 硬编码 */
    else if (pdev->id_entry)
drvdata = (void *)pdev->id_entry->driver_data;

    if (!drvdata) {
dev_err(&pdev->dev, "unable to find driver data\n");
        return -EINVAL;
    }
    [...]
}
```

声明平台驱动程序，把前面定义的数组提供给它：

```
static struct platform_driver sdma_driver = {
    .driver = {
    .name    = "imx-sdma",
```

```
    .of_match_table = of_match_ptr(sdma_dt_ids),
    },
    .id_table  = sdma_devtypes,
    .remove = sdma_remove,
    .probe  = sdma_probe,
};
module_platform_driver(sdma_driver);
```

平台资源和 DT

平台设备无须做任何额外的修改就可以用在启用设备树的系统中，这在 6.3 节中演示过。通过使用 platform_xxx 系列函数，以及核心遍历 DT（用 of_xxx 系列函数）来查找请求的资源。反之则不然，因为 of_xxx 系列函数只为 DT 保留。所有资源数据将以普通的方式提供给驱动程序。驱动程序现在知道设备是否在开发板文件中用硬编码参数初始化。下面来看 uart 设备节点例子：

```
uart1: serial@02020000 {
    compatible = "fsl,imx6q-uart", "fsl,imx21-uart";
reg = <0x02020000 0x4000>;
    interrupts = <0 26 IRQ_TYPE_LEVEL_HIGH>;
dmas = <&sdma 25 4 0>, <&sdma 26 4 0>;
dma-names = "rx", "tx";
};
```

以下摘录的代码描述了其驱动程序的 probe 函数。在 probe 中，可以使用函数 platform_get_resource() 来提取作为资源的任何属性（内存区域、DMA、IRQ），或者使用特定的函数，比如 platform_get_irq()，它提取 DT 中 interrupts 属性提供的 IRQ：

```
static int my_probe(struct platform_device *pdev)
{
struct iio_dev *indio_dev;
struct resource *mem, *dma_res;
struct xadc *xadc;
int irq, ret, dmareq;

    /* IRQ */
irq = platform_get_irq(pdev, 0);
    if (irq<= 0)
        return -ENXIO;
    [...]
```

```
    /* 内存区域 */
mem = platform_get_resource(pdev, IORESOURCE_MEM, 0);
xadc->base = devm_ioremap_resource(&pdev->dev, mem);
    /*
     * 也可以使用
     *     devm_ioremap(&pdev->dev, mem->start, resource_size(mem));
     */
    if (IS_ERR(xadc->base))
        return PTR_ERR(xadc->base);
    [...]

    /* 第二个 dma 通道 */
dma_res = platform_get_resource(pdev, IORESOURCE_DMA, 1);
dmareq = dma_res->start;

    [...]
}
```

综上所述，对于像 dma、irq 和 mem 这样的属性，在平台驱动程序中无法匹配 dtb。该数据与作为平台资源传递的数据具有相同的类型。要理解其原因，只需看一看这些函数；就理解它们内部如何处理 DT 功能。以下是 platform_get_irq 函数的一个例子：

```
int platform_get_irq(struct platform_device *dev, unsigned int num)
{
    [...]
    struct resource *r;
    if (IS_ENABLED(CONFIG_OF_IRQ) &&dev->dev.of_node) {
        int ret;

        ret = of_irq_get(dev->dev.of_node, num);
        if (ret > 0 || ret == -EPROBE_DEFER)
            return ret;
    }

    r = platform_get_resource(dev, IORESOURCE_IRQ, num);
    if (r && r->flags & IORESOURCE_BITS) {
        struct irq_data *irqd;
        irqd = irq_get_irq_data(r->start);
        if (!irqd)
            return -ENXIO;
        irqd_set_trigger_type(irqd, r->flags & IORESOURCE_BITS);
    }
    return r ? r->start : -ENXIO;
}
```

platform_xxx 函数怎样从 DT 中提取资源？这应该是 of_xxx 系列函数的功能。但是在系统启动的时候，内核在每个设备节点上调用 of_platform_device_create_pdata()，这将创建拥有相关资源的平台设备，在其上可以调用 platform_xxx 系列函数。其原型如下：

```
static struct platform_device *of_platform_device_create_pdata(
            struct device_node *np, const char *bus_id,
            void *platform_data, struct device *parent)
```

6.4.3　平台数据与 DT

如果驱动程序需要平台数据，则应该检查 dev.platform_data 指针。非空值表示驱动程序已经在开发板配置文件中以旧的方式实例化，并且 DT 不会处理它。对于从 DT 实例化的驱动程序，dev.platform_data 将为 NULL，平台设备将在 DT 项（节点）上获得一个指针，该指针对应于 dev.of_node 指针中的设备，可以从该指针中提取资源并使用 OF API 分析和提取应用程序数据。

 还有一种混合方法，可以用来将 C 文件中声明的平台数据关联到 DT 节点，但这仅适用于特殊情况：DMA、IRQ 和内存。此方法仅在驱动程序需要资源，而不需要应用程序相关数据时使用。

可以像下面的例子这样将 I2C 控制器的传统声明方式转换为 DT 兼容节点：

```
#define SIRFSOC_I2C0MOD_PA_BASE 0xcc0e0000
#define SIRFSOC_I2C0MOD_SIZE 0x10000
#define IRQ_I2C0
static struct resource sirfsoc_i2c0_resource[] = {
    {
        .start = SIRFSOC_I2C0MOD_PA_BASE,
        .end = SIRFSOC_I2C0MOD_PA_BASE + SIRFSOC_I2C0MOD_SIZE - 1,
        .flags = IORESOURCE_MEM,
    },{
        .start = IRQ_I2C0,
        .end = IRQ_I2C0,
        .flags = IORESOURCE_IRQ,
    },
};
```

DT 节点：

```
i2c0: i2c@cc0e0000 {
    compatible = "sirf,marco-i2c";
    reg = <0xcc0e0000 0x10000>;
    interrupt-parent = <&phandle_to_interrupt_controller_node>
    interrupts = <0 24 0>;
    #address-cells = <1>;
    #size-cells = <0>;
    status = "disabled";
};
```

6.5 总结

该从硬编码设备配置切换到 DT 方式了。本章介绍了处理 DT 的所有方法，现在完全可以在 DT 中自定义或添加所需的任何节点和属性，并从驱动程序中提取它们。第 7 章将讨论 I2C 驱动程序，并使用 DT API 列举和配置 I2C 设备。

第 7 章
I2C 客户端驱动程序

由飞利浦（现为恩智浦）发明的 I2C 总线是双线制：由串行数据（SDA）、串行时钟（SCL）构成的异步串行总线。它是多主总线，但多主模式未广泛使用。SDA 和 SCL 都是漏极开路/集电极开路，这意味着它们都可以使输出驱动为低电平，但是如果没有上拉电阻，则都不能使输出驱动为高电平。SCL 由主设备生成，以便在总线上同步数据（由 SDA 传送）传送。从机和主机都可以发送数据（当然不是同时），因此 SDA 是双向线路。这就是说 SCL 信号也是双向的，因为从机可以通过保持 SCL 线低电平来延长时钟。总线由主机控制，在这里的例子中它是 SoC 的一部分。该总线经常在嵌入式系统中，用于连接串行 EEPROM、RTC 芯片、GPIO 扩展器、温度传感器等，如图 7-1 所示。

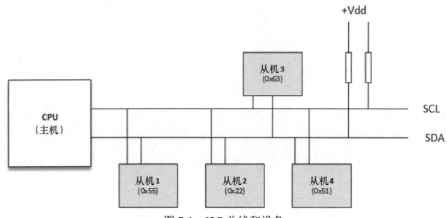

图 7-1　I2C 总线和设备

时钟频率为 10 kHz～100 kHz，400 kHz～2 MHz 不等。本书不涉及总线规范或总线驱动程序。然而，总线驱动程序应该管理总线并符合总线规范。i.MX6 芯片的总线驱动程序示例可在内核源代码 drivers/i2c/busses/i2c-imx.c 中找到。

本章集中介绍客户端驱动程序，以便处理该总线上的从设备。本章涉及以下主题。

- I2C 客户驱动程序架构。
- 设备访问，从设备中读/写设备数据。
- 在 DT 中声明客户端设备。

7.1　驱动程序架构

当为其编写驱动程序的设备位于物理总线（被称作总线控制器）上时，它一定依赖总线的驱动程序，也就是控制器驱动程序，它负责在设备之间共享总线访问。控制器驱动程序在设备和总线之间提供抽象层。例如，当在 I2C 或 USB 总线上执行事务（读取或写入）时，I2C/USB 总线控制器将在后台透明地处理该事务。每个总线控制器驱动程序都提供一组函数，以简化位于该总线上设备驱动程序的开发。这适用于每个物理总线（I2C、SPI、USB、PCI、SDIO 等）。

I2C 驱动程序在内核中表示为 `struct i2c_driver` 的实例。I2C 客户端（代表设备本身）由 `struct i2c_client` 结构表示。

7.1.1　i2c_driver 结构

I2C 驱动程序在内核中声明为 `struct i2c_driver` 的实例，它看起来像下面这样：

```
struct i2c_driver {
    /* 标准驱动模型接口 */
int (*probe)(struct i2c_client *, const struct i2c_device_id *);
int (*remove)(struct i2c_client *);

    /* 与枚举无关的驱动类型接口 */
    void (*shutdown)(struct i2c_client *);
struct device_driver driver;
const struct i2c_device_id *id_table;
};
```

`struct i2c_driver` 结构包含并描述通用访问例程，这些例程是处理声明驱动程序的设备所必需的，而 `struct i2c_client` 则包含设备特有的信息，如其地址。`struct i2c_client` 结构表示和描述 I2C 设备。本章后面的部分将介绍如何填充这些结构。

1. probe 函数

probe 函数是 `struct i2c_driver` 结构的一部分，在 I2C 器件实例化后随时执行。它负责以下任务。

- 检查设备是否是所期望的。
- 使用 i2c_check_functionality 函数检查 SoC 的 I2C 总线控制器是否支持设备所需的功能。
- 初始化设备。
- 设置设备特定的数据。
- 注册合适的内核框架。

probe 函数的原型如下：

```
static int foo_probe(struct i2c_client *client, const struct i2c_device_id *id)
```

各参数说明如下。

- struct i2c_client 指针：代表 I2C 设备本身。该结构继承自 device 结构，由内核提供给 probe 函数。客户端结构在 include/linux/i2c.h 中定义。其定义如下：

```
struct i2c_client {
  unsigned short flags;   /* div., 见下文 */
  unsigned short addr;    /* chip address - NOTE: 7bit */
                          /* 地址被存储在 */
                          /* _LOWER_ 7 bits            */
  char name[I2C_NAME_SIZE];
  struct i2c_adapter *adapter; /* 适配器     */
  struct device dev;      /* 设备结构        */
  intirq;                 /* 由设备发出的 IR */
  struct list_head detected;
#if IS_ENABLED(CONFIG_I2C_SLAVE)
  i2c_slave_cb_t slave_cb; /* 回调从设备      */
#endif
};
```

- 所有字段由内核基于注册客户端时所提供的参数进行填充。稍后会看到如何将设备注册到内核。
- struct i2c_device_id 指针：指向与正在探测的设备相匹配的 I2C 设备 ID 项。

I2C 内核使用户能够存储指向其所选任何数据结构的指针，把它作为设备特定数据。要存储或检索数据，请使用 I2C 内核提供的以下函数：

```
/* 设置数据 */
void i2c_set_clientdata(struct i2c_client *client, void *data);

/* 获取数据 */
void *i2c_get_clientdata(const struct i2c_client *client);
```

这些函数在内部调用 dev_set_drvdata 和 dev_get_drvdata 来更新或获取 struct i2c_client 结构中 struct device 子结构的 void * driver_data 字段的值。

这个例子说明如何使用扩展的客户端数据，代码摘自 drivers/gpio/gpio-mc9s08dz60.c：

```
/* 这是设备特定的数据结构 */
struct mc9s08dz60 {
    struct i2c_client *client;
    struct gpio_chip chip;
};
static int mc9s08dz60_probe(struct i2c_client *client,
const struct i2c_device_id *id)
{
    struct mc9s08dz60 *mc9s;
    if (!i2c_check_functionality(client->adapter,
            I2C_FUNC_SMBUS_BYTE_DATA))
    return -EIO;
    mc9s = devm_kzalloc(&client->dev, sizeof(*mc9s), GFP_KERNEL);
    if (!mc9s)
        return -ENOMEM;
        [...]
        mc9s->client = client;
        i2c_set_clientdata(client, mc9s);

        return gpiochip_add(&mc9s->chip);
}
```

实际上，这些函数并不是专门针对 I2C 的。它们什么都不做，只是获取/设置 void * driver_data 指针，该指针是 struct device 的成员，其本身是 struct i2c_client 的成员。实际上，可以直接使用 dev_get_drvdata 和 dev_set_drvdata。其定义在 linux/include/linux/i2c.h 中。

2. remove 函数

remove 函数的原型如下所示：

```
static int foo_remove(struct i2c_client *client)
```

remove 函数还提供了与 probe 函数相同的 struct i2c_client *，因此可以检索私有数据。例如，可能需要根据在 probe 函数中设置的私有数据来执行一些清理操作或其他任何操作：

```
static int mc9s08dz60_remove(struct i2c_client *client)
{
    struct mc9s08dz60 *mc9s;

    /* 检索私有数据 */
    mc9s = i2c_get_clientdata(client);

    /* 要研究的 gpiochip */
    return gpiochip_remove(&mc9s->chip);
}
```

remove 函数负责将数据从在 probe 函数内注册的子系统中注销。在前面的例子中，只是从内核中删除 gpiochip。

7.1.2　驱动程序的初始化和注册

当模块加载时，可能需要初始化。大多数情况下，只需在 I2C 内核上注册驱动程序。同时，当模块卸载时，通常只需要从 I2C 内核注销。在第 5 章中看到使用 init/exit 函数来给自己找麻烦是不值得的，而应该使用 module _*_ driver 函数。这个例子中要使用的函数如下：

```
module_i2c_driver(foo_driver);
```

7.1.3　驱动程序和设备的配置

正如在匹配机制中看到的，需要提供 device_id 数组指出驱动程序可以管理的设备。由于现在讨论的是 I2C 设备，因此结构将是 i2c_device_id。该数组会在驱动程序中把感兴趣的设备通知内核。

现在回到 I2C 设备驱动程序，观察 include/linux/mod_devicetable.h 就会发现 struct i2c_device_id 定义：

```
struct i2c_device_id {
    char name[I2C_NAME_SIZE];
    kernel_ulong_tdriver_data;        /* 驱动程序专用数据 */
};
```

也就是说，struct i2c_device_id 必须嵌入 struct i2c_driver 内。为了让 I2C 内核（用于模块自动加载）了解需要处理的设备，必须使用 MODULE_DEVICE_TABLE 宏。内核必须知道每次匹配时要调用哪个 probe 或 remove 函数，这就是 probe 和 remove 函数也必须嵌入相同的 i2c_driver 结构中的原因：

```
static struct i2c_device_id foo_idtable[] = {
    { "foo", my_id_for_foo },
    { "bar", my_id_for_bar },
    { }
};

MODULE_DEVICE_TABLE(i2c, foo_idtable);

static struct i2c_driver foo_driver = {
    .driver = {
    .name = "foo",
    },

    .id_table = foo_idtable,
    .probe    = foo_probe,
    .remove   = foo_remove,
}
```

7.2 访问客户端

串行总线事务只是访问寄存器来设置/获取其内容。I2C 遵循该规则。I2C 内核提供两种 API，一种用于普通 I2C 通信，另一种用于兼容 SMBUS 的设备，它也适用于 I2C 设备，反之则不然。

7.2.1 普通 I2C 通信

以下是处理 I2C 设备通常使用的基本函数：

```
int i2c_master_send(struct i2c_client *client, const char *buf, int count);
int i2c_master_recv(struct i2c_client *client, char *buf, int count);
```

几乎所有 I2C 通信函数都以 struct i2c_client 作为第一个参数。第二个参数包含要读取或写入的字节，第三个参数表示要读取或写入的字节数。像任何读/写函数一样，返回值是读/写的字节数。也可以使用以下方式处理消息传输：

```
int i2c_transfer(struct i2c_adapter *adap, struct i2c_msg *msg, int num);
```

i2c_transfer 发送一组消息，其中每个消息可以是读取操作或写入操作，也可以
是它们的任意混合。请记住，每两个事务之间没有停止位。查看 include/uapi/
linux/i2c.h，消息结构如下所示：

```
struct i2c_msg {
        __u16 addr;          /* 从设备地址 */
        __u16 flags;         /* 信息标志 */
        __u16 len;           /* msg 长度 */
        __u8 *buf;           /* 指向 msg 数据的指针 */
};
```

i2c_msg 结构描述和表示 I2C 消息。它必须包含每条消息的客户端地址、消息的字
节数和消息有效载荷。

msg.len 类型是 u16。这意味着读/写缓冲区必须小于 2^{16}。

来看一下 Microchip I2C 24LC512 EEPROM 字符驱动程序的 read 函数，理解它是
如何运作的。完整的代码见本书源代码：

```
ssize_t
eep_read(struct file *filp, char __user *buf, size_t count, loff_t *f_pos)
{
    [...]
    int _reg_addr = dev->current_pointer;
    u8 reg_addr[2];
    reg_addr[0] = (u8)(_reg_addr>> 8);
    reg_addr[1] = (u8)(_reg_addr& 0xFF);

    struct i2c_msg msg[2];
    msg[0].addr = dev->client->addr;
    msg[0].flags = 0;                      /* 写入 */
    msg[0].len = 2;                        /* 地址是 2 字节编码 */
    msg[0].buf = reg_addr;

    msg[1].addr = dev->client->addr;
    msg[1].flags = I2C_M_RD;               /* 读取 */
    msg[1].len = count;
    msg[1].buf = dev->data;

    if (i2c_transfer(dev->client->adapter, msg, 2) < 0)
```

```
    pr_err("ee24lc512: i2c_transfer failed\n");

if (copy_to_user(buf, dev->data, count) != 0) {
    retval = -EIO;
goto end_read;
}
[...]
}
```

对于读取事务，`msg.flags` 应该是 `I2C_M_RD`；对于写入事务，应该是 `0`。有时候，可能不想创建 `struct i2c_msg`，但只处理简单的读和写。

7.2.2　系统管理总线（SMBus）兼容函数

SMBus（System Management Bus）是由 Intel 开发的双线总线，与 I2C 非常相似。I2C 设备与 SMBus 兼容，但反之则不然。因此，如果不确定所编写驱动程序的芯片使用何种总线，最好使用 SMBus 函数。

下面是一些 SMBus API：

```
s32 i2c_smbus_read_byte_data(struct i2c_client *client, u8 command);
s32 i2c_smbus_write_byte_data(struct i2c_client *client,
                        u8 command, u8 value);
s32 i2c_smbus_read_word_data(struct i2c_client *client, u8 command);
s32 i2c_smbus_write_word_data(struct i2c_client *client,
                        u8 command, u16 value);
s32 i2c_smbus_read_block_data(struct i2c_client *client,
                        u8 command, u8 *values);
s32 i2c_smbus_write_block_data(struct i2c_client *client,
                        u8 command, u8 length, const u8 *values);
```

查看内核源代码中的 `include/linux/i2c.h` 和 `drivers/i2c/i2c-core.c`，即可获得更多解释。

以下例子展示 I2C gpio 扩展器中的简单读/写操作：

```
struct mcp23016 {
    struct i2c_client    *client;
    structgpio_chip      chip;
    structmutex          lock;
};
[...]
/* 当需要更改 gpio 状态时调用此函数 */
static int mcp23016_set(struct mcp23016 *mcp,
```

```
                unsigned offset, intval)
{
    s32 value;
    unsigned bank = offset / 8 ;
    u8 reg_gpio = (bank == 0) ? GP0 : GP1;
    unsigned bit = offset % 8 ;

    value = i2c_smbus_read_byte_data(mcp->client, reg_gpio);
    if (value >= 0) {
        if (val)
            value |= 1 << bit;
        else
            value &= ~(1 << bit);
        return i2c_smbus_write_byte_data(mcp->client,
                                    reg_gpio, value);
    } else
        return value;
}
[...]
```

7.2.3　在开发板配置文件中实例化 I2C 设备（弃用的旧方式）

必须通知内核系统上存在哪些设备，有两种方法可以实现这一点：一种是在 DT 中（这将在本章稍后看到），另一种是通过开发板配置文件（这是弃用的旧方式）。下面介绍如何通过开发板配置文件。

struct i2c_board_info 用来表示开发板上 I2C 设备所使用的结构。该结构的定义如下：

```
struct i2c_board_info {
    char type[I2C_NAME_SIZE];
    unsigned short addr;
    void *platform_data;
    int irq;
};
```

这里无关的元素已从结构中移除。

在前面的结构中，type 包含的值应该与 i2c_driver.driver.name 字段内设备驱动程序中定义的值相同。然后需要填充 i2c_board_info 数组，并在开发板初始化例程中将其作为参数传递给 i2c_register_board_info 函数：

```
int i2c_register_board_info(int busnum, struct i2c_board_info const *info,
unsigned len)
```

这里，`busnum` 是设备所在的总线号。这是弃用的旧方式，因此本书不再进一步讨论。详细内容，请查看内核源代码中的 Documentation/i2c/instantiating-devices。

7.3 I2C 和设备树

正如前面章节中所介绍的，配置 I2C 设备基本上分为两个步骤。

● 定义并注册 I2C 驱动程序。

● 定义并注册 I2C 设备。

在 DT 中，I2C 设备属于非存储器映射设备系列，I2C 总线是可寻址总线（可寻址是指可以寻址总线上的特定设备）。其中，设备节点中的 reg 属性表示总线上的设备地址。

I2C 设备节点都是它们所在总线节点的子节点。每个设备只分配一个地址。不涉及长度或范围。声明 I2C 设备需要的标准属性是 reg（表示总线上设备的地址）和 compatible 字符串（用于匹配设备与驱动程序）。有关寻址方面的更多信息，请参阅第 6 章。

```
&i2c2 { /* 单线节点上的值 */
    pcf8523: rtc@68 {
        compatible = "nxp,pcf8523";
        reg = <0x68>;
    };
    eeprom: ee241c512@55 { /* eeprom 设备 */
        compatible = "packt,ee241c512";
        reg = <0x55>;
        };
};
```

上面的例子声明 HDMI EDID 芯片（它位于 SoC 的 2 号 I2C 总线上，地址为 0x50）和实时时钟（RTC，与前者位于同一总线上，地址为 0x68）。

7.3.1 定义和注册 I2C 驱动程序

定义和注册驱动程序与前面所介绍的并没差别。这里需要额外做的是定义 struct of_device_id。定义 Struct of_device_id 是为了匹配.dts 文件中的相应节点：

```
/* 设备没有额外数据 */
static const struct of_device_id foobar_of_match[] = {
        { .compatible = "packtpub,foobar-device" },
```

```
        {}
};
MODULE_DEVICE_TABLE(of, foobar_of_match);
```

现在像下面这样定义 i2c_driver：

```
static struct i2c_driver foo_driver = {
    .driver = {
    .name   = "foo",
    .of_match_table = of_match_ptr(foobar_of_match),   /* 只添加这一行 */
    },
    .probe  = foo_probe,
    .id_table = foo_id,
};
```

以这种方式改进 probe 函数：

```
static int my_probe(struct i2c_client *client, const struct i2c_device_id *id)
{
    const struct of_device_id *match;
    match = of_match_device(mcp23s08_i2c_of_match, &client->dev);
    if (match) {
        /* 设备树代码 */
    } else {
        /*
        * 这里是平台数据代码
        * 可以使用
        *   pdata = dev_get_platdata(&client->dev);
        *
        * 或 *id*它是创建匹配的*i2c_device_id*条目上的指针，以便使用*id→driver_data*
        * 来提取设备特定的数据
        */
    }
    [...]
}
```

对于 4.10 以前的内核版本，如果查看 drivers/i2c/i2c-core.c，在 i2c_device_probe() 函数中（有关信息，这是内核每次在 I2C 设备注册到 I2C 核心时调用的函数）会看到类似这样的内容：

```
if (!driver->probe || !driver->id_table)
        return -ENODEV;
```

这意味着即使不需要使用.id_table，它在驱动程序中也是必需的。事实上，可以只使用 OF 匹配样式，但不能去除.id_table。内核开发人员曾试图消除对.id_table 的需求，专门使用.of_match_table 进行设备匹配。

尽管如此，现在发现又回归以前了。从内核版本 4.10 以来，这一问题已经得到订正。修订情况如下所示：

```
/*
 * 当且仅当探测设备提供合适的设备树匹配条目时，不强制使用 I2C ID
 */
if (!driver->id_table &&
    !i2c_of_match_device(dev->driver->of_match_table, client))
        return -ENODEV;
```

换句话说，必须为 I2C 驱动程序定义.id_table 和.of_match_table，否则在内核版本 4.10 或更早版本的系统上探测不到设备。

7.3.2　在设备树中实例化 I2C 设备——新方法

struct i2c_client 结构用于描述 I2C 设备。然而，使用 OF 风格时，这个结构不能再在开发板文件中定义。唯一需要做的就是在 DT 中提供设备的信息，内核将从其中构建。

以下代码显示如何在 dts 文件中声明 I2C foobar 设备节点：

```
&i2c3 {
    status = "okay";
    foo-bar: foo@55 {
    compatible = "packtpub,foobar-device";
reg = &lt;55>;
    };
};
```

7.3.3　小结

概括起来，编写 I2C 客户端驱动程序所需的步骤如下。

（1）声明驱动程序支持的设备 ID。可以使用 i2c_device_id 声明。如果支持 DT，也可以使用 of_device_id。

（2）调用 MODULE_DEVICE_TABLE(i2c, my_id_table)，向 I2C 内核注册设备列表。如果支持设备树，则必须调用 MODULE_DEVICE_TABLE(of, your_of_match_table)向 OF 核心注册设备列表。

（3）按照 `probe` 和 `remove` 函数各自的原型编写者两个函数。如果需要，也可以编写电源管理函数。`probe` 函数必须识别设备、配置设备、定义每个设备（私有）数据、向相应的内核框架注册。驱动程序的行为取决于 `probe` 函数的功能。`remove` 函数必须撤销在 `probe` 函数中完成的所有操作（释放内存、从所有框架取消注册）。

（4）声明并填充 `struct i2c_driver` 结构，用已经创建的 ID 数组设置 `id_table` 字段。将 `.probe` 和 `.remove` 字段设置为上面编写的对应函数的名称。在 `.driver` 子结构中，将 `.owner` 字段设置为 `THIS_MODULE`，设置驱动程序名称，如果支持 DT，则用 `of_device_id` 数组设置 `.of_match_table` 字段。

（5）使用上面刚刚填充的 `i2c_driver` 结构调用 `module_i2c_driver` 函数：`module_i2c_driver(serial_eeprom_i2c_driver)`，以便将驱动程序注册到内核。

7.4 总结

学会如何处理 I2C 设备驱动程序之后，可以付诸实践了：在市场上选购任一款 I2C 设备，编写相应的驱动程序，并支持 DT。

本章讨论了内核中的 I2C 内核和相关的 API，包括设备树支持，介绍了与 I2C 设备通信的必要技能。读者现在应该能够编写出高效的 `probe` 函数，并注册到 I2C 内核中了。第 8 章将使用在这里学到的技能开发 SPI 设备驱动程序。

第8章
SPI 设备驱动程序

串行外设接口（SPI）是（至少）四线总线——主输入从输出（MISO）、主输出从输入（MOSI）、串行时钟（SCK）和片选（CS），它常用于连接串行闪存、AD/DA 转换器。主设备总是生成时钟，其速度可以高达 80 MHz，实际上没有速度限制（也远比 I2C 快）。CS 线也是这样，它一直由主设备管理。

这些信号名称都有同义词。

- 无论何时看到 SIMO、SDI、DI 或 SDA，都指 MOSI。
- SOMI、SDO、DO、SDA 都指 MISO。
- SCK、CLK、SCL 将参考 SCK。
- SS 是从设备选择线，也称为 CS。可以使用 CSx（其中 x 是索引，如 CS0、CS1），也称作 EN 和 ENB，意思是启用。CS 通常是低电平有效信号。

本章涉及以下主题。

- SPI 总线描述。
- 驱动程序架构和数据结构描述。
- 半双工和全双工数据发送和接收。
- 从 DT 声明 SPI 设备。
- 以半双工和全双工方式从用户空间访问 SPI 设备。

8.1 驱动程序架构

Linux 内核中 SPI 相关内容所需的头文件是<linux/spi/spi.h>。在讨论驱动程序结构之前，先看一看如何在内核中定义 SPI 设备。SPI 设备在内核中表示为 spi_device 的实例。管理它们的驱动程序的实例是 struct spi_driver 结构。SPI 拓扑结构如图 8-1 所示。

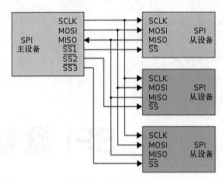

图 8-1　SPI 拓扑图（图像来源于维基百科）

8.1.1　设备结构

struct spi_device 结构表示 SPI 设备，定义在 include/linux/spi/spi.h 中：

```
struct spi_device {
    struct devicedev;
    struct spi_master*master;
    u32 max_speed_hz;
    u8 chip_select;
    u8 bits_per_word;
    u16 mode;
    int irq;
    [...]
    int cs_gpio;      /* 芯片选择 gpio */
};
```

一些没有意义的字段已被删除。结构中元素的含义如下。

- master：表示设备所连接的 SPI 控制器（总线）。
- max_speed_hz：该芯片（在当前开发板上）使用的最大时钟频率；该参数可以在驱动程序内更改。每次传输时可以使用 spi_transfer.speed_hz 改写该参数。稍后将讨论 SPI 传输。
- chip_select：用以启用需要与之通信的芯片，从而区分主控处理的芯片。chip_select 默认为低电平有效。通过添加 SPI_CS_HIGH 标志，可以在模式中更改此行为。
- mode：定义数据如何计时，设备驱动程序可以更改它。默认时，对于传输的每个字，数据时钟是最高有效位（MSB）优先。该行为可以通过指定 SPI_LSB_FIRST 来修改。
- irq：这代表中断号（在开发板初始化文件中或通过 DT 注册为设备资源），应该将它传递给 request_irq() 来接收此设备的中断。

关于 SPI 模式，它们的构建有两个特征。

- CPOL：这是最初的时钟极性。
  - ➤ 0：初始时钟状态为低电平，第一个边沿是上升沿。
  - ➤ 1：初始时钟状态为高电平，第一个状态为下降。
- CPHA：这是时钟相位，选择在哪个边沿采样数据。
  - ➤ 0：数据在下降沿（从高到低转换）锁存，而输出在上升沿改变。
  - ➤ 1：数据在上升沿（从低到高转换）锁存，并在下降沿输出。

这有 4 种 SPI 模式，这些模式在 include/linux/spi/spi.h 中根据以下宏在内核中定义：

```
#define  SPI_CPHA  0x01
#define  SPI_CPOL  0x02
```

可以产生如表 8-1 所示的组合。

表 8-1

Mode	CPOL	CPHA	Kernel macro
0	0	0	#define SPI_MODE_0 (0|0)
1	0	1	#define SPI_MODE_1 (0|SPI_CPHA)
2	1	0	#define SPI_MODE_2 (SPI_CPOL|0)
3	1	1	#define SPI_MODE_3 (SPI_CPOL|SPI_CPHA)

图 8-2 所示为前面组合中定义的每种 SPI 模式的表示。这里只表示 MOSI 线，但 MISO 的原理也相同。

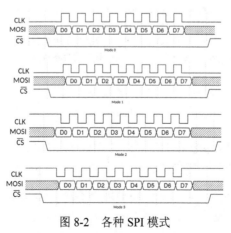

图 8-2 各种 SPI 模式

常用模式是 SPI_MODE_0 和 SPI_MODE_3。

8.1.2　spi_driver 结构

struct spi_driver 代表开发的用于管理 SPI 设备的驱动程序。其结构如下：

```
struct spi_driver {
    const struct spi_device_id *id_table;
    int (*probe)(struct spi_device *spi);
    int (*remove)(struct spi_device *spi);
    void (*shutdown)(struct spi_device *spi);
    struct device_driver    driver;
};
```

1. probe 函数

该函数原型如下：

```
static int probe(struct spi_device *spi)
```

有关 probe 函数的功能请参考第 7 章，这里采用相同的步骤。因此，I2C 驱动程序不能在运行时更改控制器总线参数（CS 状态、每字的位数、时钟），与此不同，SPI 驱动程序则能够修改。可以根据设备属性设置总线。

典型的 SPI probe 函数像下面这样：

```
static int my_probe(struct spi_device *spi)
{
    [...] /* 声明变量/结构 */

    /* 不能在平台数据中配置 bits_per_word */
    spi->mode = SPI_MODE_0; /* SPI 模式 */
    spi->max_speed_hz = 20000000;    /* 设备的最大时钟数值 */
    spi->bits_per_word = 16;         /* 每字的设备位 */
    ret = spi_setup(spi);
    ret = spi_setup(spi);
    if (ret < 0)
        return ret;

    [...] /* 进行一些初始化 */
    [...] /* 在适当的框架中注册 */

    return ret;
}
```

struct spi_device *是输入参数，由内核提供给 probe 函数。它代表正在探测的设备。在 probe 函数中，可以使用 spi_get_device_id（在 id_table 匹配的情况下）获取触发匹配的 spi_device_id，并提取驱动程序数据：

```
const struct spi_device_id *id = spi_get_device_id(spi);
my_private_data = array_chip_info[id->driver_data];
```

在 probe 函数中，常见任务是跟踪模块生命周期中使用的私有（各设备）数据。这已在第 7 章讨论过。

以下是用于设置/获取各设备数据的函数原型：

```
/* 设置数据 */
void spi_set_drvdata(struct *spi_device, void *data);

/* 获取数据 */
 void *spi_get_drvdata(const struct *spi_device);
```

例如：

```
struct mc33880 {
    struct mutex    lock;
    u8        bar;
    struct foo chip;
    struct spi_device *spi;
};

static int mc33880_probe(struct spi_device *spi)
{
    struct mc33880 *mc;
    [...] /* 设备设置 */

    mc = devm_kzalloc(&spi->dev, sizeof(struct mc33880),
                    GFP_KERNEL);
    if (!mc)
        return -ENOMEM;

    mutex_init(&mc->lock);
    spi_set_drvdata(spi, mc);

    mc->spi = spi;
    mc->chip.label = DRIVER_NAME,
    mc->chip.set = mc33880_set;
```

```
    /* 在适当的框架中注册 */
    [...]
}
```

2. remove 函数

remove 函数必须释放 probe 函数中获取的每个资源。其结构如下：

```
static int  my_remove(struct spi_device *spi);
```

典型的 remove 函数像下面这样：

```
static int mc33880_remove(struct spi_device *spi)
{
    struct mc33880 *mc;
    mc = spi_get_drvdata(spi); /* 取回数据 */
    if (!mc)
        return -ENODEV;

    /*
     * 从在探测函数中注册的框架中注销
     */
    [...]
    mutex_destroy(&mc->lock);
    return 0;
}
```

8.1.3　驱动程序的初始化和注册

对于总线上的设备，无论是物理总线还是伪平台总线，大部分时间，所有的事情都是在 probe 函数中完成的。init 和 exit 函数仅用于向总线内核注册/取消注册驱动程序：

```
static int __init foo_init(void)
{
    [...] /* 初始化代码 */
    return spi_register_driver(&foo_driver);
}
module_init(foo_init);

static void __exit foo_cleanup(void)
{
    [...] /* 清理代码 */
    spi_unregister_driver(&foo_driver);
}
module_exit(foo_cleanup);
```

如果只是注册/取消注册驱动程序，则内核提供下面的宏：

```
module_spi_driver(foo_driver);
```

这将内部调用 spi_register_driver 和 spi_unregister_driver。这与第 7 章中所介绍的完全相同。

8.1.4 驱动程序和设备配置

就像需要 i2c_device_id 处理 I2C 设备一样，对于 SPI 设备，必须使用 spi_device_id，以便提供 device_id 数组来匹配设备。它在 include/linux/mod_ devicetable.h 中定义：

```
struct spi_device_id {
    char name[SPI_NAME_SIZE];
    kernel_ulong_t driver_data; /* Data private to the driver */
};
```

需要将数组嵌入 struct spi_device_id，以便把驱动程序需要管理的设备 ID 通知 SPI 核心，并在该驱动程序结构上调用 MODULE_DEVICE_TABLE 宏。当然，该宏的第一个参数是设备所在总线的名称。在这个例子中，它是 SPI：

```
#define ID_FOR_FOO_DEVICE   0
#define ID_FOR_BAR_DEVICE   1

static struct spi_device_id foo_idtable[] = {
    { "foo", ID_FOR_FOO_DEVICE },
    { "bar", ID_FOR_BAR_DEVICE },
    { }
};
MODULE_DEVICE_TABLE(spi, foo_idtable);

static struct spi_driver foo_driver = {
    .driver = {
    .name = "KBUILD_MODULE",
    },

    .id_table    = foo_idtable,
    .probe       = foo_probe,
    .remove      = foo_remove,
};

module_spi_driver(foo_driver);
```

1. 在开发板配置文件中实例化 SPI 设备——弃用的旧方式

只有在系统不支持设备树的情况下，才应该在开发板文件中实例化设备。由于设备树已经出现，这种实例化方法已被弃用。因此，只要记住开发板文件驻留在 `arch /` 目录下即可。用于表示 SPI 设备的结构是 `struct spi_board_info`，而不是驱动程序中使用的 `struct spi_device`。只有当使用 `spi_register_board_info` 函数填充并注册 `struct spi_board_info` 时，内核才会构建 `struct spi_device`（会将它传递给驱动程序，并向 SPI 内核注册）。

请查看 `include/linux/spi/spi.h` 中 `struct spi_board_info` 的各字段，`spi_register_board_info` 定义在 `drivers/spi/spi.c` 中。现在来看一看某个 SPI 设备在开发板文件中的注册：

```
/**
 * 平台数据
 */
struct my_platform_data {
    int foo;
    bool bar;
};
static struct my_platform_data mpfd = {
    .foo = 15,
    .bar = true,
};

static struct spi_board_info
   my_board_spi_board_info[] __initdata = {
    {
       /* modalias 必须与 SPI 设备驱动程序的名称相同 */
       .modalias = "ad7887", /* 此设备的 spi_driver 名称 */
       .max_speed_hz = 1000000,   /* 最大的 SPI 时钟（SCK）速度 */
       .bus_num = 0, /* 框架总线数量 */
       .irq = GPIO_IRQ(40),
       .chip_select = 3, /* 框架芯片选择 */
       .platform_data = &mpfd,
       .mode = SPI_MODE_3,
},{

       .modalias = "spidev",
       .chip_select = 0,
       .max_speed_hz = 1 * 1000 * 1000,
       .bus_num = 1,
       .mode = SPI_MODE_3,
```

```
    },
};

static int __init board_init(void)
{
    [...]
    spi_register_board_info(my_board_spi_board_info,
ARRAY_SIZE(my_board_spi_board_info));
    [...]

    return 0;
}
[...]
```

2. SPI 和设备树

与 I2C 设备类似, SPI 设备属于 DT 中的非存储器映射设备系列, 但也可寻址。这里, 地址是指分配给控制器（主设备）的 CS 列表的 CS 索引（从 0 开始）。举例来说, 可能有 3 个不同的 SPI 设备位于 SPI 总线上, 每个 SPI 设备都有其 CS 线路。主设备将得到一组 GPIO, 每个 GPIO 代表 CS 要激活设备。如果设备 X 使用第二条 GPIO 线作为 CS, 则必须在 reg 属性中将其地址设置为 1（因为始终从 0 开始编号）。

下面是 SPI 设备的 DT 列表:

```
ecspi1 {
    fsl,spi-num-chipselects = <3>;
    cs-gpios = <&gpio5 17 0>, <&gpio5 17 0>, <&gpio5 17 0>;
    pinctrl-0 = <&pinctrl_ecspi1 &pinctrl_ecspi1_cs>;
    #address-cells = <1>;
    #size-cells = <0>;
    compatible = "fsl,imx6q-ecspi", "fsl,imx51-ecspi";
    reg = <0x02008000 0x4000>;
    status = "okay";

    ad7606r8_0: ad7606r8@0 {
        compatible = "ad7606-8";
        reg = <0>;
        spi-max-frequency = <1000000>;
        interrupt-parent = <&gpio4>;
        interrupts = <30 0x0>;
    };
    label: fake_spi_device@1 {
        compatible = "packtpub,foobar-device";
        reg = <1>;
```

```
        a-string-param = "stringvalue";
        spi-cs-high;
    };
    mcp2515can: can@2 {
        compatible = "microchip,mcp2515";
        reg = <2>;
        spi-max-frequency = <1000000>;
        clocks = <&clk8m>;
        interrupt-parent = <&gpio4>;
        interrupts = <29 IRQ_TYPE_LEVEL_LOW>;
    };
};
```

SPI 设备节点引入了一个新属性：spi-max-frequency。它表示设备的最大 SPI 时钟速度，单位为 Hz。无论何时访问设备，总线控制器驱动程序都将确保时钟不超过此限制。其他常用属性如下。

- spi-cpol：布尔属性（空属性），指出设备需要反时钟极性模式。它对应于 CPOL。
- spi-cpha：空属性，指出设备需要移相时钟模式。它对应于 CPHA。
- spi-cs-high：默认情况下，SPI 设备要求 CS 为低电平有效。这是布尔属性，指出设备需要 CS 高电平有效。

对于 SPI 绑定元素的完整列表，可以参考内核源码中的 Documentation/devicetree/bindings/spi/spi-bus.txt。

（1）在设备树中实例化 SPI 设备——新方法

正确填充 DT 中的设备节点后，内核将构建 struct spi_device，并将其作为参数传递给 SPI 核心函数。以下摘录自前面定义的 SPI DT 列表：

```
&ecspi1 {
    status = "okay";
    label: fake_spi_device@1 {
    compatible = "packtpub,foobar-device";
    reg = <1>;
    a-string-param = "stringvalue";
    spi-cs-high;
    };
};
```

（2）定义和注册 SPI 驱动程序

原理也与 I2C 驱动程序的原理相同。需要定义 struct of_device_id 来匹配 DT

中的设备，并调用 MODULE_DEVICE_TABLE 宏向 OF 核心注册：

```
static const struct of_device_id foobar_of_match[] = {
        { .compatible = "packtpub,foobar-device" },
        { .compatible = "packtpub,barfoo-device" },
     {}
};
MODULE_DEVICE_TABLE(of, foobar_of_match);
```

像下面这样定义 spi_driver：

```
static struct spi_driver foo_driver = {
    .driver = {
    .name   = "foo",
       /* 下一行添加设备树 */
    .of_match_table = of_match_ptr(foobar_of_match),
    },
    .probe   = my_spi_probe,
    .id_table = foo_id,
};
```

可以这样改进 probe 函数：

```
static int my_spi_probe(struct spi_device *spi)
{
    const struct of_device_id *match;
    match = of_match_device(of_match_ptr(foobar_of_match), &spi->dev);
    if (match) {
        /* 设备树代码 */
    } else {
        /*
         * 这里是平台数据代码
         * 可使用 pdata = dev_get_platdata(&spi->dev);
         * 或 *id*，它是*spi_device_id* 条目上的指针
         * 该条目产生了匹配，以便使用*id->driver_data* 来提取设备特定的数据
         */
    }
    [...]
}
```

8.2 访问和与客户端通信

SPI I/O 模型由一组队列消息组成。我们提交一个或多个 struct spi_message

结构时，这些结构以同步或异步方式处理完成。单个消息由一个或多个 struct spi_transfer 对象组成，每个对象代表全双工 SPI 传输。这是驱动程序和设备之间交换数据的两个主要结构。它们都定义在 include/linux/spi/spi.h 中，SPI 消息结构如图 8-3 所示。

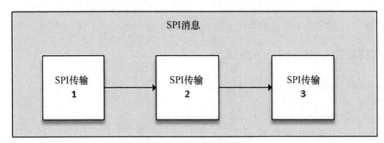

图 8-3　SPI 消息结构

struct spi_transfer 表示全双工 SPI 传输：

```
struct spi_transfer {
    const void  *tx_buf;
    void *rx_buf;
    unsigned len;

    dma_addr_t tx_dma;
    dma_addr_t rx_dma;

    unsigned cs_change:1;
    unsigned tx_nbits:3;
    unsigned rx_nbits:3;
#define  SPI_NBITS_SINGLE    0x01 /* 1bit 传输*/
#define  SPI_NBITS_DUAL      0x02 /* 2bits 传输*/
#define  SPI_NBITS_QUAD      0x04 /* 4bits 传输*/
    u8 bits_per_word;
    u16 delay_usecs;
    u32 speed_hz;
};
```

结构内各元素的含义如下。

● tx_buf：该缓冲区包含要写入的数据。在只读事务中它应该为 NULL 或保留其原样。如果需要通过直接内存访问（DMA）执行 SPI 事务，它应该是与 DMA 无关的。

● rx_buf：被读取数据的缓冲区（具有与 tx_buf 相同的属性），在只写事务中为 NULL。

- tx_dma：spi_message.is_dma_mapped 被设置为 1 时，这是 tx_buf 的 DMA 地址。DMA 将在第 12 章讨论。
- rx_dma：这与 tx_dma 相同，但是用于 rx_buf。
- len：表示 rx 和 tx 缓冲区的大小（以字节为单位），这意味着如果两者都使用，它们必须具有相同的大小。
- speed_hz：这会覆盖在 spi_device.max_speed_hz 中指定的默认速度，但仅限于当前传输。如果为 0，则使用默认值（struct spi_device 结构中提供）。
- bits_per_word：数据传输涉及一个或多个字。字是数据单位，其位长度可以根据需要而改变。这里，bits_per_word 表示这次 SPI 传输中字的位长度。它覆盖 spi_device.bits_per_word 中提供的默认值。如果为 0，则使用默认值（来自 spi_device）。
- cs_change：决定这次传输完成后 chip_select 线的状态。
- delay_usecs：表示这次传输之后的延迟（以微秒为单位），在（可选）更改 chip_select 状态，并开始下一次传输或完成这次 spi_message 之前。

另外，struct spi_message 以原子方式包装一个或多个 SPI 传输。所使用的 SPI 总线将被驱动程序占用，直到构成 SPI 消息的所有传输完成为止。SPI 消息结构也在 include/linux/spi/spi.h 中定义：

```
struct spi_message {
    struct list_head transfers;
    struct spi_device *spi;
    unsigned is_dma_mapped:1;
    /* 通过回调报告完成情况 */
    void (*complete)(void *context);
    void *context;
    unsigned frame_length;
    unsigned actual_length;
    int status;
};
```

- transfers：构成消息的传输列表。稍后将会看到如何将传输添加到此列表中。
- is_dma_mapped：通知控制器是否使用 DMA 执行传输。然后，代码负责为每个传输缓冲区提供 DMA 和 CPU 虚拟地址。

- complete：这是事务完成时调用的回调，context 是传递给回调的参数。
- frame_length：这将自动设置为消息中的总字节数。
- actual_length：这是在所有成功段中传输的字节数。
- status：报告传输状态。成功为 0，否则为 -errno。

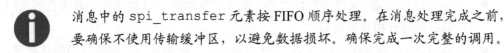

消息中的 spi_transfer 元素按 FIFO 顺序处理。在消息处理完成之前，要确保不使用传输缓冲区，以避免数据损坏。确保完成一次完整的调用。

消息提交给总线之前，必须先使用 void spi_message_init(struct spi_message * message) 初始化，这将结构中的每个元素清零并初始化 transfers 列表。对于要添加到消息中的每个传输，应该在该传输上调用 void spi_message_add_tail(struct spi_transfer * t, struct spi_message * m)，把传输加入 transfers 列表队列。完成后，有两种选择来启动事务。

- 同步：使用 int spi_sync(struct spi_device * spi, struct spi_message * message) 函数，它可能处于睡眠状态，不用在中断上下文中。此处不需要回调完成。该函数是对第二个函数（spi_async()）的封装。
- 异步：使用 spi_async() 函数，它也可以用于原子上下文，其原型为 int spi_async(struct spi_device * spi, struct spi_message * message)。这里提供回调是很好的做法，因为它会在消息完成时执行。

以下是单个传输 SPI 消息事务示例：

```
char tx_buf[] = {
        0xFF, 0xFF, 0xFF, 0xFF, 0xFF,
        0xFF, 0x40, 0x00, 0x00, 0x00,
        0x00, 0x95, 0xEF, 0xBA, 0xAD,
        0xF0, 0x0D,
};

char rx_buf[10] = {0,};
int ret;
struct spi_message single_msg;
struct spi_transfer single_xfer;

single_xfer.tx_buf = tx_buf;
single_xfer.rx_buf = rx_buf;
single_xfer.len    = sizeof(tx_buff);
single_xfer.bits_per_word = 8;
```

```
spi_message_init(&msg);
spi_message_add_tail(&xfer, &msg);
ret = spi_sync(spi, &msg);
```

现在来编写多传输消息事务:

```
struct {
    char buffer[10];
    char cmd[2]
    int foo;
} data;

struct data my_data[3];
initialize_date(my_data, ARRAY_SIZE(my_data));

struct spi_transfer    multi_xfer[3];
struct spi_message     single_msg;
int ret;

multi_xfer[0].rx_buf = data[0].buffer;
multi_xfer[0].len = 5;
multi_xfer[0].cs_change = 1;
/* 命令 A */
multi_xfer[1].tx_buf = data[1].cmd;
multi_xfer[1].len = 2;
multi_xfer[1].cs_change = 1;
/* 命令 B */
multi_xfer[2].rx_buf = data[2].buffer;
multi_xfer[2].len = 10;

spi_message_init(single_msg);
spi_message_add_tail(&multi_xfer[0], &single_msg);
spi_message_add_tail(&multi_xfer[1], &single_msg);
spi_message_add_tail(&multi_xfer[2], &single_msg);
ret = spi_sync(spi, &single_msg);
```

还有其他的辅助函数,都是围绕 spi_sync() 构建的。部分如下:

```
int spi_read(struct spi_device *spi, void *buf, size_t len)
int spi_write(struct spi_device *spi, const void *buf, size_t len)
int spi_write_then_read(struct spi_device *spi,
        const void *txbuf, unsigned n_tx,
void *rxbuf, unsigned n_rx)
```

完整列表请查看 include/linux/spi/spi.h。这些包装应该使用少量的数据。

8.3　小结

编写 SPI 客户端驱动程序所需的步骤如下。

（1）声明驱动程序支持的设备 ID，可以使用 `spi_device_id` 来实现。如果支持 DT，也可以用 `of_device_id`。可以单独使用 DT。

（2）调用 `MODULE_DEVICE_TABLE(spi, my_id_table);` 向 SPI 内核注册设备列表。如果支持 DT，则必须调用 `MODULE_DEVICE_TABLE(of, your_of_match_table);` 向 OF 核心注册设备列表。

（3）根据 `probe` 和 `remove` 函数各自的原型编写这两个函数。`probe` 函数必须识别设备、配置设备，并定义各个设备（专用）数据，如果需要（SPI 模式等）使用 `spi_setup` 函数配置总线，则向相应的内核框架注册。在 `remove` 函数中，只需撤销在 `probe` 函数中完成的所有操作。

（4）声明并填充 `struct spi_driver` 结构，用已经创建的 ID 数组设置 `id_table` 字段。将 `.probe` 和 `.remove` 字段设置为已编写的相应函数名称。在 `.driver` 子结构中，将 `.owner` 字段设置为 `THIS_MODULE`，设置驱动程序名称，如果支持 DT，则使用 `of_device_id` 数组设置 `.of_match_table` 字段。

（5）使用在 `module_spi_driver(serial_eeprom_spi_driver)` 之前填充的 `spi_driver` 结构调用 `module_spi_driver` 函数，向内核注册驱动程序。

8.4　SPI 用户模式驱动程序

使用用户模式 SPI 设备驱动程序的方法有两种。为了做到这一点，需要使用 spidev 驱动程序启用设备。例子如下：

```
spidev@0x00 {
    compatible = "spidev";
    spi-max-frequency = <800000>; /* 依赖于设备 */
    reg = <0>; /* 匹配 tochipselect 0 */
};
```

可以调用 `read/write` 函数或 `ioctl()`。调用 `read/write` 时，一次只能读或写。如果需要全双工读和写，则必须使用输入输出控制（ioctl）命令。下面给出这两方面的例子，第一个是 `read/write` 示例。可以使用平台的交叉编译器或使用开发板上的本地

编译器对其进行编译:

```c
#include <stdio.h>
#include <fcntl.h>
#include <stdlib.h>

int main(int argc, char **argv)
{
    int i,fd;
    char wr_buf[]={0xff,0x00,0x1f,0x0f};
    char rd_buf[10];

    if (argc<2) {
        printf("Usage:\n%s [device]\n", argv[0]);
        exit(1);
    }
    fd = open(argv[1], O_RDWR);
    if (fd<=0) {
        printf("Failed to open SPI device %s\n",argv[1]);
        exit(1);
    }
    if (write(fd, wr_buf, sizeof(wr_buf)) != sizeof(wr_buf))
        perror("Write Error");
    if (read(fd, rd_buf, sizeof(rd_buf)) != sizeof(rd_buf))
        perror("Read Error");
    else {
        for (i = 0; i < sizeof(rd_buf); i++)
            printf("0x%02X ", rd_buf[i]);
    }
    close(fd);
    return 0;
}
```

使用 IOCTL

使用 IOCTL 的好处是可以全双工工作。当然,最好的例子在内核源代码树 documentation/spi/spidev_test.c 中可以找到。

前一个使用读/写的例子并没有修改任何 SPI 配置。但是,内核向用户空间公开了一组 IOCTL 命令,可以根据需要使用这些命令来设置总线,就像 DT 中所做的那样。以下示例显示如何更改总线设置:

```c
#include <stdint.h>
#include <unistd.h>
```

```
#include <stdio.h>
#include <stdlib.h>
#include <string.h>
#include <fcntl.h>
#include <sys/ioctl.h>
#include <linux/types.h>
#include <linux/spi/spidev.h>
static int pabort(const char *s)
{
    perror(s);
    return -1;
}

static int spi_device_setup(int fd)
{
    int mode, speed, a, b, i;
    int bits = 8;

    /*
     * spi mode: mode 0
     */
    mode = SPI_MODE_0;
    a = ioctl(fd, SPI_IOC_WR_MODE, &mode); /* 写模式 */
    b = ioctl(fd, SPI_IOC_RD_MODE, &mode); /* 读模式 */
    if ((a < 0) || (b < 0)) {
        return pabort("can't set spi mode");
    }
    /*
     * 时钟最大速度
     */
    speed = 8000000; /* 8 MHz */
    a = ioctl(fd, SPI_IOC_WR_MAX_SPEED_HZ, &speed); /* 写入速度 */
    b = ioctl(fd, SPI_IOC_RD_MAX_SPEED_HZ, &speed); /* 读取速度 */
    if ((a < 0) || (b < 0)) {
        return pabort("fail to set max speed hz");
    }
    /*
     * 将 SPI 设置为 MSB
     * 这里，0 表示不首先使用 LSB
     * 为先使用 LSB，参数应大于 0
     */
    i = 0;
    a = ioctl(dev, SPI_IOC_WR_LSB_FIRST, &i);
    b = ioctl(dev, SPI_IOC_RD_LSB_FIRST, &i);
    if ((a < 0) || (b < 0)) {
```

```
        pabort("Fail to set MSB first\n");
    }
    /*
     * 将 SPI 设置为每个字 8bit
     */
    bits = 8;
    a = ioctl(dev, SPI_IOC_WR_BITS_PER_WORD, &bits);
    b = ioctl(dev, SPI_IOC_RD_BITS_PER_WORD, &bits);
    if ((a < 0) || (b < 0)) {
        pabort("Fail to set bits per word\n");
    }
    return 0;
}
```

有关 spidev ioctl 命令的更多信息请查看 Documentation/spi/spidev。通过总线发送数据时，可以使用 SPI_IOC_MESSAGE(N) 请求，它提供全双工访问以及在片选信号没有解除激活情况下的复合操作，从而提供多传输支持。它相当于内核的 spi_sync()。这里的传输表示为 struct spi_ioc_transfer 的实例，它与内核的 struct spi_transfer 等价，其定义可以在 include/uapi/linux/spi/ spidev.h 中找到。以下是其用例：

```
static void do_transfer(int fd)
{
    int ret;
    char txbuf[] = {0x0B, 0x02, 0xB5};
    char rxbuf[3] = {0, };
    char cmd_buff = 0x9f;

    struct spi_ioc_transfer tr[2] = {
        [0] = {
            .tx_buf = (unsigned long)&cmd_buff,
            .len = 1,
            .cs_change = 1; /* 使用 CS 更改 */
            .delay_usecs = 50, /* 传输后等待 */
            .bits_per_word = 8,
        },
        [1] = {
            .tx_buf = (unsigned long)tx,
            .rx_buf = (unsigned long)rx,
            .len = txbuf(tx),
            .bits_per_word = 8,
        },
    };
```

```
    ret = ioctl(fd, SPI_IOC_MESSAGE(2), &tr);
    if (ret == 1){
        perror("can't send spi message");
        exit(1);
    }

    for (ret = 0; ret < sizeof(tx); ret++)
        printf("%.2X ", rx[ret]);
    printf("\n");
}


int main(int argc, char **argv)
{
    char *device = "/dev/spidev0.0";
    int fd;
    int error;

    fd = open(device, O_RDWR);
    if (fd < 0)
        return pabort("Can't open device ");

    error = spi_device_setup(fd);
    if (error)
        exit (1);
    do_transfer(fd);
    close(fd);
    return 0;
}
```

8.5　总结

　　介绍了 SPI 驱动程序后，现在可以使用这种更快的串行（和全双工）总线了。本章全面介绍了 SPI 数据传输，这是最重要的部分。为了在使用 SPI 或 I2C API 时不遇到麻烦，可能需要更高的抽象级别。这是第 9 章要介绍的内容，涉及 Regmap API，它提供更高的统一的抽象级别，这样 SPI（或 I2C）命令将变得透明。

第 9 章
Regmap API——寄存器映射抽象

在开发 Regmap API 之前，处理 SPI 内核、I2C 内核或两者的设备驱动程序中存在冗余代码。原则都一样，访问寄存器以进行读/写操作。图 9-1 显示在内核引入 Regmap 之前，SPI 或 I2C API 是独立的。

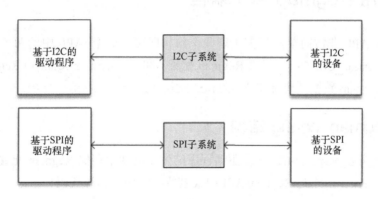

图 9-1　Regmap 之前的 SPI 和 I2C 子系统

内核版本 3.1 中引入了 Regmap API，用于分解和统一内核开发人员访问 SPI/I2C 设备的方式。接下来的问题是，无论它是 SPI 设备，还是 I2C 设备，只需要初始化、配置 Regmap，并流畅地处理所有读/写/修改操作，如图 9-2 所示。

本章涉及以下主题。

- 介绍 Regmap 框架中使用的主要数据结构。
- 介绍 Regmap 配置。
- 使用 Regmap API 访问设备。
- 介绍 Regmap 缓存系统。
- 提供一个完整的驱动程序，总结前面所学到的概念。

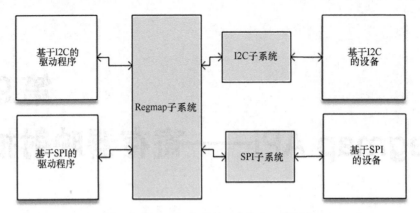

图 9-2　Regmap 之后的 SPI 和 I2C 子系统

9.1　使用 Regmap API 编程

Regmap API 非常简单，只需了解几个结构即可。这个 API 中的两个重要结构是 struct regmap_config（代表 Regmap 配置）和 struct regmap（Regmap 实例本身）。所有 Regmap 数据结构都定义在 include/linux/regmap.h 中。

9.1.1　regmap_config 结构

struct regmap_config 在驱动程序的生命周期中存储 Regmap 配置，这里的设置会影响读/写操作，它是 Regmap API 中最重要的结构。其源代码如下：

```
struct regmap_config {
    const char *name;

    int reg_bits;
    int reg_stride;
    int pad_bits;
    int val_bits;

    bool (*writeable_reg)(struct device *dev, unsigned int reg);
    bool (*readable_reg)(struct device *dev, unsigned int reg);
    bool (*volatile_reg)(struct device *dev, unsigned int reg);
    bool (*precious_reg)(struct device *dev, unsigned int reg);
    regmap_lock lock;
    regmap_unlock unlock;
    void *lock_arg;
```

```
int (*reg_read)(void *context, unsigned int reg,
                unsigned int *val);
int (*reg_write)(void *context, unsigned int reg,
                unsigned int val);

bool fast_io;

unsigned int max_register;
const struct regmap_access_table *wr_table;
const struct regmap_access_table *rd_table;
const struct regmap_access_table *volatile_table;
const struct regmap_access_table *precious_table;
const struct reg_default *reg_defaults;
unsigned int num_reg_defaults;
enum regcache_type cache_type;
const void *reg_defaults_raw;
unsigned int num_reg_defaults_raw;

u8 read_flag_mask;
u8 write_flag_mask;

bool use_single_rw;
bool can_multi_write;

enum regmap_endian reg_format_endian;
enum regmap_endian val_format_endian;
const struct regmap_range_cfg *ranges;
unsigned int num_ranges;
}
```

- `reg_bits`：这个必填字段是寄存器地址中的位数。
- `val_bits`：表示用于存储寄存器值的位数，这是一个必填字段。
- `writeable_reg`：可选的回调函数。如果提供，则在需要写入寄存器时供 Regmap 子系统使用。在写入寄存器之前，会自动调用该函数来检查寄存器是否可以写入：

```
static bool foo_writeable_register(struct device *dev,
                                   unsigned int reg)
{
    switch (reg) {
    case 0x30 ... 0x38:
    case 0x40 ... 0x45:
    case 0x50 ... 0x57:
    case 0x60 ... 0x6e:
```

```
    case 0x70 ... 0x75:
    case 0x80 ... 0x85:
    case 0x90 ... 0x95:
    case 0xa0 ... 0xa5:
    case 0xb0 ... 0xb2:
        return true;
    default:
        return false;
    }
}
```

- readable_reg: 这与 writeable_reg 相同，但是针对每个寄存器读取操作。

- volatile_reg: 回调函数，每当需要通过 Regmap 缓存读取或写入寄存器时调用它。如果寄存器是易失性的，那么函数应该返回 true，然后对寄存器执行直接读/写。如果返回 false，则表示寄存器可缓存。在这种情况下，缓存将用于读取操作，并且在写入操作时写入缓存：

```
static bool foo_volatile_register(struct device *dev,
                                  unsigned int reg)
{
    switch (reg) {
    case 0x24 ... 0x29:
    case 0xb6 ... 0xb8:
        return true;
    default:
        return false;
    }
}
```

- wr_table: 不提供 writeable_reg 回调时，可以提供 regmap_access_table，该结构包含 yes_range 和 no_range 字段，两者都指向 struct regmap_range。任何属于 yes_range 项的寄存器都被认为是可写入的，如果属于 no_range，则被认为是不可写入的。

- rd_table: 这与 wr_table 相同，但针对所有读取操作。

- volatile_table: 代替 volatile_reg，可以提供 volatile_table。原理与 wr_table 或 rd_table 相同，但是针对缓存机制。

- max_register: 可选的，它指定最大的有效寄存器地址，在该寄存器地址上不允许进行任何操作。

- reg_read: 设备可能不支持简单的 I2C/SPI 读取操作。除了自己编写自定义 read 函数外，别无选择。这时 reg_read 应该指向那个函数，大多数设备不需要这样。

● `reg_write`：这与 `reg_read` 相同，但是针对写入操作。

强烈建议查看 `include/linux/regmap.h`，了解每个元素的更多细节。

以下是 `regmap_config` 的一种初始化：

```
static const struct regmap_config regmap_config = {
    .reg_bits     = 8,
    .val_bits     = 8,
    .max_register = LM3533_REG_MAX,
    .readable_reg = lm3533_readable_register,
    .volatile_reg = lm3533_volatile_register,
    .precious_reg = lm3533_precious_register,
};
```

9.1.2　Regmap 初始化

如前所述，Regmap API 支持 SPI 和 I2C 协议。根据驱动程序中需要支持的协议不同，probe 函数中必须调用 `regmap_init_i2c()` 或 `regmap_init_spi()`。要编写通用驱动程序，Regmap 是最佳选择。

Regmap API 是通用和同质的。这两种总线类型之间只有初始化不同，其他功能完全相同。

始终在 `probe` 函数中初始化 Regmap，并且在初始化 Regmap 之前，必须填充 `regmap_config` 元素，这是一个良好的习惯。

无论分配的是 I2C，还是 SPI 寄存器映射，都用 `regmap_exit` 函数释放：

```
void regmap_exit(struct regmap * map)
```

该函数只是释放先前分配的寄存器映射。

1. SPI 初始化

Regmap SPI 初始化包括设置 Regmap，以便在内部将所有设备访问都转换为 SPI 命令。实现这一功能的函数是 `regmap_init_spi()`：

```
struct regmap * regmap_init_spi(struct spi_device *spi,
const struct regmap_config);
```

它的第一个参数是指向 `struct spi_device` 结构的有效指针，这是要与之交互的 SPI 设备，另一个参数 `struct regmap_config` 表示 Regmap 配置。这个函数在成功时返回指向分配的 `struct regmap` 的指针，出错时返回 `ERR_PTR()`。

下面是一个完整的例子：

```
static int foo_spi_probe(struct spi_device *client)
{
    int err;
    struct regmap *my_regmap;
    struct regmap_config bmp085_regmap_config;

        /* 填补 bmp085_regmap_config 某处 */
        [...]
    client->bits_per_word = 8;
    my_regmap =
            regmap_init_spi(client,&bmp085_regmap_config);

    if (IS_ERR(my_regmap)) {
        err = PTR_ERR(my_regmap);
        dev_err(&client->dev, "Failed to init regmap: %d\n", err);
        return err;
    }
    [...]
}
```

2. I2C 初始化

I2C Regmap 初始化包括在 regmap config 上调用 regmap_init_i2c()，这将配置 Regmap，以便在内部将所有设备访问转换为 I2C 命令：

```
struct regmap * regmap_init_i2c(struct i2c_client *i2c,
const struct regmap_config);
```

该函数将 struct i2c_client 结构作为参数，这是用于交互的 I2C 设备，另一个参数是指向 struct regmap_config 的指针，该结构表示 Regmap 配置。这个函数成功时返回指向分配的 struct regmap 的指针，错误时返回的值是 ERR_PTR()。

完整的例子如下：

```
static int bar_i2c_probe(struct i2c_client *i2c,
const struct i2c_device_id *id)
{
    struct my_struct * bar_struct;
    struct regmap_config regmap_cfg;

        /* 填补 regmap_cfgsome 某处 */
        [...]
    bar_struct = kzalloc(&i2c->dev,
```

```
sizeof(*my_struct), GFP_KERNEL);
    if (!bar_struct)
        return -ENOMEM;

    i2c_set_clientdata(i2c, bar_struct);

    bar_struct->regmap = regmap_init_i2c(i2c,
&regmap_config);
    if (IS_ERR(bar_struct->regmap))
        return PTR_ERR(bar_struct->regmap);
    bar_struct->dev = &i2c->dev;
    bar_struct->irq = i2c->irq;
    [...]
}
```

9.1.3 设备访问函数

API 处理数据解析、格式化和传输。在大多数情况下，设备访问通过 regmap_read、regmap_write 和 regmap_update_bits 来执行。这些是在向设备存储数据/从设备提取数据时应该始终记住 3 个重要的函数。它们各自的原型如下：

```
int regmap_write(struct regmap *map, unsigned int reg,
                 unsigned int *val);
int regmap_read(struct regmap *map, unsigned int reg,
                 unsigned int val);
int regmap_update_bits(struct regmap *map, unsigned int reg,
                 unsigned int mask, unsigned int val);
```

- regmap_write：将数据写入设备。如果在 regmap_config、max_register 内设置过，将用它检查需要读取的寄存器地址是更大还是更小。如果传递的寄存器地址小于等于 max_register，则写操作会执行；否则，Regmap 内核将返回无效 I/O 错误（-EIO）。之后立即调用回调函数 writeable_reg。该回调函数在执行下一步操作前必须返回 true。如果返回 false，则返回-EIO，写操作停止。如果设置了 wr_table，而不是 writeable_reg，则结果如下。
  - ➢ 如果寄存器地址在 no_range 内，则返回-EIO。
  - ➢ 如果寄存器地址在 yes_range 内，则执行下一步。
  - ➢ 如果寄存器地址既不在 yes_range 内，也不在 no_range 内，则返回-EIO，操作中断。
  - ➢ 如果 cache_type != REGCACHE_NONE，则启用缓存。在这种情况下，首先更新缓存项，之后执行到硬件的写操作，否则不执行缓存动作。

➢ 如果提供了回调函数 reg_write，则用它执行写入操作，将执行通用的
Regmap 写功能。

● regmap_read：从设备读取数据。其在相应数据结构（readable_reg 和
rd_table）上执行的功能类似于 regmap_write。因此，如果提供了
reg_read，则使用它执行读取操作，否则将执行通用的 Regmap 读取函数。

1. Regmap_update_bits 函数

regmap_update_bits 是一个三合一函数。其原型如下：

```
int regmap_update_bits(struct regmap *map, unsigned int reg,
        unsigned int mask, unsigned int val)
```

它在寄存器映射上执行读/修改/写周期。它是对_regmap_update_bits 的封装，
它像下面这样：

```
static int _regmap_update_bits(struct regmap *map,
                    unsigned int reg, unsigned int mask,
                    unsigned int val, bool *change)
{
    int ret;
    unsigned int tmp, orig;

    ret = _regmap_read(map, reg, &orig);
    if (ret != 0)
        return ret;

    tmp = orig& ~mask;
    tmp |= val & mask;

    if (tmp != orig) {
        ret = _regmap_write(map, reg, tmp);
        *change = true;
    } else {
        *change = false;
    }

    return ret;
}
```

这样，需要更新的位必须在掩码中设置为 1，相应的位应该设置为 val 中需要赋予
它们的值。

例如，要将第一位和第三位设置为 1，掩码应为 0b00000101，值应为 0bxxxxx1x1。

要清除第七位，掩码必须为 0b01000000，值应为 0bx0xxxxxx，依此类推。

2. 特殊 regmap_multi_reg_write 函数

regmap_multi_reg_write()函数的用途是向设备写入多个寄存器。它的原型如下所示：

```
int regmap_multi_reg_write(struct regmap *map,
                    const struct reg_sequence *regs, int num_regs)
```

要了解如何使用该函数，需要知道 struct reg_sequence：

```
/**
 * 寄存器/值对用于写入序列，在每次写入后应用可选的延迟（微秒）
 * microseconds to be applied after each write.
 *
 * @reg: 寄存器地址.
 * @def: 寄存器值.
 * 在寄存器写入后应用的延迟（微秒）
 */
struct reg_sequence {
    unsigned int reg;
    unsigned int def;
    unsigned int delay_us;
};
```

下面是其用法：

```
static const struct reg_sequence foo_default_regs[] = {
    { FOO_REG1,        0xB8 },
    { BAR_REG1,        0x00 },
    { FOO_BAR_REG1,    0x10 },
    { REG_INIT,        0x00 },
    { REG_POWER,       0x00 },
    { REG_BLABLA,      0x00 },
};

static int probe ( ...)
{
    [...]
    ret = regmap_multi_reg_write(my_regmap, foo_default_regs,
                            ARRAY_SIZE(foo_default_regs));
    [...]
}
```

3. 其他设备访问函数

`regmap_bulk_read()`和 `regmap_bulk_write()`用于从/向设备读取/写入多个寄存器。将它们用于处理大块数据：

```
int regmap_bulk_read(struct regmap *map, unsigned int reg, void
                    *val, size_tval_count);
int regmap_bulk_write(struct regmap *map, unsigned int reg,
                    const void *val, size_t val_count);
```

查看内核源代码中的 Regmap 头文件，就知道该怎么选择它们。

9.1.4　Regmap 和缓存

显然，Regmap 支持缓存。是否使用缓存系统取决于 regmap_config 中 cache_type 字段的值。请看 include/linux/regmap.h，可接受的值如下：

```
/* 所有支持的缓存类型的枚举 */
enum regcache_type {
    REGCACHE_NONE,
    REGCACHE_RBTREE,
    REGCACHE_COMPRESSED,
    REGCACHE_FLAT,
};
```

它默认设置为 REGCACHE_NONE，意味着禁用缓存。其他值只定义应该如何存储缓存。

设备在某些寄存器中可能具有预定义的加电复位值。这些值可以存储在数组中，以便任何读取操作都可以返回数组中包含的值。但是，任何写操作都会影响设备中的实际寄存器，并更新数组中的内容。缓存可以用来加速对设备的访问。该数组是 reg_default。它的结构在源代码中看起来像这样：

```
/**
 * 寄存器的默认值。我们使用一个结构数组而不是一个简单的数组，因为许多
 * 现代设备都有非常稀疏的寄存器映射
 *
 * 寄存器地址
 * 寄存器值
 */
struct reg_default {
    unsigned int reg;
    unsigned int def;
};
```

如果 cache_type 设置为 none，则 reg_default 将被忽略。如果没有设置 default_reg，但仍然启用缓存，则会创建相应的缓存结构。

使用起来非常简单。只需声明它并将其作为参数传递给 regmap_config 结构即可。来看一看 drivers/regulator/ ltc3589.c 中的 LTC3589 调节器驱动程序：

```
static const struct reg_default ltc3589_reg_defaults[] = {
{ LTC3589_SCR1, 0x00 },
{ LTC3589_OVEN, 0x00 },
{ LTC3589_SCR2, 0x00 },
{ LTC3589_VCCR, 0x00 },
{ LTC3589_B1DTV1, 0x19 },
{ LTC3589_B1DTV2, 0x19 },
{ LTC3589_VRRCR,  0xff },
{ LTC3589_B2DTV1, 0x19 },
{ LTC3589_B2DTV2, 0x19 },
{ LTC3589_B3DTV1, 0x19 },
{ LTC3589_B3DTV2, 0x19 },
{ LTC3589_L2DTV1, 0x19 },
{ LTC3589_L2DTV2, 0x19 },
};
static const struct regmap_config ltc3589_regmap_config = {
        .reg_bits = 8,
        .val_bits = 8,
        .writeable_reg = ltc3589_writeable_reg,
        .readable_reg = ltc3589_readable_reg,
        .volatile_reg = ltc3589_volatile_reg,
        .max_register = LTC3589_L2DTV2,
        .reg_defaults = ltc3589_reg_defaults,
        .num_reg_defaults = ARRAY_SIZE(ltc3589_reg_defaults),
        .use_single_rw = true,
        .cache_type = REGCACHE_RBTREE,
};
```

对数组中任何一个寄存器的读取操作都将立即返回数组中的值。但是，写操作将在设备本身上执行，并更新数组中受影响的寄存器。这样，读取 LTC3589_VRRCR 寄存器将返回 0xff，在该寄存器中写入任何值都将更新其在数组中的项，以便任何新的读取操作都将直接从缓存中返回最后写入的值。

9.1.5 小结

执行以下步骤来设置 Regmap 子系统。

（1）根据设备的特性设置结构 `regmap_config`。如果需要，可以设置寄存器范围，如果有的话，则设置为默认值；如果需要，还可以设置 `cache_type`，等等。如果需要自定义读/写函数，请将它们传递给 `reg_read`/`reg_write` 字段。

（2）在 `probe` 函数中，根据总线是 I2C 还是 SPI，使用 `regmap_init_i2c` 或 `regmap_init_spi` 分配 **Regmap**。

（3）需要读取/写入寄存器时，请调用 `regmap_[read | write]` 函数。

（4）完成 **Regmap** 操作后，调用 `regmap_exit` 释放 `probe` 中分配的寄存器映射。

9.1.6　Regmap 示例

为了实现目标，需要描述这个假 SPI 设备，下面将为它编写驱动程序。

- 8 位寄存器地址。
- 8 位寄存器值。
- 最大寄存器：0x80。
- 写掩码是 0x80。
- 有效地址范围如下。
  - ➢ 0x20～0x4F。
  - ➢ 0x60～0x7F。
- 无须自定义读/写函数。

以下是假的框架：

```
/* 强制 Regmap */
#include <linux/regmap.h>
/* 根据需要，应该包括其他文件 */

static struct private_struct
{
    /* 可随意添加想要的内容 */
    struct regmap *map;
    int foo;
};

static const struct regmap_range wr_rd_range[] =
{
    {
            .range_min = 0x20,
            .range_max = 0x4F,
    }, {
```

```
                .range_min = 0x60,
                .range_max = 0x7F
        },
};

struct regmap_access_table drv_wr_table =
{
        .yes_ranges =   wr_rd_range,
        .n_yes_ranges = ARRAY_SIZE(wr_rd_range),
};

struct regmap_access_table drv_rd_table =
{
        .yes_ranges =   wr_rd_range,
        .n_yes_ranges = ARRAY_SIZE(wr_rd_range),
};

static bool writeable_reg(struct device *dev, unsigned int reg)
{
    if (reg>= 0x20 &&reg<= 0x4F)
        return true;
    if (reg>= 0x60 &&reg<= 0x7F)
        return true;
    return false;
}

static bool readable_reg(struct device *dev, unsigned int reg)
{
    if (reg>= 0x20 &&reg<= 0x4F)
        return true;
    if (reg>= 0x60 &&reg<= 0x7F)
        return true;
    return false;
}

static int my_spi_drv_probe(struct spi_device *dev)
{
    struct regmap_config config;
    struct custom_drv_private_struct *priv;
    unsigned char data;

    /* 设置 Regmap */
    memset(&config, 0, sizeof(config));
    config.reg_bits = 8;
    config.val_bits = 8;
```

```
config.write_flag_mask = 0x80;
config.max_register = 0x80;
config.fast_io = true;
config.writeable_reg = drv_writeable_reg;
config.readable_reg = drv_readable_reg;

/*
 * 如果设置了 writeable_reg 和 readable_reg，则不需要提供 wr_table 或
 * rd_table
 * 仅当不想使用 writeable_reg 或 readable_reg 时，才取消代码下面的注释
 */
//config.wr_table = drv_wr_table;
//config.rd_table = drv_rd_table;

/* 分配私有数据结构 */
/* priv = kzalloc */

/* Init the regmap spi configuration */
priv->map = regmap_init_spi(dev, &config);
/* Use regmap_init_i2c in case of i2c bus */

/*
 * 写入一些寄存器，无论使用 SPI 或 I2C，下面的操作将保持不变
 * 当使用 Regmap 时，这是一个优势
 */
regmap_read(priv->map, 0x30, &data);
[...] /* 进程数据 */

data = 0x24;
regmap_write(priv->map, 0x23, data); /* 写入新值 */

/* 设置寄存器 0x44 的第二位（从 0 开始）和第六位 */
regmap_update_bits(priv->map, 0x44, 0b00100010, 0xFF);
[...] /* 很多内容 */
return 0;
}
```

9.2　总结

本章全面介绍了 Regmap API，掌握这些就能够把任何标准 SPI/I2C 驱动程序转换为 Regmap。第 10 章将介绍 IIO 设备，即模数转换器框架。这些类型的设备总是位于 SPI/I2C 总线的顶部。在第 10 章结束时将面临一个挑战：使用 Regmap API 编写 IIO 驱动程序。

第 10 章
IIO 框架

工业 I/O（Industrial I/O，IIO）是专用于模数转换器（ADC）和数模转换器（DAC）的内核子系统。随着分散在内核源代码上由不同代码实现的传感器（具有模拟到数字或数字到模拟转换功能的测量设备）数量的增加，集中它们变得非常必要。这就是 IIO 框架所要实现的功能，它以通用一致的方式来实现。乔纳森·卡梅隆和 Linux-IIO 社区从 2009 年开始开发它。

加速度计、陀螺仪、电流/电压测量芯片、光传感器、压力传感器等都属于 IIO 系列设备。

IIO 模型基于设备和通道架构。

● 设备代表芯片本身，它位于整个层次结构的顶层。
● 通道表示设备的单个采集线，设备可能有一个或多个通道。例如，加速度计是具有 3 个通道的设备，每个轴（X、Y 和 Z）都有一个通道。

IIO 芯片是物理和硬件传感器/转换器，它作为字符设备提供给用户空间（当支持触发缓冲时）和 sysfs 目录项，该目录中包含一组文件，其中一些代表通道。单个通道用单个 sysfs 文件项表示。

下面是从用户空间与 IIO 驱动程序进行交互的两种方式。

● /sys/bus/iio/iio:deviceX/：代表传感器及其通道。
● /dev/iio:deviceX：字符设备，用于输出设备事件和数据缓冲区。

图 10-1 显示 IIO 框架在内核和用户空间之间的组织方式。该驱动程序使用 IIO 内核提供的功能和 API 来管理硬件，并向 IIO 内核报告处理情况。然后，IIO 子系统通过 sysfs 接口和字符设备将整个底层机制抽象到用户空间，用户可以在其上执行系统调用。

IIO API 分布在几个头文件中，如下所示：

```
#include <linux/iio/iio.h>    /* 强制性的 */
#include <linux/iio/sysfs.h>  /* 因为使用了 sysfs，所以是强制性的 */
```

```
#include <linux/iio/events.h> /* 对于高级用户，管理 IIO 事件 */
#include <linux/iio/buffer.h> /* 强制使用触发缓冲区 */
#include <linux/iio/trigger.h>/* 仅当在驱动程序中实现触发器（很少使用）时*/
```

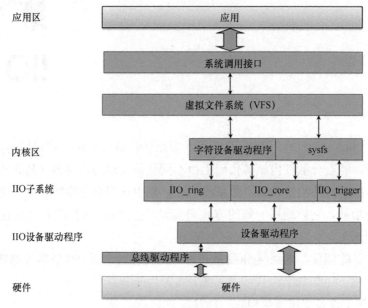

图 10-1　IIO 框架架构和布局

本章涉及以下主题。

- 数据结构（设备、通道等）。
- 触发缓冲区支持和连续捕获，及其 sysfs 接口。
- 现有的 IIO 触发器。
- 以单次模式或连续模式捕获数据。
- 有助于开发人员测试设备的可用工具。

10.1　IIO 数据结构

IIO 设备在内核中表示为 struct iio_dev 的实例，并由 struct iio_info 结构描述。所有重要的 IIO 结构都在 include/linux/iio/iio.h 中定义。

10.1.1　iio_dev 数据结构

该结构代表 IIO 设备，描述设备和驱动程序。它提供以下信息。

- 设备上有多少个通道可用？
- 设备可运行在哪些模式下：单次模式还是触发缓冲区？
- 该驱动程序有哪些钩子可用？

```
struct iio_dev {
    [...]
    int modes;
    int currentmode;
    struct device dev;

    struct iio_buffer *buffer;
    int scan_bytes;

    const unsigned long *available_scan_masks;
    const unsigned long *active_scan_mask;
    bool scan_timestamp;
    struct iio_trigger *trig;
    struct iio_poll_func *pollfunc;

    struct iio_chan_spec const *channels;
    int num_channels;
    const char *name;
    const struct iio_info *info;
    const struct iio_buffer_setup_ops *setup_ops;
    struct cdev chrdev;
};
```

完整的结构在 IIO 头文件中定义。这里删除了不感兴趣的字段。

- modes：表示设备支持的不同模式。支持的模式如下。
  - ➢ INDIO_DIRECT_MODE：设备提供 sysfs 类型的接口。
  - ➢ INDIO_BUFFER_TRIGGERED：设备支持硬件触发。当使用 iio_triggered_buffer_setup() 函数设置触发缓冲区时，该模式会自动添加到设备。
  - ➢ INDIO_BUFFER_HARDWARE：设备具有硬件缓冲区。
  - ➢ INDIO_ALL_BUFFER_MODES：上述两种模式的组合。
- currentmode：设备实际使用的模式。
- dev：IIO 设备绑定的 sruct device（根据 Linux 设备型号）。
- buffer：数据缓冲区，使用触发缓冲区模式时被推送到用户空间。当使用 iio_triggered_buffer_setup 函数启用触发缓冲区支持时，会自动分配缓冲区并把它关联到设备。

- scan_bytes：捕获并提供给缓冲区的字节数。从用户空间使用触发缓冲区时，缓冲区的大小至少应为 indio-> scan_bytes 字节。
- available_scan_masks：可选数组的位掩码。使用触发缓冲区时，可以启用通道，以捕获数据并将其反馈给 IIO 缓冲区。如果不想启用某些通道，则应该填写该数组，只启用允许的通道。以下例子为加速度计（带有 X、Y 和 Z 通道）提供扫描掩码：

```
/*
 * 允许掩码 0x7（0b111）和 0（0b000）
 * 这意味着可以不启用或全部启用
 * 例如，不能只启用 X 和 Y
 */
static const unsigned long my_scan_masks[] = {0x7, 0};
indio_dev->available_scan_masks = my_scan_masks;
```

- active_scan_mask：已启用通道的位掩码。只有来自这些通道的数据才应该被推入 buffer。例如，对于 8 通道 ADC 转换器，如果仅启用第一（0）、第三（2）和最后（7）通道，则位掩码将为 0b10000101（0x85）。active_scan_mask 将被设置为 0x85。然后驱动程序可以使用 for_each_set_bit 宏遍历每个设置位（set bit），根据通道获取数据并填充缓冲区。
- scan_timestamp：指出是否将捕获时间戳推入缓冲区。如果为 true，则时间戳将作为缓冲区的最后一个元素进行推送。时间戳是 8 字节（64 位）长。
- trig：当前设备的触发器（当支持缓冲模式时）。
- pollfunc：在接收的触发器上运行的函数。
- channels：表格通道规范结构，用于描述设备的每个通道。
- num_channels：channels 中指定的通道数量。
- name：设备名称。
- info：来自驱动程序的回调和常量信息。
- setup_ops：启用/禁用缓冲区之前和之后调用的一组回调函数。这个结构在 include/linux/iio/iio.h 中定义如下：

```
struct iio_buffer_setup_ops {
    int (* preenable) (struct iio_dev *);
    int (* postenable) (struct iio_dev *);
    int (* predisable) (struct iio_dev *);
    int (* postdisable) (struct iio_dev *);
    bool (* validate_scan_mask) (struct iio_dev *indio_dev,
```

```
                        const unsigned long *scan_mask);
};
```

- setup_ops：如果未指定，则 IIO 内核使用 drivers/iio/buffer/Indus-trialio-triggered-buffer-c 中定义的默认 iio_triggered_buffer_setup_ops。
- chrdev：IIO 内核创建的相关字符设备。

用于为 IIO 设备分配内存的函数是 iio_device_alloc()：

```
struct iio_dev *devm_iio_device_alloc(struct device *dev,
                                      int sizeof_priv)
```

dev 是为其分配 iio_dev 的设备，sizeof_priv 是为私有结构分配的内存空间。这样，传递每个设备（私有）数据结构就变得非常简单。如果分配失败，该函数返回 NULL：

```
struct iio_dev *indio_dev;
struct my_private_data *data;
indio_dev = iio_device_alloc(sizeof(*data));
if (!indio_dev)
    return -ENOMEM;
/* 私有数据提供预留内存地址 */
data = iio_priv(indio_dev);
```

IIO 设备内存分配后，下一步是填写不同的字段。完成后，必须使用 iio_device_register 函数向 IIO 子系统注册设备：

```
int iio_device_register(struct iio_dev *indio_dev)
```

该函数执行后，设备将准备好接收来自用户空间的请求。相反的操作（通常在释放函数中完成）是 iio_device_unregister()：

```
void iio_device_unregister(struct iio_dev *indio_dev)
```

一旦注销注册，iio_device_alloc 分配的内存就可以通过 iio_device_free 释放：

```
void iio_device_free(struct iio_dev *iio_dev)
```

以 IIO 设备作为参数，可以通过以下方式检索私有数据：

```
struct my_private_data *the_data = iio_priv(indio_dev);
```

10.1.2　iio_info 结构

struct iio_info 结构用于声明 IIO 内核使用的钩子，以读取/写入通道/属性值：

```
struct iio_info {
    struct module *driver_module;
    const struct attribute_group *attrs;

    int (*read_raw)(struct iio_dev *indio_dev,
                struct iio_chan_spec const *chan,
                int *val, int *val2, long mask);

     int (*write_raw)(struct iio_dev *indio_dev,
                  struct iio_chan_spec const *chan,
                  int val, int val2, long mask);
      [...]
};
```

不感兴趣的字段已被删除。

- driver_module：模块结构，用于确保 chrdevs 所属模块是正确的，通常设置为 THIS_MODULE。
- attrs：设备属性。
- read_raw：用户读取设备 sysfs 文件属性时运行的回调函数。mask 参数是位掩码，说明请求的值是哪种类型。chan 通道参数指出有关的通道。它可用于采样频率，用于将原始值转换为可用值或原始值自身的比例。
- write_raw：用于向设备写入值的回调函数。例如，可以使用它来设置采样频率。

以下代码显示如何设置 iio_info 结构：

```
static const struct iio_info iio_dummy_info = {
    .driver_module = THIS_MODULE,
    .read_raw = &iio_dummy_read_raw,
    .write_raw = &iio_dummy_write_raw,
[...]
/*
 * 提供特定设备类型的接口函数和常量数据
 */
indio_dev->info = &iio_dummy_info;
```

10.1.3　IIO 通道

通道代表单条采集线。例如，加速度计有 3 个通道（X、Y、Z），因为每个轴代表单个采集线。struct iio_chan_spec 结构表示和描述内核中的单个通道：

```
struct iio_chan_spec {
    enum iio_chan_type type;
    int channel;
    int channel2;
    unsigned long address;
    int scan_index;
    struct {
        charsign;
        u8 realbits;
        u8 storagebits;
        u8 shift;
        u8 repeat;
        enum iio_endian endianness;
    } scan_type;
    long info_mask_separate;
    long info_mask_shared_by_type;
    long info_mask_shared_by_dir;
    long info_mask_shared_by_all;
    const struct iio_event_spec *event_spec;
    unsigned int num_event_specs;
    const struct iio_chan_spec_ext_info *ext_info;
    const char *extend_name;
    const char *datasheet_name;
    unsigned modified:1;
    unsigned indexed:1;
    unsigned output:1;
    unsigned differential:1;
};
```

该结构中每个元素的含义如下。

- type：指出通道产生的测量类型。对于电压测量，它应该是 IIO_VOLTAGE；对于光传感器，它是 IIO_LIGHT；对于加速度计，使用 IIO_ACCEL。所有可用的类型在 include/uapi/linux/iio/types.h 中定义为 enum iio_chan_type。要为给定的转换器编写驱动程序，请查看该文件，了解每个通道所属类型。

- channel：当.indexed 设置为 1 时，指定通道索引。

- channel2：当.modified 设置为 1 时，指定通道修饰符。

- modified：指出修饰符是否应用于此通道属性名称。在这种情况下，修饰符在.channel2 中设置（例如，IIO_MOD_X、IIO_MOD_Y、IIO_MOD_Z 是围绕 xyz 轴的轴向传感器的修饰符）。可用修饰符列表在内核 IIO 头文件中定义为 enum iio_modifier。修饰符仅影响 sysfs 中的通道属性名称，而不是值。

- indexed：指出通道属性名称是否具有索引。如果有，则在 .channel 字段中指定索引。

- scan_index 和 scan_type：当使用缓冲区触发器时，这些字段用于标识来自缓冲区的元素。scan_index 设置捕获通道在缓冲区内的位置。具有较低 scan_index 的通道将放置在具有较高索引的通道之前。将 .scan_index 设置为–1 将阻止通道缓冲捕获（scan_elements 目录中没有条目）。

提供给用户空间的通道 sysfs 属性以位掩码的形式指定。根据其共享信息，可以将属性设置为以下掩码之一。

- info_mask_separate：将属性标记为专属于此通道。

- info_mask_shared_by_type：将该属性标记为由相同类型的所有通道共享。导出的信息由同一类型的所有通道共享。

- info_mask_shared_by_dir：将属性标记为由相同方向的所有通道共享。导出的信息由相同方向的所有通道共享。

- info_mask_shared_by_all：将该属性标记为由所有通道共享，无论它们的类型或方向如何。导出的信息由所有通道共享。这些属性枚举的位掩码全部在 include/linux/iio/iio.h 中定义：

```
enum iio_chan_info_enum {
    IIO_CHAN_INFO_RAW = 0,
    IIO_CHAN_INFO_PROCESSED,
    IIO_CHAN_INFO_SCALE,
    IIO_CHAN_INFO_OFFSET,
    IIO_CHAN_INFO_CALIBSCALE,
    [...]
    IIO_CHAN_INFO_SAMP_FREQ,
    IIO_CHAN_INFO_FREQUENCY,
    IIO_CHAN_INFO_PHASE,
    IIO_CHAN_INFO_HARDWAREGAIN,
    IIO_CHAN_INFO_HYSTERESIS,
    [...]
};
```

排序字段应该是下列之一：

```
enum iio_endian {
    IIO_CPU,
```

```
    IIO_BE,
    IIO_LE,
};
```

1. 通道属性和命名约定

属性名称由 IIO 内核按照以下模式自动生成：{direction}_{type}_{index}_{modifier}_{info_mask}。

- directiion 对应于属性方向，取值依据 drivers/iio/industrialio-
- core.c 中的 struct iio_direction 结构：

```
static const char * const iio_direction [] = {
    [0] ="in",
    [1] ="out",
};
```

- type 对应于通道类型，取值依据字符数组 const iio_chan_type_name_spec：

```
static const char * const iio_chan_type_name_spec [] = {
    [IIO_VOLTAGE] = "voltage",
    [IIO_CURRENT] = "current",
    [IIO_POWER] = "power",
    [IIO_ACCEL] = "accel",
    [...]
    [IIO_UVINDEX] = "uvindex",
    [IIO_ELECTRICALCONDUCTIVITY] = "electricalconductivity",
    [IIO_COUNT] = "count",
    [IIO_INDEX] = "index",
    [IIO_GRAVITY]  = "gravity",
};
```

- index（索引模式）取决于通道的 .indexed 字段是否设置。如果设置，索引将从 .channel 字段获取以替换 {index} 模式。
- modifier（修饰符模式）取决于通道的 .modified 字段是否设置。如果设置，修饰符将从 .channel2 字段中获取，{modifier} 模式将根据字符数组 struct iio_modifier_names 结构进行替换：

```
static const char * const iio_modifier_names[] = {
    [IIO_MOD_X] = "x",
    [IIO_MOD_Y] = "y",
    [IIO_MOD_Z] = "z",
    [IIO_MOD_X_AND_Y] = "x&y",
```

```
        [IIO_MOD_X_AND_Z] = "x&z",
        [IIO_MOD_Y_AND_Z] = "y&z",
        [...]
        [IIO_MOD_CO2] = "co2",
        [IIO_MOD_VOC] = "voc",
};
```

● info_mask 取决于字符数组 iio_chan_info_postfix 中通道信息掩码、私有或共享、索引值：

```
/* 依赖于这些共享对 */
static const char * const iio_chan_info_postfix[] = {
        [IIO_CHAN_INFO_RAW] = "raw",
        [IIO_CHAN_INFO_PROCESSED] = "input",
        [IIO_CHAN_INFO_SCALE] = "scale",
        [IIO_CHAN_INFO_CALIBBIAS] = "calibbias",
        [...]
        [IIO_CHAN_INFO_SAMP_FREQ] = "sampling_frequency",
        [IIO_CHAN_INFO_FREQUENCY] = "frequency",
        [...]
};
```

2. 区分通道

当每种通道有多个数据通道时，可能会遇到麻烦：如何识别它们。有两种解决方案：索引和修饰符。

使用索引：假设 ADC 设备只有一个通道线，则不需要索引。其通道定义如下：

```
static const struct iio_chan_spec adc_channels[] = {
        {
                .type = IIO_VOLTAGE,
                .info_mask_separate = BIT(IIO_CHAN_INFO_RAW),
        },
}
```

描述以上通道的属性名称将是 in_voltage_raw：

```
/sys/bus/iio/iio:deviceX/in_voltage_raw
```

现在，假若该转换器有 4 个甚至 8 个通道。如何识别它们？其解决方案是使用索引。.indexed 字段设置为 1 将使通道属性名称使用 .channel 值，而不是 {index} 模式：

```
static const struct iio_chan_spec adc_channels[] = {
        {
```

```
                .type = IIO_VOLTAGE,
                .indexed = 1,
                .channel = 0,
                .info_mask_separate = BIT(IIO_CHAN_INFO_RAW),
        },
        {
                .type = IIO_VOLTAGE,
                .indexed = 1,
                .channel = 1,
                .info_mask_separate = BIT(IIO_CHAN_INFO_RAW),
        },
        {
                .type = IIO_VOLTAGE,
                .indexed = 1,
                .channel = 2,
                .info_mask_separate = BIT(IIO_CHAN_INFO_RAW),

        },
        {
                .type = IIO_VOLTAGE,
                .indexed = 1,
                .channel = 3,
                .info_mask_separate = BIT(IIO_CHAN_INFO_RAW),
        },
}
```

最终的通道属性如下：

```
/sys/bus/iio/iio:deviceX/in_voltage0_raw
/sys/bus/iio/iio:deviceX/in_voltage1_raw
/sys/bus/iio/iio:deviceX/in_voltage2_raw
/sys/bus/iio/iio:deviceX/in_voltage3_raw
```

使用修饰符：假若光传感器具有两个通道，一个用于红外光，另一个用于红外和可见光，没有索引或修饰符，则属性名称为 in_intensity_raw。这里使用索引可能容易出错，因为 in_intensity0_ir_raw 和 in_intensity1_ir_raw 没有意义。使用修饰符有助于提供有意义的属性名称。通道定义可以像下面这样：

```
static const struct iio_chan_spec mylight_channels[] = {
        {
                .type = IIO_INTENSITY,
                .modified = 1,
                .channel2 = IIO_MOD_LIGHT_IR,
```

```
                    .info_mask_separate = BIT(IIO_CHAN_INFO_RAW),
                    .info_mask_shared = BIT(IIO_CHAN_INFO_SAMP_FREQ),
            },
            {
                    .type = IIO_INTENSITY,
                    .modified = 1,
                    .channel2 = IIO_MOD_LIGHT_BOTH,
                    .info_mask_separate = BIT(IIO_CHAN_INFO_RAW),
                    .info_mask_shared = BIT(IIO_CHAN_INFO_SAMP_FREQ),
            },
            {

                    .type = IIO_LIGHT,
                    .info_mask_separate = BIT(IIO_CHAN_INFO_PROCESSED),
                    .info_mask_shared = BIT(IIO_CHAN_INFO_SAMP_FREQ),
            },
    }
```

最终属性如下。

- /sys/bus/iio/iio:deviceX/in_intensity_ir_raw:测量 IR 强度的通道。
- /sys/bus/iio/iio:deviceX/in_intensity_both_raw：测量红外和可见光的通道。
- /sys/bus/iio/iio:deviceX/in_illuminance_input：用于处理数据。
- /sys/bus/iio/iio:deviceX/sampling_frequency：用于采样频率，全部通道共享。

这对于加速度计也是有效的，这将在后面的案例研究中看到。现在，在一个 IIO 驱动程序中总结一下本章讨论过的内容。

10.1.4　小结

接下来用一个简单驱动程序总结前面介绍过的内容，它提供 4 个电压通道，这里将忽略 read()或 write()函数：

```
#include <linux/init.h>
#include <linux/module.h>
#include <linux/kernel.h>
#include <linux/platform_device.h>
#include <linux/interrupt.h>
#include <linux/of.h>
#include <linux/iio/iio.h>
#include <linux/iio/sysfs.h>
#include <linux/iio/events.h>
```

```
#include <linux/iio/buffer.h>

#define FAKE_VOLTAGE_CHANNEL(num)                       \
    {                                                    \
            .type = IIO_VOLTAGE,                         \
            .indexed = 1,                               \
            .channel = (num),                            \
            .address = (num),                            \
            .info_mask_separate = BIT(IIO_CHAN_INFO_RAW),    \
            .info_mask_shared_by_type = BIT(IIO_CHAN_INFO_SCALE)  \
    }

struct my_private_data {
    int foo;
    int bar;
    struct mutex lock;
};

static int fake_read_raw(struct iio_dev *indio_dev,
                struct iio_chan_spec const *channel, int *val,
                int *val2, long mask)
{
    return 0;
}

static int fake_write_raw(struct iio_dev *indio_dev,
                struct iio_chan_spec const *chan,
                int val, int val2, long mask)
{
    return 0;
}

static const struct iio_chan_spec fake_channels[] = {
    FAKE_VOLTAGE_CHANNEL(0),
    FAKE_VOLTAGE_CHANNEL(1),
    FAKE_VOLTAGE_CHANNEL(2),
    FAKE_VOLTAGE_CHANNEL(3),
};

static const struct of_device_id iio_dummy_ids[] = {
    { .compatible = "packt,iio-dummy-random", },
    { /* 哨兵 */ }
};

static const struct iio_info fake_iio_info = {
```

```
    .read_raw = fake_read_raw,
    .write_raw       = fake_write_raw,
    .driver_module = THIS_MODULE,
};

static int my_pdrv_probe (struct platform_device *pdev)
{
    struct iio_dev *indio_dev;
    struct my_private_data *data;

    indio_dev = devm_iio_device_alloc(&pdev->dev, sizeof(*data));
    if (!indio_dev) {
        dev_err(&pdev->dev, "iio allocation failed!\n");
        return -ENOMEM;
    }

    data = iio_priv(indio_dev);
    mutex_init(&data->lock);
    indio_dev->dev.parent = &pdev->dev;
    indio_dev->info = &fake_iio_info;
    indio_dev->name = KBUILD_MODNAME;
    indio_dev->modes = INDIO_DIRECT_MODE;
    indio_dev->channels = fake_channels;
    indio_dev->num_channels = ARRAY_SIZE(fake_channels);
    indio_dev->available_scan_masks = 0xF;

    iio_device_register(indio_dev);
    platform_set_drvdata(pdev, indio_dev);
    return 0;
}

static void my_pdrv_remove(struct platform_device *pdev)
{
    struct iio_dev *indio_dev = platform_get_drvdata(pdev);
    iio_device_unregister(indio_dev);
}

static struct platform_driver mypdrv = {
    .probe       = my_pdrv_probe,
    .remove      = my_pdrv_remove,
    .driver      = {
        .name       = "iio-dummy-random",
        .of_match_table = of_match_ptr(iio_dummy_ids),
        .owner      = THIS_MODULE,
    },
```

```
};
module_platform_driver(mypdrv);
MODULE_AUTHOR("John Madieu <john.madieu@gmail.com>");
MODULE_LICENSE("GPL");
```

加载上面的模块后，将得到以下输出，表明设备实际上对应于已经注册的平台设备：

```
~# ls -l /sys/bus/iio/devices/
lrwxrwxrwx 1 root root 0 Jul 31 20:26 iio:device0 ->
../../../devices/platform/iio-dummy-random.0/iio:device0
lrwxrwxrwx 1 root root 0 Jul 31 20:23 iio_sysfs_trigger ->
../../../devices/iio_sysfs_trigger
```

下面的清单显示该设备所具有的通道及其名称，它们完全对应于驱动程序中描述的内容：

```
~# ls /sys/bus/iio/devices/iio\:device0/
dev in_voltage2_raw name uevent
in_voltage0_raw in_voltage3_raw power
in_voltage1_raw in_voltage_scale subsystem
~# cat /sys/bus/iio/devices/iio:device0/name
iio_dummy_random
```

10.2 触发缓冲区支持

在许多数据分析应用中，能够基于某些外部信号（触发器）捕获数据非常有用。这些触发器可能如下。

- 数据就绪信号。
- 连接到某个外部系统（GPIO 或其他）的 IRQ 线。
- 处理器周期性中断。
- 用户空间读/写 sysfs 中的特定文件。

IIO 设备驱动程序与触发器完全无关。触发器可以初始化一个或多个设备上的数据捕获，这些触发器用于填充缓冲区、作为字符设备提供给用户空间。

人们可以开发自己的触发器驱动程序，但这超出了本书的范围。这里集中介绍现有的触发器驱动程序。

- iio-trig-interrupt：这为使用 IRQ 作为 IIO 触发器提供支持。在旧的内核版本中，它曾使用的是 iio-trig-gpio。启用此触发模式的内核选项是 CONFIG_IIO_INTERRUPT_TRIGGER。如果构建为模块，该模块将称为

　　　　iio-trig-interrupt。

- iio-trig-hrtimer：提供基于频率的 IIO 触发器，使用 HRT 作为中断源（自内核 v4.5 开始）。在旧内核版本中，它曾使用的是 iio-trig-rtc。负责这种触发模式的内核选项是 IIO_HRTIMER_TRIGGER。如果构建为模块，则该模块将称为 iio-trig-hrtimer。
- iio-trig-sysfs：这允许使用 sysfs 项触发数据捕获。CONFIG_IIO_SYSFS_TRIGGER 是添加此触发模式支持的内核选项。
- iio-trig-bfin-timer：这允许使用 blackfin 定时器作为 IIO 触发器（仍处于筹备阶段）。

IIO 提供 API，使用它们可以进行如下操作。

- 声明任意数量的触发器。
- 选择哪些通道的数据将推入缓冲区。

　　IIO 设备提供触发缓冲区支持时，必须设置 iio_dev.pollfunc，触发器触发时执行它，该处理程序负责通过 indio_dev-> active_scan_mask 查找启用的通道，检索其数据，并使用 iio_push_to_buffers_with_timestamp 函数将它们提供给 indio_dev-> buffer。因此，缓冲区和触发器在 IIO 子系统中有紧密的联系。

　　IIO 内核提供了一组辅助函数来设置触发缓冲区，这些函数可以在 drivers/iio/sindustrialio-triggered-buffer-c 中找到。

　　以下是驱动程序支持触发缓冲区的步骤。

（1）如果需要填写 iio_buffer_setup_ops 结构：

```
const struct iio_buffer_setup_ops sensor_buffer_setup_ops = {
  .preenable    = my_sensor_buffer_preenable,
  .postenable   = my_sensor_buffer_postenable,
  .postdisable  = my_sensor_buffer_postdisable,
  .predisable   = my_sensor_buffer_predisable,
};
```

（2）编写与触发器关联的上半部。在 99% 的情况下，必须提供与捕获相关的时间戳：

```
irqreturn_t sensor_iio_pollfunc(int irq, void *p)
{
    pf->timestamp = iio_get_time_ns((struct indio_dev *)p);
    return IRQ_WAKE_THREAD;
}
```

（3）编写触发器的下半部，它将从每个启用的通道读取数据，并把它们送入缓冲区：

```
irqreturn_t sensor_trigger_handler(int irq, void *p)
{
    u16 buf[8];
    int bit, i = 0;
    struct iio_poll_func *pf = p;
    struct iio_dev *indio_dev = pf->indio_dev;

    /* 这里可使用锁来保护缓冲区 */
    /* mutex_lock(&my_mutex); */

    /* 读取每个活动通道的数据 */
    for_each_set_bit(bit, indio_dev->active_scan_mask,
                     indio_dev->masklength)
        buf[i++] = sensor_get_data(bit)

    /*
     * 如果 iio_dev.scan_timestamp = true，则捕获时间戳将被推送和存储，
     * 在将其推送到设备缓冲区之前，它作为示例数据缓冲区中的最后一个元素
     */
    iio_push_to_buffers_with_timestamp(indio_dev, buf, timestamp);

    /* 打开任意锁 */
    /* mutex_unlock(&my_mutex); */

    /* 通知触发 */
    iio_trigger_notify_done(indio_dev->trig);
    return IRQ_HANDLED;
}
```

（4）在 probe 函数中，必须在使用 iio_device_register() 注册设备之前先设置缓冲区本身：

```
iio_triggered_buffer_setup(indio_dev, sensor_iio_polfunc,
                           sensor_trigger_handler,
                           sensor_buffer_setup_ops);
```

这里的神奇函数是 iio_triggered_buffer_setup。这也将为设备提供 INDIO_DIRECT_MODE 功能。当（从用户空间）把触发器指定到设备时，无法知道什么时候会被触发。

在连续缓冲捕获激活时，应该防止（通过返回错误）驱动程序在各个通道上执行 sysfs 数据捕获（由 read_raw() 钩子执行），以避免不确定的行为，因为触发器处理程序和 read_raw() 钩子将尝试同时访问设备。用于检查是否实际使用缓冲模式的函数是

iio_buffer_enabled()。钩子看起来像这样：

```
static int my_read_raw(struct iio_dev *indio_dev,
                       const struct iio_chan_spec *chan,
                       int *val, int *val2, long mask)
{
      [...]
      switch (mask) {
      case IIO_CHAN_INFO_RAW:
             if (iio_buffer_enabled(indio_dev))
                    return -EBUSY;
      [...]
}
```

iio_buffer_enabled()函数简单地测试给定 IIO 设备的缓冲区是否启用。
下面总结一些重要内容。

- iio_buffer_setup_ops：提供缓冲区设置函数，以在缓冲区配置一系列固定步骤（启用/禁用之前/之后）中调用。如果未指定，IIO 内核则将默认的 iio_triggered_buffer_setup_ops 提供给设备。
- sensor_iio_pollfunc：触发器的上半部。与每个上半部一样，它在中断环境中运行，必须执行尽可能少的处理。在 99%的情况下，只需提供与捕获相关的时间戳。再次重申，可以使用默认的 IIO 函数 iio_pollfunc_store_time。
- sensor_trigger_handler：下半部，它运行在内核线程中，能够执行任何处理，甚至包括获取互斥锁或睡眠。重处理应该发生在这里。它通常从设备中读取数据，将其与上半部中记录的时间戳一起存储在内部缓冲区中，并将其推送到 IIO 设备缓冲区。

 对触发缓冲而言，触发器是必需的。它告诉驱动程序何时从设备读取采样数据，并将其放入缓冲区。触发缓冲对编写 IIO 设备驱动程序而言不是必需的。通过读取通道的原始属性，也可以通过 sysfs 使用单次捕捉，它只执行一次转换（对于所读取的通道属性）。缓冲模式允许连续转换，从而一次捕获多个通道。

10.2.1　IIO 触发器和 sysfs（用户空间）

sysfs 中有两个位置与触发器相关。

- /sys/bus/iio/devices/triggerY/：一旦 IIO 触发器在 IIO 内核中注册并

且对应于索引 Y 的触发器，就会创建该目录。该目录中至少有一个属性。

➢ name：触发器名称，之后可用于与设备建立关联。

● /sys/bus/iio/devices/iio：如果设备支持触发缓冲区，则会自动创建目录 deviceX/trigger/*。在 current_trigger 文件中用触发器的名称就可以将触发器与设备相关联起来。

1. sysfs 触发器接口

sysfs 触发器由内核中的 CONFIG_IIO_SYSFS_TRIGGER = y 配置选项启用，这将导致自动创建/sys/bus/iio/devices/iio_sysfs_trigger/文件夹，该文件夹可用于 sysfs 触发器管理。该目录中有两个文件：add_trigger 和 remove_trigger。其驱动程序位于 drivers/iio/trigger/iio-trig-sysfs.c 中。

（1）add_trigger 文件

这用于创建新的 sysfs 触发器。将正值（将用作触发器 ID）写入该文件即可创建新触发器。它会创建新的 sysfs 触发器，可在/sys/bus/iio/devices/triggerX 处访问，其中 X 是触发器编号。

例如：

```
# echo 2 > add_trigger
```

这将创建新的 sysfs 触发器，在/sys/bus/iio/devices/trigger2 处可访问它。如果系统中已经存在指定 ID 的触发器，则会返回无效的参数消息。sysfs 触发器名称模式是 sysfstrig {ID}。命令 echo 2> add_trigger 将创建触发器/sys/bus/iio/devices/trigger2，其名称为 sysfstrig2：

```
$ cat /sys/bus/iio/devices/trigger2/name
sysfstrig2
```

每个 sysfs 触发器至少包含一个文件：trigger_now。1 写入该文件将指示在 current_trigger 中具有相应触发器名称的所有设备开始捕获，并将数据推入它们各自的缓冲区。每个设备缓冲区必须设置其大小，并且必须启用（echo 1> /sys/bus/iio/devices/iio:deviceX/buffer/enable）。

（2）remove_trigger 文件

要删除触发器，请使用以下命令：

```
# echo 2 > remove_trigger
```

（3）绑定设备与触发器

要把设备与指定的触发器关联，需将触发器的名称写入该设备触发器目录下可用的
current_trigger 文件中。例如，假若需要将设备与索引为 2 的触发器绑定：

```
# set trigger2 as current trigger for device0
# echo sysfstrig2 >
/sys/bus/iio/devices/iio:device0/trigger/current_trigger
```

要解除设备与触发器的绑定，应该将空字符串写入设备触发器目录中的 current_
trigger 文件，如下所示：

```
# echo "" > iio:device0/trigger/current_trigger
```

本章稍后将用一个实际例子做进一步讨论。

2. 中断触发器接口

请看下面的例子：

```
static struct resource iio_irq_trigger_resources[] = {
    [0] = {
        .start = IRQ_NR_FOR_YOUR_IRQ,
        .flags = IORESOURCE_IRQ | IORESOURCE_IRQ_LOWEDGE,
    },
};

static struct platform_device iio_irq_trigger = {
    .name = "iio_interrupt_trigger",
    .num_resources = ARRAY_SIZE(iio_irq_trigger_resources),
    .resource = iio_irq_trigger_resources,
};
platform_device_register(&iio_irq_trigger);
```

声明 IRQ 触发器，这将导致加载 IRQ 触发器独立模块。如果其 probe 函数成功，
则会有与触发器相对应的目录。IRQ 触发器名称的格式为 irqtrigX，其中 X 对应于刚
传递的虚拟 IRQ，在/proc/interrupt 中会看到它：

```
$ cd /sys/bus/iio/devices/trigger0/
$ cat name
```

irqtrig85：正如对其他触发器所做的那样，必须用以下方式把该触发器分配给设
备，将其名称写入设备的 current_trigger 文件。

```
# echo "irqtrig85"  >
/sys/bus/iio/devices/iio:device0/trigger/current_trigger
```

现在，中断每次触发时，设备数据将被捕获。

 IRQ 触发器驱动程序不支持 DT，这就是使用开发板 init 文件的原因。但是这没关系，因为驱动程序需要资源，因此无须更改任何代码即可使用 DT。

以下设备树节点声明 IRQ 触发器接口：

```
mylabel: my_trigger@0{
    compatible = "iio_interrupt_trigger";
    interrupt-parent = <&gpio4>;
    interrupts = <30 0x0>;
};
```

该例子假设 IRQ 线是属于 GPIO 控制器节点 gpio4 的 GPIO#30。这包括使用 GPIO 作为中断源，以便每当 GPIO 改变到给定状态时，就会产生中断，从而触发捕获。

3. hrtimer 触发器接口

hrtimer 触发器依赖于 configfs 文件系统（请参阅内核源文件中的 Documentation/iio/iio_configfs.txt），它可通过 CONFIG_IIO_CONFIGFS 配置选项启用，并挂载到系统上（通常位于/config 目录下）：

```
# mkdir /config
# mount -t configfs none /config
```

现在，加载模块 iio-trig-hrtimer 将创建可在/config/iio 下访问的 IIO 组，使用户能够在/config/iio/triggers/hrtimer 下创建 hrtimer 触发器。

例如：

```
# 创建一个 hrtimer 触发器
$ mkdir /config/iio/triggers/hrtimer/my_trigger_name
# 移除触发器
$ rmdir /config/iio/triggers/hrtimer/my_trigger_name
```

每个 hrtimer 触发器在该触发器目录中都包含单个 sampling_frequency 属性。本章稍后"使用 hrtimer 触发器捕获"部分将进一步提供一个完整的工作示例。

10.2.2　IIO 缓冲区

IIO 缓冲区提供连续的数据捕获，一次可以同时读取多个数据通道。可通过 `dev/iio:device` 字符设备节点从用户空间访问缓冲区。在触发器处理程序中，用于填充缓冲区的函数是 `iio_push_to_buffers_with_timestamp`。负责为设备分配触发缓冲区的函数是 `iio_triggered_buffer_setup()`。

1. IIO 缓冲区的 sysfs 接口

IIO 缓冲区在 `/sys/bus/iio/iio` 下有一个关联的属性目录：`deviceX/buffer/*`。以下是其一些属性。

- `length`：缓冲区可存储的数据取样总数（容量）。这是缓冲区包含的扫描数量。
- `enable`：激活缓冲区捕获，启动缓冲区捕获。
- `watermark`：自内核版本 v4.2 以来，该属性一直可用。它是一个正数，指定阻塞读取应该等待的扫描元素数量。例如，如果使用轮询，则会阻塞直到水印为止。它只有在水印大于所请求的读数量时才有意义，不会影响非阻塞读取。可以用暂停阻止轮询，并在暂停过期后读取可用样本，从而获得最大延迟保证。

2. IIO 缓冲区设置

数据将被读取并推入缓冲区的通道称为扫描元素。它们的配置可通过 `/sys/bus/iio/iio:deviceX/scan_elements/*` 目录从用户空间访问，其中包含以下属性。

- `en`：实际上是属性名称的后缀，用于启用频道。当且仅当其属性不为零时，触发的捕捉将包含此通道的数据取样。例如 `in_voltage0_en`、`in_voltage1_en` 等。
- `type`：描述扫描元素数据在缓冲区内的存储，因此描述从用户空间读取它的形式。例如 `in_voltage0_type`。格式为 `[be|le]:[s|u]bits/storage bitsXrepeat[>>shift]`。
  - `be` 或 `le`：指出字节顺序（大端或小端）。
  - `s` 或 `u`：指出符号，带符号（2 的补码）或无符号。
  - `bits`：有效数据位数。
  - `stroagebits`：该通道在缓冲区中占用的位数。例如，一个值可能实际编码是 12 位（bit），但占用缓冲区中的 16 位（stroagebit）。因此必须将数据向右移位 4 次才能得到实际值。该参数取决于设备，应参考设备的数据手册。

➤ shift：表示在屏蔽掉未使用的位之前应该移位数据值的次数。这个参数并不总是需要的。如果有效位数（bit）等于存储位数，则 shift 将为 0。在设备数据手册中也可以找到该参数。

➤ repeat：指出位/存储重复数量。当重复元素为 0 或 1 时，重复值被省略。

解释本节最好的方法是通过内核文档的摘录。例如，有关三轴加速度计驱动程序（12 位分辨率，其中数据存储在两个 8 位寄存器中）的文档说明如下：

```
  7   6   5   4   3   2   1   0
+---+---+---+---+---+---+---+---+
|D3 |D2 |D1 |D0 | X | X | X | X |   (低字节，地址 0x06)
+---+---+---+---+---+---+---+---+

  7   6   5   4   3   2   1   0
+---+---+---+---+---+---+---+---+
|D11|D10|D9 |D8 |D7 |D6 |D5 |D4 |   (高字节，地址 0x07)
+---+---+---+---+---+---+---+---+
```

每个轴将具有以下扫描元素类型：

```
$ cat /sys/bus/iio/devices/iio:device0/scan_elements/in_accel_y_type
le:s12/16>>4
```

这将解释为小端有符号数据，16 位长度，在屏蔽 12 位有效数之前需要将它右移 4 位。

struct iio_chan_spec 中负责确定通道值应该如何存储到缓冲区中的元素是 scant_type。

```
struct iio_chan_spec {
      [...]
      struct {
          char sign; /* 应该是 u 或 s */
          u8 realbits;
          u8 storagebits;
          u8 shift;
          u8 repeat;
          enum iio_endian endianness;
      } scan_type;
      [...]
};
```

这个结构绝对匹配 [be|le]:[s|u]bits/storagebitsXrepeat[>>shift]，它是前面描述过的模式。该结构中的每个成员如下。

- sign：表示数据的符号，匹配模式中的[s|u]。
- realbits：对应于模式中的 bits。
- storagebits：匹配模式中的同名元素。
- shift：对应于模式中的移位，repeat 也相同。
- iio_indian：表示模式中的字节顺序，匹配模式中的[be|le]。

此时，可以编写与前面解释过的类型相对应的 IIO 通道结构：

```
struct struct iio_chan_spec accel_channels[] = {
        {
                .type = IIO_ACCEL,
                .modified = 1,
                .channel2 = IIO_MOD_X,
                /* 其他代码 */
                .scan_index = 0,
                .scan_type = {
                        .sign = 's',
                        .realbits = 12,
                        .storagebits = 16,
                        .shift = 4,
                        .endianness = IIO_LE,
                }
        },
        /* 类似于 Y 轴(channel2 = IIO_MOD_Y, scan_index = 1)
         * 和 Z 轴(channel2 = IIO_MOD_Z, scan_index = 2)
         */
}
```

10.2.3　小结

下面详细介绍 BOSH 公司的数字三轴加速度传感器 BMA220。这是一款 SPI/I2C 兼容的设备，具有 8 位大小的寄存器，以及片上运动触发中断控制器，可实际检测倾斜、运动和冲击振动。自内核 v4.8 开始引入其驱动程序（CONFIG_BMA200）。下面来介绍它。

使用 struct iio_chan_spec 声明 IIO 通道。一旦使用触发缓冲区，就需要填写.scan_index 和.scan_type 字段：

```
#define BMA220_DATA_SHIFT 2
#define BMA220_DEVICE_NAME "bma220"
#define BMA220_SCALE_AVAILABLE "0.623 1.248 2.491 4.983"

#define BMA220_ACCEL_CHANNEL(index, reg, axis) {              \
    .type = IIO_ACCEL,                                        \
```

```
    .address = reg,                                            \
    .modified = 1,                                             \
    .channel2 = IIO_MOD_##axis,                               \
    .info_mask_separate = BIT(IIO_CHAN_INFO_RAW),             \
    .info_mask_shared_by_type = BIT(IIO_CHAN_INFO_SCALE),     \
    .scan_index = index,                                      \
    .scan_type = {                                            \
        .sign = 's',                                          \
        .realbits = 6,                                        \
        .storagebits = 8,                                     \
        .shift = BMA220_DATA_SHIFT,                           \
        .endianness = IIO_CPU,                               \
    },                                                        \
}

static const struct iio_chan_spec bma220_channels[] = {
    BMA220_ACCEL_CHANNEL(0, BMA220_REG_ACCEL_X, X),
    BMA220_ACCEL_CHANNEL(1, BMA220_REG_ACCEL_Y, Y),
    BMA220_ACCEL_CHANNEL(2, BMA220_REG_ACCEL_Z, Z),
};
```

.info_mask_separate = BIT(IIO_CHAN_INFO_RAW)表示每个通道都会有一个*_raw sysfs项（属性），而.info_mask_shared_by_type = BIT(IIO_CHAN_INFO_SCALE)表示对于相同类型的所有通道只有一个*_scale sysfs项：

```
    jma@jma:~$ ls -l /sys/bus/iio/devices/iio:device0/
(...)
# 如果没有修饰符，则通道名称为 in_accel_raw（不好）
-rw-r--r-- 1 root root 4096 jul 20 14:13 in_accel_scale
-rw-r--r-- 1 root root 4096 jul 20 14:13 in_accel_x_raw
-rw-r--r-- 1 root root 4096 jul 20 14:13 in_accel_y_raw
-rw-r--r-- 1 root root 4096 jul 20 14:13 in_accel_z_raw
(...)
```

读取 in_accel_scale 将调用 read_raw()钩子，掩码设置为 IIO_CHAN_INFO_SCALE。读取 in_accel_x_raw 将调用 read_raw()钩子，掩码设置为 IIO_CHAN_INFO_RAW。因此实际值是 raw_value * scale。

.scan_type 说明每个通道返回的值是 8 位大小（将在缓冲区占用 8 位），但有用负载仅占用 6 位，在屏蔽未使用的位之前，数据必须向右移位两次。所有扫描元素类型像下面这样：

```
$ cat /sys/bus/iio/devices/iio:device0/scan_elements/in_accel_x_type
le:s6/8>>2
```

以下是 pollfunc（实际上它是下半部），它从设备读取样本并将读取值推入缓冲区（iio_push_to_buffers_with_timestamp()）。一旦完成，就可以通知核心（iio_trigger_ notify_done()）：

```
static irqreturn_t bma220_trigger_handler(int irq, void *p)
{
    int ret;
    struct iio_poll_func *pf = p;
    struct iio_dev *indio_dev = pf->indio_dev;
    struct bma220_data *data = iio_priv(indio_dev);
    struct spi_device *spi = data->spi_device;

    mutex_lock(&data->lock);
    data->tx_buf[0] = BMA220_REG_ACCEL_X | BMA220_READ_MASK;
    ret = spi_write_then_read(spi, data->tx_buf, 1, data->buffer,
                    ARRAY_SIZE(bma220_channels) - 1);
    if (ret < 0)
        goto err;

    iio_push_to_buffers_with_timestamp(indio_dev, data->buffer,
                            pf->timestamp);
err:
    mutex_unlock(&data->lock);
    iio_trigger_notify_done(indio_dev->trig);

    return IRQ_HANDLED;
}
```

以下是 read 函数。它是一个钩子，每次读取设备的 sysfs 项时都会调用它：

```
static int bma220_read_raw(struct iio_dev *indio_dev,
                struct iio_chan_spec const *chan,
                int *val, int *val2, long mask)
{
    int ret;
    u8 range_idx;
    struct bma220_data *data = iio_priv(indio_dev);

    switch (mask) {
    case IIO_CHAN_INFO_RAW:
            /* 如果启用了缓冲区模式，则不要处理单通道读取 */
            if (iio_buffer_enabled(indio_dev))
                    return -EBUSY;
            /* 否则，读取该通道 */
```

```
        ret = bma220_read_reg(data->spi_device, chan->address);
        if (ret < 0)
                return -EINVAL;
        *val = sign_extend32(ret >> BMA220_DATA_SHIFT, 5);
        return IIO_VAL_INT;
    case IIO_CHAN_INFO_SCALE:
        ret = bma220_read_reg(data->spi_device, BMA220_REG_RANGE);
        if (ret < 0)
                return ret;
        range_idx = ret & BMA220_RANGE_MASK;
        *val = bma220_scale_table[range_idx][0];
        *val2 = bma220_scale_table[range_idx][1];
        return IIO_VAL_INT_PLUS_MICRO;
    }

    return -EINVAL;
}
```

当读取* raw sysfs 文件时，钩子被调用，在 mask 参数中给出 IIO_CHAN_INFO_RAW，在* chan 参数中给出相应的通道。val 和 val2 实际上是输出参数。它们必须设置为原始值（从设备读取）。对 scale sysfs 文件执行的任何读取操作都将用 mask 参数中的 IIO_CHAN_INFO_SCALE 调用钩子函数，对于每个属性掩码也是这样。

对 write 函数也是这样，它用于将值写入设备。有 80%的驱动程序可能不需要 write 函数。这个 write 钩子让用户修改设备的规模：

```
static int bma220_write_raw(struct iio_dev *indio_dev,
                struct iio_chan_spec const *chan,
                int val, int val2, long mask)
{
    int i;
    int ret;
    int index = -1;
    struct bma220_data *data = iio_priv(indio_dev);

    switch (mask) {
    case IIO_CHAN_INFO_SCALE:
        for (i = 0; i < ARRAY_SIZE(bma220_scale_table); i++)
            if (val == bma220_scale_table[i][0] &&
                val2 == bma220_scale_table[i][1]) {
                    index = i;
                    break;
                }
        if (index < 0)
```

```
            return -EINVAL;

    mutex_lock(&data->lock);
    data->tx_buf[0] = BMA220_REG_RANGE;
    data->tx_buf[1] = index;
    ret = spi_write(data->spi_device, data->tx_buf,
                sizeof(data->tx_buf));
    if (ret < 0)
        dev_err(&data->spi_device->dev,
                "failed to set measurement range\n");
    mutex_unlock(&data->lock);

    return 0;
    }

    return -EINVAL;
}
```

无论何时向设备写入值，都会调用该函数。频繁更改的参数是 scale。一个例子可能是：echo <desired-scale > > /sys/bus/iio/devices/iio; devices0/ in_accel_scale。

现在，填充 struct iio_info 结构，将把它给予 iio_device：

```
static const struct iio_info bma220_info = {
    .driver_module    = THIS_MODULE,
    .read_raw         = bma220_read_raw,
    .write_raw        = bma220_write_raw, /* 除非驱动需要它 */
};
```

在 probe 函数中，分配并配置 struct iio_dev IIO 设备，保留存放私有数据的内存：

```
/*
 * 仅提供两种可能的掩码，允许不选择或者选择每个通道
 */
static const unsigned long bma220_accel_scan_masks[] = {
    BIT(AXIS_X) | BIT(AXIS_Y) | BIT(AXIS_Z),
    0
};

static int bma220_probe(struct spi_device *spi)
{
```

```
    int ret;
    struct iio_dev *indio_dev;
    struct bma220_data *data;

    indio_dev = devm_iio_device_alloc(&spi->dev, sizeof(*data));
    if (!indio_dev) {
        dev_err(&spi->dev, "iio allocation failed!\n");
        return -ENOMEM;
    }

    data = iio_priv(indio_dev);
    data->spi_device = spi;
    spi_set_drvdata(spi, indio_dev);
    mutex_init(&data->lock);

    indio_dev->dev.parent = &spi->dev;
    indio_dev->info = &bma220_info;
    indio_dev->name = BMA220_DEVICE_NAME;
    indio_dev->modes = INDIO_DIRECT_MODE;
    indio_dev->channels = bma220_channels;
    indio_dev->num_channels = ARRAY_SIZE(bma220_channels);
    indio_dev->available_scan_masks = bma220_accel_scan_masks;

    ret = bma220_init(data->spi_device);
    if (ret < 0)
        return ret;

    /* 此调用将启用设备的触发器缓冲区支持*/
    ret = iio_triggered_buffer_setup(indio_dev, iio_pollfunc_store_time,
                         bma220_trigger_handler, NULL);
    if (ret < 0) {
        dev_err(&spi->dev, "iio triggered buffer setup failed\n");
        goto err_suspend;
    }

    ret = iio_device_register(indio_dev);
    if (ret < 0) {
        dev_err(&spi->dev, "iio_device_register failed\n");
        iio_triggered_buffer_cleanup(indio_dev);
        goto err_suspend;
    }

    return 0;

err_suspend:
```

```
        return bma220_deinit(spi);
}
```

可以通过 CONFIG_BMA220 内核选项启用该驱动程序，这仅在内核版本 v4.8 之后才可用。在较早的内核版本上可以使用的设备是 BMA180，它可以使用 CONFIG_BMA180 选项启用。

10.3　IIO 数据访问

大家可能已经猜测到，只有两种方法可以通过 IIO 框架访问数据：通过 sysfs 通道单次捕获，或通过 IIO 字符设备的连续模式（触发缓冲区）。

10.3.1　单次捕获

单次数据捕获通过 sysfs 接口完成。通过读取对应于通道的 sysfs 条目，将只捕获与该频道相关的数据。对于具有两个通道的温度传感器：一个用于测量环境温度，另一个用于测量热电偶温度：

```
# cd /sys/bus/iio/devices/iio:device0
# cat in_voltage3_raw
6646

# cat in_voltage_scale
0.305175781
```

将刻度乘以原始值即获得处理后的值。

电压值：6646 × 0.305175781 = 2028.19824053

设备数据手册中说明处理值以 MV 为单位。在本例中，它对应于 2.02819V。

10.3.2　缓冲区数据访问

要使触发采集正常工作，必须在驱动程序中实现触发器支持。然后，要从用户空间获取数据，则必须：创建触发器并进行分配，启用 ADC 通道，设置缓冲区的大小并启用它。

1. 使用 sysfs 触发器捕获

使用 sysfs 触发器捕获数据包括发送一组命令，但涉及少数几个 sysfs 文件。具体实现步骤如下。

（1）创建触发器。在将触发器分配给任何设备之前，应该创建它：

```
# echo 0 > /sys/devices/iio_sysfs_trigger/add_trigger
```

这里，0 对应于需要分配给触发器的索引。此命令执行后，该触发器目录在 /sys/bus/iio/devices/下作为 trigger0 提供。

（2）将触发器分配给设备。触发器由其名称唯一标识，使用名称可以将设备与触发器绑定。由于这里使用 0 作为索引，因此触发器将命名为 sysfstrig0：

```
# echo sysfstrig0 >
/sys/bus/iio/devices/iio:device0/trigger/current_trigger
```

也可以使用这个命令：cat /sys/bus/iio/devices/trigger0/name > /sys/bus/iio/devices/iio:device0/trigger/current_trigger。如果写入的值与现有的触发器名称不符，则不会发生任何事情。为了确保定义了触发器，可以使用该命令查看：cat /sys/bus/iio/devices/iio:device0/trigger/current_trigger。

（3）启用一些扫描元素。此步骤包括选择哪些通道的数据值推入缓冲区。应该注意驱动程序中的 available_scan_masks：

```
# echo 1 >
/sys/bus/iio/devices/iio:device0/scan_elements/in_voltage4_en
# echo 1 >
/sys/bus/iio/devices/iio:device0/scan_elements/in_voltage5_en
# echo 1 >
/sys/bus/iio/devices/iio:device0/scan_elements/in_voltage6_en
# echo 1 >
/sys/bus/iio/devices/iio:device0/scan_elements/in_voltage7_en
```

（4）设置缓冲区大小。这里应该设置缓冲区可以保存的样本集的数量：

```
# echo 100 > /sys/bus/iio/devices/iio:device0/buffer/length
```

（5）启用缓冲区。此步骤将缓冲区标记为准备好接收推送的数据：

```
# echo 1 > /sys/bus/iio/devices/iio:device0/buffer/enable
```

要停止捕获，必须在同一个文件中写入 0。

（6）触发触发器。启动获取：

```
# echo 1 > /sys/bus/iio/devices/trigger0/trigger_now
```

（7）禁用缓冲区：

```
# echo 0 > /sys/bus/iio/devices/iio:device0/buffer/enable
```

（8）分离触发器：

```
#echo "" >
/sys/bus/iio/devices/iio:device0/trigger/current_trigger
```

（9）转存 IIO 字符设备的内容：

```
# cat /dev/iio\:device0 | xxd -
```

2. 使用 hrtimer 触发器捕获

下面这组命令允许使用 hrtimer 触发器捕获数据：

```
# echo /sys/kernel/config/iio/triggers/hrtimer/trigger0
# echo 50 > /sys/bus/iio/devices/trigger0/sampling_frequency
# echo 1 > /sys/bus/iio/devices/iio:device0/scan_elements/in_voltage4_en
# echo 1 > /sys/bus/iio/devices/iio:device0/scan_elements/in_voltage5_en
# echo 1 > /sys/bus/iio/devices/iio:device0/scan_elements/in_voltage6_en
# echo 1 > /sys/bus/iio/devices/iio:device0/scan_elements/in_voltage7_en
# echo 1 > /sys/bus/iio/devices/iio:device0/buffer/enable
# cat /dev/iio:device0 | xxd -
0000000: 0188 1a30 0000 0000 8312 68a8 c24f 5a14 ...0......h..OZ.
0000010: 0188 1a30 0000 0000 192d 98a9 c24f 5a14 ...0.....-...OZ.
[...]
```

下面来查看类型，以了解如何处理数据：

```
$ cat /sys/bus/iio/devices/iio:device0/scan_elements/in_voltage_type
be:s14/16>>2
```

电压处理：0x188 >> 2 = 98 * 250 = 24500 = 24.5 v。

10.4　IIO 工具

可以使用一些工具来简化和加速 IIO 设备应用程序的开发。这些可以使用的工具位于内核树内 tools/iio 下。

- lsiio.c：列举 IIO 触发器、设备和通道。
- iio_event_monitor.c：为 IIO 事件监视 IIO 设备的 ioctl 接口。
- generic_buffer.c：检索、处理和打印从 IIO 设备缓冲区接收的数据。

- `libiio`：由模拟设备开发的功能强大的 IIO 设备接口库。

10.5 总结

读完本章，读者现在应该熟悉 IIO 框架和相关词汇，知道什么是通道、设备和触发器。甚至可以从用户空间通过 sysfs 或字符设备使用 IIO 设备，并编写自己的 IIO 驱动程序。有很多可用的现有驱动程序不支持触发缓冲区，可以尝试向其添加这些功能。第 11 章将处理系统中最有用/最常用的资源：内存。

第 11 章
内核内存管理

Linux 系统中的每个内存地址都是虚拟的，它们不直接指向任何物理内存地址。每当访问内存位置时，可以执行转换机制以匹配相应的物理地址。

接下来用一个简短的故事介绍虚拟内存的概念。对于一家酒店，每个房间有一部电话，它们都有一个专用号码。当然，这些电话都属于这家酒店，每部电话均不能直接和酒店外联系。

如果需要联系酒店房间的客人，例如朋友，他必须告诉酒店的总机号码和所在的房间号码（一般房间号码和分机号码是相同的），一旦拨通总机号码，给出想要通话客人的房间号码，接线员就会转接到该房间的实际专用号码。只有接线员和房间客人知道专用号码的对应关系。

总机号码 + 房间号码 <=> 专用（实际）电话号码

如果该市（或者世界各地）的人想要联系房间中的客人，则必须通过热线。他必须知道酒店的正确热线号码和房间号码。这样，总机号码 + 房间号码 = 虚拟地址，而专用电话号码则对应物理地址。这些和酒店相关的规则同样适用于 Linux 系统。

从表 11-1 可以想象出 Linux 系统上虚拟地址的工作方式。

表 11-1   酒店电话号码与 Linux 系统内存映射对比

酒店	Linux
无法联系到没有房间专用电话的客人。没有任何途径可以做到。拨打的电话会被突然终止	无法访问地址空间中不存在的内存。否则，会产生一个段错误
无法联系不存在的客人、宾馆还不知道其入住手续的客人，或者总机无法查询到信息的客人	如果访问没有被映射的内存，则 CPU 会发出页面异常，操作系统负责处理它
无法联系到一个退房的客人	无法访问已释放的内存。可能已将它分配给了其他进程

酒店	Linux
许多酒店有同样的品牌，但位于不同的地理位置。它们有不同的热线号码。打错热线号码就会出错	不同的进程可能把相同的虚拟地址映射在其地址空间，但指向不同的物理地址
有一本手册（或者有数据库的软件）记录房间号码和专用电话号码间的对应关系，接线员需要时可以查询	页面表记录虚拟地址到物理地址的映射，这些页面表由操作系统内核来维护，供处理器查询

本章将全面介绍 Linux 内存管理系统，涉及以下主题。

- 内存布局，以及地址转换和 MMU（内存管理单元）。
- 内存分配机制（页分配器、Slab 分配器、kmalloc 分配器等）。
- I/O 内存访问。
- 内核内存到用户空间的映射，实现 `mmap()` 回调函数。
- 介绍 Linux 缓存系统。
- 介绍设备资源管理框架（Devres）。

11.1　系统内存布局——内核空间和用户空间

在本章，诸如内核空间和用户空间这样的术语指的都是虚拟地址空间。在 Linux 系统中，每个进程都有自己独立的虚拟地址空间。它是一种内存沙箱，存在于进程的生命周期中。在 32 位系统上，该地址空间大小是 4GB（即使系统的物理内存少于 4GB 也是这样）。针对每一个进程，4GB 的地址空间被分割成两个部分。

- 内核空间虚拟地址。
- 用户空间虚拟地址。

分割方式依赖于特殊的内核配置选项 `CONFIG_PAGE_OFFSET`，这个选项定义内核地址部分在进程地址空间的起始位置。

默认情况下，在 32 位系统上，公共值为 `0xC000000`，但可能会更改，因为恩智浦的 i.MX6 系列处理器使用 `0x80000000`。在本章中，我们将默认为 `0xC0000000`。这称为 3G/1G 拆分，这称作 3G/1G 分割，其中用户空间为较低的 3GB 虚拟地址空间，内核使用上部剩余的 1GB。典型的进程虚拟地址空间布局如图 11-1 所示。

图 11-1　典型的进程虚拟地址空间布局

内核空间和用户空间所使用的地址都是虚拟地址。不同的是，访问内核空间地址需要特权模式，特权模式有扩展权限。当 CPU 运行用户空间端代码时，活动进程被认为运行在用户模式下，当 CPU 运行内核空间端代码时，活动进程被认为运行在内核模式下。

给定一个地址（当然是虚拟地址），根据图 11-1，就可以区分出它是内核空间地址还是用户空间地址。0~3GB 内的每个地址都来自用户空间，其余地址则来自内核空间。

内核与每个进程共享其地址空间是有原因的：因为每个进程在给定的时刻都使用系统调用，这将涉及内核。将内核的虚拟内存地址映射到每个进程的虚拟地址空间能够避免每次进入（或者退出）内核时内存地址切换产生的开销。这就是内核地址空间被永久映射到每个进程顶部的原因——加快系统调用对内核的访问。

内存管理单元把内存组织为大小固定的单元——页面。一个页面包含 4096 字节（4KB），尽管在不同的系统上这个值有所变化，但是在 ARM 和 x86 上它是固定的。这是本书感兴趣的两种体系结构。

- 内存页、虚拟页等术语指长度固定的连续虚拟内存块。内核数据结构也使用相同的名称页面来表示内存页。
- 帧（或页面帧）指一段固定长度的连续物理内存块，操作系统在其上映射内存页。每个页面帧都有一个号码，叫作页面帧号（PFN）。给定一个页面，很容易得到其页面帧号，反之亦然。这可以用 page_to_pfn 和 pfn_to_page 宏实现。
- 页面表是内核和体系结构的数据结构，用来存储虚拟地址和物理地址之间的映射。键对页面/帧描述页面表中的一项，代表一个映射。

由于内存页面映射到页面帧，因此页面和页面帧具有相同大小，在本书例子中为 4 KB。页面大小在内核中用 PAGE_SIZE 宏定义。

 在某些情况下，需要内存与页面对齐。如果内存地址正好从页面的开头开始，则称内存与页面对齐。例如，在 4K 页面大小的系统上，4096、20480 和 409600 都是与页面对齐的内存地址的例子。换句话说，地址是系统页面大小整数倍的所有内存都称为与页面对齐。

11.1.1 内核地址——低端和高端内存概念

就像每个用户模式进程一样，Linux 内核具有其自己的虚拟地址空间。内核的虚拟地址空间（3G/1G 拆分中的 1 GB 大小）分为两部分，空间划分如图 11-2 所示。
- 低端内存或 LOWMEM：第一个 896 MB。
- 高端内存或 HIGHMEM：顶部的 128 MB。

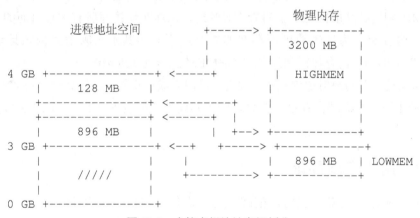

图 11-2　内核虚拟地址空间划分

1. 低端内存

内核地址空间的第一个 896 MB 空间构成低端内存区域。在启动早期，内核永久映射这 896 MB 的空间。该映射产生的地址称为逻辑地址。这些是虚拟地址，但是减去固定偏移量后就可以将其转换为物理地址，因为映射是永久的，并且事先已知。低端内存与物理地址的低端相匹配。可以将低端内存定义为内核空间中存在逻辑地址的内存。大多数内核内存函数返回低端内存。事实上，为了满足不同的用途，内核内存被划分为区域。实际上，LOWMEM 的第一个 16 MB 内存保留为 DMA 使用。由于硬件限制，内核无法将所有页面视为完全相同。内核空间中可以确定 3 种不同的内存区域。

- ZONE_DMA：包含的内存页面帧在 16 MB 之下，保留用于直接内存访问（DMA）。
- ZONE_NORMAL：包含的内存页面帧为 16 MB～896 MB，供常规用途。
- ZONE_HIGHMEM：包含的内存页面帧位于 896 MB 及其以上。

这就是说，在 512 MB 的系统上，将不会有 ZONE_HIGHMEM、16 MB 的 ZONE_DMA 以及 496 MB 的 ZONE_NORMAL。

逻辑地址的另一个定义：线性映射到物理地址上的内核空间中的地址，可以用偏移量或者应用位掩码将其转换为物理地址。使用 __pa（地址）宏可以将物理地址转换为逻辑地址，使用 __va（地址）宏可以做相反的操作。

2. 高端内存

内核地址空间顶部的 128 MB 称为高端内存区域。内核用它临时映射 1 GB 以上的物理内存。当需要访问 1 GB（或更确切地说为 896 MB）以上的物理内存时，内核会使用这 128 MB 创建到其虚拟地址空间的临时映射，从而实现访问所有物理页面的目标。可以把高端内存定义为逻辑地址不存在的内存，不会将其永久映射到内核地址空间。896 MB 以上的物理内存按需映射到 HIGHMEM 区域的 128 MB。

访问高端内存的映射由内核动态创建，访问完成后销毁。这使高内存访问速度变慢。64 位系统上不存在高端内存这一概念，因为其地址范围巨大（2^{64}），3G/1G 拆分没有任何意义。

11.1.2　用户空间寻址

本节将通过进程来处理用户空间。每个进程在内核中都表示为 struct task_struct 的实例（请参阅 include/linux/sched.h），它表征并描述进程。每个进程都被赋予一个内存映射表，存储在 struct mm_struct 类型的变量中（请参阅 include/linux/mm_types.h）。可以想象每个 task_struct 中至少嵌入一个 mm_struct 字段。下面是 struct task_struct 定义中的一部分：

```
struct task_struct{
    [...]
    struct mm_struct *mm, *active_mm;
    [...]
}
```

内核全局变量 current 指向当前进程，字段* mm 指向其内存映射表。根据定义，

current-> mm 指向当前进程内存映射表。

现在来看 struct mm_struct 的结构:

```
struct mm_struct {
        struct vm_area_struct *mmap;
        struct rb_root mm_rb;
        unsigned long mmap_base;
        unsigned long task_size;
        unsigned long highest_vm_end;
        pgd_t * pgd;
        atomic_t mm_users;
        atomic_t mm_count;
        atomic_long_t nr_ptes;
#if CONFIG_PGTABLE_LEVELS > 2
        atomic_long_t nr_pmds;
#endif
        int map_count;
        spinlock_t page_table_lock;
        struct rw_semaphore mmap_sem;
        unsigned long hiwater_rss;
        unsigned long hiwater_vm;
        unsigned long total_vm;
        unsigned long locked_vm;
        unsigned long pinned_vm;
        unsigned long data_vm;
        unsigned long exec_vm;
        unsigned long stack_vm;
        unsigned long def_flags;
        unsigned long start_code, end_code, start_data, end_data;
        unsigned long start_brk, brk, start_stack;
        unsigned long arg_start, arg_end, env_start, env_end;

        /* 特定于体系结构的 mm 上下文 */
        mm_context_t context;

        unsigned long flags;
        struct core_state *core_state;
#ifdef CONFIG_MEMCG
        /*
         *owner 指向一个被认为是此 mm 的规范用户/所有者的任务。要更改
         * 此 mm,必须满足以下所有条件:
         *
         * current == mm->owner
         * current->mm != mm
```

```
         * new_owner->mm == mm
         * new_owner->alloc_lock
         */
        struct task_struct __rcu *owner;
#endif
        struct user_namespace *user_ns;
        /* 将 ref 存储到 file /proc/<pid>/exe symlink points to */
        struct file __rcu *exe_file;
};
```

这里有意删除了一些字段。有些字段稍后会讨论：例如 PGD，它是一个指针，指向进程的基本（第一项）一级表（PGD），该表在上下文切换时写入 CPU 的转换表基地址中。无论如何，在进一步介绍之前，来查看一下进程地址空间的表示形式，如图 11-3 所示。

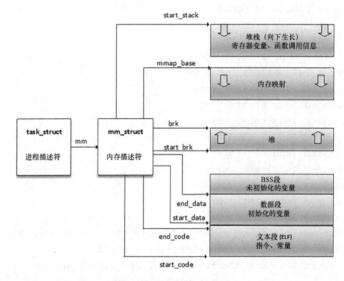

图 11-3　进程内存布局

从进程的角度来看，内存映射可以看作只是专用于连续虚拟地址范围的一些页面表项。该连续虚拟地址范围被称作内存区域，也就是虚拟内存区（VMA）。每个内存映射都由起始地址和长度、权限（如程序是否可以从该地址读取、写入或执行）和相关资源（例如物理页面、交换页面、文件内容等）来描述。

mm_struct 有两种方式来存储进程区域（VMA）。

（1）红黑树，mm_struct-> mm_rb 字段指向树的根元素。

（2）链接列表，mm_struct-> mmap 字段指向第一个元素。

11.1.3　虚拟内存区域

内核使用虚拟内存区域跟踪进程内存映射，例如，进程对于其代码有一个 VMA，对于每种类型的数据有一个 VMA；对于每个不同的内存映射（如果有的话）有一个 VMA，等等。VMA 是独立于处理器的结构，具有权限和访问控制标志。每个 VMA 都具有起始地址、长度，它们的大小总是页面大小（PAGE_SIZE）的整数倍。VMA 由多个页面组成，每个页面在页面表中都有一项。

由 VMA 描述的内存区域总是虚拟连续的，而不是物理上的。通过/proc/<pid>/maps 文件或使用进程 ID 上的 pmap 命令可以检查与进程关联的所有 VMA，如图 11-4 所示。

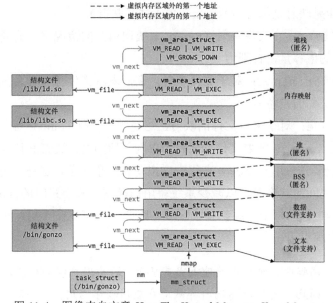

图 11-4　图像来自文章 *How The Kernel Manages Your Memory*

```
# cat /proc/1073/maps
00400000-00403000 r-xp 00000000 b3:04 6438 /usr/sbin/net-listener
00602000-00603000 rw-p 00002000 b3:04 6438 /usr/sbin/net-listener
00603000-00624000 rw-p 00000000 00:00 0 [heap]
7f0eebe4d000-7f0eebe54000 r-xp 00000000 b3:04 11717
/usr/lib/libffi.so.6.0.4
7f0eebe54000-7f0eec054000 ---p 00007000 b3:04 11717
/usr/lib/libffi.so.6.0.4
7f0eec054000-7f0eec055000 rw-p 00007000 b3:04 11717
```

```
/usr/lib/libffi.so.6.0.4
7f0eec055000-7f0eec069000 r-xp 00000000 b3:04 21629 /lib/libresolv-2.22.so
7f0eec069000-7f0eec268000 ---p 00014000 b3:04 21629 /lib/libresolv-2.22.so
[...]
7f0eee1e7000-7f0eee1e8000 rw-s 00000000 00:12 12532 /dev/shm/sem.thk-
mcp-231016-sema
[...]
```

前面摘录中的每行代表一个 VMA，各字段对应以下模式：{address (start-end)} {permissions} {offset} {device (major:minor)}{inode} {path name (image)}。

- address：表示 VMA 的起始和结束地址。
- permissions：描述区域的访问权——r（读）、w（写）和 x（执行），包括 p（如果映射是私有的）和 s（用于共享映射）。
- offset：在文件映射（mmap 系统调用）的情况下，它是映射发生位置在文件中的偏移量，否则为 0。
- major:minor：对于文件映射，它们表示文件存储设备的主号码和次号码（保存文件的设备）。
- inode：对于来自文件的映射，这是映射文件的 inode 编号。
- pathname：映射文件的名称，否则保留为空。还有其他区域名称，如[heap]、[stack]或[vdso]，它代表虚拟动态共享对象，这是由内核映射到每个进程地址空间的共享库，以减少系统调用切换到内核模式时的性能损失。

分配给进程的每个页面都属于区域，因此，任何不在 VMA 中的页面都不存在，也不能被该进程引用。

高端内存对于用户空间是完美的，因为用户空间的虚拟地址必须显式映射。因此，大多数高端内存被用户应用程序占用。__GFP_HIGHMEM 和 GFP_HIGHUSER 是请求（可能）分配高端内存的标志。没有这些标志，所有内核分配只返回低端内存。在 Linux 中无法从用户空间分配连续的物理内存。

可以使用 find_vma 函数查找与给定虚拟地址相对应的 VMA。find_vma 在 linux/mm.h 中声明：

```
/* 查找满足 addr < vm_end 的第一个 VMA，如果没有，则为空*/
extern struct vm_area_struct * find_vma(struct mm_struct * mm, unsigned
long addr);
```

下面是一个例子：

```
struct vm_area_struct *vma = find_vma(task->mm, 0x13000);
if (vma == NULL) /* 未找到 */
    return -EFAULT;
if (0x13000 >= vma->vm_end) /* 超过返回的 VMA */
    return -EFAULT;
```

整个进程的内存映射可以通过读取以下文件来获得：`/proc/<PID>/map`、`/proc/<PID>/smap` 和 `/proc/<PID>/pagemap`。

11.2　地址转换和 MMU

虚拟内存这一概念给进程带来错觉，使它认为内存大到几乎无限，有时甚至超过系统的实际内存。每次访问内存位置时，由 CPU 完成从虚拟地址到物理地址的转换。该机制称为地址转换，这由 CPU 中的内存器管理单元（MMU）来执行。

MMU 保护内存不受未经授权的访问。对于进程，需要访问的所有页面必须存在于该进程任一个 VMA 中，因此必须存在于该进程的页面表（每个进程都有自己的页面表）内。

对于虚拟内存，内存组织为固定大小的块，也就是页面，而物理内存则按帧组织，本书中帧的大小为 4 KB。无论如何，在编写驱动程序时不需要猜测系统的页面大小，内核中的 `PAGE_SIZE` 宏可以定义和访问它。因此，请记住，页面大小由硬件（CPU）决定。对于页面大小是 4 KB 的系统，第 0~4095 字节落在第 0 页，第 4096~8191 字节落在第 1 页，依此类推。

页面表概念的引入是为了管理页面和帧之间的映射。页面分布在表间，因此每个 PTE 对应于页面和帧之间的映射。然后给每个进程一组页面表来描述其整个内存空间。

为了遍历页面，每个页面都分配一个索引（像数组那样），称为页码。而对于帧，则是 PFN。这样，虚拟内存地址由两部分组成：页码和偏移量。偏移量表示地址的 12 个较低有效位，而在 8 KB 页面大小的系统上，则用 13 个较低有效位表示它，如图 11-5 所示。

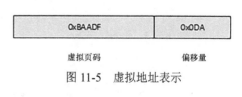

0xBAADF	0x0DA
虚拟页码	偏移量

图 11-5　虚拟地址表示

操作系统或 CPU 如何知道哪个物理地址对应于给定的虚拟地址？它们使用页面表作为转换表，知道每项的索引是虚拟页码，该值是 PFN。为了访问给定虚拟内存的物理内存，操作系统首先提取偏移量、虚拟页码，然后遍历进程的页面表，以匹配虚拟码与物理页面。一旦匹配，就可以访问该页面帧中的数据，如图 11-6 所示。

图 11-6　地址转换

偏移量用于指向帧中的正确位置。页面表不仅保存物理和虚拟页码之间的映射，还包含访问控制信息（读/写访问、权限等）。虚拟地址到物理地址的转换如图 11-7 所示。

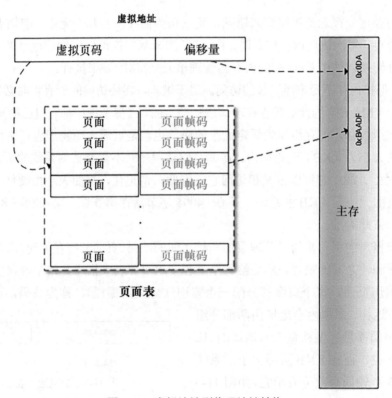

图 11-7　虚拟地址到物理地址转换

用于表示偏移量的位数由内核宏 `PAGE_SHIFT` 定义。`PAGE_SHIFT` 是为获取 `PAGE_SIZE` 值需要左移的位数。它也是将虚拟地址转换为页码，以及将物理地址转换为页帧码的右移位数。以下是内核源代码中 `/include/asm-generic/page.h` 对这些宏的定义：

```
#define PAGE_SHIFT        12
#ifdef __ASSEMBLY__
#define PAGE_SIZE         (1 << PAGE_SHIFT)
#else
#define PAGE_SIZE         (1UL << PAGE_SHIFT)
#endif
```

页面表是部分解决方案，因为大多数体系结构需要 32 位（4 字节）表示 PTE。每个进程有其专用的 3 GB 用户空间地址，需要 786,432 项才能描述和覆盖进程地址空间。这表示每个进程花费的物理内存太多，只是为了描述内存映射。事实上，进程通常使用其虚拟地址空间中分散的一小部分。为了解决这个问题，引入了分级的概念。页面表按级别（页面级别）对组织进行分层。存储多级页面表所需的空间仅取决于实际使用的虚拟地址空间，而不与虚拟地址空间的最大大小成比例。这样，未使用的内存不再表示，从而减少页面表遍历时间。这样，N 级中的每个表项将指向 $N+1$ 级表中的项。第 1 级是最高级。

Linux 使用四级分页模式。

- 页面全局目录（PGD）：它是第一级（1 级）页面表。每项的类型是内核中的 pgd_t（通常是 unsigned long），它指向第二级表中的项。在内核中，结构 tastk_struct 表示进程的描述，它有一个成员（mm），类型为 mm_struct，描述进程的内存空间。mm_struct 有一个处理器相关的字段 pgd，它是进程 1 级（PGD）页面表第一项（项 0）上的指针。每个进程有且只有一个 PGD，最多可包含 1,024 项。
- 页面上部目录（PUD）：仅用在四级表的体系结构中，它代表第二间接级。
- 页面中间目录（PMD）：这是第三间接级，仅用在四级表的体系结构中。
- 页面表（PTE）：树的叶子。它是 pte_t 数组，其中的每项都指向物理页面。

> 所有级别并不是总要用到。i.MX6 的 MMU 仅支持两级页面表（PGD 和 PTE），几乎所有的 32 位 CPU 都是这种情况，如图 11-8 所示。在这种情况下，PUD 和 PMD 将被忽略。

MMU 如何知道进程页面表？很简单，MMU 不存储任何地址。但 CPU 有一个特殊寄存器，称为页面表基址寄存器（PTBR）或转换表基址寄存器 0（TTBR0），它指向进程 1 级（顶级）页面表（PGD）的基址（第 0 项）。这正是 struct mm_struct 的字段 pdg 指向的地方：current-> mm.pgd == TTBR0。

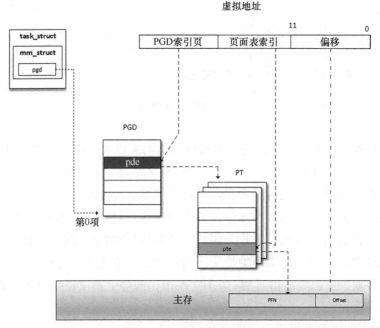

图 11-8　两级页面表概述

在上下文切换时（当调度新进程给 CPU 时），内核立即配置 MMU，用新进程的 pgd 更新 PTBR。现在，当向 MMU 提供虚拟地址时，它使用 PTBR 的内容来定位进程的 1 级页面表（PGD），然后使用从虚拟地址最高有效位（MSB）提取的 1 级索引查找相应的表项，其中包含指向相应 2 级页面表基地址的指针。然后，从该基地址开始，它使用 2 级索引来查找相应项，如此进行下去，直到达到 PTE。ARM 架构（本书例子中的 i.MX6）有 2 级页面表。在这种情况下，2 级项是 PTE，它指向物理页面（PFN）。在这一步只找到物理页面。要访问页面中确切的内存位置，MMU 提取内存偏移量（也是虚拟地址的一部分），指向物理页面中相同的偏移量。

进程需要读取或写入内存位置（当然这里所谈论的是虚拟内存）时，MMU 转换到该进程的页面表，以查找正确的项（PTE）。处理器提取虚拟页码（从虚拟地址），将其用作进程页面表的索引，以检索其页面表项。如果在该偏移处存在有效的页面表项，则处理器从该项获取页面帧编号。否则意味着该进程访问了未映射的虚拟内存区域，从而引发页面错误，操作系统将会处理它。

在现实世界中，地址转换需要遍历页面表，并不总是单步操作。内存访问次数至少与表级别一样多。四级页面表需要 4 次内存访问。换句话说，每次虚拟访问都会导致 5 次物理内存访问。如果虚拟内存的访问速度值是物理访问速度值的四分之一，那么虚拟内存概念就没用了。幸运的是，SoC 制造商努力寻找到了解决此性能问题的技巧：现代 CPU 使用一个称为转换后备缓冲器（TLB）的小型关联且速度非常快的存储器，以缓存最近访问的虚拟页面的 PTE。

页面查找和 TLB

MMU 执行地址转换之前，还涉及一个步骤。有缓存用于最近访问的数据，同样还有缓存用于最近转换的地址。正如数据缓存加速数据访问过程，TLB 加速了虚拟地址转换（地址转换是一项棘手的任务，它是内容寻址存储器，缩写为 CAM），其中键是虚拟地址，值是物理地址，换句话说，TLB 是 MMU 的缓存。在每次内存访问时，MMU 首先检查 TLB 中最近使用过的页面，其中包含物理页面当前分配到的一些虚拟地址范围。

工作方式

访问虚拟内存时，CPU 遍历 TLB，试图找到正在访问页面的虚拟页码。这一步称为 TLB 查找。当找到 TLB 项（出现匹配）时，就称作 TLB 命中，CPU 继续运行，使用 TLB 项中找到的 PFN 来计算目标物理地址。TLB 命中发生时没有页面错误。可以看出，只要在 TLB 中找到转换，虚拟内存访问就将与物理访问一样快。如果未找到 TLB 项（未出现匹配），则称作 TLB 未命中。

在 TLB 未命中事件出现时，根据处理器类型不同，有两种处理方法，TLB 未命中事件可由软件或硬件通过 MMU 处理。

- 软件处理：CPU 引发 TLB 未命中中断，它由操作系统捕获。然后操作系统遍历进程的页面表以查找正确的 PTE。如果找到匹配的有效项，则 CPU 将新转换载入 TLB；否则，执行页面错误处理程序。
- 硬件处理：由 CPU（实际上是 MMU）在硬件中遍历进程的页面表。如果存在匹配的有效项，则 CPU 将新的转换添加到 TLB。否则，CPU 引发页面错误中断，由操作系统处理。

这两种情况下的页面错误处理程序是相同的：执行 `do_page_fault()` 函数，它与体系结构相关。对于 ARM，在 `do_page_fault` 在 `arch/arm/mm/fault.c` 中定义，如图 11-9 所示。

页面表和页面目录项依赖于体系结构，操作系统负责确保该表结构可被 MMU 识别。在 ARM 处理器上，必须把转换表的位置写入 CP15（协处理器 15）的寄存器 c2，然后通过写入 CP15 寄存器 c1 来启用缓存和 MMU。

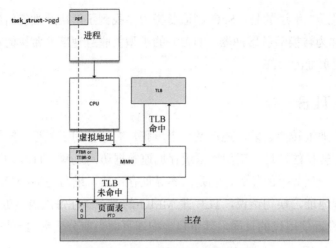

图 11-9　MMU 和 TLB 查找流程

11.3　内存分配机制

图 11-10 展示了基于 Linux 系统的不同内存分配器，稍后对此展开讨论。

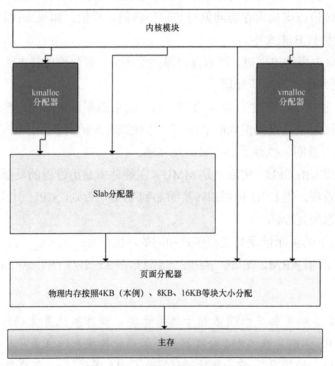

图 11-10　内核内存分配器总览

总有一种分配机制可满足各种类型的内存请求。根据所需的内存用途不同，可以选择与目标更接近的分配机制。主分配器是页面分配器，它只处理页面（页面是可传递的最小内存单元）。然后是建立在页面分配器之上的 Slab 分配器，它从页面分配器获取页面，返回更小的内存实体（通过 Slab 和缓存）。kmalloc 分配器依赖于 Slab 分配器。

11.3.1 页面分配器

页面分配器是 Linux 系统上的低级分配器，其他分配器依赖于它。系统的物理内存由固定大小的块（称为页面帧）组成。页面帧在内核中表示为 struct page 结构的实例。页面是操作系统为所有低级别内存请求所提供的最小内存单元。

1. 页面分配 API

内核页面分配器使用伙伴算法分配和释放页面块。页面按块分配，块的大小为 2 的幂（以便从伙伴算法获得最佳效果）。这意味着它可以分配给块 1 页、2 页、4 页、8 页、16 页等。

（1）alloc_pages(mask, order)：分配 2^{order} 个页面，返回 struct page 实例，它表示保留块的第一个页面。要只分配一个页面，order 应是 0。这就是 alloc_page(mask) 的功能：

```
struct page *alloc_pages(gfp_t mask, unsigned int order)
#define alloc_page(gfp_mask) alloc_pages(gfp_mask, 0)
```

__free_pages() 用于释放 alloc_pages() 函数分配的内存。它将指向分配的页面的指针作为参数，使用的 order 值与分配时相同。

```
void __free_pages(struct page *page, unsigned int order);
```

（2）有一些功能相同的其他函数，但它们不是返回 struct page 实例，而是返回保留块的地址（当然是虚拟的）。这些函数是 __get_free_pages(mask, order) 和 __get_free_ page(mask)：

```
unsigned long __get_free_pages(gfp_t mask, unsigned int order);
unsigned long get_zeroed_page(gfp_t mask);
```

free_pages() 用于释放 __get_free_pages() 分配的页面。它以内核地址和 order 做参数，前者代表已分配页面的开始区域，后者应与分配时使用的 order 参数值相同：

```
free_pages(unsigned long addr, unsigned int order);
```

在这两种情况下，mask 指出有关请求的详细信息，即内存区域和分配器的行为。可用选项如下。

- GFP_USER：用于用户内存分配。
- GFP_KERNEL：内核分配的常用标志。
- GFP_HIGHMEM：从 HIGH_MEM 区域请求内存。
- GFP_ATOMIC：以禁止睡眠的原子方式分配内存。当需要从中断上下文分配内存时使用。

使用 GFP_HIGHMEM 时有一个警告，它不应该与 __get_free_pages()（或 __get_free_page()）一起使用。由于 HIGHMEM 内存不能保证是连续的，因此无法返回从该区域分配的内存地址。在全局范围内，内存相关函数中只允许 GFP_ *的子集：

```
unsigned long __get_free_pages(gfp_t gfp_mask, unsigned int order)
{
    struct page *page;

    /*
     * __get_free_pages()返回不能表示 HIGHMEM 页面的 32 位地址
     */
    VM_BUG_ON((gfp_mask & __GFP_HIGHMEM) != 0);

    page = alloc_pages(gfp_mask, order);
    if (!page)
        return 0;
    return (unsigned long) page_address(page);
}
```

 可以分配的最大页面数为 1024。这意味着在 4 KB 大小的系统上，最多可以分配 1024 * 4 KB = 4 MB。kmalloc 也是这样。

2. 转换函数

page_to_virt()函数用于将 struct page（例如 alloc_pages()的返回值）转换为内核地址。virt_to_page()采用内核虚拟地址做参数，返回其相关的 struct page 实例（就好像它是使用 alloc_pages()函数分配的）。virt_to_page() 和 page_to_virt()都在<asm/page.h>中定义：

```
struct page *virt_to_page(void *kaddr);
void *page_to_virt(struct page *pg)
```

宏 page_address() 可用于返回与 struct page 实例的开始地址（当然的逻辑地址）对应的虚拟地址：

```
void *page_address(const struct page *page)
```

可以看到它在 get_zeroed_page() 函数中的用法：

```
unsigned long get_zeroed_page(unsigned int gfp_mask)
{
    struct page * page;

    page = alloc_pages(gfp_mask, 0);
    if (page) {
        void *address = page_address(page);
        clear_page(address);
        return (unsigned long) address;
    }
    return 0;
}
```

__free_pages() 和 free_pages() 可以混合使用。它们之间的主要区别是 free_page() 将虚拟地址作为参数，而 __free_page() 则采用 struct page 结构。

11.3.2　Slab 分配器

Slab 分配器是 kmalloc() 所依赖的分配器。其主要目的是消除小内存分配情况下由伙伴系统引起的内存分配/释放造成的碎片，加快常用对象的内存分配。

1. 伙伴算法

分配内存时，所请求的是大小被四舍五入为 2 的幂，伙伴分配器搜索相应的列表。如果请求列表中无项存在，则把下一个上部列表（其块大小为前一列表的两倍）的项拆分成两部分（称为伙伴）。分配器使用前半部分，而另一部分则向下添加到下一个列表中。这是一种递归方法，当伙伴分配器成功找到可以拆分的块或达到最大块大小并且没有可用的空闲块时，该递归方法停止。

如果最小分配大小为 1 KB，内存大小为 1 MB，则伙伴分配器将为 1 KB 空洞创建空链表，为 2 KB 空洞创建空链表，为 4 KB 空洞创建空链表，8 KB、16 KB、32 KB、64 KB、128 KB、256 KB、512 KB 和 1 MB 空洞链表。所有这些最初都是空的，除 1 MB 链表之外，它只有一个空洞。

现在想象一个场景，需要分配 70 KB 的块。伙伴分配器会把它舍入到 128 KB，将

1 MB 分成两个 512 KB 块，然后是 256 KB，最后是 128 KB，它将为用户分配一个 128 KB 块。该场景分配方案总结如图 11-11 所示。

释放与分配一样快，释放算法如图 11-12 所示。

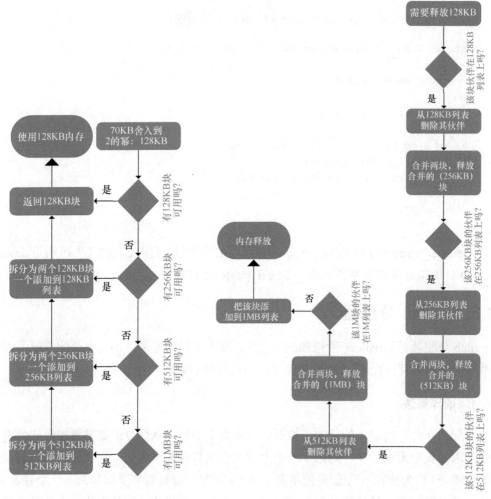

图 11-11　使用伙伴算法的内存分配　　　图 11-12　伙伴算法的内存释放

2. Slab 分配器概述

在介绍 Slab 分配器之前，先定义它使用的一些术语。

- Slab：这是由数个页面帧组成的一块连续的物理内存。每个 Slab 分成大小相同的块，用于存储特定类型的内核对象，例如 inode、互斥锁等。每个 Slab 是对象数组。
- 缓存：由一个或多个 Slab 构成的链表，它们在内核中表示为 struct kmem_

`cache_t` 结构的实例。该缓存仅存储相同类型的对象（例如，仅 inode 或仅地址空间结构）。

Slab 可处于以下状态之一。

- 空：Slab 上的所有对象（块）被标记为空闲。
- 部分空：Slab 中存在已用和空闲两种对象。
- 满：Slab 中的所有对象都被标记为已使用。

由内存分配器来构建缓存。最初，每个 Slab 都被标记为空。当代码为内核对象分配内存时，系统针对该对象类型在缓存内部分空/空 Slab 上为该对象查找空闲位置。如果未找到，系统会分配新的 Slab，并将其添加到缓存。新对象从该 Slab 中分配，并将该 Slab 标记为部分空。代码用过该内存（释放内存）后，该对象将以初始化后的状态返回到 Slab 缓存。

这就是内核也提供辅助函数来获得零初始化内存的原因——丢弃以前的内容。Slab 保留一个引用计数，说明它有多少对象被使用，这样当缓存中的所有 Slab 块已满，又请求另一个对象时，Slab 分配器负责添加新的 Slab，如图 11-13 所示。

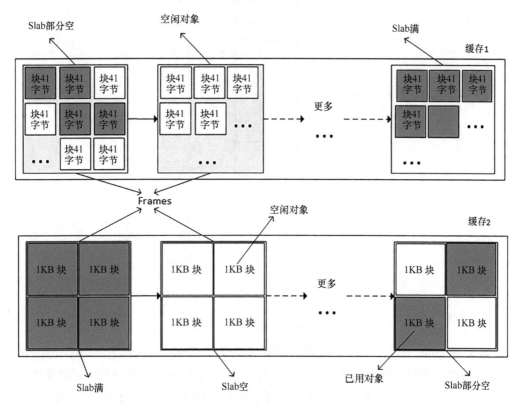

图 11-13　Slab 缓存总览

这有点像创建每个对象的分配器。系统为每种类型的对象分配一个缓存，只有相同类型的对象才能存储在一个缓存中（如只有 `task_struct` 结构）。

内核有不同种类的 Slab 分配器，具体取决于是否需要紧凑、缓存友好或原始速度。

- SLOB：尽可能紧凑。
- SLAB：尽可能缓存友好。
- SLUB：很简单，需要较少的指令成本。

11.3.3　kmalloc 分配系列

kmalloc 是内核内存分配函数，就像用户空间中的 `malloc()` 一样。kmalloc 返回的内存在物理内存和虚拟内存中是连续的，如图 11-14 所示。

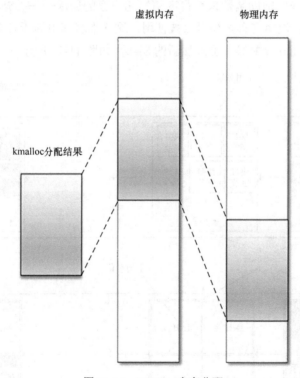

图 11-14　kmalloc 内存分配

kmalloc 分配器是内核中更高级别的通用内存分配器，它依赖于 SLAB 分配器。kmalloc 返回的内存具有内核逻辑地址，因为它是从 `LOW_MEM` 区域分配的，除非指定了 `HIGH_MEM`。它在 `<linux/slab.h>` 中声明，驱动程序中使用 kmalloc 时要包含这个头文件。其原型如下：

```
void *kmalloc(size_t size, int flags);
```

size 指定要分配的内存大小（以字节为单位）。flag 确定内存分配的方式和位置。可用标志与页面分配器相同（GFP_KERNEL、GFP_ATOMIC、GFP_DMA 等）。

- GFP_KERNEL：这是标准标志。不能在中断处理程序中使用此标志，因为它的代码可能会睡眠。它总是从 LOM_MEM 区域返回内存（因此是逻辑地址）。
- GFP_ATOMIC：保证了分配的原子性。在中断上下文中只能使用该标志。请不要滥用该标志，因为它使用内存应急池。
- GFP_USER：给用户空间进程分配内存。内存是独立的，与分配给内核的内存不同。
- GFP_HIGHUSER：从 HIGH_MEMORY 区域分配内存。
- GFP_DMA：从 DMA_ZONE 分配内存。

在成功分配内存后，kmalloc 返回所分配块的虚拟地址，保证它在物理上是连续的。出错时，它返回 NULL。

kmalloc 在分配小尺寸内存时依赖于 SLAB 缓存。在这种情况下，内核会将分配的区域大小舍入到适合的最小 SLAB 缓存大小。请始终将其用作默认的内存分配器。在本书所使用的体系结构（ARM 和 x86）中，每次分配的最大尺寸为 4 MB，总的分配大小为 128 MB。

kfree 函数用于释放由 kmalloc 分配的内存。kfree() 的原型如下：

```
void kfree(const void *ptr)
```

来看一个例子：

```
#include <linux/init.h>
#include <linux/module.h>
#include <linux/slab.h>
#include <linux/mm.h>

MODULE_LICENSE("GPL");
MODULE_AUTHOR("John Madieu");

void *ptr;

static int
alloc_init(void)
{
    size_t size = 1024; /* 分配 1024 字节 */
    ptr = kmalloc(size,GFP_KERNEL);
    if(!ptr) {
```

```
        /* 处理错误 */
        pr_err("memory allocation failed\n");
        return -ENOMEM;
    }
    else
        pr_info("Memory allocated successfully\n");
    return 0;
}

static void alloc_exit(void)
{
    kfree(ptr);
    pr_info("Memory freed\n");
}

module_init(alloc_init);
module_exit(alloc_exit);
```

该系列其他函数如下：

```
void kzalloc(size_t size, gfp_t flags);
void kzfree(const void *p);
void *kcalloc(size_t n, size_t size, gfp_t flags);
void *krealloc(const void *p, size_t new_size, gfp_t flags);
```

krealloc() 是与用户空间 realloc() 函数相当的内核函数。由于 kmalloc() 返回的内存保留了其以前的内容，因此如果将它提供给用户空间，则可能会有安全风险。要将 kmalloc 分配的内存初始化为零，应该使用 kzalloc。kzfree() 是 kzalloc() 的释放函数，而 kcalloc() 为数组分配内存，其参数 n 和 size 分别表示数组中的元素数和元素的大小。

由于 kmalloc() 在内核永久映射中返回内存区域(这意味着物理上是连续的)，因此可以使用 virt_to_phys() 将内存地址转换为物理地址，或者使用 virt_to_bus() 将其转换为 IO 总线地址。如有必要，这些宏在内部调用 __pa() 或 __va()。物理地址(virt_to_phys(kmalloc 分配的地址))经 PAGE_SHIFT 下移后将产生分配块的第一页的 PFN。

11.3.4　vmalloc 分配器

vmalloc() 是将在本书中讨论的最后一个内核分配器。它仅返回虚拟空间上连续的内存（不是物理上连续），如图 11-15 所示。

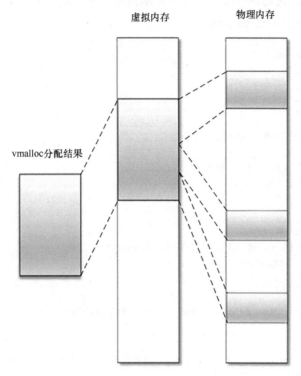

图 11-15　vmalloc 内存分配

　　返回的内存始终来自 HIGH_MEM 区域。返回的地址不能转换为物理地址或总线地址，因为不能保证该内存物理上是连续的。这意味着由 vmalloc() 返回的内存不能在微处理器之外使用（不能轻易将其用于 DMA）。正确的做法是用 vmalloc() 为只在软件内存在的大型（使用它分配一个页面是没有意义的）顺序块（如网络缓冲区）分配内存。请务必注意，vmalloc() 比 kmalloc() 或页面分配器函数慢，因为它必须检索内存、构建页面表，甚至重新映射到虚拟连续的范围，而 kmalloc() 从不这样做。
　　在使用 vmalloc API 之前，应该在代码中包含下面头文件：

```
#include <linux/vmalloc.h>
```

以下是 vmalloc 系列函数原型：

```
void *vmalloc(unsigned long size);
void *vzalloc(unsigned long size);
void vfree( void *addr);
```

size 是需要分配的内存大小。成功分配内存后，它返回分配的内存块的第一个字节的地址。失败时，它返回 NULL。vfree 函数用于释放由 vmalloc() 分配的内存。

以下是使用 vmalloc 的示例：

```
#include<linux/init.h>
#include<linux/module.h>
#include <linux/vmalloc.h>

void *ptr;
static int alloc_init(void)
{
    unsigned long size = 8192;
    ptr = vmalloc(size);
    if(!ptr)
    {
        /* 处理错误 */
        printk("memory allocation failed\n");
        return -ENOMEM;
    }
    else
        pr_info("Memory allocated successfully\n");
    return 0;
}
static void my_vmalloc_exit(void)  /* 函数在 rmmod 时调用*/
{
    Vfree(ptr);  // 释放分配的内存
    printk("Memory freed\n");
}
module_init(my_vmalloc_init);
module_exit(my_vmalloc_exit);

MODULE_LICENSE("GPL");
MODULE_AUTHOR("john Madieu, john.madieu@gmail.com");
```

可以使用/proc/vmallocinfo 显示系统上 vmalloc 分配的所有内存。VMALLOC_START 和 VMALLOC_END 这两个符号分隔 vmalloc 地址范围，它们依赖于体系结构，在<asm/pgtable.h>中定义。

11.3.5　后台的进程内存分配

下面集中介绍较低级别的分配器，它分配内存页面。在真正需要（通过读取或写入实际访问它们）时，内核才报告帧页（物理页）的分配，这种按需分配称为延迟分配，避免出现分配的页面永不会使用。

每当请求页面时，只更新页面表，大多数情况下会创建新项，这意味着只分配虚拟内存。只有当访问该页面时，才会引发页面故障中断。该中断有专门的处理程序，称为页面故障处理程序，MMU 调用它来响应对虚拟内存的访问，该访问不会立即成功。

实际上，无论对页面的访问类型（读取、写入、执行）是什么，只要页面表中该页面项相应的权限位未设置为允许该类型的访问，都会引发页面故障中断。该中断的响应有以下三种方式之一。

- 硬故障：页面不存在（既不在物理内存中，也不在内存映射文件中），这意味着处理程序不能立即解决故障。处理程序将执行 I/O 操作，解决该故障所需的物理页面，并可能在系统着手解决这一问题时挂起中断的进程，而切换到另一个进程。
- 软故障：页面位于内存中的其他地方（在另一个进程的工作集中）。这意味着故障处理程序可能这样解决该故障：立即将物理内存页面附加到相应的页面表项，调整该项，恢复中断的指令。
- 故障无法解决：这将导致总线错误或 segv。把 SIGSEGV 发送到有故障的进程，并将其杀死（默认行为），除非为 SIGSEV 安装了信号处理程序更改其默认行为。

内存映射开始时通常未附加物理页，所定义的虚拟地址范围没有任何相关的物理内存。之后在访问内存产生页面故障异常时才实际分配物理内存，因为内核提供一些标志来确定尝试访问是否合法，并指定页面故障处理程序的行为。因此，用户空间 brk()、mmap() 和类似的函数分配（虚拟）空间，但以后才附加物理内存。

中断上下文中发生的页面故障会导致双重故障中断，这通常会导致内核混乱（调用 panic() 函数）。这就是在中断上下文中从内存池分配内存的原因，这不会引发页面故障中断。如果在处理双重故障时发生中断，则会生成三重故障异常，导致 CPU 关闭，操作系统立即重启。这种行为实际上是与 CoW 相关的。

写时复制（CoW）

CoW（大量地与 fork() 一起使用）是内核功能，它不会为两个或多个进程共享的数据多次分配内存，直到进程写入它；在这种情况下，内存被分配给它的副本。下面说明页面故障处理程序如何管理 CoW（单页案例研究）。

- PTE 被添加到进程页面表中，并被标记为不可写入。
- 该映射导致在进程 VMA 列表中创建 VMA。页面被添加到该 VMA，并将该 VMA 标记为可写入。

● 在页面访问（第一次写入）时，故障处理程序注意到差异，这意味着：这是写入时复制。然后将分配物理页面，该页面被指定给上面添加的 PTE，更新 PTE 标志，刷新 TLB 项，执行 do_wp_page() 函数，该函数可以将共享地址中的内容复制到新位置。

11.4　使用 I/O 内存访问硬件

除执行面向内存的数据操作外，还可以执行 I/O 内存事务与硬件进行通信。访问设备寄存器时，内核根据系统架构的不同提供两种可能的操作。

● 通过 I/O 端口：这也称为端口输入输出（PIO）。寄存器可通过专用总线访问，访问这些寄存器需要特殊指令（通常在汇编程序中使用 in 或者 out）。x86 架构就是这种情况。

● 内存映射输入输出（MMIO）：这是最常见的方法。设备的寄存器映射到内存。只需读取和写入特定地址即可写入设备的寄存器。ARM 体系结构是这种情况。

11.4.1　PIO 设备访问

在使用 PIO 的系统上，有两个不同的地址空间：一个用于内存，已经讨论过；另一个用于 I/O 端口，称为端口地址空间，只有有限的 65,536 个端口。这种方式现在非常罕见。

内核导出一些函数（符号）来处理 I/O 端口。在访问任何端口区域之前，必须先用 request_region() 函数把要使用端口范围通知内核，该函数出错时将返回 NULL。一旦用过该端口区域，必须调用 release_region()。这两个函数都在 linux/ioport.h 中声明。它们的原型如下：

```
struct resource *request_region(unsigned long start,
                                unsigned long len, char *name);
void release_region(unsigned long start, unsigned long len);
```

这些函数会把有意使用/释放的端口区域通知内核，该区域从 start 开始，长度为 len。name 参数设置为设备的名称。这些函数的使用不是必需的，这是一种礼貌，可以防止两个或更多驱动程序引用相同的端口范围。读取/proc/ioports 文件的内容可以显示系统上实际使用的端口信息。

一旦完成区域预留，就可以使用以下函数访问端口：

```
u8 inb(unsigned long addr)
```

```
u16 inw(unsigned long addr)
u32 inl(unsigned long addr)
```

它们分别访问（读取）8 位、16 位或 32 位大小（宽）端口，而列函数：

```
void outb(u8 b, unsigned long addr)
void outw(u16 b, unsigned long addr)
void outl(u32 b, unsigned long addr)
```

把 8 位、16 位或 32 位大小的 b 数据写入 addr 端口。

　　与 MMIO 相比，PIO 使用不同的指令集访问 I/O 端口是一个缺点，因为 PIO 需要比普通内存访问更多的指令才能完成相同的任务。例如，1 位测试在 MMIO 中只有一条指令，而 PIO 要求在测试位之前将数据读取到寄存器中，这是多条指令。

11.4.2　MMIO 设备访问

　　内存映射 I/O 与内存驻留的地址空间相同。内核使用通常由 RAM（实际上是 HIGH_MEM）使用的部分地址空间来映射设备寄存器，所以在该地址上不是实际内存（RAM），而是 I/O 设备。因此，与 I/O 设备通信变得像读取和写入内存地址一样，该地址专用于 I/O 设备。

　　和 PIO 一样，MMIO 也有类似的函数把有意使用的内存区域通知内核。请记住，它只是纯粹的保留。这些函数是 request_mem_region() 和 release_mem_region()：

```
struct resource* request_mem_region(unsigned long start,
                                    unsigned long len, char *name)
void release_mem_region(unsigned long start, unsigned long len)
```

这也是一种语言礼貌原则。

　　读取 /proc/iomem 文件的内容可以显示系统上正在使用的内存区域。

　　在访问内存区域之前（以及在成功请求它之后），必须调用与体系结构相关的特殊函数（它们使用 MMU 构建页面表，并且不能从中断处理程序中调用）把该区域映射到内核地址空间。这些函数是 ioremap() 和 iounmap()，它们也处理缓存一致性：

```
void __iomem *ioremap(unsigned long phys_add, unsigned long size)
void iounmap(void __iomem *addr)
```

　　ioremap() 返回的 __iomem void 指针指向映射区域的开始。不要试图参照（通过读/写指针来获取/设置其值）这些指针。内核提供以下函数来访问 ioremap 映射的内存：

```
unsigned int ioread8(void __iomem *addr);
unsigned int ioread16(void __iomem *addr);
unsigned int ioread32(void __iomem *addr);
void iowrite8(u8 value, void __iomem *addr);
void iowrite16(u16 value, void __iomem *addr);
void iowrite32(u32 value, void __iomem *addr);
```

 ioremap 构建新的页面表，就像 vmalloc 一样。但是，它并不实际分配任何内存，而是返回特殊的虚拟地址，用于访问指定的物理地址范围。

在 32 位系统上，MMIO 窃取物理内存地址空间为内存映射 I/O 设备创建映射是有缺点的，因为它禁止系统把被窃取的内存作为通用 RAM 使用。

__iomem cookie

__iomem 是 Sparse 使用的内核 cookie，内核使用该语义检查器查找可能的编码错误。要利用 Sparse 提供的功能，应该在内核编译时启用它；如果没有启用，将忽略 __iomem cookie。

命令行中的 C = 1 将启用 Sparse，但应先在系统上安装 Sparse：

sudo apt-get install sparse

例如，在构建模块时，请使用：

make -C $KPATH M=$PWD C=1 modules

或者，如果写好了 makefile，只需输入：

make C=1

以下内容显示内核中 __iomem 的定义：

```
#define __iomem     __attribute__((noderef, address_space(2)))
```

它可以防止错误的驱动程序执行 I/O 内存访问。为所有 I/O 访问添加 __iomem 也是一种更严格的方法。由于即使通过虚拟内存（在具有 MMU 的系统上）完成 I/O 访问，此 cookie 也会阻止使用绝对物理地址，因此它要求使用 ioremap()，返回用 __iomem cookie 标记的虚拟地址：

```
void __iomem *ioremap(phys_addr_t offset, unsigned long size);
```

可以使用专用函数，比如 ioread23() 和 iowrite32()。为什么不使用 readl()/writel() 函数？这些已被弃用，因为它们不做合理的检查，其安全性比 ioreadX()/iowriteX() 系列函数低，前者不需要__iomem，而后者只接受__iomem 地址。

此外，Sparse 使用 noderef 属性确保程序员引用__iomem 指针。虽然在某些体系结构上可以这样做，但不鼓励这样做。请改用专门的 ioreadX()/iowriteX() 函数。它是可移植的，适用于每种体系结构。现在来看在不引用__iomem 指针时 Sparse 如何发出警告：

```
#define BASE_ADDR 0x20E01F8
void * _addrTX = ioremap(BASE_ADDR, 8);
```

首先，Sparse 不接受错误的类型初始值：

warning: incorrect type in initializer (different address spaces)
expected void *_addrTX
got void [noderef] <asn:2>*

或者：

```
u32 __iomem* _addrTX = ioremap(BASE_ADDR, 8);
*_addrTX = 0xAABBCCDD; /* 不鼓励，没有弃用 */
pr_info("%x\n", *_addrTX); /* 不鼓励，没有弃用 */
```

Sparse 仍然不接受：

Warning: dereference of noderef expression

Sparse 接受：

```
void __iomem* _addrTX = ioremap(BASE_ADDR, 8);
iowrite32(0xAABBCCDD, _addrTX);
pr_info("%x\n", ioread32(_addrTX));
```

必须记住以下两条规则。

- 无论是作为返回类型还是参数类型，需要时请始终使用__iomem，使用 Sparse 可以确保这样做。
- 不要取消引用__iomem 指针，而用专用函数。

11.5　内存（重）映射

内核内存有时需要重新映射，无论是从内核到用户空间还是从内核到内核空间。常见情况是将内核内存重新映射到用户空间，但还有其他一些情况，例如需要访问高内存的情况。

11.5.1　kmap

Linux 内核将其 896 MB 地址空间永久映射到物理内存较低的 896 MB（低端内存）。在 4 GB 系统上，内核仅剩 128 MB 用于映射剩余的 3.2 GB 物理内存（高端内存）。由于低端内存采用永久一对一映射，因此内核可以直接寻址。而对于高端内存（高于 896 MB 的内存），内核必须将所请求的高端内存区域映射到其地址空间，前面提到的 128 MB 就是专门为此保留。用于执行此操作的函数是 kmap()。kmap()用于将指定的页面映射到内核地址空间。

```
void *kmap(struct page *page);
```

page 指针指向要映射的 struct page 结构。当分配高端内存页时，它不能直接寻址。必须调用 kmap()函数将高端内存暂时映射到内核地址空间。该映射将持续到调用 kunmap()为止：

```
void kunmap(struct page *page);
```

所谓暂时，指的是映射应该在不需要时立即撤销。请记住，128 MB 不足以映射 3.2 GB。最好的编程习惯是在不需要时取消高端内存映射。这就是必须在每次访问高端内存页面时输入 kmap() - kunmap()序列的原因。

该函数适用于高端内存和低端内存。也就是说，如果页面结构驻留在低端内存中，那么返回的是页面的虚拟地址（因为低端内存页面已经有永久映射）。如果页面属于高端内存，则在内核页面表中创建永久映射，并返回地址：

```
void *kmap(struct page *page)
{
    BUG_ON(in_interrupt());
    if (!PageHighMem(page))
        return page_address(page);

    return kmap_high(page);
}
```

11.5.2　映射内核内存到用户空间

映射物理地址是其中一个有用的功能，特别是在嵌入式系统中。有时可能想要与用户空间共享部分内核内存。如前所述，CPU 在用户空间运行时以非特权模式运行。要让进程访问内核内存区域，需要将该区域重新映射到进程地址空间。

1.　使用 remap_pfn_range

remap_pfn_range() 将物理内存（通过内核逻辑地址）映射到用户空间进程。它对于实现 mmap() 系统调用特别有用。

在文件（不管是否是设备文件）上调用 mmap() 系统调用后，CPU 将切换到特权模式，运行相应的 file_operations.mmap() 内核函数，它反过来调用 remap_pfn_range()。这将产生映射区域的内核 PTE，并将其赋给进程，当然还有不同的保护标志。进程的 VMA 列表更新为新的 VMA 项（以及适当的属性），这将使用 PTE 访问相同的内存。

这样，内核不是通过复制来浪费内存，而只是复制 PTE。但是，内核和用户空间 PTE 具有不同的属性。remap_pfn_range() 原型如下：

```
int remap_pfn_range(struct vm_area_struct *vma, unsigned long addr,
            unsigned long pfn, unsigned long size, pgprot_t flags);
```

调用成功返回 0，失败时返回负的错误代码。调用 mmap() 方法时，会提供 remap_pfn_range() 的大部分参数。

- vma：这是在 file_operations.mmap() 调用时内核提供的虚拟内存区域。它对应于用户进程 vma，应在该进程内完成映射。
- addr：VMA 开始位置的用户虚拟地址（vma-> vm_start），这将导致映射的虚拟地址范围位于 addr～addr + size。
- pfn：表示所映射内核内存区域的页面帧码。它对应于通过 PAGE_SHIFT 位右移得到的物理地址。产生 PFN 时应考虑 vma 偏移量（对象内的偏移量，映射必须从此处开始）。由于 VMA 结构的 vm_pgoff 字段在页码中包含偏移值，因此需要（使用 PAGE_SHIFT 左移）以字节形式精确提取偏移量：offset = vma-> vm_pgoff << PAGE_SHIFT。最后，pfn = virt_to_phys(buffer + offset) >> PAGE_SHIFT。
- size：重新映射区域的维度，以字节为单位。
- prot：代表新 VMA 所要求的保护。驱动程序可以修改默认值，但应该使用 OR

运算符将 vma-> vm_page_prot 中的值作基础，因为它的某些位已经由用户空间设置，其中一些标志如下。

➢ VM_IO：指定设备内存映射 I/O。

➢ VM_DONTCOPY：告诉内核不要在分叉上复制该 vma。

➢ VM_DONTEXPAND：防止 vma 通过 mremap(2) 扩展。

➢ VM_DONTDUMP：禁止在核心转储内包含 vma。

 如果与 I/O 内存一起使用这个值（vma-> vm_page_prot = pgprot_noncached(vma-> vm_page_prot);），则可能需要修改此值才能禁用缓存。

2. 使用 io_remap_pfn_range

前面讨论过的 remap_pfn_range() 函数不适用于将 I/O 内存映射到用户空间。在这种情况下，相应的函数是 io_remap_pfn_range()，它们的参数相同。唯一改变的是 PFN 的来源。其原型如下：

```
int io_remap_page_range(struct vm_area_struct *vma,
                        unsigned long virt_addr,
                        unsigned long phys_addr,
                        unsigned long size, pgprot_t prot);
```

当试图将 I/O 内存映射到用户空间时，不需要使用 ioremap()。ioremap() 用于内核映射（将 I/O 内存映射到内核地址空间），就像 io_remap_pfn_range 用于用户空间一样。

只需将真实的物理 I/O 地址（通过 PAGE_SHIFT 向下移位生成 PFN）直接传递给 io_remap_pfn_range()。即使有一些体系结构将 io_remap_pfn_range() 定义为 remap_pfn_range()，但在其他体系结构中并非如此。考虑到移植能力，只有在 PFN 参数指向 RAM 的情况下，才使用 remap_pfn_range()，在 phys_addr 指向 I/O 内存的情况下，才使用 io_remap_pfn_range()。

3. mmap 文件操作

内核 mmap 函数是 struct file_operations 结构的一部分，当用户执行系统调用 mmap(2)，把物理内存映射到用户虚拟地址时才执行它。内核通过通常的指针取消引用将对内存映射区域的所有访问转换为文件操作。甚至可以将设备物理内存直接映射到用户空间（请参阅 /dev/mem）。本质上写入内存就像写入文件一样，这只是调用

write()更方便的方法。

　　通常，出于安全考虑，用户空间进程不能直接访问设备内存。因此，用户空间进程使用 mmap()系统调用请求内核将设备映射到调用进程的虚拟地址空间。在映射之后，用户空间进程可以通过返回的地址直接写入设备内存。

　　mmap 系统调用声明如下：

```
mmap (void *addr, size_t len, int prot,
       int flags, int fd, ff_t offset);
```

　　驱动程序应该定义 mmap 文件操作（file_operations.mmap）以支持 mmap(2)。在内核端，驱动程序文件操作结构（struct file_operations 结构）中的 mmap 字段具有以下原型：

```
int (*mmap) (struct file *filp, struct vm_area_struct *vma);
```

- filp：该指针指向为驱动程序打开的设备文件，它是通过参数 fd 转换而来的。
- vma：是内核分配和指定的参数。这个指针指向用户进程的 vma，在其中进行映射。为了理解内核如何创建新的 vma，请回忆一下 mmap(2) 系统调用的原型：

```
void *mmap(void *addr, size_t length, int prot, int flags, int fd, off_t offset);
```

这个函数的参数以某种方式影响 vma 的一些字段。

- addr：映射开始处的用户空间虚拟地址，它对 vma> vm_start 有影响。如果指定 NULL（最便携的方式），则自动确定正确的地址。
- length：指定映射的长度，间接影响 vma-> vm_end。请记住，vma 的大小总是 PAGE_SIZE 的整数倍。换句话说，PAGE_SIZE 是 vma 的最小尺寸。内核总会改变 vma 的大小，使它是 PAGE_SIZE 的整数倍。

```
If length <= PAGE_SIZE
   vma->vm_end - vma->vm_start == PAGE_SIZE.
If PAGE_SIZE < length <= (N * PAGE_SIZE)
          vma->vm_end - vma->vm_start == (N * PAGE_SIZE)
```

- prot：这会影响 VMA 的权限，驱动程序可以在 vma-> vm_pro 中找到该权限。如前所述，驱动程序可以更新这些值，但不能修改。
- flags：决定映射类型，驱动程序可以在 vma-> vm_flags 中查找它们。映射可以是私有的，也可以是共享的。
- offset：指定映射区域内的偏移量，从而修改 vma-> vm_pgoff 的值。

由于用户空间代码无法访问内核内存，因此 mmap() 函数的目的是派生一个或多个受保护的内核页面表项（对应于要映射的内存），并复制用户空间页面表，移除内核标志保护，设置权限标志，使用户无须特殊权限就能够访问与内核相同的内存。

编写 mmap 文件操作的步骤如下。

（1）获取映射偏移量，检查它是否超出缓冲区大小：

```
unsigned long offset = vma->vm_pgoff << PAGE_SHIFT;
if (offset >= buffer_size)
        return -EINVAL;
```

（2）检查映射大小是否大于缓冲区：

```
unsigned long size = vma->vm_end - vma->vm_start;
if (size > (buffer_size - offset))
    return -EINVAL;
```

（3）获取与缓冲区 offset 位置所在页面的 PFN 对应的 PFN：

```
unsigned long pfn;
/* 可以在 virt_to_page 返回的结构页面结构上使用 page_to_pfn */
/* pfn = page_to_pfn (virt_to_page (buffer + offset)); */

/* 或者在 virt_to_phys 返回的物理地址上使 PAGE_SHIFT 位右移 */
pfn = virt_to_phys(buffer + offset) >> PAGE_SHIFT;
```

（4）设置适当的标志，无论 I/O 内存是否存在。

- 使用 vma->vm_page_prot = pgprot_noncached(vma->vm_page_prot) 禁用缓存。
- 设置 VM_IO 标志：vma->vm_flags |= VM_IO。
- 防止 VMA 被交换出：vma-> vm_flags | = VM_DONTEXPAND |VM_DONTDUMP。在 3.7 以前的内核版本中，只能使用 VM_RESERVED 标志。

（5）使用计算的 PFN、大小和保护标志调用 remap_pfn_range：

```
if (remap_pfn_range(vma, vma->vm_start, pfn, size,
vma->vm_page_prot)) {
    return -EAGAIN;
}
return 0;
```

（6）将 mmap 函数传递给 struct file_operations 结构：

```
static const struct file_operations my_fops = {
    .owner = THIS_MODULE,
    [...]
    .mmap = my_mmap,
    [...]
};
```

11.6　Linux 缓存系统

缓存是指将经常访问或新写入的数据从称作缓存的更快的小存储器提取或写入其中的过程。

脏内存是数据支持（如文件支持）的内存，其内容已被修改（通常在缓存中）但尚未写回磁盘。数据的缓存版本比磁盘上的版本更新，这意味着两个版本不同步。缓存数据写回磁盘（后端存储）的机制称为回写。最终将更新磁盘版本，使两者同步。干净内存是文件支持的内存，其内容与磁盘同步。

Linux 延迟写入操作，以加快读取过程，并仅在必要时写入数据，从而减少磁盘磨损水平。典型的例子是 dd 命令。其完全执行并不意味着数据写入目标设备，这就是在大多数情况下 dd 被链接到 sync 命令的原因。

11.6.1　什么是缓存

缓存是临时的小型快速内存，用于保存来自较大且通常非常慢的存储器的数据副本，通常放置在系统中，对其中工作数据的访问频率比其他地方（如硬盘驱动器、内存）数据的访问频率高得多。

当第一次读取时，假若进程从大而较慢的磁盘上请求一些数据，则所请求的数据返回进程，所访问数据的副本也被记录和缓存。所有后续的读取都将从缓存中提取数据。所有数据修改都将应用于缓存中，而不是主磁盘上。然后，缓存区域的内容被修改，导致它与磁盘上的版本不同（比磁盘版本更新），这时缓存区域被标记为脏。当缓存占满时，新数据开始驱逐未被访问而闲置时间最长的数据，如果以后再次需要它，必须从大而慢的存储中再次提取。

1. CPU 缓存——内存缓存

现代 CPU 上有 3 个高速缓存，按大小和访问速度排序依次如下。
- L1 缓存：其内存容量最小（通常为 1KB～64KB），可由 CPU 在单个时钟周期内直接访问，这也使它成为最快的缓存。经常使用的部分在 L1 中，并且一直保持在其中，直到其他东西的使用频率变得比现有内容更频繁，并且 L1 中的空间较少时，才将它移动到更大的空间 L2 中。

- L2 缓存：中间级别，邻近处理器，有大量的存储量（高达数兆字节），可以在数个时钟周期内访问它。这适用于将一些内容从 L2 移动到 L3 时应用。

- L3 缓存：即使比 L1 和 L2 慢，但也可能比主存（RAM）快两倍。每个核心可能有其自己的 L1 和 L2 缓存，它们共享 L3 缓存。大小和速度是各级缓存之间变化的主要条件：L1 <L2 <L3。原始存储器访问可能是 100ns，但 L1 高速缓存的访问可达到 0.5ns。

 一个真实生活中的例子是，图书馆可能展示几本较流行的书目，方便读者快捷地访问，而大规模档案中有更多的藏书可供使用，不便之处是必须要从图书管理员处帮助获取。展示柜类似于缓存，档案则相当于大而缓慢的内存。

CPU 缓存要解决的主要问题是延迟，这间接地增加了吞吐量，因为访问未缓存的内存可能需要一段时间。

2. Linux 页面缓存——磁盘缓存

顾名思义，页面缓存是 RAM 中页面的缓存，包含最近访问过的文件块。RAM 充当驻留在磁盘上的页面的缓存。换句话说，它是文件内容的内核缓存。缓存的数据可能是常规文件系统的文件、块设备文件或内存映射文件。每当调用 read() 操作时，内核首先检查数据是否驻留在页面缓存中，如果找到，则立即返回；否则，将从磁盘读取数据。

 如果进程需要写入数据时没有任何缓存，则要使用 O_SYNC 标志，它保证在所有数据传输到磁盘之前 write() 命令不会返回；或者使用 O_DIRECT 标志，它只保证数据传输时不会使用缓存。这就是说，O_DIRECT 实际上取决于所使用的文件系统，不建议使用。

3. 专用缓存（用户空间缓存）

- Web 浏览器缓存：把频繁访问的网页和图像存储在磁盘上，而不是从 Web 上获取它们。第一次访问线上数据的时间可能会持续数百毫秒，而第二次访问只需从缓存中获取数据（在这种情况下是磁盘），在 10ms 内就能完成。

- libc 或用户应用程序缓存：内存和磁盘缓存的实现将尝试猜测接下来要使用的内容，而浏览器缓存会在本地保留副本以防需要再次使用它。

11.6.2 为什么数据延迟写入磁盘

这基本上有两个原因。

- 更好地使用磁盘特性，这是效率问题。
- 允许应用程序在写入后立即继续其他操作，这是性能问题。

例如，延迟磁盘访问。在数据达到一定量时再处理它，可能会提高磁盘性能，降低 eMMC（在嵌入式系统上）的损耗水平。各个块的写入合并成单个连续的写入操作。此外，写入的数据先缓存，使进程能够立即返回，也使所有后续读操作可以从缓存中获取数据，使程序的响应更快。存储设备更擅长处理少量的大型操作，而不是多个小操作。

通过稍后报告永久存储上的写入操作，可以摆脱这些相对较慢的磁盘所导致的延迟问题。

1. 写缓存策略

缓存策略的优点包括以下几点。

- 减少数据访问延迟，从而提高应用程序性能。
- 延长存储寿命。
- 减少系统负载。
- 减少数据丢失的风险。

缓存算法通常选择以下三种不同策略之一。

（1）直写式（write-through）缓存：所有写操作会自动更新内存缓存和永久存储器。对于无法容忍数据丢失的应用程序，以及数据写入后频繁再读的应用程序（因为数据存储在缓存中导致读取延迟较少）适宜采用这种策略。

（2）绕写式（write-aroud）缓存：这类似于 write-through，区别在于它立即使缓存失效（这对系统来说成本很高，因为任何写入都会导致自动缓存失效）。其主要后果是所有后续读取都只能从磁盘获取数据，速度慢，从而增加了延迟。这可以防止后续不会读取的数据占据缓存。

（3）回写式（write-back）缓存：Linux 采用第三种策略，这也是最后一种策略，每当发生更改时将数据写入缓存，没有更新主存储器中的相应位置。页面缓存中对应的页面被标记为脏（此任务由 MMU 用 TLB 完成），并将其添加到由内核维护的所谓列表中。

数据只有在指定的时间间隔或某个条件下才写入永久存储器中的相应位置。当页面中的数据与页面缓存中的数据一致时，内核会从该列表中移除页面，不再把它们标记为脏。

在 Linux 系统上，从/proc/meminfo 可以找到处于脏状态的页面：

```
cat /proc/meminfo | grep Dirty
```

2．刷新线程

回写缓存会延迟页面缓存中的 I/O 数据操作，一组称为刷新线程的内核线程负责这些操作。当满足以下情况之一时，会发生脏页回写。

（1）当空闲内存低于指定阈值时，重新获得脏页所消耗的内存。

（2）脏数据持续到指定时间段时，最旧的数据被写回到磁盘，确保脏数据不会无限期地保持脏状态。

（3）当用户进程调用 sync() 和 fsync() 系统调用时，这是按需回写。

11.7　设备管理的资源——Devres

Devres 这一内核功能帮助开发人员自动释放驱动程序中分配的资源，简化 init/probe/open 函数中的错误处理。使用 Devres 后，每个资源分配器都有其托管版本来负责释放资源。

 本节主要依赖内核源代码树中的 Documentation/driver-model/devres.txt 文件，该文件处理 Devres API，并列出支持的函数及其描述。

使用资源托管函数分配的内存与设备关联。Devres 由与 struct device 相关的任意大小的内存区域链表组成。每个 Devers 资源分配器在列表中插入已分配的资源。该资源保持可用状态，直到通过代码手动释放、设备与系统分离或卸载驱动程序时为止。每个 Devres 项都有一个相关的释放函数。释放 Devres 有不同的方法。无论如何，所有 Devres 项在驱动程序分离时都被释放。释放时，调用相关的发布函数，然后释放 Devres 项。

以下是可供驱动程序使用的资源的列表。

● 为专用数据结构提供的内存。

● 中断（IRQ）。

● 内存区域分配（request_mem_region()）。

● 内存区域的 I/O 映射（ioremap()）。

● 缓冲区内存（可能带有 DMA 映射）。

- 不同框架的数据结构：时钟、GPIO、PWM、USB 物理层、调节器、DMA 等。

几乎本章讨论过的每个函数都有其托管版本。在大多数情况下，赋予托管版本函数的名称是在原来函数名称上加 devm 前缀。例如，`devm_kzalloc()` 是 `kzalloc()` 的托管版本。此外，参数保持不变，但向右移动，因为第一个参数是为其分配资源的 `struct device`。也有例外，这就是非托管版本参数中已经有 `struct device` 参数的函数：

```
void *kmalloc(size_t size, gfp_t flags)
void * devm_kmalloc(struct device *dev, size_t size, gfp_t gfp)
```

当设备与系统分离或设备驱动程序卸载时，该内存将自动释放。如果不再需要内存，可以用 `devm_kfree()` 释放。

旧方法：

```
ret = request_irq(irq, my_isr, 0, my_name, my_data);
if(ret) {
    dev_err(dev, "Failed to register IRQ.\n");
    ret = -ENODEV;
    goto failed_register_irq;   /* 展开 */
}
```

正确的方法：

```
ret = devm_request_irq(dev, irq, my_isr, 0, my_name, my_data);
if(ret) {
    dev_err(dev, "Failed to register IRQ.\n");
    return -ENODEV;   /* 自动展开 */
}
```

11.8 总结

本章非常重要。它揭示了内核中的内存管理和分配（怎样分配以及在哪里分配）。对内存的方方面面都进行了详细的讨论，也解释了 Devres。本章简要讨论了缓存机制，以便概述 I/O 操作。这将为介绍和理解第 12 章的 DMA 打下坚实的基础。

第 12 章
DMA——直接内存访问

DMA 是计算机系统的一项功能，它允许设备在没有 CPU 干预的情况下访问系统主存储器 RAM，使 CPU 完成其他任务。通常用它来加速网络流量，但它支持各种类型的复制。

DMA 控制器是负责 DMA 管理的外设，在现代处理器和微控制器中都能发现它。DMA 功能用于执行内存读取和写入操作而不占用 CPU 周期。当需要传输数据块时，处理器向 DMA 控制器提供源地址和目标地址以及总字节数。然后，DMA 控制器会自动将数据从源传输到目标，而不会占用 CPU 周期。剩余字节数达到零时，块传输结束。

本章涉及以下主题。

- 一致和非一致 DMA 映射，以及一致性问题。
- DMA 引擎 API。
- DMA 和 DT 绑定。

12.1　设置 DMA 映射

对于任何类型的 DMA 传输，都需要提供源地址和目标地址，以及要传输的字数。在外设 DMA 的情况下，外设的 FIFO 用作源或目标。当外设用作源时，内存位置（内部或外部）用作目标地址；当外设用作目标时，内存位置（内部或外部）用作源地址。

使用外设 DMA 时，根据传输方向指定源或目的地。换句话说，DMA 传输需要适当的内存映射。这是接下来所要讨论的内容。

12.1.1　缓存一致性和 DMA

正如第 11 章所讨论的，最近访问过的内存区域副本存储在缓存中。这也适用于 DMA 存储器。实际情况是，两个独立设备之间共享的内存通常是缓存一致性问题的根源。缓存不一致问题来自其他设备可能不知道写入设备所做的更新。另外，缓存一致性确保每个写入操作看起来都是瞬间发生的，因此共享内存区域的所有设备都会看到完全相同的更改顺序。

以下摘录自 LDD3 的内容说明一致性问题。

> 想象一种情况，CPU 配备了缓存和外部存储器，设备用 DMA 可以直接访问它们。当 CPU 访问内存中的位置 X 时，当前值将被存储到缓存中。假设采用回写式缓存，对 X 的后续操作将更新 X 的缓存副本，而不更新 X 的外部存储器版本。如果在下一次设备尝试访问 X 之前，缓存未刷新到内存，则设备将收到旧的 X 值。同样，如果设备把新值写入内存时未使缓存的 X 副本变为无效，那么 CPU 将操作旧的 X 值。

实际上有两种方法可以解决这个问题。

- 基于硬件的解决方案。这样的系统是**一致性系统**。
- 基于软件的解决方案，操作系统负责确保缓存一致性。这样的系统称作**非一致性系统**。

12.1.2 DMA 映射

所有合适的 DMA 传输都需要适当的内存映射，DMA 映射包括分配 DMA 缓冲区和为其生成总线地址。设备实际上使用总线地址。总线地址是 dma_addr_t 类型的每个实例。

映射分两种类型：一致 DMA 映射和流式 DMA 映射。前者可用于多次传输，它会自动解决缓存一致性问题。所以它十分珍贵。流映射有很多限制，它不会自动解决一致性问题，但有一种解决方案，即在每次传输之间调用几个函数。一致性映射通常存在于驱动程序的整个生命周期中，而流映射则通常在 DMA 传输完成时立即取消映射。

流式映射应该在可用时就用，而一致映射则在必须使用时才使用。

回到代码，处理 DMA 映射时应该包含的主要头文件如下：

```
#include <linux/dma-mapping.h>
```

1. 一致映射

以下函数设置一致映射：

```
void *dma_alloc_coherent(struct device *dev, size_t size,
                    dma_addr_t *dma_handle, gfp_t flag)
```

此函数处理缓冲区的分配和映射，并返回该缓冲区的内核虚拟地址，缓冲区宽度为 size 字节，可供 CPU 访问。dev 是设备结构。第三个参数是指向相关总线地址的输出参数。分配给映射的内存物理上一定是连续的，flag 决定内存的分配方式，通常是 GFP_KERNEL 或 GFP_ATOMIC（如果处于原子上下文中）。

请注意，这种映射有如下两个特性。

● 一致（相关）的：因为它为设备分配未缓存、未缓冲的内存来执行 DMA。

● 同步的：因为设备或 CPU 可以立即读取它们的写入，而无须担心缓存一致性问题。

释放映射可以使用以下函数：

```
void dma_free_coherent(struct device *dev, size_t size,
                void *cpu_addr, dma_addr_t dma_handle);
```

这里 cpu_addr 对应于 dma_alloc_coherent() 返回的内核虚拟地址。这个映射是宝贵的，它可以分配的最小内存值是一个页面。实际上，它分配的页面数量只能是 2 次幂。页面顺序可用 int order = get_order(size) 获得。对于持续存在于设备生命周期内的缓冲区，应该使用这种映射。

2. 流式 DMA 映射

流式映射有更多的限制，由于以下原因而不同于一致映射。

● 映射需要使用已分配的缓冲区。

● 映射可以接受几个分散的不连续缓冲区。

● 映射的缓冲区属于设备而不属于 CPU。CPU 使用缓冲区之前，应该首先解除映射（在 dma_unmap_single() 或 dma_unmap_sg() 之后）。这是为了缓存。

● 对于写入事务（CPU 到设备），驱动程序应该在映射之前将数据放入缓冲区。

● 必须指定数据移动的方向，只能基于该方向使用数据。

为什么在取消映射之前不应该访问缓冲区？原因很简单：CPU 映射是可缓存的。用于流式映射的 dma_map _ *() 系列函数将首先清理与缓冲区相关的缓存/使之无效，在出现相应的 dma_unmap _ *() 之前，CPU 不能访问它。然后，在 CPU 可能读取设备写入内存的任何数据之前，如果有任何推测性提取，则会再次使缓存失效（如有必要）。然后，CPU 可以访问缓冲区了。

实际上流式映射有两种形式。

● 单缓冲区映射，它只允许单页映射。

● 分散/聚集映射，它允许传递多个缓冲区（分散在内存中）。

对于这两种中的任何一种映射，都应该用 include/linux/dma-direction.h

中定义的 enum dma_data_direction 类型符号来指定方向:

```
enum dma_data_direction {
    DMA_BIDIRECTIONAL = 0,
    DMA_TO_DEVICE = 1,
    DMA_FROM_DEVICE = 2,
    DMA_NONE = 3,
};
```

（1）单缓冲区映射

这用于偶然使用的映射。可以用下面的方法设置单缓冲区:

```
dma_addr_t dma_map_single(struct device *dev, void *ptr,
        size_t size, enum dma_data_direction direction);
```

如前面的代码所述,方向应该是 DMA_TO_DEVICE、DMA_FROM_DEVICE 或 DMA_BIDIRECTIONAL。ptr 是缓冲区的内核虚拟地址,dma_addr_t 是设备返回的总线地址。确保使用真正适合需求的方向,而不要总是有 DMA_BIDIRECTIONAL。

应该使用下面的函数释放该映射:

```
void dma_unmap_single(struct device *dev, dma_addr_t dma_addr,
            size_t size, enum dma_data_direction direction);
```

（2）分散/聚集映射

分散/聚集映射是一种特殊类型的流式 DMA 映射,可以在单个槽中传输多个缓冲区区域,而不是单独映射每个缓冲区并逐个传输它们。假设有几个缓冲区物理上可能不是连续的,所有这些缓冲区都需要同时传输到设备或从设备传输。这种情况的出现可能出于以下原因。

- readv 或 writev 系统调用。
- 磁盘 I/O 请求。
- 只是映射内核 I/O 缓冲区中的页面列表。

内核将分散列表表示为相关结构 struct scatterlist:

```
struct scatterlist {
    unsigned long page_link;
    unsigned int offset;
    unsigned int length;
    dma_addr_t dma_address;
    unsigned int dma_length;
};
```

为了设置分散列表映射，应该进行如下操作。

- 分配分散的缓冲区。
- 创建分散列表数组，并使用 sg_set_buf() 分配的内存填充它。请注意，分散列表项必须是页面大小（除结尾外）。
- 在该分散列表上调用 dma_map_sg()。
- 一旦完成 DMA，就调用 dma_unmap_sg() 来取消映射分散列表。

虽然通过单独映射每个缓冲区可以在 DMA 上一次发送多个缓冲区的内容，但是分散/聚集映射通过将指向分散列表的指针以及长度（列表中的项数）发送到设备，就可以同时发送它们：

```
u32 *wbuf, *wbuf2, *wbuf3;
wbuf = kzalloc(SDMA_BUF_SIZE, GFP_DMA);
wbuf2 = kzalloc(SDMA_BUF_SIZE, GFP_DMA);
wbuf3 = kzalloc(SDMA_BUF_SIZE/2, GFP_DMA);

struct scatterlist sg[3];
sg_init_table(sg, 3);
sg_set_buf(&sg[0], wbuf, SDMA_BUF_SIZE);
sg_set_buf(&sg[1], wbuf2, SDMA_BUF_SIZE);
sg_set_buf(&sg[2], wbuf3, SDMA_BUF_SIZE/2);
ret = dma_map_sg(NULL, sg, 3, DMA_MEM_TO_MEM);
```

单缓冲区映射部分中描述的这些规则同样适用于分散/聚集映射，具体如图 12-1 所示。

dma_map_sg() 和 dma_unmap_sg() 负责缓存一致性。但是，如果需要使用相同的映射来访问（读/写）DMA 传输之间的数据，则必须以适当的方式在每次传输之间同步缓冲区，如果 CPU 需要访问缓冲区，可以通过 dma_sync_sg_for_cpu() 进行同步，如果设备需要，则调用 dma_sync_sg_for_device() 进行同步。单区域映射的类似函数是 dma_sync_single_for_cpu() 和 dma_sync_single_for_device()：

```
void dma_sync_sg_for_cpu(struct device *dev,
                         struct scatterlist *sg,
                         int nents,
                         enum dma_data_direction direction);
void dma_sync_sg_for_device(struct device *dev,
                            struct scatterlist *sg, int nents,
                            enum dma_data_direction direction);

void dma_sync_single_for_cpu(struct device *dev, dma_addr_t addr,
```

```
                    size_t size,
                    enum dma_data_direction dir)

void dma_sync_single_for_device(struct device *dev,
                    dma_addr_t addr, size_t size,
                    enum dma_data_direction dir)
```

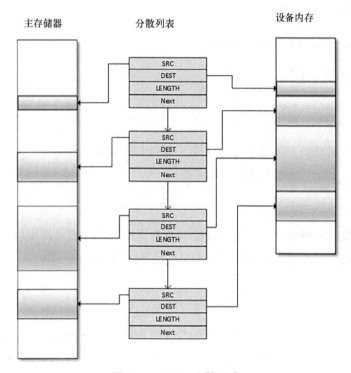

图 12-1 DMA 分散/聚集

缓冲区解除映射后，不需要再次调用前面的函数，这时只能读取这部分内容。

12.2 完成的概念

本节将简要介绍完成和 DMA 传输所需要的 API。完整描述请查阅 Documentation/ scheduler/completion.txt 中的内核文档。内核编程中的常见模式涉及在当前线程之外初始化某个活动，然后等待该活动的完成。

在等待使用缓冲区时，完成是 sleep() 的一个很好的选择。它适用于传感数据，这正是 DMA 回调所做的。

使用完成需要下面头文件：

```
<linux/completion.h>
```

像其他内核功能的数据结构一样，可以静态或动态地创建 struct completion 结构的实例。

● 静态声明和初始化如下：

```
DECLARE_COMPLETION(my_comp);
```

● 动态分配如下：

```
struct completion my_comp;
init_completion(&my_comp);
```

当驱动程序启动的工作必须等待完成（本例中为 DMA 事务）时，它只需将完成事件传递给 wait_for_completion() 函数：

```
void wait_for_completion(struct completion *comp);
```

代码的其他部分确定该完成事件发生（事务完成）时，它可以用以下形式之一唤醒正在等待的任何人（实际上是需要访问 DMA 缓冲区的代码）：

```
void complete(struct completion *comp);
void complete_all(struct completion *comp);
```

正如所料，complete() 只会唤醒一个等待进程，而 complete_all() 会唤醒等待该事件的所有进程。以这样的方式实现，即使在 wait_for_completion() 之前调用 complete()，完成也将正常工作。

学习 12.3 节中所用的代码后，将更好地理解其工作方式。

12.3　DMA 引擎 API

DMA 引擎是开发 DMA 控制器驱动程序的通用内核框架。DMA 的主要目标是在复制内存时减轻 CPU 的负担。使用通道将事务（I/O 数据传输）委托给 DMA 引擎，DMA 引擎通过其驱动程序/API 提供一组可供其他设备（从设备）使用的通道，如图 12-2 所示。

这里将简单介绍这个（从设备）API，它只适用于从设备 DMA 用法。这里必须引用的头文件如下：

```
#include <linux/dmaengine.h>
```

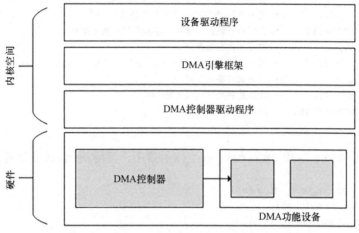

图 12-2 DMA 引擎布局

从设备 DMA 用法很简单,它包含以下步骤。

(1) 分配 DMA 从通道。

(2) 设置从设备和控制器的特定参数。

(3) 获取事务的描述符。

(4) 提交事务。

(5) 发出挂起的请求并等待回调通知。

 可以将 DMA 通道看作是 I/O 数据传输的高速公路。

12.3.1 分配 DMA 从通道

使用 dma_request_channel() 请求通道。其原型如下:

```
struct dma_chan *dma_request_channel(const dma_cap_mask_t *mask,
                         dma_filter_fn fn, void *fn_param);
```

mask 是位图掩码,表示该通道必须满足的功能。使用它主要是为了指定驱动程序需要执行的传输类型:

```
enum dma_transaction_type {
    DMA_MEMCPY,      /* 内存到内存复制*/
```

```
        DMA_XOR,          /* 内存到内存 XOR*/
        DMA_PQ,           /* 内存到内存的 P+Q 计算 */
        DMA_XOR_VAL,      /* 使用 XOR 进行内存缓冲区奇偶校验 */
        DMA_PQ_VAL,       /* 使用 P+Q 进行内存缓冲区奇偶校验 */
        DMA_INTERRUPT,    /* 该设备生成虚拟传输，虚拟传输产生中断*/
        DMA_SG,           /* 内存对内存散聚 */
        DMA_PRIVATE,      /* 通道不用于全局 memcpy，通常与 DMA_SLAVE 一起使用 */
        DMA_SLAVE,        /* 内存到设备的传输*/
        DMA_CYCLIC,       /* 设备能够处理循环传输 */
        DMA_INTERLEAVE,   /* 内存到内存交错传输 */
}
```

dma_cap_zero() 和 dma_cap_set() 函数用于清除掩码，设置所需的功能。例如：

```
dma_cap_mask my_dma_cap_mask;
struct dma_chan *chan;
dma_cap_zero(my_dma_cap_mask);
dma_cap_set(DMA_MEMCPY, my_dma_cap_mask); /* 内存到内存复制 */
chan = dma_request_channel(my_dma_cap_mask, NULL, NULL);
```

在前面的摘录中，dma_filter_fn 定义为：

```
typedef bool (*dma_filter_fn)(struct dma_chan *chan,
              void *filter_param);
```

如果 filter_fn 参数（这是可选项）为 NULL，则 dma_request_channel() 将只返回满足功能掩码的第一个通道。否则，当掩码参数不足以指定所需的通道时，可以使用 filter_fn 例程作为系统中可用通道的过滤器。内核为系统中的每个空闲通道调用一次 filter_fn 例程。在看到合适的通道时，filter_fn 应该返回 DMA_ACK，它将把给定的通道标记为 dma_request_channel() 的返回值。

通过此接口分配的通道由调用者独占，直到调用 dma_release_channel() 为止：

```
void dma_release_channel(struct dma_chan *chan)
```

12.3.2　设置从设备和控制器指定参数

此步骤引入了新的数据结构 struct dma_slave_config，它表示 DMA 从通道的运行时配置。这允许客户端为外设指定设置，如 DMA 方向、DMA 地址、总线宽度、DMA 突发长度（DMA burst length）等。

```
int dmaengine_slave_config(struct dma_chan *chan,
struct dma_slave_config *config)
```

struct dma_slave_config 结构如下所示:

```
/*
 * 请参考 include/linux/dmaengine.h 中的完整描述
 */
struct dma_slave_config {
    enum dma_transfer_direction direction;
    phys_addr_t src_addr;
    phys_addr_t dst_addr;
    enum dma_slave_buswidth src_addr_width;
    enum dma_slave_buswidth dst_addr_width;
    u32 src_maxburst;
    u32 dst_maxburst;
    [...]
};
```

该结构中每个元素的含义如下。

● direction: 数据进入或者离开这个从通道。其可能取值:

```
/* DMA 传输模式和方向指示器*/
enum dma_transfer_direction {
    DMA_MEM_TO_MEM, /* Async/Memcpy 模式*/
    DMA_MEM_TO_DEV, /* 内存到设备 */
    DMA_DEV_TO_MEM, /* 设备到内存 */
    DMA_DEV_TO_DEV, /* 设备到设备 */
    [...]
};
```

● src_addr: 所要读取 (RX) DMA 从设备数据的缓冲器的物理地址 (实际上是总线地址)。如果源是内存, 则此元素将被忽略。dst_addr 是所写入 (TX) DMA 从设备数据的缓冲区的物理地址 (实际上是总线地址), 如果源是内存, 则该元素将被忽略。src_addr_width 是所读取 DMA 数据 (RX) 的源寄存器的字节宽度。如果源是内存, 则根据架构不同, 这可能会被忽略。其有效值为 1、2、4 或 8。因此, dst_addr_width 与 src_addr_width 相同, 但是用于目的目标 (TX)。

● 所有总线宽度必须是以下枚举之一:

```
enum dma_slave_buswidth {
        DMA_SLAVE_BUSWIDTH_UNDEFINED = 0,
        DMA_SLAVE_BUSWIDTH_1_BYTE = 1,
```

```
                    DMA_SLAVE_BUSWIDTH_2_BYTES = 2,
                    DMA_SLAVE_BUSWIDTH_3_BYTES = 3,
                    DMA_SLAVE_BUSWIDTH_4_BYTES = 4,
                    DMA_SLAVE_BUSWIDTH_8_BYTES = 8,
                    DMA_SLAVE_BUSWIDTH_16_BYTES = 16,
                    DMA_SLAVE_BUSWIDTH_32_BYTES = 32,
                    DMA_SLAVE_BUSWIDTH_64_BYTES = 64,
};
```

- src_maxburs：一次突发中可以发送到设备的最大字数（这里，将字作为 src_addr_width 成员的单位，而不是字节）。通常情况下，这是 I/O 外设 FIFO 大小的一半，不会使其溢出。这可能适用于内存源，也可能不适用。dst_maxburst 与 src_maxburst 相同，但是用于目的目标。

例如：

```
struct dma_chan *my_dma_chan;
dma_addr_t dma_src, dma_dst;
struct dma_slave_config my_dma_cfg = {0};

/* 没有过滤器回调，也没有过滤器参数 */
my_dma_chan = dma_request_channel(my_dma_cap_mask, 0, NULL);
/* scr_addr 和 dst_addr 被添加到这个结构中，所以可以复制 */
my_dma_cfg.direction = DMA_MEM_TO_MEM;
my_dma_cfg.dst_addr_width = DMA_SLAVE_BUSWIDTH_32_BYTES;

dmaengine_slave_config(my_dma_chan, &my_dma_cfg);

char *rx_data, *tx_data;
/* 没有错误检查 */
rx_data = kzalloc(BUFFER_SIZE, GFP_DMA);
tx_data = kzalloc(BUFFER_SIZE, GFP_DMA);

feed_data(tx_data);

/* 得到 DMA 地址 */
dma_src_addr = dma_map_single(NULL, tx_data,
BUFFER_SIZE, DMA_MEM_TO_MEM);
dma_dst_addr = dma_map_single(NULL, rx_data,
BUFFER_SIZE, DMA_MEM_TO_MEM);
```

上面的摘录中，调用 dma_request_channel() 函数来获取 DMA 通道的所有者芯片，在其上调用 dmaengine_slave_config() 来应用其配置。调用 dma_map_single()

映射 rx 和 tx 缓冲区，以便在 DMA 中使用它们。

12.3.3　获取事务描述符

是否还记得本节的第一步中请求 DMA 通道时，其返回值是 struct dma_chan 结构的实例。如果查看 include/linux/dmaengine.h 中对它的定义，就会发现它包含 struct dma_device * device 字段，它表示提供该通道的 DMA 设备（实际上是控制器）。此控制器的内核驱动程序负责（这是内核 API 要求 DMA 控制器驱动程序遵守的规则）提供一组函数来准备 DMA 事务，其中每个函数都对应于 DMA 事务类型（第 1 步中已经列举）。根据事务类型不同，可能只能选择专用函数。其中的一些函数如下。

- device_prep_dma_memcpy()：准备 memcpy 操作。
- device_prep_dma_sg()：准备分散/聚集 memcpy 操作。
- device_prep_dma_xor()：对于异或操作。
- device_prep_dma_xor_val()：准备异或验证操作。
- device_prep_dma_pq()：准备 pq 操作。
- device_prep_dma_pq_val()：准备 pqzero_sum 操作。
- device_prep_dma_memset()：准备 memset 操作。
- device_prep_dma_memset_sg()：用于分散列表上的 memset 操作。
- device_prep_slave_sg()：准备从设备 DMA 操作。
- device_prep_interleaved_dma()：以通用方式传输表达式。

下面介绍 drivers/dma/imx-sdma.c，它是 i.MX6 DMA 控制器（SDMA）驱动程序。这些函数都会返回指向 struct dma_async_tx_descriptor 结构的指针，其对应于事务描述符。对于内存到内存复制，要使用 device_prep_dma_memcpy：

```
struct dma_device *dma_dev = my_dma_chan->device;
struct dma_async_tx_descriptor *tx = NULL;

tx = dma_dev->device_prep_dma_memcpy(my_dma_chan, dma_dst_addr,
dma_src_addr, BUFFER_SIZE, 0);

if (!tx) {
    printk(KERN_ERR "%s: Failed to prepare DMA transfer\n",
                __FUNCTION__);
    /* dma_unmap_* the buffer */
}
```

实际上，应该使用 dmaengine_prep_ * DMA 引擎 API。请注意，这些函数在内部执行前面刚执行过的操作。例如，对于内存到内存复制，可以使用 `device_prep_dma_memcpy()` 函数：

```
struct dma_async_tx_descriptor *(*device_prep_dma_memcpy)(
        struct dma_chan *chan, dma_addr_t dst, dma_addr_t src,
        size_t len, unsigned long flags)
```

这个例子变为：

```
struct dma_async_tx_descriptor *tx = NULL;
tx = dma_dev->device_prep_dma_memcpy(my_dma_chan, dma_dst_addr,
dma_src_addr, BUFFER_SIZE, 0);
if (!tx) {
    printk(KERN_ERR "%s: Failed to prepare DMA transfer\n",
               __FUNCTION__);
    /* dma_unmap_* the buffer */
 }
```

请查看 include/linux/dmaengine.h，在 `struct dma_device` 结构定义部分，了解所有这些钩子函数是如何实现的。

12.3.4　提交事务

要将事务放入驱动程序的等待队列中，需要调用 `dmaengine_submit()`。一旦准备好描述符并添加回调信息，就应该将其放在 DMA 引擎驱动程序等待队列中：

```
dma_cookie_t dmaengine_submit(struct dma_async_tx_descriptor *desc)
```

该函数返回一个 cookie，可以通过其他 DMA 引擎检查 DMA 活动的进度。`dmaengine_submit()` 不会启动 DMA 操作，它只是将其添加到待处理的队列中。下一步将讨论如何启动事务：

```
struct completion transfer_ok;
init_completion(&transfer_ok);
tx->callback = my_dma_callback;

/* 提交 DMA 传输*/
dma_cookie_t cookie = dmaengine_submit(tx);

if (dma_submit_error(cookie)) {
    printk(KERN_ERR "%s: Failed to start DMA transfer\n", __FUNCTION__);
    /* 处理 */
```

```
[...]
}
```

12.3.5 发布待处理 DMA 请求并等待回调通知

启动事务是 DMA 传输设置的最后一步。在通道上调用 `dma_async_issue_pending()` 来激活通道待处理队列中的事务。如果通道空闲，则队列中的第一个事务将启动，后续事务排队等候。DMA 操作完成时，队列中的下一个事务启动，并触发软中断（tasklet）。如果已经设置，则该 tasklet 负责调用客户端驱动程序的完成回调例程进行通知：

```
void dma_async_issue_pending(struct dma_chan *chan);
```

下面是一个例子：

```
dma_async_issue_pending(my_dma_chan);
wait_for_completion(&transfer_ok);

dma_unmap_single(my_dma_chan->device->dev, dma_src_addr,
BUFFER_SIZE, DMA_MEM_TO_MEM);
dma_unmap_single(my_dma_chan->device->dev, dma_src_addr,
                 BUFFER_SIZE, DMA_MEM_TO_MEM);

/* 通过 rx_data 和 tx_data 虚拟地址处理缓冲区*/
```

`wait_for_completion()` 函数将被阻塞，直到 DMA 回调被调用，这将更新（填写）完成变量，以恢复先前阻塞的代码。这适用于替代 `while(!done) msleep(SOME_TIME);` 方法。

```
static void my_dma_callback()
{
    complete(transfer_ok);
    return;
}
```

实际发布待处理事务的 DMA 引擎 API 函数是 `dmaengine_issue_pending (struct dma_chan * chan)`，它是 `dma_async_issue_pending()` 的包装。

12.4　小结——NXP SDMA(i.MX6)

SDMA 引擎是 i.MX6 中的可编程控制器，该控制器内的每个外设都有其自己的复制函数。使用下面的枚举确定它们的地址：

```
enum sdma_peripheral_type {
    IMX_DMATYPE_SSI,     /* SSI */
    IMX_DMATYPE_SSI_SP,  /* 共享 SSI */
    IMX_DMATYPE_MMC,     /* MMC */
    IMX_DMATYPE_SDHC,    /* SDHC */
    IMX_DMATYPE_UART,    /* UART */
    IMX_DMATYPE_UART_SP,    /* 共享 UART */
    IMX_DMATYPE_FIRI,    /* FIRI */
    IMX_DMATYPE_CSPI,    /* CSPI */
    IMX_DMATYPE_CSPI_SP,    /* 共享 CSPI */
    IMX_DMATYPE_SIM,     /* SIM */
    IMX_DMATYPE_ATA,     /* ATA */
    IMX_DMATYPE_CCM,     /* CCM */
    IMX_DMATYPE_EXT,     /* 外部 */
    IMX_DMATYPE_MSHC,    /* Memory Stick Host Controller */
    IMX_DMATYPE_MSHC_SP, /* 共享 Memory Stick Host Controller */
    IMX_DMATYPE_DSP,     /* DSP */
    IMX_DMATYPE_MEMORY,  /* 内存*/
    IMX_DMATYPE_FIFO_MEMORY,/* FIFO 式内存 */
    IMX_DMATYPE_SPDIF,   /* SPDIF */
    IMX_DMATYPE_IPU_MEMORY, /* IPU 内存 */
    IMX_DMATYPE_ASRC,    /* ASRC */
    IMX_DMATYPE_ESAI,    /* ESAI */
    IMX_DMATYPE_SSI_DUAL,   /* SSI Dual FIFO */
    IMX_DMATYPE_ASRC_SP,    /* 共享 ASRC */
    IMX_DMATYPE_SAI,     /* SAI */
};
```

虽然是通用 DMA 引擎 API，但任何构造函数都可以提供其自己的自定义数据结构。imx_dma_data 结构就是这种情况，该结构是私有数据（用于描述需要使用的 DMA 设备类型），它要传递到过滤器回调内 struct dma_chan 的 .private 字段：

```
struct imx_dma_data {
    int dma_request; /* DMA 请求行 */
    int dma_request2; /* 二次 DMA 请求行 */
    enum sdma_peripheral_type peripheral_type;
```

```
        int priority;
};

enum imx_dma_prio {
    DMA_PRIO_HIGH = 0,
    DMA_PRIO_MEDIUM = 1,
    DMA_PRIO_LOW = 2
};
```

这些结构和枚举都是 i.MX 特有的，在 include/linux/platform_data/ dma-imx.h 内定义。接下来编写内核 DMA 模块，它分配两个缓冲区（源和目标）。使用预定义的数据填充源缓冲区，并执行事务以将源缓冲区（src）复制到目标缓冲区（dst）。使用来自用户空间的数据（copy_from_user()）可以改进此模块。这个驱动程序的灵感来自于 imx-test 包中提供的驱动程序：

```
#include <linux/module.h>
#include <linux/slab.h>      /* kmalloc */
#include <linux/init.h>
#include <linux/dma-mapping.h>
#include <linux/fs.h>
#include <linux/version.h>
#if (LINUX_VERSION_CODE >= KERNEL_VERSION(3,0,35))
#include <linux/platform_data/dma-imx.h>
#else
#include <mach/dma.h>
#endif

#include <linux/dmaengine.h>
#include <linux/device.h>

#include <linux/io.h>
#include <linux/delay.h>

static int gMajor; /* 设备数量 */
static struct class *dma_tm_class;
u32 *wbuf;  /* 源缓冲区 */
u32 *rbuf;  /* 目标缓冲区 */

struct dma_chan *dma_m2m_chan;  /* DMA 通道 */
struct completion dma_m2m_ok;   /* DMA 回调中使用的完成变量 */
#define SDMA_BUF_SIZE  1024
```

下面定义过滤器函数。当请求 DMA 通道时，控制器驱动程序可以在通道列表中进行查找（它具有的）。对于细粒度查找，在找到每个通道时会调用该回调方法，然后由回调选用合适的通道：

```
static bool dma_m2m_filter(struct dma_chan *chan, void *param)
{
    if (!imx_dma_is_general_purpose(chan))
        return false;
    chan->private = param;
    return true;
}
```

专用函数 imx_dma_is_general_purpose 用于检查控制器驱动程序的名称。open 函数将分配缓冲区，请求 DMA 通道，因为过滤函数是回调函数：

```
int sdma_open(struct inode * inode, struct file * filp)
{
    dma_cap_mask_t dma_m2m_mask;
    struct imx_dma_data m2m_dma_data = {0};

    init_completion(&dma_m2m_ok);

    dma_cap_zero(dma_m2m_mask);
    dma_cap_set(DMA_MEMCPY, dma_m2m_mask); /* 设置通道功能 */
    m2m_dma_data.peripheral_type = IMX_DMATYPE_MEMORY; /* 选择 DMA 设备类型，
适合于 i.MX */
    m2m_dma_data.priority = DMA_PRIO_HIGH;  /* 需要高度优先 */

    dma_m2m_chan = dma_request_channel(dma_m2m_mask, dma_m2m_filter,
&m2m_dma_data);
    if (!dma_m2m_chan) {
        printk("Error opening the SDMA memory to memory channel\n");
        return -EINVAL;
    }

    wbuf = kzalloc(SDMA_BUF_SIZE, GFP_DMA);
    if(!wbuf) {
        printk("error wbuf !!!!!!!!!!!\n");
        return -1;
    }

    rbuf = kzalloc(SDMA_BUF_SIZE, GFP_DMA);
    if(!rbuf) {
        printk("error rbuf !!!!!!!!!!!\n");
        return -1;
```

```
    }

    return 0;
}
```

release 函数的功能与 open 函数相反，它释放缓冲区和 DMA 通道：

```
int sdma_release(struct inode * inode, struct file * filp)
{
    dma_release_channel(dma_m2m_chan);
    dma_m2m_chan = NULL;
    kfree(wbuf);
    kfree(rbuf);
    return 0;
}
```

read 函数只比较源缓冲区和目标缓冲区，并将结果通知用户：

```
ssize_t sdma_read (struct file *filp, char __user * buf,
size_t count, loff_t * offset)
{
    int i;
    for (i=0; i<SDMA_BUF_SIZE/4; i++) {
        if (*(rbuf+i) != *(wbuf+i)) {
            printk("Single DMA buffer copy falled!,r=%x,w=%x,%d\n",
*(rbuf+i), *(wbuf+i), i);
            return 0;
        }
    }
    printk("buffer copy passed!\n");
    return 0;
}
```

使用完成的目的是在事务终止时得到通知（被唤醒）。该回调在事务完成后调用，并将完成变量设置为完成状态：

```
static void dma_m2m_callback(void *data)
{
    printk("in %s\n",__func__);
    complete(&dma_m2m_ok);
    return ;
}
```

write 函数内用数据填充源缓冲区，执行 DMA 映射以获得与源缓冲区和目标缓冲区相对应的物理地址，调用 device_prep_dma_memcpy 获取事务描述符。然后用 dmaengine_submit 将该事务描述符提交给 DMA 引擎，该引擎尚未执行这一事务。只有在 DMA 通道上调用 dma_async_issue_pending 之后，待处理事务才会被处理：

```
ssize_t sdma_write(struct file * filp, const char __user * buf,
                        size_t count, loff_t * offset)
{
    u32 i;
    struct dma_slave_config dma_m2m_config = {0};
    struct dma_async_tx_descriptor *dma_m2m_desc; /* 事务描述符 */
    dma_addr_t dma_src, dma_dst;

    /* 没有 copy_from_user，我们只是用预定义的数据填充源缓冲区*/
    for (i=0; i<SDMA_BUF_SIZE/4; i++) {
        *(wbuf + i) = 0x56565656;
    }

    dma_m2m_config.direction = DMA_MEM_TO_MEM;
    dma_m2m_config.dst_addr_width = DMA_SLAVE_BUSWIDTH_4_BYTES;
    dmaengine_slave_config(dma_m2m_chan, &dma_m2m_config);

    dma_src = dma_map_single(NULL, wbuf, SDMA_BUF_SIZE, DMA_TO_DEVICE);
    dma_dst = dma_map_single(NULL, rbuf, SDMA_BUF_SIZE, DMA_FROM_DEVICE);
    dma_m2m_desc =
dma_m2m_chan->device->device_prep_dma_memcpy(dma_m2m_chan, dma_dst,
dma_src, SDMA_BUF_SIZE,0);
    if (!dma_m2m_desc)
        printk("prep error!!\n");
    dma_m2m_desc->callback = dma_m2m_callback;
    dmaengine_submit(dma_m2m_desc);
    dma_async_issue_pending(dma_m2m_chan);
    wait_for_completion(&dma_m2m_ok);
    dma_unmap_single(NULL, dma_src, SDMA_BUF_SIZE, DMA_TO_DEVICE);
    dma_unmap_single(NULL, dma_dst, SDMA_BUF_SIZE, DMA_FROM_DEVICE);

    return 0;
}

struct file_operations dma_fops = {
    open: sdma_open,
    release: sdma_release,
    read: sdma_read,
    write: sdma_write,
};
```

12.5　DMA DT 绑定

DMA 通道的 DT 绑定取决于 DMA 控制器节点（取决于 SoC），某些参数（如 DMA 单元）可能因 SoC 而异。这个例子只关注 i.MX SDMA 控制器。

消费者绑定

根据 SDMA 事件映射表，以下代码显示 i.MX 6Dual/6Quad 中外设的 DMA 请求信号：

```
uart1: serial@02020000 {
    compatible = "fsl,imx6sx-uart", "fsl,imx21-uart";
    reg = <0x02020000 0x4000>;
    interrupts = <GIC_SPI 26 IRQ_TYPE_LEVEL_HIGH>;
    clocks = <&clks IMX6SX_CLK_UART_IPG>,
                <&clks IMX6SX_CLK_UART_SERIAL>;
    clock-names = "ipg", "per";
    dmas = <&sdma 25 4 0>, <&sdma 26 4 0>;
    dma-names = "rx", "tx";
    status = "disabled";
};
```

DMA 属性中的第二个单元（25 和 26）对应于 DMA 请求/事件 ID。这些值取自 SoC 手册（该例子中为 i.MX53）。

第三个单元表示要使用的优先级。接下来定义请求指定参数的驱动程序代码。完整的代码可以在内核源码树的 `drivers/tty/serial/imx.c` 内找到：

```
static int imx_uart_dma_init(struct imx_port *sport)
{
    struct dma_slave_config slave_config = {};
    struct device *dev = sport->port.dev;
    int ret;

    /* 准备 RX : */
    sport->dma_chan_rx = dma_request_slave_channel(dev, "rx");
    if (!sport->dma_chan_rx) {
        [...] /* 无法获得 DMA 通道。处理错误*/
    }

    slave_config.direction = DMA_DEV_TO_MEM;
    slave_config.src_addr = sport->port.mapbase + URXD0;
    slave_config.src_addr_width = DMA_SLAVE_BUSWIDTH_1_BYTE;
```

```
/* 比水印级别少一个字节以启用老化计时器 */
slave_config.src_maxburst = RXTL_DMA - 1;
ret = dmaengine_slave_config(sport->dma_chan_rx, &slave_config);
if (ret) {
    [...] /*处理错误*/
}

sport->rx_buf = kzalloc(PAGE_SIZE, GFP_KERNEL);
if (!sport->rx_buf) {
    [...] /* 处理错误 */
}

/* 准备 TX : */
sport->dma_chan_tx = dma_request_slave_channel(dev, "tx");
if (!sport->dma_chan_tx) {
    [...] /* 无法获得 DMA 通道。处理错误*/
}

slave_config.direction = DMA_MEM_TO_DEV;
slave_config.dst_addr = sport->port.mapbase + URTX0;
slave_config.dst_addr_width = DMA_SLAVE_BUSWIDTH_1_BYTE;
slave_config.dst_maxburst = TXTL_DMA;
ret = dmaengine_slave_config(sport->dma_chan_tx, &slave_config);
if (ret) {
    [...] /* 处理错误 */
}
[...]
}
```

这里的神奇之处在于 dma_request_slave_channel() 函数调用，它根据 DMA 名称（请参阅第 6 章中的命名资源）使用 of_dma_request_slave_channel() 解析设备节点（在 DT 中），以收集通道设置。

12.6　总结

DMA 是很多现代 CPU 都具有的功能。本章介绍了使用该设备必需的步骤：使用内核 DMA 映射和 DMA 引擎 API。学习本章后，读者毫无疑问至少能够设置从内存到内存的 DMA 传输。更多信息可以查阅内核源代码树 Documentation/dmaengine/。第 13 章将讨论完全不同的主题——Linux 设备模型。

第 13 章
Linux 设备模型

在 2.5 版本之前，内核无法描述和管理对象，代码的可重用性没有像现在这样得到增强。换句话说，既没有设备拓扑，也没有组织。没有关于子系统关系的信息，也没有关于系统组织的信息。这就引入了 Linux 设备模型（LDM）。

- 类的概念，对相同类型的设备或提供相同功能的设备进行分组（如鼠标和键盘都是输入设备）。
- 通过名为 `sysfs` 的虚拟文件系统与用户空间进行通信，以便用户空间管理和枚举设备及其公开的属性。
- 管理对象生命周期，使用引用计数（在管理资源中大量使用）。
- 电源管理，以处理设备关闭的顺序。
- 代码的可重用性。类和框架提供接口，就像合约一样，任何向它们注册的驱动程序都必须遵守。
- LDM 在内核中引入了面向对象（OO）的编程风格。

本章将使用 LDM，通过 `sysfs` 文件系统向用户空间导出一些属性。

本章涉及以下主题。

- 引入 LDM 数据结构（总线、驱动和设备）。
- 按类型收集内核对象。
- 处理内核 `sysfs` 接口。

13.1　LDM 数据结构

目标是构建完整的 DT，用于映射系统上存在的每个物理设备，并介绍其层次结构。已创建了一个通用结构来表示设备模型中的任何对象。LDM 的上层依赖于总线（在内核中表示为 `struct bus_type` 的实例）、设备驱动程序（由 `struct device_driver`

结构表示）和设备（最后一个元素，表示为 `struct device` 结构的实例）。本节将设计总线驱动程序包总线，以便深入研究 LDM 数据结构和机制。

13.1.1 总线

总线是设备和处理器之间的通道链路。管理总线并将其协议输出到设备的硬件实体称为总线控制器。例如，USB 控制器提供 USB 支持，I2C 控制器提供 I2C 总线支持。因此，自身作为设备的总线控制器必须像任何设备那样注册。它是总线上设备的父设备。换句话说，位于总线上的每个设备都必须使其父域指向总线设备。总线在内核中由 `struct bus_type` 结构表示：

```
struct bus_type {
    const char *name;
    const char *dev_name;
    struct device *dev_root;
    struct device_attribute  *dev_attrs; /* 使用 dev_groups 代替*/
    const struct attribute_group **bus_groups;
    const struct attribute_group **dev_groups;
    const struct attribute_group **drv_groups;

    int (*match)(struct device *dev, struct device_driver *drv);
    int (*probe)(struct device *dev);
    int (*remove)(struct device *dev);
    void (*shutdown)(struct device *dev);

    int (*suspend)(struct device *dev, pm_message_t state);
    int (*resume)(struct device *dev);

    const struct dev_pm_ops *pm;

    struct subsys_private *p;
    struct lock_class_key lock_key;
};
```

结构中各元素的含义如下。

● match：回调，每当新设备或驱动程序添加到总线中时调用它。回调必须足够智能，在设备和驱动程序之间存在匹配的情况下返回非零值，两者都作为参数给出。match 回调的主要目的是让总线确定某个设备能否由指定的驱动程序或其他逻辑处理，以及指定的驱动程序是否支持某个设备。大多数情况下，验证通过简单的字符串（设备和驱动程序名称，表格和 DT 兼容的属性）比较来实现。对于枚举设备（PCI、USB），验证通过将驱动程序支持的设备 ID 与指定设备的设备 ID 进行比较来实现，而不会牺牲总线特定的功能。

- probe：回调，在新设备或驱动程序添加到总线，并且匹配发生后调用它。该函数负责分配特定的总线设备结构，调用指定驱动程序的 probe 函数，它管理该设备（之前分配）。
- remove：当设备从总线上移除时调用它。
- suspend：总线上的设备需要进入睡眠模式时调用此方法。
- resume：总线上的设备退出睡眠模式时调用此方法。
- pm：这是一组总线电源管理操作，它将调用指定设备驱动程序的 pm-ops。
- drv_groups：这个指针指向 struct attribute_group 元素列表（数组），其中每个元素都有一个指针指向 struct attribute 列表（数组）。它表示总线上设备驱动程序的默认属性。传递给该字段的属性将会被发送给该总线上注册的每个驱动程序。这些属性可以在 /sys/bus/<bus-name>/drivers/<driver-name>内的驱动程序目录下找到。
- dev_groups：表示总线上设备的默认属性。（通过 struct attribute_group 元素的列表/数组）传递给该字段的属性将会被发送给总线上注册的每个设备。这些属性可以在/sys/bus/<bus-name>/devices/<device-name>内的设备目录中找到。
- bus_group：保存一套（组）默认属性，总线注册到内核时，自动添加这组默认属性。

除定义 bus_type 之外，总线控制器驱动程序还必须定义总线特定的驱动程序结构和总线特定的设备结构，前者扩展通用 struct device_driver 结构，后者扩展通用 struct device 结构，二者是设备模型核心的两个部分。总线驱动程序还必须为探测发现的每个物理设备分配总线特定的设备结构，并负责初始化设备的 bus 和 parent 字段，向 LDM 内核注册设备。这些字段必须指向总线驱动程序中定义的总线设备和 bus_type 结构。LDM 内核用它构建设备层次结构并初始化其他字段。

在这个例子中定义两个辅助宏，用给定的通用 struct device 和 struct driver 获取 packt 设备和 packt 驱动程序：

```
#define to_packt_driver(d) container_of(d, struct packt_driver, driver)
#define to_packt_device(d) container_of(d, struct packt_device, dev)
```

定义用于识别 packt 设备的结构：

```
struct packt_device_id {
    char name[PACKT_NAME_SIZE];
    kernel_ulong_t driver_data;    /* 驱动程序的私有数据 */
};
```

以下是 packt 特有的设备和驱动程序结构：

```
/*
 * 总线专用设备结构
 * 这就是 packt 设备结构的样子
 */
struct packt_device {
    struct module *owner;
    unsigned char name[30];
    unsigned long price;
    struct device dev;
};


/*
 * 总线专用驱动程序结构
 * 这就是 packt 设备结构的样子
 * 应该提供设备的探测和删除功能
 * 也可能被释放
 */
struct packt_driver {
    int (*probe)(struct packt_device *packt);
    int (*remove)(struct packt_device *packt);
    void (*shutdown)(struct packt_device *packt);
};
```

每条总线内部管理两个重要列表：添加到总线的设备列表，以及注册到总线的驱动程序列表。无论何时添加/注册或从总线上删除/取消注册设备/驱动程序，相应列表都会用新项进行更新。总线驱动程序必须提供辅助函数来注册/取消注册可以处理该总线上设备的设备驱动程序，以及辅助函数来注册/取消注册总线上的设备。这些辅助函数总是包装由 LDM 核心提供的通用函数，这些函数是 driver_register()、device_register()、driver_unregister 和 device_unregister()：

```
/*
 * 编写和导出为 packt 设备编写驱动程序的人必须使用的符号
 */

int packt_register_driver(struct packt_driver *driver)
{
```

```
    driver->driver.bus = &packt_bus_type;
    return driver_register(&driver->driver);
}
EXPORT_SYMBOL(packt_register_driver);

void packt_unregister_driver(struct packt_driver *driver)
{
    driver_unregister(&driver->driver);
}
EXPORT_SYMBOL(packt_unregister_driver);

int packt_device_register(struct packt_device *packt)
{
    return device_register(&packt->dev);
}
EXPORT_SYMBOL(packt_device_register);

void packt_unregister_device(struct packt_device *packt)
{
    device_unregister(&packt->dev);
}
EXPORT_SYMBOL(packt_device_unregister);
```

用于分配 packt 设备的函数如下，必须使用它来创建总线上的任何物理设备的实例：

```
/*
 * 该函数分配一个总线特定的设备结构
 * 必须调用 packt_device_register 将设备注册到总线
 */
struct packt_device * packt_device_alloc(const char *name, int id)
{
    struct packt_device *packt_dev;
    int status;

    packt_dev = kzalloc(sizeof *packt_dev, GFP_KERNEL);
    if (!packt_dev)
            return NULL;

    /* 总线上的新设备是总线设备的子设备 */
    strcpy(packt_dev->name, name);
    packt_dev->dev.id = id;
    dev_dbg(&packt_dev->dev,
      "device [%s] registered with packt bus\n", packt_dev->name);

    return packt_dev;
```

```
out_err:
    dev_err(&adap->dev, "Failed to register packt client %s\n",
packt_dev->name);
    kfree(packt_dev);
    return NULL;
}
EXPORT_SYMBOL_GPL(packt_device_alloc);

int packt_device_register(struct packt_device *packt)
{
     packt->dev.parent = &packt_bus;
    packt->dev.bus = &packt_bus_type;
    return device_register(&packt->dev);
}
EXPORT_SYMBOL(packt_device_register);
```

总线注册

总线控制器本身就是设备，在 99% 的情况下，总线是平台设备（甚至是提供枚举的总线）。例如，PCI 控制器是平台设备，其各自的驱动程序也是如此。必须使用 `bus_register(struct * bus_type)` 函数才能向内核注册总线。packt 总线结构如下：

```
/*
 * 这是总线结构
 */
struct bus_type packt_bus_type = {
    .name       = "packt",
    .match      = packt_device_match,
    .probe      = packt_device_probe,
    .remove     = packt_device_remove,
    .shutdown   = packt_device_shutdown,
};
```

总线控制器本身就是设备，它必须在内核中注册，它将用作该总线上设备的父设备。这在总线控制器的 `probe` 或 init 函数中实现。在 packt 总线中代码如下：

```
/*
 *总线设备、主机
 */
struct device packt_bus = {
    .release  = packt_bus_release,
```

```
    .parent = NULL, /* 根设备，不需要父设备 */
};

static int __init packt_init(void)
{
    int status;
    status = bus_register(&packt_bus_type);
    if (status < 0)
        goto err0;

    status = class_register(&packt_master_class);
    if (status < 0)
        goto err1;

    /*
     * 调用之后，新的总线设备将出现在 sysfs 的/sys/devices 下。任何添加到
     * 该总线的设备将显示在/sys/devices/ package -0/下
     */
    device_register(&packt_bus);

    return 0;

err1:
    bus_unregister(&packt_bus_type);
err0:
    return status;
}
```

当设备由总线控制器驱动程序注册时，设备的父成员必须指向总线控制器设备，其总线属性必须指向总线类型以构建物理 DT。要注册 packt 设备，必须调用 `packt_device_register`，它是由 packt_device_alloc 分配的参数：

```
int packt_device_register(struct packt_device *packt)
{
    packt->dev.parent = &packt_bus;
    packt->dev.bus = &packt_bus_type;
    return device_register(&packt->dev);
}
EXPORT_SYMBOL(packt_device_register);
```

13.1.2 设备驱动程序

全局设备层次结构能够以通用方式表示系统中的每个设备。这使核心能够轻松地使

用 DT 来创建有序的电源管理转换：

```
struct device_driver {
    const char *name;
    struct bus_type *bus;
    struct module *owner;

    const struct of_device_id *of_match_table;
    const struct acpi_device_id  *acpi_match_table;

    int (*probe) (struct device *dev);
    int (*remove) (struct device *dev);
    void (*shutdown) (struct device *dev);
    int (*suspend) (struct device *dev, pm_message_t state);
    int (*resume) (struct device *dev);
    const struct attribute_group **groups;

    const struct dev_pm_ops *pm;
};
```

struct device_driver 为内核定义了一组简单的操作，以在每个设备上执行这些操作。

- *name：代表驱动程序的名称。它可以用于匹配，将它与设备名称进行比较。
- *bus：代表驱动程序的总线。总线驱动程序必须填充该字段。
- Owner：表示拥有该驱动程序的模块。在 99% 的情况下，应该将此字段设置为 THIS_MODULE。
- of_match_table：指向 struct of_device_id 数组的指针。Struct of_device_id 结构用于通过一个名为 DT 的特殊文件执行 OF 匹配，在引导过程中把它传递给内核：

```
struct of_device_id {
    char compatible[128];
    const void *data;
};
```

- suspend 和 resume：回调，提供电源管理功能。当设备从系统中物理移除，或者其引用计数达到 0 时，将调用 remove 回调。系统重新启动期间也会调用 remove 回调。
- Probe：探测回调，在尝试将驱动程序绑定到设备时运行它。总线驱动程序负责调用设备驱动程序的 probe 函数。

● Group：一个指针，它指向 struct attribute_group 列表（数组），用作驱动程序的默认属性。请使用此方法而不是单独创建属性。

设备驱动程序注册

driver_register() 是用于向总线注册设备驱动程序的底层函数，它将驱动添加到总线的驱动列表中。在设备驱动程序注册到总线后，内核遍历总线的设备列表，对于没有关联驱动程序的每个设备调用总线的匹配回调函数，以查明是否有该驱动程序可以处理的任何设备。

当匹配成功时，将设备和设备驱动程序绑定到一起。将设备与设备驱动程序关联的过程称为绑定。

现在向 packt 总线注册驱动程序，必须使用 packt_register_driver(struct packt_driver * driver)，它是 driver_register() 的包装。在注册 packt 驱动程序之前，必须先填写* driver 参数。LDM 内核提供的辅助函数，用于遍历在总线上注册的驱动程序列表：

```
int bus_for_each_drv(struct bus_type * bus,
                struct device_driver * start,
                void * data, int (*fn)(struct device_driver *,
                void *));
```

这个辅助函数遍历总线的驱动程序列表，为该列表中的每个驱动程序调用 fn 回调。

13.1.3　设备

struct device 这一通用数据结构用于描述和表征系统中的每个设备，无论它是否是物理设备。它包含有关设备物理属性的详细信息，并提供适当的链接信息来构建设备树和引用计数：

```
struct device {
    struct device *parent;
    struct kobject kobj;
    const struct device_type *type;
    struct bus_type      *bus;
    struct device_driver *driver;
    void      *platform_data;
    void *driver_data;
    struct device_node      *of_node;
    struct class *class;
    const struct attribute_group **groups;
```

```
    void (*release)(struct device *dev);
};
```

- * parent：代表设备的父设备，用于构建设备树层次结构。当在总线上注册时，总线驱动程序负责用总线设备设置该字段。
- * bus：代表设备所在总线。总线驱动程序必须填写该字段。
- * type：标识设备的类型。
- kobj：是句柄引用计数和设备模型支持中的 kobject。
- * of_node：指向与设备相关的 OF（DT）节点的指针。总线驱动程序负责设置该字段。
- platform_data：指向设备特有的平台数据的指针。通常设备配置期间在开发板特有的文件中声明。
- driver_data：指向驱动程序私有数据的指针。
- class：指向设备所属类的指针。
- * group：指向 struct attribute_group 列表（数组）的指针，用作设备的默认属性。请使用此方法而不是单独创建属性。
- release：设备引用计数达到零时调用的回调。总线负责设置这个字段。packt 总线驱动程序会展示如何做到这一点。

设备注册

device_register 函数由 LDM 核提供，用于向总线注册设备。调用它后，会遍历驱动程序的总线列表，以查找支持此设备的驱动程序，然后将此设备添加到该总线的设备列表中。device_register()在内部调用 device_add()：

```
int device_add(struct device *dev)
{
    [...]
    bus_probe_device(dev);
        if (parent)
            klist_add_tail(&dev->p->knode_parent,
                        &parent->p->klist_children);
    [...]
}
```

内核提供的用于遍历总线设备列表的辅助函数是 bus_for_each_dev：

```
int bus_for_each_dev(struct bus_type * bus,
```

```
            struct device * start, void * data,
            int (*fn)(struct device *, void *));
```

无论何时添加设备,核心都会调用总线驱动程序的匹配方法(bus_type->match)。如果匹配函数发现此设备的驱动程序,则核心将调用总线驱动程序的 probe 方法(bus_type-> probe),给出设备和驱动程序作为参数。然后由总线驱动程序调用设备驱动程序的 probe 方法(driver-> probe)。对于 packt 总线驱动程序,用于注册设备的函数是 packt_device_register(struct packt_device * packt),它在内部调用 device_register,这里的参数是用 packt_device_alloc 分配的 packt 设备。

13.2　深入剖析 LDM

LDM 依赖于 3 个重要的结构,即 kobject、kobj_type 和 kset。下面介绍设备模型中怎样调用这些结构。

13.2.1　kobject 结构

kobject 是设备模型的核心,在后台运行。它为内核带来类似于 OO 的编程风格,主要用于引用计数以及提供设备层次和它们之间的关系。kobject 引入了通用对象属性(如使用引用计数)的封装概念:

```
struct kobject {
    const char *name;
    struct list_head entry;
    struct kobject *parent;
    struct kset *kset;
    struct kobj_type *ktype;
    struct sysfs_dirent *sd;
    struct kref kref;
    /* 感兴趣的字段已被删除 */
};
```

● name:指向这个 kobject 的名称。使用 kobject_set_name(struct kobject * kobj, const char * name)函数可以修改它。

● parent:指向此 kobject 父项的指针。它用于构建描述对象之间关系的层次结构。

● sd:指向 struct sysfs_dirent 结构,它表示该结构内 sysfs 节点中的这个 kobject。

- `kref`：提供 kobject 上的引用计数。
- `ktype`：描述该对象，kset 说明这个对象属于哪套（组）对象。

嵌入 kobject 的每个结构都被嵌入，并接收 kobject 提供的标准化函数。嵌入的 kobject 将使结构成为对象层次结构的一部分。

`container_of` 宏用于获取 kobject 所属对象的指针。每个内核设备直接或间接嵌入 kobject 属性。在添加到系统之前，必须使用 `kobject_create()` 函数分配 kobject，该函数返回的空 kobject 必须用 `kobj_init()` 进行初始化，并将已经分配但尚未初始化的 `kobject` 指针及其 `kobj_type` 指针作为参数：

```
struct kobject *kobject_create(void)
void kobject_init(struct kobject *kobj, struct kobj_type *ktype)
```

`kobject_add()` 函数用于添加 kobject 并将其链接到系统，同时根据其层次结构创建目录及其默认属性。功能与之相反的函数是 `kobject_del()`：

```
int kobject_add(struct kobject *kobj, struct kobject *parent,
                const char *fmt, ...);
```

与 `kobject_create` 和 `kobject_add` 功能相反的函数是 `kobject_put`。在本书提供的源代码中，将 kobject 绑定到系统的代码摘录部分如下：

```
static struct kobject *mykobj;

mykobj = kobject_create();
    if (mykobj) {
        kobject_init(mykobj, &mytype);
        if (kobject_add(mykobj, NULL, "%s", "hello")) {
            err = -1;
            printk("ldm: kobject_add() failed\n");
            kobject_put(mykobj);
            mykobj = NULL;
        }
        err = 0;
    }
```

可以使用 `kobject_create_and_add`，它将内部调用 `kobject_create` 和 `kobject_add`。以下代码说明如何使用它，这些代码摘自 drivers/base/core.c：

```
static struct kobject * class_kobj   = NULL;
static struct kobject * devices_kobj = NULL;
```

```
/* 创建/sys/class */
class_kobj = kobject_create_and_add("class", NULL);
if (!class_kobj) {
    return -ENOMEM;
}

/* 创建 /sys/devices */
devices_kobj = kobject_create_and_add("devices", NULL);

if (!devices_kobj) {
    return -ENOMEM;
}
```

 如果 kobject 的父项为 NULL, 那么 kobject_add 将其父项设置为 kset。
如果两者均为 NULL, 对象将成为顶级 sys 目录的子成员。

13.2.2　kobj_type

struct kobj_type 结构描述 kobject 的行为。kobj_type 结构描述通过 ktype 字段嵌入 kobject 的对象类型。嵌入 kobject 的每个结构都需要相应的 kobj_type, 它将控制在创建和销毁 kobject 时, 以及在读取或写入属性时发生的操作。每个 kobject 都有 struct kobj_type 类型的字段, 它表示内核对象类型:

```
struct kobj_type {
    void (*release)(struct kobject *);
    const struct sysfs_ops sysfs_ops;
    struct attribute **default_attrs;
};
```

struct kobj_type 结构允许内核对象共享公共操作 (sysfs_ops), 无论这些对象是否在功能上相关。该结构字段的意义很直观。release 是需要释放对象时由 kobject_put() 函数调用的回调函数。必须在这里释放对象占用的内存。可以使用 container_of 宏来获取指向该对象的指针。sysfs_ops 字段指向 sysfs 操作, 而 default_attrs 定义与此 kobject 关联的默认属性。sysfs_ops 是访问 sysfs 属性时调用的一组回调函数 (sysfs 操作)。default_attrs 是指向 struct attribute 元素列表的指针, 它们将用作此类型每个对象的默认属性:

```
struct sysfs_ops {
    ssize_t (*show)(struct kobject *kobj,
                    struct attribute *attr, char *buf);
```

```
        ssize_t (*store)(struct kobject *kobj,
                         struct attribute *attr,const char *buf,
                         size_t size);
    };
```

show 是回调函数，在读取具有该 kobj_type 的所有 kobject 的属性时调用它。缓冲区长度始终是 PAGE_SIZE，即使所显示的值是简单字符。应该设置 buf 的值（使用 scnprintf），并在成功时返回实际写入缓冲区的数据长度（以字节为单位），失败时返回负的错误码。写入的时候调用 store 函数。其 buf 参数最大为 PAGE_SIZE，但可以更小。成功时返回从缓冲区实际读取的数据长度（以字节为单位），失败（或者它收到不需要的值）时返回负的错误码。可以使用 get_ktype 来获取指定 kobject 的 kobj_type：

```
struct kobj_type *get_ktype(struct kobject *kobj);
```

在本书例子中，k_type 变量代表了 kobject 的类型：

```
static struct sysfs_ops s_ops = {
    .show = show,
    .store = store,
};

static struct kobj_type k_type = {
    .sysfs_ops = &s_ops,
    .default_attrs = d_attrs,
};
```

这里，show 和 store 回调的定义如下：

```
static ssize_t show(struct kobject *kobj, struct attribute *attr, char *buf)
{
    struct d_attr *da = container_of(attr, struct d_attr, attr);
    printk( "LDM show: called for (%s) attr\n", da->attr.name );
    return scnprintf(buf, PAGE_SIZE,
                     "%s: %d\n", da->attr.name, da->value);
}

static ssize_t store(struct kobject *kobj, struct attribute *attr,
const char *buf, size_t len)
{
    struct d_attr *da = container_of(attr, struct d_attr, attr);
    sscanf(buf, "%d", &da->value);
    printk("LDM store: %s = %d\n", da->attr.name, da->value);

    return sizeof(int);
}
```

13.2.3 内核对象集合

内核对象集（kset）主要将相关的内核对象组合在一起，kset 是 kobject 的集合。换句话说，kset 将相关的 kobject 收集到一个位置，例如所有块设备：

```
struct kset {
    struct list_head list;
    spinlock_t list_lock;
    struct kobject kobj;
};
```

- list：kset 中所有 kobject 的链表。
- list_lock：保护链表访问的自旋锁。
- kobj：表示该集合的基类。

每个注册的（添加到系统中的）kset 对应于 sysfs 目录。可以使用 kset_create_and_add() 函数创建和添加 kset，使用 kset_unregister() 函数将其删除：

```
struct kset * kset_create_and_add(const char *name,
                                  const struct kset_uevent_ops *u,
                                  struct kobject *parent_kobj);
void kset_unregister (struct kset * k);
```

将 kobject 添加到该集合非常简单，只需将其 kset 字段指定为正确的 kset 即可：

```
static struct kobject foo_kobj, bar_kobj;

example_kset = kset_create_and_add("kset_example", NULL, kernel_kobj);
/*
 * 因为有这个 kobject 的 kset
 * 所以需要在调用 kobject core 之前设置它
 */
foo_kobj.kset = example_kset;
bar_kobj.kset = example_kset;
retval = kobject_init_and_add(&foo_kobj, &foo_ktype,
                              NULL, "foo_name");
retval = kobject_init_and_add(&bar_kobj, &bar_ktype,
                              NULL, "bar_name");
```

现在在模块 exit 函数内，在 kobject 及其属性被删除之后：

```
kset_unregister(example_kset);
```

13.2.4　属性

属性是由 kobject 导出到用户空间的 sysfs 文件。属性表示可以从用户空间读取、写入或同时具有这两者的对象属性。也就是说，嵌入 struct kobject 的每个数据结构都可以公开由 kobject 自身（如果有）提供的默认属性或自定义属性。换句话说，属性将内核数据映射到 sysfs 中的文件。

属性定义如下所示：

```
struct attribute {
        char * name;
        struct module *owner;
        umode_t mode;
};
```

用于从文件系统添加/删除属性的内核函数如下：

```
int sysfs_create_file(struct kobject * kobj,
                      const struct attribute * attr);
void sysfs_remove_file(struct kobject * kobj,
                      const struct attribute * attr);
```

下面定义要导出的两个属性，每个都由一个属性表示：

```
struct d_attr {
    struct attribute attr;
    int value;
};

static struct d_attr foo = {
    .attr.name="foo",
    .attr.mode = 0644,
    .value = 0,
};

static struct d_attr bar = {
    .attr.name="bar",
    .attr.mode = 0644,
    .value = 0,
};
```

要分别创建每个枚举属性，必须调用以下函数：

```
sysfs_create_file(mykobj, &foo.attr);
sysfs_create_file(mykobj, &bar.attr);
```

内核源代码中的 samples/kobject/kobject-example.c 是学习了解属性的起点。

属性组

到目前为止，已经介绍了如何单独添加属性，以及在每个属性上调用（直接或间接通过包装函数，如 device_create_file()、class_create_file() 等）sysfs_create_file()。如果可以一次完成，为什么还要多次调用？这就需要使用属性组。它依赖于 struct attribute_group 结构：

```
struct attribute_group {
    struct attribute  **attrs;
};
```

当然，已经删除了不感兴趣的字段。attrs 字段是一个指针，它指向以 NULL 结尾的属性列表。每个属性组必须被赋予一个指向 struct attribute 元素列表/数组的指针。该组只是一个帮助包装器，以便更轻松地管理多个属性。

用于向文件系统添加/删除组属性的内核函数如下：

```
int sysfs_create_group(struct kobject *kobj,
                       const struct attribute_group *grp)
void sysfs_remove_group(struct kobject * kobj,
                        const struct attribute_group * grp)
```

前面定义的两个属性可以嵌入 struct attribute_group 中，以便只调用一次即可将二者添加到系统中：

```
static struct d_attr foo = {
    .attr.name="foo",
    .attr.mode = 0644,
    .value = 0,
};

static struct d_attr bar = {
    .attr.name="bar",
    .attr.mode = 0644,
    .value = 0,
};
```

```
/* attrs 是指向属性列表（数组）的指针*/
static struct attribute * attrs [] =
{
    &foo.attr,
    &bar.attr,
    NULL,
};
static struct attribute_group my_attr_group = {
    .attrs = attrs,
};
```

这里唯一可以调用的函数如下：

```
sysfs_create_group(mykobj, &my_attr_group);
```

这比对每个属性调用一次要好得多。

13.3　设备模型和 sysfs

sysfs 是非持久性虚拟文件系统，它提供系统的全局视图，并通过它们的 kobject 显示内核对象的层次结构（拓扑）。每个 kobject 显示为目录和目录中的文件，目录代表由相关 kobject 导出的内核变量。这些文件称为属性，可以读取或写入。

如果任何已注册的 kobject 在 sysfs 中创建目录，则目录的创建位置取决于 kobject 的父项（它也是 kobject）。这些目录自然创建为 kobject 父项的子目录。这向用户空间突出显示了内部对象的层次结构。sysfs 中的顶级目录表示对象层次结构的共同祖先，即对象所属的子系统。

顶级 sysfs 目录位于/sys/目录下，如图 13-1 所示。

对系统上的每个块设备，block 都包含一个目录，目录下包含设备上分区的子目录。bus 包含系统上注册的总线。dev 以原始方式（无层次结构）包含已注册的设备节点，每个节点都是/sys/devices 目录中真实设备的符号链接。devices 给出系统内设备的拓扑结构视图。firmware 显示系统相关的低层子系统树，如 ACPI、EFI、OF（DT）。fs 列出系统上实际使用的文件系统。kernel 保存内核配置选项和状态信息。module 是加载的模块列表。

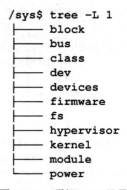

```
/sys$ tree -L 1
├── block
├── bus
├── class
├── dev
├── devices
├── firmware
├── fs
├── hypervisor
├── kernel
├── module
└── power
```

图 13-1　顶级 sysfs 目录

这些目录中的每一个都对应于 kobject，其中一些作为内核符号导出。

- `kernel_kobj`：对应于`/sys/kernel`。
- `power_kobj`：对应于`/sys/power`。
- `firmware_kobj`：对应于`/sys/firmware`，导出在 `drivers/base/firmware.c` 源文件中。
- `hypervisor_kobj`：对应于`/sys/hypervisor`，导出在 `drivers/base/hypervisor.c` 中。
- `fs_kobj`：对应于`/sys/fs`，导出在 `fs/namespace.c` 文件中。

然而，`class/`、`dev/`、`devices/`是在启动期间由内核源代码内 `drivers_base/core.c` 中的 `devices_init` 函数创建的，`block/`在 `block/genhd.c` 中创建，`bus/`在 `drivers/base/bus.c` 中被创建为 kset。

kobject 目录被添加到 sysfs（使用 `kobject_add`）时，其添加位置取决于 kobject 的父项。如果其父指针已设置，则它将被添加为父目录内的子目录。如果父指针为 NULL，则将其添加为 `kset-> kobj` 内的子目录。如果其父和 kset 字段都未设置，它将映射到 sysfs 内的根目录（`/sys`）。

可以使用 `sysfs_ {create | remove} _link` 函数创建/删除现有对象（目录）上的符号链接：

```
int sysfs_create_link(struct kobject * kobj,
                      struct kobject * target, char * name);
void sysfs_remove_link(struct kobject * kobj, char * name);
```

这将允许对象存在于多个位置。`create` 函数将创建名为 `name` 的符号链接，指向 `target kobject` 的 sysfs 项。众所周知的例子就是出现在`/sys/bus` 和`/sys/devices` 中的设备。创建的符号链接即使在 `target` 删除后也将保持。需要知道的是 `target` 删除时，要删除相应的符号链接。

13.3.1 sysfs 文件和属性

文件的默认设置是通过 kobject 和 kset 中的 ktype 字段、kobj_type 的 `default_attrs` 字段提供的。在大多数情况下，默认属性足够了。但有时 ktype 实例可能需要其自己的属性来提供不被更通用的 ktype 所共享的数据或功能。

请回想一下，用于在默认设置顶部添加/删除新属性（或一组属性）的底层函数如下：

```
int sysfs_create_file(struct kobject *kobj,
```

```
                              const struct attribute *attr);
        void sysfs_remove_file(struct kobject *kobj,
                              const struct attribute *attr);
        int sysfs_create_group(struct kobject *kobj,
                              const struct attribute_group *grp);
        void sysfs_remove_group(struct kobject * kobj,
                              const struct attribute_group * grp);
```

当前接口

目前在 sysfs 中存在接口层。除了创建自己的 ktype 或 kobject 来添加属性外，还可以使用当前存在的设备、驱动程序、总线和类属性。它们的描述如下。

（1）设备属性

除嵌入设备结构中的 kobject 提供的默认属性之外，还可以创建自定义属性。执行此操作使用的结构是 struct device_attribute，它只是对标准 struct attribute 的封装，以及一组用于显示/存储属性值的回调：

```
struct device_attribute {
    struct attribute attr;
    ssize_t (*show)(struct device *dev,
                    struct device_attribute *attr,
                    char *buf);
    ssize_t (*store)(struct device *dev,
                    struct device_attribute *attr,
                    const char *buf, size_t count);
};
```

它们的声明通过 DEVICE_ATTR 宏完成：

```
DEVICE_ATTR(_name, _mode, _show, _store);
```

每当使用 DEVICE_ATTR 声明设备属性时，都会在属性名称上添加前缀 dev_attr_。例如，如果把 _name 参数设置为 foo 来声明属性，则可通过 dev_attr_foo 变量名称访问该属性。

为了理解其原因，下面介绍在 include/linux/device.h 中定义的 DEVICE_ATTR 宏：

```
#define DEVICE_ATTR(_name, _mode, _show, _store) \
    struct device_attribute dev_attr_##_name = __ATTR(_name, _mode,_show, _store)
```

可以使用 device_create_file 和 device_remove_file 函数添加/删除：

```
int device_create_file(struct device *dev,
                       const struct device_attribute * attr);
void device_remove_file(struct device *dev,
                        const struct device_attribute * attr);
```

下面的例子演示如何将它们组织在一起：

```
static ssize_t foo_show(struct device *child,
    struct device_attribute *attr, char *buf)
{
    return sprintf(buf, "%d\n", foo_value);
}

static ssize_t bar_show(struct device *child,
        struct device_attribute *attr, char *buf)
{
    return sprintf(buf, "%d\n", bar_value);
}
```

以下是属性的静态声明：

```
static DEVICE_ATTR(foo, 0644, foo_show, NULL);
static DEVICE_ATTR(bar, 0644, bar_show, NULL);
```

下面的代码说明如何在系统上实际创建文件：

```
if ( device_create_file(dev, &dev_attr_foo) != 0 )
    /* 处理错误*/
if ( device_create_file(dev, &dev_attr_bar) != 0 )
    /* 处理错误*/
```

为了清理，属性删除在 remove 函数中完成：

```
device_remove_file(wm->dev, &dev_attr_foo);
device_remove_file(wm->dev, &dev_attr_bar);
```

为什么前面对相同的 kobject/ktype 的所有属性定义一套相同的 store/show 回调，而现在对每个属性使用自定义回调。一个原因是，设备子系统在封装标准结构的基础上定义其自己的属性结构；另一个原因是，它不是显示/存储属性值，而是使用 container_of 宏来提取 struct device_attribute，给出通用的 struct attribute，然后根据用户操作执行 show/store 回调。以下是 drivers/base/core.c 的摘录，显示设备 kobject 的 sysfs_ops：

```
static ssize_t dev_attr_show(struct kobject *kobj,
                             struct attribute *attr,
                             char *buf)
{
    struct device_attribute *dev_attr = to_dev_attr(attr);
    struct device *dev = kobj_to_dev(kobj);
    ssize_t ret = -EIO;
    if (dev_attr->show)
        ret = dev_attr->show(dev, dev_attr, buf);
    if (ret >= (ssize_t)PAGE_SIZE) {
        print_symbol("dev_attr_show: %s returned bad count\n",
                    (unsigned long)dev_attr->show);
    }
    return ret;
}

static ssize_t dev_attr_store(struct kobject *kobj, struct attribute *attr,
                    const char *buf, size_t count)
{
    struct device_attribute *dev_attr = to_dev_attr(attr);
    struct device *dev = kobj_to_dev(kobj);
    ssize_t ret = -EIO;

    if (dev_attr->store)
        ret = dev_attr->store(dev, dev_attr, buf, count);
    return ret;
}

static const struct sysfs_ops dev_sysfs_ops = {
    .show = dev_attr_show,
    .store      = dev_attr_store,
};
```

　　同样的原理适用于总线（在 drivers/base/bus.c 中）、驱动程序（在 drivers/ base/bus.c 中）和 class（在 drivers/base/class.c 中）属性。它们使用 container_of 宏来获取其特定的属性结构，然后调用嵌入其中的 show/store 回调。

　　（2）总线属性

　　它依赖于 struct bus_attribute 结构：

```
struct bus_attribute {
    struct attribute attr;
    ssize_t (*show)(struct bus_type *, char * buf);
    ssize_t (*store)(struct bus_type *, const char * buf, size_t count);
};
```

总线属性使用 BUS_ATTR 宏来声明：

```
BUS_ATTR(_name, _mode, _show, _store)
```

所有使用 BUS_ATTR 声明的总线属性都会将前缀 bus_attr_ 添加到属性变量名称：

```
#define BUS_ATTR(_name, _mode, _show, _store)          \
struct bus_attribute bus_attr_##_name = __ATTR(_name, _mode, _show, _store)
```

使用 bus_ {create | remove} _file 函数创建/删除它们：

```
int bus_create_file(struct bus_type *, struct bus_attribute *);
void bus_remove_file(struct bus_type *, struct bus_attribute *);
```

（3）设备驱动程序属性

使用的结构是 struct driver_attribute：

```
struct driver_attribute {
        struct attribute attr;
        ssize_t (*show)(struct device_driver *, char * buf);
        ssize_t (*store)(struct device_driver *, const char * buf,
                        size_t count);
};
```

该声明依赖于 DRIVER_ATTR 宏，它将在属性变量名称上添加前缀 driver_attr_：

```
DRIVER_ATTR(_name, _mode, _show, _store)
```

该宏定义如下：

```
#define DRIVER_ATTR(_name, _mode, _show, _store) \
struct driver_attribute driver_attr_##_name = __ATTR(_name, _mode,
_show, _store)
```

创建/删除依赖于 driver_ {create | remove} _file 函数：

```
int driver_create_file(struct device_driver *,
                        const struct driver_attribute *);
void driver_remove_file(struct device_driver *,
                        const struct driver_attribute *);
```

（4）类属性

struct class_attribute 是基本结构：

```
struct class_attribute {
```

```
        struct attribute            attr;
        ssize_t (*show)(struct device_driver *, char * buf);
        ssize_t (*store)(struct device_driver *, const char * buf,
                        size_t count);
};
```

类属性的声明依赖于 CLASS_ATTR：

```
CLASS_ATTR(_name, _mode, _show, _store)
```

正如该宏的定义所示，任何用 CLASS_ATTR 声明的类属性都会将前缀
class_attr_ 添加到属性变量名称中：

```
#define CLASS_ATTR(_name, _mode, _show, _store) \
struct class_attribute class_attr_##_name = __ATTR(_name, _mode,
_show, _store)
```

文件的创建和删除操作由 class_ {create | remove} _file 函数完成：

```
int class_create_file(struct class *class,
        const struct class_attribute *attr);

void class_remove_file(struct class *class,
        const struct class_attribute *attr);
```

> 请注意，device_create_file()、bus_create_file()、driver_
> create_file()和 class_create_file()都会内部调用 sysfs_
> create_file()。由于它们都是内核对象，因此它们的结构中嵌入了
> kobject。之后该 kobject 作为参数传递给 sysfs_create_file，如下所示：

```
int device_create_file(struct device *dev,
                const struct device_attribute *attr)
{
    [...]
    error = sysfs_create_file(&dev->kobj, &attr->attr);
    [...]
}

int class_create_file(struct class *cls,
                const struct class_attribute *attr)
  {
    [...]
    error =
        sysfs_create_file(&cls->p->class_subsys.kobj,
```

```
                              &attr->attr);
    return error;
}

int bus_create_file(struct bus_type *bus,
                     struct bus_attribute *attr)
{
    [...]
    error =
        sysfs_create_file(&bus->p->subsys.kobj,
                          &attr->attr);
    [...]
}
```

13.3.2 允许轮询 sysfs 属性文件

这里介绍如何不让 CPU 浪费轮询时间来感知 sysfs 属性数据的可用性。这个想法是使用 poll 或 select 系统调用来等待属性内容的改变。使 sysfs 属性可轮询的补丁由尼尔·布朗（Neil Brown）和格雷格·克鲁亚·哈特曼（Greg Kroah-Hartman）创建。kobject 管理器（有权访问 kobject 的驱动程序）必须支持通知，使 poll 或 select 在内容改变时能够返回（被释放）。实现该技巧的神奇函数来自内核方面，它就是 sysfs_notify()：

```
void sysfs_notify(struct kobject *kobj, const char *dir,
                  const char *attr)
```

如果 dir 参数非空，则用它查找包含该属性的子目录（可能由 sysfs_create_group 创建）。此成本是每个属性一个 int，每个 kobject 一个 wait_queuehead，每个打开的文件一个 int。

poll 将返回 POLLERR | POLLPRI，无论等待读取、写入还是异常，select 都返回 fd。阻塞轮询来自用户端。只有在调整内核属性值后才应调用 sysfs_notify()。

将 poll()（或 select()）代码视为订阅者，关注感兴趣的属性的更改；将 sysfs_notify() 视作发布者，它将任何更改通知订阅者。

以下内容摘录自本书所提供的代码，它是属性的 store 函数：

```
static ssize_t store(struct kobject *kobj, struct attribute *attr,
                     const char *buf, size_t len)
{
    struct d_attr *da = container_of(attr, struct d_attr, attr);
```

```
        sscanf(buf, "%d", &da->value);
        printk("sysfs_foo store %s = %d\n", a->attr.name, a->value);

        if (strcmp(a->attr.name, "foo") == 0){
            foo.value = a->value;
            sysfs_notify(mykobj, NULL, "foo");
        }
        else if(strcmp(a->attr.name, "bar") == 0){
            bar.value = a->value;
            sysfs_notify(mykobj, NULL, "bar");
        }
        return sizeof(int);
}
```

用户空间代码必须像下面这样操作才能感知数据的变化。

（1）打开文件属性。

（2）对所有内容进行虚拟阅读。

（3）调用轮询请求 POLLERR | POLLPRI（select/ exceptfds 也可以）。

（4）poll（或 select）返回时（表示值已更改），读取数据发生变化的文件的内容。

（5）关闭文件，转到循环的顶部。

如果不确定 sysfs 属性是否可轮询，请设置合适的超时值。本书例子中提供了用户空间示例。

13.4　总结

现在已熟悉 LDM 概念及其数据结构（总线、类、设备驱动程序和设备），包括 kobject、kset、kobj_type 底层数据结构和属性（或者属性组），对内核中对象的表示方式（针对 sysfs 和设备拓扑结构）等内容已经不再神秘。这样就能够创建属性（或组），通过 sysfs 公开设备或驱动程序的功能。如果读者理解了前面这些话题，接下来将转向第 14 章，它大量使用了 sysfs 的功能。

第 14 章
引脚控制和 GPIO 子系统

大多数嵌入式 Linux 驱动程序和内核工程师使用 GPIO 编写代码或使用引脚多路复用技术。所谓引脚是指元件的引出线。SoC 会复用引脚,这意味着引脚可能具有多种功能,例如,arch/arm/boot/dts/imx6dl-pinfunc.h 中的 MX6QDL_PAD_SD3_DAT1 可以是 SD3 数据线 1、UART1 的 cts/rts、Flexcan2 的 Rx 或标准 GPIO。

引脚工作模式的选择机制称为引脚多路复用。负责该选择的系统称为引脚控制器。本章第二部分将讨论通用输入输出(GPIO),这是引脚可以运行的特殊功能(模式)。

本章涉及以下主题。

● 引脚控制子系统,以及怎样在 DT 中声明其节点。
● 探索原来基于整数的 GPIO 接口以及新的基于描述符的接口 API。
● 处理映射到 IRQ 的 GPIO。
● 处理专用于 GPIO 的 sysfs 接口。

14.1 引脚控制子系统

引脚控制(pinctrl)子系统能够管理引脚复用。DT 中需要引脚以某种方式多路复用的设备必须声明它们所需的引脚控制配置。

引脚控制子系统提供以下两部分。

● 引脚复用:使同一引脚能够重用于不同的目的,例如一个引脚可以是 UART TX 引脚、GPIO 线或 HSI 数据线。多路复用会影响引脚组或单个引脚。
● 引脚配置:应用引脚的电气特性,如上拉、下拉、驱动强度、去抖间隔等。

本书的目的仅限于使用引脚控制器驱动程序提供的函数,而不是介绍如何编写引脚控制器驱动程序。

pinctrl 和设备树

pinctrl 只是收集引脚（不仅是 GPIO）的方式，并将它们传递给驱动程序。引脚控制器驱动程序负责解析 DT 中的引脚描述，并将其配置应用到芯片中。驱动程序通常需要一组两个嵌套节点来描述引脚组配置。第一个节点描述组的功能（该组将用于什么目的），第二个节点用于保存引脚配置。

引脚组在 DT 中的分配方式很大程度上取决于平台以及引脚控制器驱动程序。每个引脚控制状都是整数 ID，它是从 0 开始的连续整数。可以使用名称属性，该属性将映射到 ID 顶部，以便相同的名称始终指向相同的 ID。

每个客户端设备自身的绑定决定了必须在其 DT 节点中定义的状态集合，以及是否定义必须提供的状态 ID 集合或状态名称集合。在任何情况下，引脚配置节点都可以通过两个属性分配给设备。

- pinctrl- <ID>：这允许提供设备某种状态所需的 pinctrl 配置列表。它是 phandle 列表，指向引脚配置节点。这些引用的引脚配置节点必须是它们配置的引脚控制器的子节点。此列表中可能存在多项，因此可以配置多个引脚控制器，或者可以从单个引脚控制器的多个节点构建状态，每个节点成为整体配置的一部分。
- pinctrl-name：这允许为列表中的每个状态提供名称。列表项 0 定义整数状态 ID 0 的名称，列表项 1 定义整数状态 ID 1 的名称等。通常把状态 ID 0 命名为 default（默认）。标准化的状态列表可以在 include/linux/pinctrl/pinctrl-state.h 中找到。

以下 DT 摘录显示一些设备节点及其引脚控制节点：

```
usdhc@0219c000 { /* uSDHC4 */
    non-removable;
    vmmc-supply = <&reg_3p3v>;
    status = "okay";
    pinctrl-names = "default";
    pinctrl-0 = <&pinctrl_usdhc4_1>;
};

gpio-keys {
    compatible = "gpio-keys";
    pinctrl-names = "default";
    pinctrl-0 = <&pinctrl_io_foo &pinctrl_io_bar>;
};
```

```
iomuxc@020e0000 {
    compatible = "fsl,imx6q-iomuxc";
    reg = <0x020e0000 0x4000>;

    /* 共享 pinctrl 设置 */
    usdhc4 { /* 描述函数的第一个节点*/
        pinctrl_usdhc4_1: usdhc4grp-1 { /* 第二个节点 */
            fsl,pins = <
                MX6QDL_PAD_SD4_CMD__SD4_CMD     0x17059
                MX6QDL_PAD_SD4_CLK__SD4_CLK     0x10059
                MX6QDL_PAD_SD4_DAT0__SD4_DATA0 0x17059
                MX6QDL_PAD_SD4_DAT1__SD4_DATA1 0x17059
                MX6QDL_PAD_SD4_DAT2__SD4_DATA2 0x17059
                MX6QDL_PAD_SD4_DAT3__SD4_DATA3 0x17059
                MX6QDL_PAD_SD4_DAT4__SD4_DATA4 0x17059
                MX6QDL_PAD_SD4_DAT5__SD4_DATA5 0x17059
                MX6QDL_PAD_SD4_DAT6__SD4_DATA6 0x17059
                MX6QDL_PAD_SD4_DAT7__SD4_DATA7 0x17059
            >;
        };
    };
    [...]
    uart3 {
        pinctrl_uart3_1: uart3grp-1 {
            fsl,pins = <
                MX6QDL_PAD_EIM_D24__UART3_TX_DATA 0x1b0b1
                MX6QDL_PAD_EIM_D25__UART3_RX_DATA 0x1b0b1
            >;
        };
    };
    // GPIOs (Inputs)
    gpios {
        pinctrl_io_foo: pinctrl_io_foo {
            fsl,pins = <
                MX6QDL_PAD_DISP0_DAT15__GPIO5_IO09  0x1f059
                MX6QDL_PAD_DISP0_DAT13__GPIO5_IO07  0x1f059
            >;
        };
        pinctrl_io_bar: pinctrl_io_bar {
            fsl,pins = <
                MX6QDL_PAD_DISP0_DAT11__GPIO5_IO05  0x1f059
                MX6QDL_PAD_DISP0_DAT9__GPIO4_IO30   0x1f059
                MX6QDL_PAD_DISP0_DAT7__GPIO4_IO28   0x1f059
                MX6QDL_PAD_DISP0_DAT5__GPIO4_IO26   0x1f059
            >;
```

```
        };
    };
};
```

前面例子中给出的引脚配置形式为<PIN_FUNCTION> <PIN_SETTING>。例如：

```
MX6QDL_PAD_DISP0_DAT15__GPIO5_IO09 0x80000000
```

MX6QDL_PAD_DISP0_DAT15__GPIO5_IO09 代表引脚功能，这里为 GPIO 输入，0x80000000 代表引脚设置。

对于这一行：

```
MX6QDL_PAD_EIM_D25__UART3_RX_DATA 0x1b0b1
```

MX6QDL_PAD_EIM_D25__UART3_RX_DATA 代表引脚功能，即 UART3 的 RX 线，0x1b0b1 代表其设置。

引脚功能是一个宏，其值仅对引脚控制器驱动程序有意义。这些通常定义在 arch/<arch>/boot/dts/内的头文件中。例如，如果使用具有 i.MX6 四核（ARM）的 UDOO quad，则引脚函数头文件将为 arch/arm/boot/dts/imx6q-pinfunc.h。下面的宏对应于 GPIO5 控制器的第五行：

```
#define MX6QDL_PAD_DISP0_DAT11__GPIO5_IO05   0x19c 0x4b0 0x000 0x5 0x0
```

<PIN_SETTING>可以用来设置上拉、下拉、保持，驱动强度等。应如何指定取决于引脚控制器的绑定，其值的含义取决于 SoC 数据手册，通常位于 IOMUX 部分。在 i.MX6 IOMUXC 上，只有低于 17 位用于此目的。

前面这些节点从相应的驱动程序相关节点调用。然而，这些引脚在相应驱动程序初始化期间配置。在选择引脚组状态之前，必须先使用 pinctrl_get() 函数获取引脚控制，然后调用 pinctrl_lookup_state()检查请求的状态是否存在，最后调用 pinctrl_select_state()应用状态。

下面的例子显示如何获取引脚控制，并应用其默认配置：

```
struct pinctrl *p;
struct pinctrl_state *s;
int ret;

p = pinctrl_get(dev);
if (IS_ERR(p))
    return p;
```

```
s = pinctrl_lookup_state(p, name);
if (IS_ERR(s)) {
    devm_pinctrl_put(p);
    return ERR_PTR(PTR_ERR(s));
}

ret = pinctrl_select_state(p, s);
if (ret < 0) {
    devm_pinctrl_put(p);
    return ERR_PTR(ret);
}
```

驱动程序初始化期间通常执行这些步骤。该代码的合适位置可以放在 probe() 函数内。

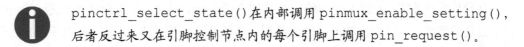 pinctrl_select_state() 在内部调用 pinmux_enable_setting()，后者反过来又在引脚控制节点内的每个引脚上调用 pin_request()。

引脚控制可以通过 pinctrl_put() 函数释放。可以使用 API 的资源管理版本。也就是说，可以使用 pinctrl_get_select()，给定要选择的状态名称，以便配置引脚的多路复用。该函数在 include/linux/pinctrl/consumer.h 中的定义如下：

```
static struct pinctrl *pinctrl_get_select(struct device *dev,
                              const char *name)
```

其中，* name 是写入 pinctrl-name 属性内的状态名。如果状态的名称是 default，则只可以调用 pinctr_get_select_default() 函数，它是对 pinctl_get_select() 的封装：

```
static struct pinctrl * pinctrl_get_select_default(
                              struct device *dev)
{
    return pinctrl_get_select(dev, PINCTRL_STATE_DEFAULT);
}
```

下面来看一个与开发板有关的 dts 文件（am335x-evm.dts）的真实例子：

```
dcan1: d_can@481d0000 {
    status = "okay";
    pinctrl-names = "default";
    pinctrl-0 = <&d_can1_pins>;
};
```

在相应的驱动程序中：

```
pinctrl = devm_pinctrl_get_select_default(&pdev->dev);
if (IS_ERR(pinctrl))
    dev_warn(&pdev->dev,"pins are not configured from the driver\n");
```

 探测到设备后，引脚控制核会自动把 pinctrl 状态声明为 default。如果定义了 init 状态，pinctrl 核将在 probe() 函数之前自动将 pinctrl 设置为此状态，然后在 probe() 之后切换到 default 状态（除非驱动程序已显式更改状态）。

14.2　GPIO 子系统

从硬件角度来看，GPIO 是功能，是引脚可以运行的模式。从软件角度来看，GPIO 只不过是数字线，可以作为输入或输出使用，并且只能有两个值（1 表示高电平，0 表示低电平）。内核 GPIO 子系统提供在驱动程序中可以想象得到的设置和处理 GPIO 线路的所有功能。

- 在驱动程序内使用 GPIO 之前，应该向内核声明它。这是获取 GPIO 所有权的一种方式，可以防止其他驱动程序访问相同的 GPIO。在获得 GPIO 的所有权后，可以进行以下操作。
  - ➤ 设置方向。
  - ➤ 如果用作输出，则切换其输出状态（线路驱动到高电平或低电平）。
  - ➤ 如果用作输入，则设置去抖间隔，并读取状态。对于映射到 IRQ 的 GPIO 线，则可以定义触发中断的边沿/电平，注册中断发生时要运行的处理程序。

内核中实际上有以下两种不同的 GPIO 处理方式。
- 旧的建议弃用的基于整数的接口，GPIO 由整数表示。
- 新的推荐使用基于描述符的接口，GPIO 由不透明结构表示和描述，具有专用 API。

14.2.1　基于整数的 GPIO 接口：传统方法

基于整数的接口最为人所熟知。GPIO 用整数标识，GPIO 上需要执行的每个操作都使用该整数。以下是包含传统 GPIO 访问函数的头文件：

```
#include <linux/gpio.h>
```

内核中有一些函数处理 GPIO。

1. 声明和配置 GPIO

使用 gpio_request() 函数可以分配和获取 GPIO 的所有权：

```
static int gpio_request(unsigned gpio, const char *label)
```

gpio 表示感兴趣的 GPIO 号，label 是内核用来表示 sysfs 中 GPIO 的标签，正如在/sys/kernel/debug/gpio 中看到的那样。必须检查该函数的返回值，0 代表成功，出错时返回负的错误代码。使用 GPIO 后，应该用 gpio_free() 函数释放它：

```
void gpio_free(unsigned int gpio)
```

如有疑问，可以在分配 GPIO 编号之前使用 gpio_is_valid() 函数检查此编号在系统上是否有效：

```
static bool gpio_is_valid(int number)
```

一旦拥有 GPIO，就可以改变其方向，根据需要，它应该是输入还是输出，分别调用 gpio_direction_input() 或 gpio_direction_output() 函数：

```
static int  gpio_direction_input(unsigned gpio)
static int  gpio_direction_output(unsigned gpio, int value)
```

gpio 是需要设置方向的 GPIO 编号。当将 GPIO 配置为输出时，还有另一个参数：value，即输出方向有效时 GPIO 应处的状态。该函数的返回值也是零或负的错误码。在内部，这些函数被映射到 GPIO 控制器驱动程序提供的低层回调函数的顶部。第 15 章将处理 GPIO 控制器驱动程序，到时将看到 GPIO 控制器必须通过其 struct gpio_chip 结构提供一组通用回调函数来使用其 GPIO。

一些 GPIO 控制器提供了更改 GPIO 去抖间隔函数（这仅在 GPIO 线配置为输入时才有用）的可能性。此功能与平台有关，可以使用 int gpio_set_debounce() 来实现：

```
static int gpio_set_debounce(unsigned gpio, unsigned debounce)
```

其中 debounce 是以毫秒为单位的去抖时间。

所有上述函数都应在可能睡眠的上下文环境中调用。在驱动程序的 probe 函数内声明和配置 GPIO 是一种很好的做法。

2. 访问 GPIO——获取/设置值

访问 GPIO 时应注意，在原子上下文中，特别是在中断处理程序中，必须确保 GPIO

控制器回调函数不会睡眠。设计良好的控制器驱动程序应该能够通知其他驱动程序（实际上是客户端）调用其方法是否可以睡眠。这可以使用 gpio_cansleep() 函数进行检查。

 用于访问 GPIO 的函数都不返回错误代码。这就是在 GPIO 分配和配置期间应该注意并检查返回值的原因。

（1）在原子上下文内

某些 GPIO 控制器可以通过简单的内存读取/写入操作进行访问和管理。这些通常嵌入在 SoC 中，不需要睡眠。对于这些控制器，gpio_cansleep() 将始终返回 false。对于这样的 GPIO，可以在 IRQ 处理程序内使用大家熟知的 gpio_get_value() 或 gpio_set_value() 获取/设置它们的值，调用哪个函数取决于 GPIO 线路配置为输入还是输出：

```
static int  gpio_get_value(unsigned gpio)
void gpio_set_value(unsigned int gpio, int value);
```

当 GPIO 配置为输入时（使用 gpio_direction_input()），应使用 gpio_get_value()，它返回 GPIO 的实际值（状态）。另外，gpio_set_value() 会影响 GPIO 的值，应该使用 gpio_direction_output() 把 GPIO 配置为输出。对于这两个函数，可以将 value 视为布尔值，其中零表示低电平，而非零值意味着高电平。

（2）在非原子上下文中（可以睡眠）

某些 GPIO 控制器连接在总线上，如 SPI 和 I2C。由于访问这些总线的函数可能会导致睡眠，因此 gpio_cansleep() 函数应始终返回 true（由 GPIO 控制器返回 true）。在这种情况下，不应该在 IRQ 处理程序内访问这些 GPIO，至少不要在上半部分（硬 IRQ）中进行访问。此外，必须用作为一般目的访问的访问器应该添加后缀 _cansleep：

```
static int gpio_get_value_cansleep(unsigned gpio);
void gpio_set_value_cansleep(unsigned gpio, int value);
```

它们的行为与没有 _cansleep() 名称后缀的访问器完全相同，唯一的区别是它们阻止内核在访问 GPIO 时打印警告消息。

3. 映射到 IRQ 的 GPIO

输入 GPIO 通常可以用作 IRQ 信号。这种 IRQ 可以是边沿触发或电平触发，其配置取决于需求。GPIO 控制器负责提供 GPIO 及其 IRQ 之间的映射。可以使用 goio_to_irq() 将给定的 GPIO 编号映射到其 IRQ 号：

```
int gpio_to_irq(unsigned gpio);
```

返回值是 IRQ 号，在其上可以调用 request_irq()（或线程版本 request_threaded_irq()）以注册此 IRQ 的处理程序：

```
static irqreturn_t my_interrupt_handler(int irq, void *dev_id)
{
    [...]
    return IRQ_HANDLED;
}

[...]
int gpio_int = of_get_gpio(np, 0);
int irq_num = gpio_to_irq(gpio_int);
int error = devm_request_threaded_irq(&client->dev, irq_num,
                        NULL, my_interrupt_handler,
                        IRQF_TRIGGER_RISING | IRQF_ONESHOT,
                        input_dev->name, my_data_struct);
if (error) {
    dev_err(&client->dev, "irq %d requested failed, %d\n",
        client->irq,error);
    return error;
}
```

4. 小结

以下代码是一个练习，其中用到讨论过的基于整数接口的所有概念。该驱动程序管理 4 个 GPIO：两个按钮（btn1 和 btn2）以及两个 LED（绿色和红色）。Btn1 映射到 IRQ，每当其状态变为 LOW 时，btn2 的状态将应用于 LED。例如，如果 btn1 的状态变为低电平而 btn2 为高电平，则绿色和红色 LED 将被驱动为高电平：

```
#include <linux/init.h>
#include <linux/module.h>
#include <linux/kernel.h>
#include <linux/gpio.h>          /* 遗留的基于整数的 GPIO */
#include <linux/interrupt.h>    /* IRQ */

static unsigned int GPIO_LED_RED = 49;
static unsigned int GPIO_BTN1 = 115;
static unsigned int GPIO_BTN2 = 116;
static unsigned int GPIO_LED_GREEN = 120;
static unsigned int irq;

static irq_handler_t btn1_pushed_irq_handler(unsigned int irq,
```

```
                                void *dev_id, struct pt_regs *regs)
{
    int state;
    /*读取 BTN2 值并更改 LED 状态*/
    state = gpio_get_value(GPIO_BTN2);
    gpio_set_value(GPIO_LED_RED, state);
    gpio_set_value(GPIO_LED_GREEN, state);

    pr_info("GPIO_BTN1 interrupt: Interrupt! GPIO_BTN2 state is %d)\n", state);
    return IRQ_HANDLED;
}

static int __init helloworld_init(void)
{
    int retval;

    /*
     * 可以检查 GPIO 在控制器上是否有效
     * 使用 gpio_is_valid()函数
     * 例:
     *  if (!gpio_is_valid(GPIO_LED_RED)) {
     *        pr_infor("Invalid Red LED\n");
     *        return -ENODEV;
     *  }
     */
    gpio_request(GPIO_LED_GREEN, "green-led");
    gpio_request(GPIO_LED_RED, "red-led");
    gpio_request(GPIO_BTN1, "button-1");
    gpio_request(GPIO_BTN2, "button-2");

    /*
     * 配置按钮 GPIO 作为输入
     *
     * 在此之后, 只有当控制器具有该特性时才可以调用 gpio_set_debounce()
     *
     * 例如, 取消延迟 200ms 的按钮
     * gpio_set_debounce(GPIO_BTN1, 200);
     */
    gpio_direction_input(GPIO_BTN1);
    gpio_direction_input(GPIO_BTN2);

    /*
     * 将 LED GPIO 设置为输出, 初始值设置为 0
     */
    gpio_direction_output(GPIO_LED_RED, 0);
```

```
    gpio_direction_output(GPIO_LED_GREEN, 0);

    irq = gpio_to_irq(GPIO_BTN1);
    retval = request_threaded_irq(irq, NULL,\
                          btn1_pushed_irq_handler, \
                          IRQF_TRIGGER_LOW | IRQF_ONESHOT, \
                          "device-name", NULL);

    pr_info("Hello world!\n");
    return 0;
}

static void __exit helloworld_exit(void)
{
    free_irq(irq, NULL);
    gpio_free(GPIO_LED_RED);
    gpio_free(GPIO_LED_GREEN);
    gpio_free(GPIO_BTN1);
    gpio_free(GPIO_BTN2);

    pr_info("End of the world\n");
}

module_init(helloworld_init);
module_exit(helloworld_exit);

MODULE_AUTHOR("John Madieu <john.madieu@gmail.com>");
MODULE_LICENSE("GPL");
```

14.2.2 基于描述符的 GPIO 接口：新的推荐方式

新的基于描述符的 GPIO 接口将用一致的 `struct gpio_desc` 结构表征 GPIO：

```
struct gpio_desc {
    struct gpio_chip  *chip;
    unsigned long flags;
    const char *label;
};
```

使用新的接口时应该使用下面的头文件：

```
#include <linux/gpio/consumer.h>
```

使用基于描述符的接口时 ，在分配和获取 GPIO 的所有权之前，必须映射这些 GPIO。

所谓映射是指将它们分配给设备，而使用传统的基于整数的接口时，只需在任意位置获取数字并将其作为 GPIO 请求。实际上，内核中有 3 种映射。

- 平台数据映射：在开发板文件中实现映射。
- 设备树：以 DT 风格实现映射，与前面讨论的相同。这是本书将要讨论的映射。
- 高级配置和电源接口映射（ACPI）：以 ACPI 风格实现映射。通常用在基于 x86 的系统上。

1. GPIO 描述符映射——设备树

GPIO 描述符映射在消费者设备节点中定义。包含 GPIO 描述符映射的属性必须命名为<name>-gpios 或<name>-gpio，其中<name>的命名要足以描述这些 GPIO 的用途。

属性命名应该始终添加后缀-gpio 或-gpios，因为每个基于描述符的接口函数都依赖于 drivers/gpio/gpiolib.h 内定义的 gpio_suffixes []变量，如下所示：

```
/* 用于 ACPI 和设备树查找的 GPIO 后缀 */
static const char * const gpio_suffixes[] = { "gpios", "gpio" };
```

下面的函数用于在 DT 设备中查找 GPIO 描述符映射：

```
static struct gpio_desc *of_find_gpio(struct device *dev,
                                      const char *con_id,
                                      unsigned int idx,
                                      enum gpio_lookup_flags *flags)
{
    char prop_name[32]; /*32 是属性名的最大值*/
    enum of_gpio_flags of_flags;
    struct gpio_desc *desc;
    unsigned int i;

    for (i = 0; i < ARRAY_SIZE(gpio_suffixes); i++) {
        if (con_id)
                snprintf(prop_name, sizeof(prop_name), "%s-%s",
                        con_id,
                        gpio_suffixes[i]);
        else
                snprintf(prop_name, sizeof(prop_name), "%s",
                        gpio_suffixes[i]);

        desc = of_get_named_gpiod_flags(dev->of_node,
                                        prop_name, idx,
```

```
                                  &of_flags);
        if (!IS_ERR(desc) || (PTR_ERR(desc) == -EPROBE_DEFER))
                break;
    }

    if (IS_ERR(desc))
        return desc;

    if (of_flags & OF_GPIO_ACTIVE_LOW)
        *flags |= GPIO_ACTIVE_LOW;

    return desc;
}
```

现在考虑下面的节点，该代码摘自 Documentation/gpio/board.txt：

```
foo_device {
  compatible = "acme,foo";
  [...]
  led-gpios = <&gpio 15 GPIO_ACTIVE_HIGH>, /*红色*/
              <&gpio 16 GPIO_ACTIVE_HIGH>, /*绿色 */
              <&gpio 17 GPIO_ACTIVE_HIGH>; /*蓝色*/

  power-gpios = <&gpio 1 GPIO_ACTIVE_LOW>;
  reset-gpios = <&gpio 1 GPIO_ACTIVE_LOW>;
};
```

这是映射命名的样子，其名称的意义显而易见。

2.　分配和使用 GPIO

使用 gpiod_get 或 gpiod_get_index 可以分配 GPIO 描述符：

```
struct gpio_desc *gpiod_get_index(struct device *dev,
                                  const char *con_id,
                                  unsigned int idx,
                                  enum gpiod_flags flags)
struct gpio_desc *gpiod_get(struct device *dev,
                            const char *con_id,
                            enum gpiod_flags flags)
```

出错时，如果指定的函数未分配 GPIO，则这些函数将返回-ENOENT；出现其他错误时，则可以使用 IS_ERR() 宏。第一个函数返回给定索引处对应于 GPIO 的 GPIO 描述符结构，而第二个函数返回索引 0 处的 GPIO（用于一个 GPIO 映射）。dev 是 GPIO

描述符所属设备，这是一个设备。con_id 是 GPIO 消费者内部的功能，它对应于 DT 中的属性名称的<name>前缀。idx 是需要描述符的 GPIO 的索引（从 0 开始）。flags 是一个可选参数，用于确定 GPIO 初始化标志，以配置方向和/或输出值。下面是 include/linux/gpio/ consumer.h 中定义的 enum gpiod_flags 的实例：

```
enum gpiod_flags {
    GPIOD_ASIS = 0,
    GPIOD_IN = GPIOD_FLAGS_BIT_DIR_SET,
    GPIOD_OUT_LOW = GPIOD_FLAGS_BIT_DIR_SET |
                    GPIOD_FLAGS_BIT_DIR_OUT,
    GPIOD_OUT_HIGH = GPIOD_FLAGS_BIT_DIR_SET |
                     GPIOD_FLAGS_BIT_DIR_OUT |
                     GPIOD_FLAGS_BIT_DIR_VAL,
};
```

现在，为前面 DT 中定义的映射分配 GPIO 描述符：

```
struct gpio_desc *red, *green, *blue, *power;

red = gpiod_get_index(dev, "led", 0, GPIOD_OUT_HIGH);
green = gpiod_get_index(dev, "led", 1, GPIOD_OUT_HIGH);
blue = gpiod_get_index(dev, "led", 2, GPIOD_OUT_HIGH);

power = gpiod_get(dev, "power", GPIOD_OUT_HIGH);
```

LED GPIO 高电平有效，而电源 GPIO 则低电平有效（gpiod_is_active_low(power) 将为真）。分配的反向操作是通过 gpiod_put() 函数完成的：

```
gpiod_put(struct gpio_desc *desc);
```

下面介绍如何释放 red 和 blue 的 GPIO LED：

```
gpiod_put(blue);
gpiod_put(red);
```

在进一步讨论之前，请记住，除与 gpio_request() 和 gpio_free() 完全不同的 gpiod_get()/ gpiod_get_index() 和 gpiod_put() 之外，只要将 gpio_ 前缀更改为 gpiod_ 即可实现从基于整数接口到基于描述符接口的 API 转换。

也就是说，要改变方向，应该使用 gpiod_direction_input() 和 gpiod_direction_output()：

```
int gpiod_direction_input(struct gpio_desc *desc);
```

```
int gpiod_direction_output(struct gpio_desc *desc, int value);
```

value 是方向设置为输出时应用于 GPIO 的状态。如果 GPIO 控制器具有此功能，则可以使用其描述符来设置给定 GPIO 的去抖超时值：

```
int gpiod_set_debounce(struct gpio_desc *desc, unsigned debounce);
```

要访问指定描述符的 GPIO，必须要像访问基于整数的接口一样注意。换句话说，应该注意是处于原子（不能睡眠）上下文，还是非原子上下文中，然后使用相应的函数：

```
int gpiod_cansleep(const struct gpio_desc *desc);

/* 值 get/set 来自睡眠上下文 */
int gpiod_get_value_cansleep(const struct gpio_desc *desc);
void gpiod_set_value_cansleep(struct gpio_desc *desc, int value);

/* 值 get/set 来自非睡眠上下文 */
int gpiod_get_value(const struct gpio_desc *desc);
void gpiod_set_value(struct gpio_desc *desc, int value);
```

对于映射到 IRQ 的 GPIO 描述符，可以使用 gpiod_to_irq() 来获得与指定 GPIO 描述符相对应的 IRQ 号，它可用于 request_irq()：

```
int gpiod_to_irq(const struct gpio_desc *desc);
```

任何给定时间，代码内都可以使用 desc_to_gpio() 或 gpio_to_desc() 从基于描述符的接口切换到旧的基于整数的接口，反之亦然：

```
/* 在旧的 gpio_ 和新的 gpiod_ 接口之间进行转换*/
struct gpio_desc *gpio_to_desc(unsigned gpio);
int desc_to_gpio(const struct gpio_desc *desc);
```

3. 小结

下面的驱动程序总结了基于描述符的接口中引入的概念。其原则与 GPIO 一样：

```
#include <linux/init.h>
#include <linux/module.h>
#include <linux/kernel.h>
#include <linux/platform_device.h>        /* 平台设备*/
#include <linux/gpio/consumer.h>          /* GPIO描述符*/
#include <linux/interrupt.h>              /* IRQ */
#include <linux/of.h>                     /* DT*/

/*
```

```
 * 考虑设备树中的以下映射:
 *
 *   foo_device {
 *       compatible = "packt, gpio-descriptor-sample";
 *       led-gpios = <&gpio2 15 GPIO_ACTIVE_HIGH>, // 红色
 *                   <&gpio2 16 GPIO_ACTIVE_HIGH>, // 蓝色
 *
 *       btn1-gpios = <&gpio2 1 GPIO_ACTIVE_LOW>,
 *       btn2-gpios = <&gpio2 31 GPIO_ACTIVE_LOW>,
 *   };
 */

static struct gpio_desc *red, *green, *btn1, *btn2;
static unsigned int irq;

static irq_handler_t btn1_pushed_irq_handler(unsigned int irq,
                            void *dev_id, struct pt_regs *regs)
{
    int state;

    /* 读取按钮值并更改 LED 状态*/
    state = gpiod_get_value(btn2);
    gpiod_set_value(red, state);
    gpiod_set_value(green, state);

    pr_info("btn1 interrupt: Interrupt! btn2 state is %d)\n",
            state);
    return IRQ_HANDLED;
}

static const struct of_device_id gpiod_dt_ids[] = {
    { .compatible = "packt,gpio-descriptor-sample", },
    { /* 哨兵 */ }
};
static int my_pdrv_probe (struct platform_device *pdev)
{
    int retval;
    struct device *dev = &pdev->dev;

    /*
     * 使用 gpiod_get/gpiod_get_index()和标记, 以便在单个函数调用中配置
     * GPIO 方向和初始值
     * 可以使用:
     *  red = gpiod_get_index(dev, "led", 0);
     *  gpiod_direction_output(red, 0);
```

```
     */
    red = gpiod_get_index(dev, "led", 0, GPIOD_OUT_LOW);
    green = gpiod_get_index(dev, "led", 1, GPIOD_OUT_LOW);

    /*
     * 将 GPIO 按钮配置为输入
     *
     * 在此之后，只有当控制器具有该特性时，才可以调用
     * gpiod_set_debounce()
     * 例如，取消延迟 200ms 的按钮
     * gpiod_set_debounce(btn1, 200);
     */
    btn1 = gpiod_get(dev, "btn1", GPIOD_IN);
    btn2 = gpiod_get(dev, "btn2", GPIOD_IN);

    irq = gpiod_to_irq(btn1);
    retval = request_threaded_irq(irq, NULL,\
                        btn1_pushed_irq_handler, \
                        IRQF_TRIGGER_LOW | IRQF_ONESHOT, \
                        "gpio-descriptor-sample", NULL);
    pr_info("Hello! device probed!\n");
    return 0;
}

static void my_pdrv_remove(struct platform_device *pdev)
{
    free_irq(irq, NULL);
    gpiod_put(red);
    gpiod_put(green);
    gpiod_put(btn1);
    gpiod_put(btn2);
    pr_info("good bye reader!\n");
}

static struct platform_driver mypdrv = {
    .probe      = my_pdrv_probe,
    .remove     = my_pdrv_remove,
    .driver     = {
        .name   = "gpio_descriptor_sample",
        .of_match_table = of_match_ptr(gpiod_dt_ids),
        .owner  = THIS_MODULE,
    },
};
module_platform_driver(mypdrv);
MODULE_AUTHOR("John Madieu <john.madieu@gmail.com>");
```

```
MODULE_LICENSE("GPL");
```

14.2.3 GPIO 接口和设备树

无论使用 GPIO 需要什么接口，如何指定 GPIO 取决于提供它们的控制器，尤其是其#gpio-cells 属性，它决定用于 GPIO 说明符的单元数。GPIO 说明符至少包含控制器句柄和一个或多个参数，其中提供 GPIO 的控制器的#gpio-cells 属性上的参数数量。第一个单元通常是控制器上的 GPIO 偏移号，第二个单元表示 GPIO 标志。

GPIO 属性应该命名为[<name> -] gpios]，其中<name>是该 GPIO 对设备的用途。请记住，该规则对于基于描述符的接口是必需的，其形式为<name> -gpios（注意，少了方括号，这意味着<name>前缀是必需的）：

```
gpio1: gpio1 {
    gpio-controller;
    #gpio-cells = <2>;
};
gpio2: gpio2 {
    gpio-controller;
    #gpio-cells = <1>;
};
[...]

cs-gpios = <&gpio1 17 0>,
           <&gpio2 2>;
           <0>, /* 孔是允许的，意味着没有 GPIO 2 */
           <&gpio1 17 0>;

reset-gpios = <&gpio1 30 0>;
cd-gpios = <&gpio2 10>;
```

在前面的示例中，CS GPIO 包含 controller 1 GPIO 和 controller 2 GPIO。如果不需要在列表的给定索引处指定 GPIO，可以使用<0>。reset GPIO 有两个单元（在控制器 phandle 之后有两个参数），而 CD GPIO 只有一个单元。从中可以看到该 GPIO 说明符的名字多有意义。

1. 传统的基于整数的接口和设备树

该接口依赖于如下头文件：

```
#include <linux/of_gpio.h>
```

使用传统的基于整数的接口时，如果要在驱动程序内支持 DT，则应该记住两个函数：`of_get_named_gpio()`和 `of_get_named_gpio_count()`：

```
int of_get_named_gpio(struct device_node *np,
                      const char *propname, int index)
int of_get_named_gpio_count(struct device_node *np,
                      const char* propname)
```

给定设备节点，前者返回 index 位置处属性* `propname` 的 GPIO 号。第二个函数只返回属性中指定的 GPIO 数量：

```
int n_gpios = of_get_named_gpio_count(dev.of_node,
                                      "cs-gpios"); /* return 4 */
int second_gpio = of_get_named_gpio(dev.of_node, "cs-gpio", 1);
int rst_gpio = of_get_named_gpio("reset-gpio", 0);
gpio_request(second_gpio, "my-gpio");
```

有些驱动程序仍然支持旧的说明符，其中 GPIO 属性命名为[<name> -gpio]或 gpios。在这种情况下，应该通过 `of_get_gpio()`和 `of_gpio_count()`来使用未命名的 API 版本：

```
int of_gpio_count(struct device_node *np)
int of_get_gpio(struct device_node *np, int index)
```

DT 节点像下面这样：

```
my_node@addr {
    compatible = "[...]";

    gpios = <&gpio1 2 0>, /* INT */
            <&gpio1 5 0>; /* RST */
    [...]
};
```

驱动程序中的代码如下所示：

```
struct device_node *np = dev->of_node;

if (!np)
    return ERR_PTR(-ENOENT);

int n_gpios = of_gpio_count(); /* 将返回 2 */
int gpio_int = of_get_gpio(np, 0);
if (!gpio_is_valid(gpio_int)) {
```

```
        dev_err(dev, "failed to get interrupt gpio\n");
        return ERR_PTR(-EINVAL);
    }

    gpio_rst = of_get_gpio(np, 1);
    if (!gpio_is_valid(pdata->gpio_rst)) {
        dev_err(dev, "failed to get reset gpio\n");
        return ERR_PTR(-EINVAL);
    }
```

下面重写第一个驱动程序（基于整数接口的驱动程序），以符合平台驱动程序结构，并使用 DT API：

```
#include <linux/init.h>
#include <linux/module.h>
#include <linux/kernel.h>
#include <linux/platform_device.h>        /* 平台设备*/
#include <linux/interrupt.h>              /* IRQ */
#include <linux/gpio.h>            /* 遗留的基于整数的 GPIO */
#include <linux/of_gpio.h>        /* of_gpio* 函数 */
#include <linux/of.h>             /* DT*/


/*
 * 例如以下节点
 *
 *    foo_device {
 *        compatible = "packt, gpio-legacy-sample";
 *        leds-gpios = <&gpio2 15 GPIO_ACTIVE_HIGH>, // 红色
 *                     <&gpio2 16 GPIO_ACTIVE_HIGH>, // 蓝色
 *
 *        btn1-gpios = <&gpio2 1 GPIO_ACTIVE_LOW>,
 *        btn2-gpios = <&gpio2 31 GPIO_ACTIVE_LOW>,
 *    };
 */

static unsigned int gpio_red, gpio_green, gpio_btn1, gpio_btn2;
static unsigned int irq;
static irq_handler_t btn1_pushed_irq_handler(unsigned int irq, void
*dev_id,
                                  struct pt_regs *regs)
{
    /* 该函数的内容保持不变*/
    [...]
}
```

```
static const struct of_device_id gpio_dt_ids[] = {
    { .compatible = "packt,gpio-legacy-sample", },
    { /* 哨兵 */ }
};

static int my_pdrv_probe (struct platform_device *pdev)
{
    int retval;
    struct device_node *np = &pdev->dev.of_node;

    if (!np)
        return ERR_PTR(-ENOENT);

    gpio_red = of_get_named_gpio(np, "led", 0);
    gpio_green = of_get_named_gpio(np, "led", 1);
    gpio_btn1 = of_get_named_gpio(np, "btn1", 0);
    gpio_btn2 = of_get_named_gpio(np, "btn2", 0);

    gpio_request(gpio_green, "green-led");
    gpio_request(gpio_red, "red-led");
    gpio_request(gpio_btn1, "button-1");
    gpio_request(gpio_btn2, "button-2");

    /* 配置 GPIO 和请求 IRQ 的代码保持不变 */
    [...]
    return 0;
}

static void my_pdrv_remove(struct platform_device *pdev)
{
    /* 该函数的内容保持不变 */
    [...]
}


static struct platform_driver mypdrv = {
    .probe   = my_pdrv_probe,
    .remove = my_pdrv_remove,
    .driver = {
    .name    = "gpio_legacy_sample",
            .of_match_table = of_match_ptr(gpio_dt_ids),
            .owner    = THIS_MODULE,
    },
```

```
};
module_platform_driver(mypdrv);

MODULE_AUTHOR("John Madieu <john.madieu@gmail.com>");
MODULE_LICENSE("GPL");
```

2. 设备树内将 GPIO 映射到 IRQ

可以轻松地在设备树内将 GPIO 映射到 IRQ。两个属性用于指定中断。

● `interrupt-parent`：GPIO 的 GPIO 控制器。

● `interrupts`：中断说明符列表。

这适用于传统的和基于描述符的接口。IRQ 说明符取决于提供 GPIO 的 GPIO 控制器的#interrupt-cell 属性。#interrupt-cell 确定指定中断时使用的单元数。通常，第一个单元表示要映射到 IRQ 的 GPIO 编号，第二个单元表示触发中断的电平/边沿。在任何情况下，中断说明符总是依赖于其父节点（设置中断控制器的节点），请参考内核源文件中的绑定文档：

```
gpio4: gpio4 {
    gpio-controller;
    #gpio-cells = <2>;
    interrupt-controller;
    #interrupt-cells = <2>;
};

my_label: node@0 {
    reg = <0>;
    spi-max-frequency = <1000000>;
    interrupt-parent = <&gpio4>;
    interrupts = <29 IRQ_TYPE_LEVEL_LOW>;
};
```

有两种解决方案可以获得相应的 IRQ。

● 设备位于已知总线（I2C 或 SPI）上：IRQ 映射将完成它，并通过为 probe() 函数提供 struct i2c_client 或 struct spi_device 结构（通过 i2c_client.irq 或 spi_device.irq）使其可用。

● 设备位于伪平台总线上：将向 probe()函数提供 struct platform_device。在其上可以调用 platform_get_irq()：

```
int platform_get_irq(struct platform_device *dev, unsigned int num);
```

相关内容请随时查看第 6 章。

14.2.4 GPIO 和 sysfs

sysfs GPIO 接口能够通过集合或文件管理和控制 GPIO，它位于 /sys/class/gpio 下。这里大量使用设备模型，其中有 3 项可用。

- /sys/class/gpio/：这是一切之源。该目录包含两个特殊文件：export 和 unexport。
  - ➢ export：把指定的 GPIO 编号写入该文件就可以要求内核将该 GPIO 的控制导出到用户空间。例如：echo 21> export 将为 GPIO#21 创建 GPIO21 节点（如果内核代码没有请求的话）。
  - ➢ unexport：这与导出到用户空间的效果相反。例如：echo 21> unexport 将删除用 export 文件导出的所有 GPIO21 节点。
- / sys/class/gpio/gpioN /：该目录对应于 GPIO 编号 N（其中 N 对于系统是全局的，与芯片无关），使用 export 文件或从内核中导出。例如，/sys/class/gpio/gpio42/（对于 GPIO#42）具有以下读/写属性。
  - ➢ direction 文件用于获取/设置 GPIO 方向。允许的取值是 in 或 out 字符串。通常可以写入该值。写入 out 默认将该值初始化为 low。为确保运行无误，可以写入值 low 或 high，将 GPIO 配置为具有该初始值的输出。如果内核代码已导出该 GPIO，禁用方向，则此属性将不存在（请参阅 gpiod_export() 或 gpio_export()）。
  - ➢ value 属性根据输入或输出方向来获取/设置 GPIO 线的状态。如果 GPIO 配置为输入，则写入任何非零值将被视为高电平状态处理。如果配置为输出，写入 0 会将输出设置为低电平，而 1 会将输出设置为高电平。如果该引脚可以配置为中断生成线，并已配置该引脚生成中断，则可以在该文件上调用系统调用 poll(2)，每当中断触发时 poll(2) 就返回。使用 poll(2) 将要求设置事件 POLLPRI 和 POLLERR。如果使用 select(2)，则应该在 exceptfds 内设置该文件描述符。poll(2) 返回后，可以调用 lseek(s) 回到 sysfs 文件的开头，读取新值，或者关闭文件，再重新打开它读取该值。这与讨论过的有关可轮询 sysfs 属性的原理相同。
  - ➢ edge 决定让 poll() 或 select() 函数返回的信号边沿。允许的取值为 none（无）、rising（上升沿）、falling（下降沿）或 both（二者）。该文件是可读/可写的，只有当引脚配置为中断产生输入引脚时才存在。
  - ➢ active_low 读取为 0（假）或 1（真）。写入任何非零值将反转读取和写入的 value 属性。现有和后续的 poll(2)通过边沿属性的上升沿和下降沿支持配置将遵循此设置。内核内设置该值的相关函数是 gpio_sysf_set_active_low()。

从内核代码中导出 GPIO

除使用/sys/class/gpio/export 文件将 GPIO 导出到用户空间之外，还可以使用来自内核代码的 gpio_export（用于传统接口）或 gpiod_export（用于新接口），以显式管理已使用 gpio_request()或 gpiod_get()请求的 GPIO 导出：

```
int gpio_export(unsigned gpio, bool direction_may_change);

int gpiod_export(struct gpio_desc *desc, bool direction_may_change);
```

direction_may_change 参数决定是否可以将信号方向从输入更改为输出，或者相反。内核的反向操作是 gpio_unexport()或 gpiod_unexport()：

```
void gpio_unexport(unsigned gpio); /* Integer-based接口 */
void gpiod_unexport(struct gpio_desc *desc) /* Descriptor-based */
```

导出后，可以使用 gpio_export_link()（或 gpiod_export_link()，对于基于描述符的接口），以便从 sysfs 中的其他位置创建符号链接，这些链接将指向 GPIO sysfs 节点。驱动程序可以为 sysfs 内设备下的接口提供描述性的名称：

```
int gpio_export_link(struct device *dev, const char *name,
                     unsigned gpio)
int gpiod_export_link(struct device *dev, const char *name,
                      struct gpio_desc *desc)
```

对于基于描述符的接口。可以像下面这样在 probe()内使用它：

```
static struct gpio_desc *red, *green, *btn1, *btn2;

static int my_pdrv_probe (struct platform_device *pdev)
{
    [...]
    red = gpiod_get_index(dev, "led", 0, GPIOD_OUT_LOW);
    green = gpiod_get_index(dev, "led", 1, GPIOD_OUT_LOW);
    gpiod_export(&pdev->dev, "Green_LED", green);
    gpiod_export(&pdev->dev, "Red_LED", red);

    [...]
```

```
    return 0;
}
```

对于基于整数的接口，代码如下所示：

```
static int my_pdrv_probe (struct platform_device *pdev)
{
    [...]

    gpio_red = of_get_named_gpio(np, "led", 0);
    gpio_green = of_get_named_gpio(np, "led", 1);
    [...]

    int gpio_export_link(&pdev->dev, "Green_LED", gpio_green)
    int gpio_export_link(&pdev->dev, "Red_LED", gpio_red)
    return 0;
}
```

14.3 总结

如本章所介绍的，在内核中处理 GPIO 是一项简单的任务。本章讨论了传统接口和新接口，以便选择适合需求的接口，来编写一个功能增强的 GPIO 驱动程序。本章还介绍了映射到 GPIO 的 IRQ。第 15 章将讨论提供和公开 GPIO 线的芯片，它们被称作 GPIO 控制器。

GPIO 控制器驱动程序——gpio_chip

第 14 章讨论了 GPIO 线。这些线路通过称为 GPIO 控制器的特殊设备暴露给系统。本章将逐步解释如何为这些设备编写驱动程序。

本章涉及以下主题。

- GPIO 控制器驱动程序体系结构和数据结构。
- GPIO 控制器 sysfs 接口。
- DT 中的 GPIO 控制器表示。

15.1 驱动程序体系结构和数据结构

这些设备的驱动程序应该提供以下内容。

- 建立 GPIO 方向（输入和输出）的方法。
- 用于访问 GPIO 值的方法（获取和设置）。
- 将给定的 GPIO 映射到 IRQ 并返回相关编号的方法。
- 说明对其方法调用是否可以进入睡眠的标志，这是非常重要的。
- 可选的 debugfs dump 方法（显示额外状态，如上拉配置）。
- 称作基号的可选编号，GPIO 编号应从它开始。如果省略，它将被自动分配。

在内核中，GPIO 控制器表示为 struct gpio_chip 的实例，该结构在 linux/gpio/driver.h 中定义：

```
struct gpio_chip {
  const char *label;
  struct device *dev;
  struct module *owner;
```

```
    int (*request)(struct gpio_chip *chip, unsigned offset);
    void (*free)(struct gpio_chip *chip, unsigned offset);
    int (*get_direction)(struct gpio_chip *chip, unsigned offset);
    int (*direction_input)(struct gpio_chip *chip, unsigned offset);
    int (*direction_output)(struct gpio_chip *chip, unsigned offset,
            int value);
    int (*get)(struct gpio_chip *chip,unsigned offset);
    void (*set)(struct gpio_chip *chip, unsigned offset, int value);
    void (*set_multiple)(struct gpio_chip *chip, unsigned long *mask,
            unsigned long *bits);
    int (*set_debounce)(struct gpio_chip *chip, unsigned offset,
            unsigned debounce);

    int (*to_irq)(struct gpio_chip *chip, unsigned offset);

    int base;
    u16 ngpio;
    const char *const *names;
    bool can_sleep;
    bool irq_not_threaded;
    bool exported;

#ifdef CONFIG_GPIOLIB_IRQCHIP
    /*
     * 通过 CONFIG_GPIOLIB_IRQCHIP，我们在 gpiolib 中获得了一个 irqchip
     * 用于处理大多数实际情况下的 IRQ
     */
    struct irq_chip *irqchip;
    struct irq_domain *irqdomain;
    unsigned int irq_base;
    irq_flow_handler_t  irq_handler;
    unsigned int irq_default_type;
#endif

#if defined(CONFIG_OF_GPIO)
    /*
     * 如果启用了 CONFIG_OF，那么设备树中描述的所有 GPIO 控制器都将
     * 自动具有一个转换
     */
    struct device_node *of_node;
    int of_gpio_n_cells;
    int (*of_xlate)(struct gpio_chip *gc,
        const struct of_phandle_args *gpiospec, u32 *flags);
}
```

结构中各元素的含义如下。

- request：该参数为选项，它是芯片特有的激活钩子函数，如果提供，每当调用 gpio_request() 或 gpiod_get() 分配 GPIO 之前执行它。
- free：该参数为选项，它是芯片特有的停用钩子函数，如果提供，每当调用 gpiod_put() 或 gpio_free() 时在释放 GPIO 之前执行它。
- get_direction：当需要了解 GPIO offset 的方向时执行它。返回 0 表示输出，返回 1 表示输入（与 GPIOF_DIR_XXX 相同），出错时返回负值。
- direction_input：将信号 offset 配置为输入，否则返回错误。
- get：返回 GPIO offset 的值。对于输出信号，返回实际检测到的值或零。
- set：将输出值赋给 GPIO offset。
- set_multiple：当需要将输出值赋给 mask 定义的多个信号时调用它。如果没有提供，内核将安装通用钩子函数，它将遍历 mask 位，在每个位上执行 chip-> set(i)。

下面的代码说明该函数如何实现：

```
static void gpio_chip_set_multiple(struct gpio_chip *chip,
    unsigned long *mask, unsigned long *bits)
{
  if (chip->set_multiple) {
    chip->set_multiple(chip, mask, bits);
  } else {
    unsigned int i;

    /* 如果设置了相应的掩码位，则设置输出 */
    for_each_set_bit(i, mask, chip->ngpio)
      chip->set(chip, i, test_bit(i, bits));
  }
}
```

- set_debounce：如果控制器支持，则可选择为此钩子提供回调函数，用于为指定从 GPIO 设置去抖时间。
- to_irq：可选钩子函数，提供 GPIO 到 IRQ 的映射。每当要执行 gpio_to_irq() 或 gpiod_to_irq() 时都会调用它。其实现不可睡眠。
- base：标识该芯片处理的第一个 GPIO 编号；或者，如果在注册期间为负值，内核则将自动（动态）分配一个编号。
- ngpio：此控制器提供的 GPIO 数量，从 base 开始到（base + ngpio − 1）。
- names：如果设置，则必须是字符串数组，用作此芯片内 GPIO 的替代名称。数组的大小必须等于 ngpio,任何不需要别名的 GPIO 都可以将该数组内其对应的项设置为 NULL。

- can_sleep:布尔标志,如果 get()/set()方法可以睡眠,则设置此标志。位于总线(例如 I2C 或 SPI)上的 GPIO 控制器(也称为扩展器)就是这种情况,其访问可能导致睡眠。这意味着如果芯片支持 IRQ,则需要对这些 IRQ 进行线程化,因为芯片访问(例如在读取 IRQ 状态寄存器时)可能会睡眠。对于映射到内存(SoC 的一部分)的 GPIO 控制器,可以将其设置为 false。
- irq_not_threaded:布尔标志,如果设置了 can_sleep,则必须设置该标志,但 IRQ 不需要线程化。

> 每个芯片提供许多信号,方法调用时通过范围 0 ~ (ngpio-1)内的偏移值确认。当这些信号通过像 gpio_get_value(gpio)这样的调用被引用时,偏移量通过从 GPIO 编号中减去基数来计算。

在定义了每个回调并设置了其他字段之后,应该在配置过的 struct gpio_chip 结构上调用 gpiochip_add() 将控制器注册到内核。取消注册则使用 gpiochip_remove()。编写自己的 GPIO 控制器驱动程序就这么简单。在本书源代码库中,可以找到一个可用的 GPIO 控制器驱动程序,它用于 Microchip 的 MCP23016 I2C I/O 扩展器。编写这样的驱动程序应该包含:

```
#include <linux/gpio.h>
```

下面的代码摘录自为该控制器编写的驱动程序,只是为了展示编写 GPIO 控制器驱动程序任务是多么容易:

```
#define GPIO_NUM 16
struct mcp23016 {
  struct i2c_client *client;
  struct gpio_chip chip;
};

static int mcp23016_probe(struct i2c_client *client,
          const struct i2c_device_id *id)
{
  struct mcp23016 *mcp;
  if (!i2c_check_functionality(client->adapter,
      I2C_FUNC_SMBUS_BYTE_DATA))
    return -EIO;
```

```
        mcp = devm_kzalloc(&client->dev, sizeof(*mcp), GFP_KERNEL);
        if (!mcp)
            return -ENOMEM;

        mcp->chip.label = client->name;
        mcp->chip.base = -1;
        mcp->chip.dev = &client->dev;
        mcp->chip.owner = THIS_MODULE;
        mcp->chip.ngpio = GPIO_NUM; /* 16 */
        mcp->chip.can_sleep = 1; /* 不能从动作上下文访问*/
        mcp->chip.get = mcp23016_get_value;
        mcp->chip.set = mcp23016_set_value;
        mcp->chip.direction_output = mcp23016_direction_output;
        mcp->chip.direction_input = mcp23016_direction_input;
        mcp->client = client;
        i2c_set_clientdata(client, mcp);

        return gpiochip_add(&mcp->chip);
    }
```

要在控制器驱动程序内请求自己拥有的 GPIO，不应该使用 gpio_request()。GPIO 驱动程序可以使用以下函数来请求和释放描述符，而不必永久固定到内核：

```
struct gpio_desc *gpiochip_request_own_desc(struct gpio_desc *desc, const char
*label)
    void gpiochip_free_own_desc(struct gpio_desc *desc)
```

用 gpiochip_request_own_desc()请求的描述符必须用 gpiochip_free_own_desc()释放。

15.2　引脚控制器指南

根据所写驱动程序针对的控制器不同，可能需要执行一些引脚控制操作来处理引脚复用、配置等。

- 对于只能做简单 GPIO 的引脚控制器，简单的 struct gpio_chip 就足以处理它。没有必要设置 struct pinctrl_desc 结构，只需编写 GPIO 控制器驱动程序即可。
- 如果控制器可以在 GPIO 功能之上产生中断，则必须设置 struct irq_chip，并将其注册到 IRQ 子系统。

- 对于具有引脚复用、高级引脚驱动器强度和复杂偏置的控制器，应该设置以下 3 个接口。
  - ➤ struct gpio_chip：本章前面讨论过。
  - ➤ struct irq_chip：将在第 16 章讨论。
  - ➤ struct pinctrl_desc：本书未讨论，但内核文档 Documentation/pinctrl.txt 对其有很好的解释。

15.3　GPIO 控制器的 sysfs 接口

成功执行 gpiochip_add() 后，创建的目录项将具有像/sys/class/gpio/gpiochipX/这样的路径，其中 X 是 GPIO 控制器的基地址（控制器从#X 开始提供 GPIO），具有以下属性。

- base：其值与 X 相同，它对应于 gpio_chip.base（如果静态分配），是该芯片管理的第一个 GPIO。
- label：为诊断提供（不总是唯一的）。
- ngpio：说明该控制器提供多少 GPIO（N～N+ngpio-1）。这与 gpio_chip. ngpios 中的定义相同。

所有前面这些属性都是只读的。

15.4　GPIO 控制器和 DT

DT 中声明的每个 GPIO 控制器都必须设置布尔属性 gpio-controller。一些控制器提供映射到 GPIO 的 IRQ。在这种情况下，还应该设置属性 interrupt-cells，通常使用 2，但这取决于需要。第一个单元是引脚号，第二个单元表示中断标志。

应该设置 gpio-cells，以确定用多少个单元描述 GPIO 说明符。通常使用<2>，第一个单元标识 GPIO 编号，第二个是标识。实际上，大多数非存储器映射的 GPIO 控制器不使用该标志：

```
expander_1: mcp23016@27 {
    compatible = "microchip,mcp23016";
    interrupt-controller;
    gpio-controller;
    #gpio-cells = <2>;
    interrupt-parent = <&gpio6>;
```

```
        interrupts = <31 IRQ_TYPE_LEVEL_LOW>;
        reg = <0x27>;
        #interrupt-cells=<2>;
    };
```

前面的例子是 GPIO 控制器设备节点，本书源代码提供其完整的设备驱动程序。

15.5　总结

本章介绍了 GPIO 控制器驱动程序编写的基础知识，解释了描述这种设备的主要结构。第 16 章将介绍高级 IRQ 管理，其中将介绍如何管理中断控制器，从而在 Microchip 的 MCP23016 扩展器驱动程序中添加这样的功能。

第 16 章
高级 IRQ 管理

Linux 系统上的设备通过 IRQ 向内核通知特定事件。CPU 提供的 IRQ 线可为连接设备共享或独占，这样当设备需要 CPU 时就可以向 CPU 发送请求。CPU 获得请求后，停止其实际工作，保存其上下文，以便服务于设备发出的请求。在服务设备后，其状态恢复到中断发生时它停止的准确位置。因为 IRQ 线数量较多，所以需要另一个设备替 CPU 来负责管理它们。中断控制器如图 16-1 所示。

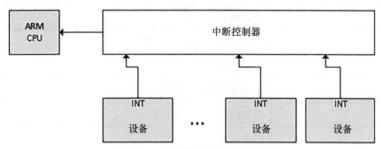

图 16-1　中断控制器和 IRQ 线

不仅设备可以引发中断，某些处理器操作也能引发中断。中断有两种不同的类型。

（1）异常：同步中断，由 CPU 在处理指令时产生。这些是不可屏蔽中断（NMI），是由硬件故障等严重故障造成的。它们总是由 CPU 处理。

（2）中断：异步中断，由其他硬件设备发出。这些是正常的可屏蔽中断，也是本章接下来的部分要讨论的内容。因此，这里深入介绍一下异常。

异常这种编程错误后果是由内核处理的，内核向程序发送信号，并尝试从错误中恢复。异常分为以下两类。

● 处理器检测到的异常：CPU 为响应异常情况而生成的异常，它们分为 3 组。

> Faults：一般可以纠正的故障（假指令）。

> Traps：在用户进程中出现的陷阱（无效的内存访问、被零除），这也是一种

切换到内核模式的机制，以响应系统调用。如果确是内核代码引起陷阱，它会立即发生混乱。

> Aborts：严重的错误。

● 编程设计的异常：这些是由程序员请求的，可以像陷阱一样处理。

不可屏蔽中断如表 16-1 所示。

表 16-1　　　　　　　　　　　　　　不可屏蔽的中断

中断号	描述
0	被 0 除错误
1	调试异常
2	NMI 中断
3	断点
4	INTO 检测溢出
5	越界
6	无效操作码
7	协处理器（设备）不可用
8	浮点错误
9	协处理器段运行错误
10	无效的任务状态段
11	段不存在
12	栈错误
13	基本保护错误
14	页面错误
15	保留
16	协处理器错误
17 - 31	保留
32 - 255	可屏蔽中断

NMI 足以涵盖整个异常清单。回到可屏蔽中断，它们的数量取决于连接的设备数量，以及它们实际共享这些 IRQ 线的方式。有时它们的数量不够，其中一些需要多路复用。通常采用的方法是通过 GPIO 控制器，它也充当中断控制器。本章将讨论内核提供的用于管

理 IRQ 的 API，以及多路复用的实现方式，更深入地介绍中断控制器驱动程序的编写。

本章涉及以下主题。

- 中断控制器和中断多路复用。
- 高级外设 IRQ 管理。
- 中断请求和传播（链接或嵌套）。
- gpiolib irqchip API。
- 处理来自 DT 的中断控制器。

16.1　中断复用和中断控制器

只有来自 CPU 的单个中断通常是不够的，大多数系统有数十个甚至数百个中断。现在又出现了中断控制器，允许中断多路复用。特定体系结构或平台通常会提供特定的功能。

- 屏蔽/取消屏蔽各个中断。
- 设置优先级。
- SMP 关联性。
- 异常事件，如唤醒中断。

IRQ 管理和中断控制器驱动程序均依赖于 IRQ 域，它依托于以下结构。

- `struct irq_chip`：这个结构实现了一组描述如何驱动中断控制器的方法，这些方法由核心 IRQ 代码直接调用。
- `struct irqdomain`：该结构提供。
  - ➤ 指向指定中断控制器固件节点（fwnode）的指针。
  - ➤ 将 IRQ 固件描述转换为该中断控制器（hwirq）ID 的方法。
  - ➤ 从 hwirq 检索 IRQ 的 Linux 视图的方法。
- `struct irq_desc`：这个结构是 Linux 的中断视图，包含所有的核心内容，以及到 Linux 中断号的一对一映射。
- `struct irq_action`：Linux 用这个结构描述 IRQ 处理程序。
- `struct irq_data`：这个结构嵌入在 `struct irq_desc` 结构内，它包含以下内容。
  - ➤ 与管理此中断的 `irq_chip` 相关的数据。
  - ➤ Linux IRQ 号和 hwirq。
  - ➤ 指向 `irq_chip` 的指针。

几乎每个 `irq_chip` 调用都用 `irq_data` 作参数，从中可以获取相应的 `irq_desc`。

所有上述结构都是 IRQ 域 API 的一部分。中断控制器在内核中表示为 struct irq_chip 结构的实例，它描述实际硬件设备，以及 IRQ 内核使用的一些方法：

```
struct irq_chip {
    struct device *parent_device;
    const char  *name;
    void (*irq_enable)(struct irq_data *data);
    void (*irq_disable)(struct irq_data *data);

    void (*irq_ack)(struct irq_data *data);
    void (*irq_mask)(struct irq_data *data);
    void (*irq_unmask)(struct irq_data *data);
    void (*irq_eoi)(struct irq_data *data);

    int (*irq_set_affinity)(struct irq_data *data, const struct cpumask
*dest, bool force);
    int (*irq_retrigger)(struct irq_data *data);
    int (*irq_set_type)(struct irq_data *data, unsigned int flow_type);
    int (*irq_set_wake)(struct irq_data *data, unsigned int on);

    void (*irq_bus_lock)(struct irq_data *data);
    void (*irq_bus_sync_unlock)(struct irq_data *data);

    int (*irq_get_irqchip_state)(struct irq_data *data, enum
irqchip_irq_state which, bool *state);
    int(*irq_set_irqchip_state)(struct irq_data *data, enum
irqchip_irq_state which, bool state);

    unsigned long flags;
};
```

该结构内各元素的含义如下。

- parent_device：指向这个 irqchip 父向的指针。
- name：/proc/interrupts 文件的名称。
- irq_enable：该钩子启用中断，如果为 NULL，其默认值是 chip-> unmask。
- irq_disable：禁用中断。
- * irq_ack：新中断的开始。有些控制器不需要这个。中断一旦发生，Linux 就立即调用该函数，远在它被服务之前。一些实现将该函数映射到 chip-> disable()，使该线路上的其他中断请求不会导致另一个中断，直到当前中断请求被服务完成。
- irq_mask：这个钩子屏蔽硬件中的中断源，使它不能再被引起中断。

- `irq_unmask`：该钩子取消屏蔽中断源。
- `irq_eoi`：eoi 表示 end of interrupt（中断结束）。Linux 在 IRQ 服务完成后立即调用该钩子函数。需要时使用该函数重新配置控制器，以便接收该线路上的其他中断请求。某些实现将此函数映射到 `chip->enable()`，执行与 `chip->ack()` 中相反的的操作。
- `irq_set_affinity`：仅在 SMP 机器上设置 CPU 关联。在 SMP 环境中，该函数设置将在其上进行中断服务的 CPU。该函数不适用于单处理器机器。
- `irq_retrigger`：重新触发硬件中的中断，这会向 CPU 重新发送 IRQ。
- `irq_set_type`：设置 IRQ 的流类型（IRQ_TYPE_LEVEL /等）。
- `irq_set_wake`：启用/禁用 IRQ 的电源管理唤醒。
- `irq_bus_lock`：用于锁定对慢速总线（I2C）芯片的访问。这里锁定互斥锁就足够了。
- `irq_bus_sync_unlock`：用于同步和解锁慢速总线（I2C）芯片。解锁之前锁定的互斥锁。
- `irq_get_irqchip_state` 和 `irq_set_irqchip_state`：分别返回和设置中断的内部状态。

每个中断控制器都有一个域，这用于控制器控制进程的地址空间（见第 11 章）。中断控制器域在内核中被描述为 `struct irq_domain` 结构的实例。它管理硬件 IRQ 和 Linux IRQ（虚拟 IRQ）之间的映射。它是硬件中断号码转换对象：

```
struct irq_domain {
    const char *name;
    const struct irq_domain_ops *ops;
    void *host_data;
    unsigned int flags;

    /* 可选数据 */
    struct fwnode_handle *fwnode;
    [...]
};
```

- `name`：中断域的名称。
- `ops`：指向 `irq_domain` 方法的指针。
- `host_data`：私有数据指针，供所有者使用。未被 `irq_domain` 核心代码触及。
- `flags`：每个 `irq_domain` 标志的主机。
- `fwnode`：是可选项。它是指向与 `irq_domain` 有关的 DT 节点的指针。解码

DT 中断说明符时使用它。

中断控制器驱动程序通过调用 `irq_domain_add_<mapping_method>()` 函数之一来创建并注册 `irq_domain`，这里 `<mapping_method>` 是将 hwirq 映射到 Linux IRQ 调用的方法。

（1）`irq_domain_add_linear()`：它使用固定大小的表，该表按 hwirq 号索引。映射 hwirq 时，会为 hwirq 分配 `irq_desc`，并将 IRQ 号存储在该表中。这种线性映射适用于数量固定又较少的 hwirq（～<256）。这种映射的不便之处在于表格大小，与尽可能大的 hwirq 数字一样大。因此，IRQ 号查找时间是固定的，`irq_desc` 仅分配给正在使用的 IRQ。大多数驱动程序应该使用线性映射。该函数的原型如下：

```
struct irq_domain *irq_domain_add_linear(struct device_node
*of_node,
                            unsigned int size,
                            const struct irq_domain_ops *ops,
                            void *host_data)
```

（2）`irq_domain_add_tree()`：`irq_domain` 用它维护基树中 Linux IRQ 和 hwirq 号之间的映射。映射 hwirq 时，会分配 `irq_desc`，并将 hwirq 用作基树的查找键。如果 hwirq 号非常大，那么树映射是一个不错的选择，因为它不需要分配与最大 hwirq 号一样大的表。其缺点是 hwirq 到 IRQ 号的查找取决于表中的项数。很少有驱动程序需要这种映射。该函数的原型如下：

```
struct irq_domain *irq_domain_add_tree(struct device_node *of_node,
                            const struct irq_domain_ops *ops,
                            void *host_data)
```

（3）`irq_domain_add_nomap()`：可能永远不会使用这一方法。尽管如此，其完整描述可以从内核源代码树中的 Documentation/IRQ-domain.txt 查阅。其原型如下：

```
struct irq_domain *irq_domain_add_nomap(struct device_node
*of_node,
                            unsigned int max_irq,
                            const struct irq_domain_ops *ops,
                            void *host_data)
```

`of_node` 是指向中断控制器 DT 节点的指针。`size` 代表域中的中断数量。`ops` 表示 map/unmap 域回调，`host_data` 是控制器的私有数据指针。

由于 IRQ 域在创建时开始为空（无映射），因此应使用 `irq_create_mapping()`

创建映射并将其分配给域。16.2 节将确定代码中创建映射的正确位置：

```
unsigned int irq_create_mapping(struct irq_domain *domain,
                                irq_hw_number_t hwirq)
```

- domain：此硬件中断所属的域，或者 NULL 代表默认域。
- hwirq：该域空间中的硬件 IRQ 号。

当为也是中断控制器的 GPIO 控制器编写驱动程序时，要从 `gpio_chip.to_irq()` 回调函数内调用 `irq_create_mapping()`：

```
return irq_create_mapping(gpiochip->irq_domain, offset);
```

也可以像下面这样在 `probe` 函数内事先为每个 hwirq 创建映射：

```
for (j = 0; j < gpiochip->chip.ngpio; j++) {
    irq = irq_create_mapping(
            gpiochip ->irq_domain, j);
}
```

 hwirq 是来自 gpiochip 的 GPIO 偏移量。

如果 hwirq 的映射尚不存在，该函数将分配新的 Linux `irq_desc` 结构，将其与 hwirq 关联，并调用 `irq_domain_ops.map()`（通过 `irq_domain_associate()` 函数）回调，以便驱动程序可以执行任何所需的硬件设置：

```
struct irq_domain_ops {
    int (*map)(struct irq_domain *d, unsigned int virq, irq_hw_number_t hw);
    void (*unmap)(struct irq_domain *d, unsigned int virq);
    int (*xlate)(struct irq_domain *d, struct device_node *node,
            const u32 *intspec, unsigned int intsize,
            unsigned long *out_hwirq, unsigned int *out_type);
};
```

- `.map()`：创建或更新虚拟 irq（virq）号和 hwirq 号之间的映射。对于给定的映射，该函数只被调用一次。它通常使用 `irq_set_chip_and_handler *`将 virq 与指定的处理程序进行映射，这样调用 `generic_handle_irq()` 或 `handle_nested_irq` 将触发正确的处理程序。这里的诀窍是 `irq_set_chip_and_handler()` 函数：

```
void irq_set_chip_and_handler(unsigned int irq,
        struct irq_chip *chip, irq_flow_handler_t handle)
```

- irq：Linux IRQ，它作为参数提供给 map() 函数。
- chip：这是 irq_chip。有些控制器非常安静，在它们的 irq_chip 结构中几乎不需要任何东西。在这种情况下，应该传递 kernel/irq/dummychip.c 中定义的 dummy_irq_chip，这是为这些控制器定义的内核 irq_chip 结构。
- handle：确定包装函数，它将调用 request_irq() 注册的真正处理程序。其值取决于 IRQ 是边沿触发还是电平触发。在这两种情况下，handle 应该设置为 handle_edge_irq 或 handle_level_irq。两者都是内核辅助函数，它们在调用真正的 IRQ 处理程序之前和之后执行一些操作。下面是一个例子：

```
static int pcf857x_irq_domain_map(struct irq_domain  *domain,
                      unsigned int irq, irq_hw_number_t hw)
{
    struct pcf857x *gpio = domain->host_data;

    irq_set_chip_and_handler(irq, &dummy_irq_chip,handle_level_irq);
#ifdef CONFIG_ARM
    set_irq_flags(irq, IRQF_VALID);
#else
    irq_set_noprobe(irq);
#endif
    gpio->irq_mapped |= (1 << hw);

    return 0;
}
```

- xlate：对于给定的 DT 节点和中断说明符，该钩子解码硬件 IRQ 编号和 Linux IRQ 类型值。根据 DT 控制器节点中指定的#interrupt-cells，内核提供通用的转换函数。
  - irq_domain_xlate_twocell()：通用转换函数，用于两个单元的直接绑定。DT IRQ 说明符适用于两个单元格的绑定，其中单元格值直接映射到 hwirq 号和 Linux irq 标志。
  - irq_domain_xlate_onecell()：用于一个单元直接绑定的通用 xlate。
  - irq_domain_xlate_onetwocell()：用于一个或两个单元格绑定的通用 xlate。

域操作的例子如下所示：

```
static struct irq_domain_ops mcp23016_irq_domain_ops = {
    .map  = mcp23016_irq_domain_map,
```

```
    .xlate  = irq_domain_xlate_twocell,
};
```

收到中断时，应使用 `irq_find_mapping()` 函数从 hwirq 号查找 Linux IRQ 号。当然，必须在返回之前存在该映射。Linux IRQ 编号总是绑定到 `struct irq_desc` 结构，Linux 使用该结构描述 IRQ：

```
struct irq_desc {
    struct irq_common_data irq_common_data;
    struct irq_data irq_data;
    unsigned int __percpu *kstat_irqs;
    irq_flow_handler_t handle_irq;
    struct irqaction *action;
    unsigned int irqs_unhandled;
    raw_spinlock_t lock;
    struct cpumask *percpu_enabled;
    atomic_t threads_active;
    wait_queue_head_t wait_for_threads;
#ifdef CONFIG_PM_SLEEP
    unsigned int nr_actions;
    unsigned int no_suspend_depth;
    unsigned int  force_resume_depth;
#enndif
#ifdef CONFIG_PROC_FS
    struct proc_dir_entry *dir;
#endif
    int parent_irq;
    struct module *owner;
    const char *name;
};
```

这里没有描述的一些字段是内部的，IRQ 内核使用这些字段。

- `irq_common_data`：向下传递到芯片功能的每个 IRQ 芯片数据。
- `kstat_irqs`：启动以来每个 CPU IRQ 的统计数据。
- `handle_irq`：高级 IRQ 事件处理程序。
- `action`：表示此描述符的 IRQ 操作列表。
- `irqs_unhandled`：虚假未处理中断的统计字段。
- `lock`：代表 SMP 的锁定。
- `threads_active`：当前为此描述符运行的 IRQ 操作线程的数量。
- `wait_for_threads`：表示 sync_irq 等待线程处理程序的等待队列。

- nr_actions：此描述符上已安装的操作数量。
- no_suspend_depth 和 force_resume_depth：表示 IRQ 描述符上 IRQF_NO_SUSPEND 或 IRQF_FORCE_RESUME 标志已设置的 irqactions 数量。
- dir：表示/proc/irq/procfs 项。
- name：流处理程序的名称，在/proc/interrupts 输出中可见。

irq_desc.action 字段是 irqaction 结构列表，每个结构记录相关中断源的中断处理程序的地址。每次调用内核 request_irq()函数（或其线程版本）都会在该列表的末尾添加 struct irqaction 结构。例如，对于共享中断，此字段将包含与注册处理程序一样多的 IRQ 操作：

```
struct irqaction {
    irq_handler_t handler;
    void *dev_id;
    void __percpu *percpu_dev_id;
    struct irqaction *next;
    irq_handler_t thread_fn;
    struct task_struct *thread;
    unsigned int irq;
    unsigned int flags;
    unsigned long thread_flags;
    unsigned long thread_mask;
    const char *name;
    struct proc_dir_entry *dir;
};
```

- handler：非线程（硬）中断处理程序函数。
- name：设备的名称。
- dev_id：识别设备的 cookie。
- percpu_dev_id：识别设备的 cookie。
- next：指向共享中断下一个 IRQ 操作的指针。
- irq：Linux 中断号。
- flags：表示 IRQ 的标志（见 IRQF_ *）。
- thread_fn：用于线程中断的线程化中断处理程序函数。
- thread：在线程中断的情况下指向线程结构的指针。
- thread_flags：表示与线程相关的标志。
- thread_mask：用于跟踪线程活动的位掩码。
- dir：指向/proc/irq/NN/<name>/项。

由 irqaction.handler 字段引用的中断处理程序只是与某些外部设备中断处理相关的函数,它们对将这些中断请求传送到主机微处理器的方式知之甚少(如果有的话)。它们不是微处理器级别的中断服务程序,因此不能通过 RTE 或类似的与中断相关的操作码退出。这使中断驱动的设备驱动程序可以在不同的微处理器体系结构中大量移植。

以下是 struct irq_data 结构内重要字段的定义,它是传递给芯片功能的每个 IRQ 芯片数据:

```
struct irq_data {
    [...]
    unsigned int irq;
    unsigned long hwirq;
    struct irq_common_data *common;
    struct irq_chip *chip;
    struct irq_domain *domain;
    void *chip_data;
};
```

- irq: 中断号(Linux IRQ)。
- hwirq: 属于 irq_data.domain 中断域的硬件中断号。
- common: 指向所有 irqchips 共享的数据。
- chip: 代表低电平中断控制器硬件访问。
- domain: 表示中断转换域,负责 hwirq 号和 Linux irq 号之间的映射。
- chip_data: 为芯片方法提供的与平台相关的各个芯片的私有数据,以允许共享芯片实现。

16.2 高级外设 IRQ 管理

第 3 章使用 request_irq()和 request_threaded_irq()引入了外围 IRQ。使用 request_irq()可以注册原子上下文中执行的处理程序(上半部分),在其中使用同样在第 3 章讨论的不同机制可以调度下半部分。另外,request_thread_irq()可以为函数提供上、下两半部分,这样前者将作为 **hardirq** 处理程序运行,它可以决定引发第二个线程化处理程序,该处理程序将运行在内核线程中。

这些方法的问题在于:有时请求 IRQ 的驱动程序不知道提供此 IRQ 线的中断的性质,当中断控制器是分立芯片(通常通过 SPI 或 I2C 总线连接的 GPIO 扩展器)时尤其如此。这时就需要使用 request_any_context_irq()函数,请求 IRQ 的驱动程序通过它知

道该处理程序是否将在线程上下文中运行，相应地调用 request_threaded_irq()
或 request_irq()。这意味着无论与设备相关的 IRQ 是来自不可能睡眠的中断控制器
（映射了内存）还是可以睡眠的中断控制器（I2C/SPI 总线后），都不需要更改代码。该函
数的原型如下：

```
int request_any_context_irq ( unsigned int irq, irq_handler_t handler,
              unsigned long flags,  const char * name,  void * dev_id);
```

该函数中各个参数的含义如下。

- irq：代表要分配的中断线。
- handler：IRQ 发生时要调用的函数。根据上下文不同，这个函数可以作为
  hardirq 运行，也可以线程化。
- flags：中断类型标志。这些标志与 request_irq() 中的相同。
- name：用于调试目的，在 /proc/interrupts 内命名中断。
- dev_id：传回给处理程序函数的 cookie。

request_any_context_irq() 意味着可以获得 hardirq 或者线程化中断。它的工
作原理与通常的 request_irq() 相似，但它检查 IRQ 级别是否配置为嵌套，并调用正
确的后端。换句话说，它根据上下文选择 hardIRQ 或线程处理方法。这个函数在失败时
返回负值。成功时返回 IRQC_IS_HARDIRQ 或 IRQC_IS_NESTED。下面是一个用例：

```
static irqreturn_t packt_btn_interrupt(int irq, void *dev_id)
{
    struct btn_data *priv = dev_id;

    input_report_key(priv->i_dev, BTN_0,
                    gpiod_get_value(priv->btn_gpiod) & 1);
    input_sync(priv->i_dev);
    return IRQ_HANDLED;
}

static int btn_probe(struct platform_device *pdev)
{
    struct gpio_desc *gpiod;
    int ret, irq;

    [...]
    gpiod = gpiod_get(&pdev->dev, "button", GPIOD_IN);
    if (IS_ERR(gpiod))
        return -ENODEV;
```

```
priv->irq = gpiod_to_irq(priv->btn_gpiod);
priv->btn_gpiod = gpiod;

[...]

ret = request_any_context_irq(priv->irq,
            packt_btn_interrupt,
            (IRQF_TRIGGER_FALLING | IRQF_TRIGGER_RISING),
            "packt-input-button", priv);
if (ret < 0) {
    dev_err(&pdev->dev,
        "Unable to acquire interrupt for GPIO line\n");
    goto err_btn;
}

return ret;
}
```

前面的代码摘自输入设备驱动程序的驱动程序示例。实际上，这个驱动程序是第 17 章中使用的。使用 request_any_context_irq() 的优点在于，不需关心 IRQ 处理程序中可以做什么，因为该处理程序运行的上下文取决于提供 IRQ 线的中断控制器。在这个例子中，如果下面的 GPIO 连接到位于 I2C 或 SPI 总线上的控制器，则该处理程序将线程化。否则，该处理程序将在 hardirq 中运行。

16.3 中断请求和传播

链式 IRQ 流如图 16-2 所示。

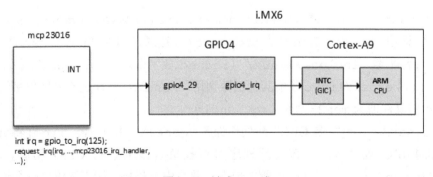

图 16-2 链式 IRQ 流

中断请求总是在 Linux IRQ（而不是 hwirq）上执行。在 Linux 上请求 IRQ 的一般函数是 request_threaded_irq() 或 request_irq()，它在内部调用前者：

```
int request_threaded_irq(unsigned int irq, irq_handler_t handler,
                irq_handler_t thread_fn, unsigned long irqflags,
                const char *devname, void *dev_id)
```

调用时，该函数使用 irq_to_desc() 宏提取与 IRQ 相关的 struct irq_desc，然后分配新的 struct irqaction 结构并设置它，填充 handler、flags 等参数。

```
action->handler = handler;
action->thread_fn = thread_fn;
action->flags = irqflags;
action->name = devname;
action->dev_id = dev_id;
```

相同的函数通过调用 kernel/irq/manage.c 中定义的 __setup_irq()（通过 setup_irq()）函数最终将描述符插入/注册到正确的 IRQ 列表中。

现在，当引发 IRQ 时，内核会执行一些汇编代码保存当前状态，再跳转到 arch 特定处理程序 handle_arch_irq，该处理程序由当前平台的 struct machine_desc 的 handle_irq 字段设置，arch/arm/kernel/setup.c 中的 setup_arch() 函数实现该设置：

```
handle_arch_irq = mdesc->handle_irq
```

对于使用 ARM GIC 的 SoC，handle_irq 回调 drivers/irqchip/irq-gic.c 或 drivers/irqchip/irq-gic-v3.c 中的 gic_handle_irq 设置：

```
set_handle_irq(gic_handle_irq);
```

gic_handle_irq() 调用 handle_domain_irq()，后者执行 generic_handle_irq()，它调用 generic_handle_irq_desc()，这通过调用 desc-> handle_irq() 结束。请查看 include/linux/ irqdesc.h 了解最后一次调用，查看 arch/arm/kernel/irq.c 了解其他函数调用。handle_irq 是流处理程序的实际调用，已经将其注册为 mcp23016_irq_handler。

gic_hande_irq() 是 GIC 中断处理程序。generic_handle_irq() 将执行 SoC 的 GPIO4 IRQ 处理程序，该处理程序将查找负责该中断的 GPIO 引脚，并调用 generic_handle_irq_desc() 等。现在已熟悉中断传播，接下来给出一个编写中断控制器的实际例子。

16.3.1 链接 IRQ

本节介绍父设备的中断处理程序怎样调用子设备的中断处理程序，再调用其子设备的中断处理程序，以此类推。关于如何在父设备（中断控制器）IRQ 处理程序中调用子设备中断处理程序，内核提供两种方法——链式方法和嵌套方法。

1. 链式中断

这种方法用于 SoC 内部 GPIO 控制器，这些是内存映射，其访问不可睡眠。链式指这些中断只是函数调用链（例如，从 GIC 中断处理程序中调用 SoC 的 GPIO 模块中断处理程序，就像函数调用一样）。generic_handle_irq()用于链接子 IRQ 处理程序的中断，在其父 hwirq 处理程序内调用它。即使从子中断处理程序调用，也仍然处于原子上下文中（HW 中断）。不能调用可能睡眠的函数。

2. 嵌套中断

此方法由位于慢速总线（像 I2C）上的控制器（如 GPIO 扩展器）使用，其访问可以睡眠（I2C 函数可以睡眠）。嵌套指那些中断处理程序未运行在 HW 上下文内（它们不是真正的 hwirq，不处于原子上下文中），而是被线程化，它们可以被抢占（也就是被其他中断中断）。handle_nested_irq()用于创建嵌套的中断子 IRQ。处理程序在 handle_nested_irq()函数创建的新线程内调用，要求它们运行在进程环境中，以便可以调用睡眠的总线函数（如可能睡眠的 I2C 函数）。

16.3.2 案例研究——GPIO 和 IRQ 芯片

考虑图 16-3，将中断控制器设备连接到另一个中断控制器设备，将用它来描述中断复用。

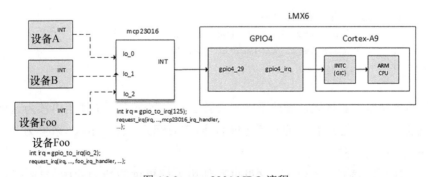

图 16-3 mcp23016 IRQ 流程

假若已经将 io_1 和 io_2 配置为中断。即使在 io_1 或 io_2 上发生中断，同样的中断线也会触发到中断控制器。现在，GPIO 驱动程序必须读取 GPIO 的中断状态寄存器，以查找真正触发的是哪个中断（io_1 或 io_2）。因此，在这种情况下，单条中断线为 16 个 GPIO 中断的复用。

第二部分将引入推荐的新 gpiolib irqchip API。这可以作为编写中断控制器驱动程序（至少对 GPIO 控制器来说）的分步操作指南使用。

1. 传统的 GPIO 和 IRQ 芯片

（1）将 struct irq_domain 分配给 gpiochip，它将存储 hwirq 和 virq 之间的映射。这里适合采用线性映射，这在 probe 函数中实现。该域将保存驱动程序提供的 IRQ 数量。例如，对于 I/O 扩展器，IRQ 数量是扩展器提供的 GPIO 数量：

```
my_gpiochip->irq_domain = irq_domain_add_linear(
client->dev.of_node,
              my_gpiochip->chip.ngpio, &mcp23016_irq_domain_ops, NULL);
```

host_data 参数为 NULL。因此，可以传递需要的任何数据结构。在分配域之前，应该定义域的操作结构：

```
static struct irq_domain_ops mcp23016_irq_domain_ops = {
    .map   = mcp23016_irq_domain_map,
    .xlate = irq_domain_xlate_twocell,
};
```

在填充 IRQ 域操作结构之前，必须至少定义 .map() 回调：

```
static int mcp23016_irq_domain_map(
              struct irq_domain *domain,
              unsigned int virq, irq_hw_number_t hw)
{
    irq_set_chip_and_handler(virq,
              &dummy_irq_chip, /* Dumb irqchip */
              handle_level_irq); /*触发 IRQ */
    return 0;
}
```

这里的控制器不够智能，因此不需要设置 irq_chip，而是使用内核为这种芯片提供的 dummy_irq_chip。有些控制器足够智能，需要配置 irq_chip。请参阅 drivers/gpio/gpio-mcp23s08.c。

下一个操作回调是 .xlate。这里再次使用内核提供的帮助程序。irq_domain_

xlate_ twocell 是帮助程序,能够解析具有两个单元格的中断说明符。可以在该控制器 DT 节点中添加 interrupt-cells = <2>;。

(2)调用 irq_create_mapping()函数把 IRQ 映射填充到域。该驱动程序将在 gpiochip.to_irq 回调中执行此操作,以便每当在 GPIO 上调用 gpio {d} _to_irq()时,如果存在映射就返回它,否则创建映射:

```
static int mcp23016_to_irq(struct gpio_chip *chip,
                           unsigned offset)
{
    return irq_create_mapping(chip->irq_domain, offset);
}
```

可以在 probe 函数中为每个 GPIO 执行该操作,只需在.to_irq 函数内调用 irq_find_mapping()即可。

(3)现在仍在 probe 函数内,需要注册控制器的 IRQ 处理程序,控制器的 IRQ 处理程序在引脚上引发中断时负责调用正确的处理程序:

```
devm_request_threaded_irq(client->irq, NULL,
                          mcp23016_irq, irqflags,
                          dev_name(chip->parent), mcp);
```

函数 mcp23016 应该在注册 IRQ 之前定义:

```
static irqreturn_t mcp23016_irq(int irq, void *data)
{
    struct mcp23016 *mcp = data;
    unsigned int child_irq, i;
    /* 代码*/
    [...]
    for (i = 0; i < mcp->chip.ngpio; i++) {
        if (gpio_value_changed_and_raised_irq(i)) {
            child_irq =
                irq_find_mapping(mcp->chip.irqdomain, i);
            handle_nested_irq(child_irq);
        }
    }

    return IRQ_HANDLED;
}
```

前面已经介绍过 handle_nested_irq(),它将为每个注册的处理程序创建专用线程。

2. 新的 gpiolib irqchip API

几乎每个 GPIO 控制器驱动程序都使用 IRQ 域来达到同样的目的。为了避免为每个编写 irqdomain 处理代码等，内核开发人员决定通过 GPIOLIB_IRQCHIP Kconfig 符号将该代码移动到 gpiolib 框架，以协调开发，避免代码冗余。

这部分代码使用精简的辅助函数集，帮助管理 GPIO irqchips、相关的 irq_domain 和资源分配回调，以及它们的设置。这些函数是 gpiochip_irqchip_add() 和 gpiochip_set_chained_irqchip()。

gpiochip_irqchip_add()：把 irqchip 添加到 gpiochip。这个函数的作用如下。

- 将 gpiochip.to_irq 字段设置为 gpiochip_to_irq，它是 IRQ 回调函数，只是返回 irq_find_mapping(chip-> irqdomain, offset)。
- 将 irq_domain 分配给 gpiochip，调用的函数是 irq_domain_add_simple()，传递称作 gpiochip_domain_ops 的内核 IRQ 核心 irq_domain_ops，它在 drivers/gpio/ gpiolib.c 中定义。
- 使用 irq_create_mapping() 函数创建从 0 到 gpiochip.ngpio 的映射。

该函数的原型如下：

```
int gpiochip_irqchip_add(struct gpio_chip *gpiochip,
            struct irq_chip *irqchip,
            unsigned int first_irq,
            irq_flow_handler_t handler,
            unsigned int type)
```

其中，gpiochip 是 GPIO 芯片，irqchip 要添加到其中。如果未被动态分配，first_irq 则是从中分配 gpiochip IRQ 的基（第一个）IRQ。handler 是要使用的 IRQ 处理程序（通常是预定义的 IRQ 核心函数），type 是此 irqchip 上 IRQ 的默认类型，传递 IRQ_TYPE_NONE 可避免内核在硬件中设置任何默认类型。

 该函数将处理两个单元的简单 IRQ（因为它将 irq_domain_ops.xlate 设置为 irq_domain_xlate_twocell），并假定 gpiochip 上的所有引脚都可以生成唯一的 IRQ。

```
static const struct irq_domain_ops gpiochip_domain_ops = {
    .map  = gpiochip_irq_map,
    .unmap = gpiochip_irq_unmap,
    /* 几乎所有的 GPIO irqchip 都有两个单元*/
    .xlate = irq_domain_xlate_twocell,
};
```

gpiochip_set_chained_irqchip()：该函数将链接的 irqchip 设置到来自父 IRQ 的 gpio_chip，并把指向 struct gpio_chip 的指针作为处理程序数据传递。

```
void gpiochip_set_chained_irqchip(struct gpio_chip *gpiochip,
                    struct irq_chip *irqchip, int parent_irq,
                    irq_flow_handler_t parent_handler)
```

parent_irq 是该芯片连接到的 IRQ 号。在图 16-3 所示的 mcp23016 例子中，它对应于 gpio4_29 线的 IRQ。换句话说，它是这个链式 irqchip 的父 IRQ 号。parent_handler 是来自 gpiochip 的累积 IRQ 的父中断处理程序。如果该中断嵌套而不是级联（链接），则在此处理程序参数中传递 NULL。

对于这个新 API，需要添加到 probe 函数的唯一代码如下：

```
/* 我们有中断线路吗?使用 irqchip */
if (client->irq) {
    status = gpiochip_irqchip_add(&gpio->chip, &dummy_irq_chip,
                        0, handle_level_irq, IRQ_TYPE_NONE);
    if (status) {
        dev_err(&client->dev, "cannot add irqchip\n");
        goto fail_irq;
    }

    status = devm_request_threaded_irq(&client->dev, client->irq,
                        NULL, mcp23016_irq, IRQF_ONESHOT |
                        IRQF_TRIGGER_FALLING | IRQF_SHARED,
                        dev_name(&client->dev), gpio);
    if (status)
        goto fail_irq;

    gpiochip_set_chained_irqchip(&gpio->chip,
                        &dummy_irq_chip, client->irq, NULL);
}
```

IRQ 核心做了一切。由于 API 已经设置了 gpiochip.to_irq 函数，因此无须定义它。上面的例子使用 IRQ 核心 dummy_irq_chip，但也可以定义自己的。自内核 v4.10 版本以来，增加了两个新函数：gpiochip_irqchip_add_nested() 和 gpiochip_set_nested_irqchip()。有关更多详细信息，请参阅 Documentation/gpio/driver.txt。在相同内核版本中使用此 API 的驱动程序是 drivers/gpio/gpio-mcp23s08.c。

3. 中断控制器和 DT

现在将在 DT 中声明控制器。是否还记得第 6 章介绍过，每个中断控制器都必须设置布尔属性 interrupt-controller。第二个必须设置的布尔属性是 gpio-controller，因为它也是 GPIO 控制器。需要定义设备中断说明符需要多少个单元。因为已经把 irq_domain_ops.xlate 字段设置为 irq_domain_xlate_twocell，所以#interrupt-cells 应该是 2：

```
expander: mcp23016@20 {
    compatible = "microchip,mcp23016";
    reg = <0x20>;
    interrupt-controller;
    #interrupt-cells = <2>;
    gpio-controller;
    #gpio-cells = <2>;
    interrupt-parent = <&gpio4>;
    interrupts = <29 IRQ_TYPE_EDGE_FALLING>;
};
```

interrupt-parent 和 interrupts 属性描述中断线路连接。

假如有一个 mcp23016 驱动程序和两个其他设备（foo_device 和 bar_device）的驱动程序，当然所有都运行在 CPU 下。在 foo_device 驱动程序中，当 foo_device 的 mcp23016 引脚 io_2 电平改变时，需要为该事件请求中断。bar_device 驱动程序要求 io_8 和 io_12 分别为复位和供电 GPIO，这要在 DT 中声明：

```
foo_device: foo_device@1c {
    reg = <0x1c>;
    interrupt-parent = <&expander>;
    interrupts = <2 IRQ_TYPE_EDGE_RISING>;
};

bar_device {
    reset-gpios = <&expander 8 GPIO_ACTIVE_HIGH>;
    power-gpios = <&expander 12 GPIO_ACTIVE_HIGH>;
    /* 其他属性也可以 */
};
```

16.4　总结

现在 IRQ 多路复用不再神秘。本章讨论了 Linux 系统下重要的 IRQ 管理元素：IRQ 域 API。读者已经具备了开发中断控制器驱动程序的基础知识，可以从 DT 内管理它们的绑定。本章还讨论了 IRQ 传播，以便帮助读者更好地理解从请求到处理过程中所发生的操作。第 17 章将介绍输入设备驱动程序。本章内容有助于读者学习第 17 章中的中断驱动部分。

第 17 章
输入设备驱动程序

输入设备是与系统交互的设备，这些设备包括按钮、键盘、触摸屏、鼠标等。它们的工作方式是发送事件、输入内核在系统上捕获和传播。本章将解释输入内核处理输入设备所使用的每个结构。也就是说，本章将介绍如何从用户空间管理事件。

本章涉及以下主题。

- 输入内核的数据结构。
- 分配和注册输入设备，以及轮询设备系列。
- 生成事件并向输入内核报告。
- 从用户空间管理输入设备。
- 驱动程序编写实例。

17.1 输入设备结构

与输入子系统连接应包含的头文件是 linux/input.h：

```
#include <linux/input.h>
```

无论它是什么类型的输入设备，无论它发送什么类型的事件，输入设备在内核中都表示为 struct input_dev 的实例：

```
struct input_dev {
  const char *name;
  const char *phys;

  unsigned long evbit[BITS_TO_LONGS(EV_CNT)];
  unsigned long keybit[BITS_TO_LONGS(KEY_CNT)];
  unsigned long relbit[BITS_TO_LONGS(REL_CNT)];
  unsigned long absbit[BITS_TO_LONGS(ABS_CNT)];
```

```
    unsigned long mscbit[BITS_TO_LONGS(MSC_CNT)];

    unsigned int repeat_key;

    int rep[REP_CNT];
    struct input_absinfo *absinfo;
    unsigned long key[BITS_TO_LONGS(KEY_CNT)];

    int (*open)(struct input_dev *dev);
    void (*close)(struct input_dev *dev);

    unsigned int users;
    struct device dev;

    unsigned int num_vals;
    unsigned int max_vals;
    struct input_value *vals;

    bool devres_managed;
};
```

这些字段的含义如下。

- name：代表设备的名称。
- phys：系统层次结构中设备的物理路径。
- evbit：设备所支持事件类型的位图。其中的一些类型如下。
  - ➢ EV_KEY：支持发送按键事件的设备（键盘、按钮等）。
  - ➢ EV_REL：支持发送相对位置的设备（鼠标、数字化仪等）。
  - ➢ EV_ABS：支持发送绝对位置的设备（操纵杆）。

事件列表可从内核源代码的 include/linux/input-event-codes.h 文件中查询。根据输入设备的功能不同，可以使用 set_bit() 宏来设置相应位。当然，设备可以支持多种类型的事件。例如，鼠标将设置 EV_KEY 和 EV_REL 两个事件。

```
set_bit(EV_KEY, my_input_dev->evbit);
set_bit(EV_REL, my_input_dev->evbit);
```

- keybit：适用于支持 EV_KEY 类型的设备，该设备提供按键/按钮位图。例如 BTN_0、KEY_A、KEY_B 等。按键/按钮的完整列表位于 include/linux/input-event-codes.h 文件中。
- relbit：适用于支持 EV_REL 类型的设备，即设备提供相对坐标轴的位图。例如 REL_X、REL_Y、REL_Z、REL_RX 等。完整列表请参阅 include/linux/

input- event-codes.h。

● absbit：适用于支持 EV_ABS 类型的设备，该设备提供绝对坐标轴的位图。例如 ABS_Y、ABS_X 等。提供完整列表的文件同前一项。

● mscbit：用于支持 EV_MSC 类型的设备，该设备支持其他事件的位图。

● repeat_key：存储最后一次按键的键码，用于实现软件自动重复。

● rep：自动重复参数的当前值（延迟、速率）。

● absinfo：&struct input_absinfo 元素数组，存储关于绝对坐标轴的信息（当前值、最小值、最大值、平坦度、模糊度和分辨率）。应该使用 input_set_abs_params() 函数设置这些值：

```
void input_set_abs_params(struct input_dev *dev, unsigned int axis,
                          int min, int max, int fuzz, int flat)
```

● min 和 max：指定下限值和上限值。fuzz 指出指定输入设备的指定通道上的预期噪声。下面的例子仅设置每个通道的边界：

```
#define ABSMAX_ACC_VAL 0x01FF
#define ABSMIN_ACC_VAL -(ABSMAX_ACC_VAL)
[...]
set_bit(EV_ABS, idev->evbit);
input_set_abs_params(idev, ABS_X, ABSMIN_ACC_VAL,
                     ABSMAX_ACC_VAL, 0, 0);
input_set_abs_params(idev, ABS_Y, ABSMIN_ACC_VAL,
                     ABSMAX_ACC_VAL, 0, 0);
input_set_abs_params(idev, ABS_Z, ABSMIN_ACC_VAL,
                     ABSMAX_ACC_VAL, 0, 0);
```

● key：反映设备按键/按钮的当前状态。

● open：第一个用户调用 input_open_device() 时使用的方法。使用此方法准备设备，例如中断请求、轮询线程启动等。

● close：最后一个用户调用 input_close_device() 时使用的方法。在这里可以停止轮询（轮询会消耗大量资源）。

● users：存储打开此设备的用户数量（输入处理程序）。input_open_device() 和 input_close_device() 使用它以确保只在第一个用户打开设备时调用 dev-> open()，在最后一个用户关闭设备时调用 dev-> close()。

● dev：与此设备关联的 struct device（针对设备模型）。

● num_vals：当前帧中排队的值的数量。

- `max_vals`：帧中排队的值的最大数量。
- `vals`：当前帧中排队的值的数组。
- `devres_managed`：表示设备使用 devres 框架管理，不需要显式取消注册或释放。

17.2　分配并注册输入设备

在使用输入设备注册和发送事件之前，应该使用 `input_allocate_device()` 函数分配设备。对于未注册的输入设备，要释放以前为其分配的内存，应该使用 `input_free_device()` 函数。如果设备已经注册，则应该调用 `input_unregister_device()`。就像内存分配需要的各个函数一样，可以使用这些函数的资源管理版本：

```
struct input_dev *input_allocate_device(void)
struct input_dev *devm_input_allocate_device(struct device *dev)

void input_free_device(struct input_dev *dev)
static void devm_input_device_unregister(struct device *dev,
                                         void *res)
int input_register_device(struct input_dev *dev)
void input_unregister_device(struct input_dev *dev)
```

设备分配可能会进入睡眠状态，因此不能在原子环境中调用，也不能持有自旋锁。
以下代码摘录自 I2C 总线上输入设备的 probe 函数：

```
struct input_dev *idev;
int error;

idev = input_allocate_device();
if (!idev)
    return -ENOMEM;

idev->name = BMA150_DRIVER;
idev->phys = BMA150_DRIVER "/input0";
idev->id.bustype = BUS_I2C;
idev->dev.parent = &client->dev;

set_bit(EV_ABS, idev->evbit);
input_set_abs_params(idev, ABS_X, ABSMIN_ACC_VAL,
                     ABSMAX_ACC_VAL, 0, 0);
```

```
input_set_abs_params(idev, ABS_Y, ABSMIN_ACC_VAL,
                     ABSMAX_ACC_VAL, 0, 0);
input_set_abs_params(idev, ABS_Z, ABSMIN_ACC_VAL,
                     ABSMAX_ACC_VAL, 0, 0);

error = input_register_device(idev);
if (error) {
    input_free_device(idev);
    return error;
}

error = request_threaded_irq(client->irq,
            NULL, my_irq_thread,
            IRQF_TRIGGER_RISING | IRQF_ONESHOT,
            BMA150_DRIVER, NULL);
if (error) {
    dev_err(&client->dev, "irq request failed %d, error %d\n",
            client->irq, error);
    input_unregister_device(bma150->input);
    goto err_free_mem;
}
```

轮询输入设备子类

轮询输入设备是特殊类型的输入设备，它依靠轮询来感知设备状态的变化，而一般的输入设备类型则依靠 IRQ 来检测变化，并将事件发送到输入内核。

轮询输入设备在内核中描述为 struct input_polled_dev 结构的实例，它是对通用 struct input_dev 结构的包装：

```
struct input_polled_dev {
    void *private;

    void (*open)(struct input_polled_dev *dev);
    void (*close)(struct input_polled_dev *dev);
    void (*poll)(struct input_polled_dev *dev);
    unsigned int poll_interval; /* msec */
    unsigned int poll_interval_max; /* msec */
    unsigned int poll_interval_min; /* msec */

    struct input_dev *input;

    bool devres_managed;
};
```

该结构中各元素的含义如下。

- `private`：驱动程序的私有数据。
- `open`：可选方法，用于准备轮询设备（启用设备以及可能刷新设备状态）。
- `close`：可选方法，不再轮询设备时调用。它用于使设备进入低功耗模式。
- `poll`：必需的方法，每当设备需要轮询时调用。其调用频率为 `poll_interval`。
- `poll_interval`：应该调用 `poll()` 方法的频率。除非在注册设备时改写，否则默认为 500ms。
- `poll_interval_max`：指定轮询间隔的上限。默认等于 `poll_interval` 的初值。
- `poll_interval_min`：指定轮询间隔的下限，默认为 0。
- `input`：构建轮询设备的输入设备，它必须由驱动程序正确初始化（ID、名称和位）。轮询输入设备在感知设备状态变化时只提供轮询接口，而不提供 IRQ 接口。

`struct input_polled_dev` 结构的分配/释放是用 `input_allocate_polled_device()` 和 `input_free_polled_device()` 实现的。应该注意初始化嵌入在其中的 `struct input_dev` 的必填字段。轮询间隔也应设置，否则，其默认为 500ms。也可以使用资源管理版本。二者的原型如下：

```
struct input_polled_dev *devm_input_allocate_polled_device(struct
device *dev)
struct input_polled_dev *input_allocate_polled_device(void)
void input_free_polled_device(struct input_polled_dev *dev)
```

对于资源管理设备，输入内核将把 input_dev-> devres_managed 字段设置为 true。

在分配和正确地字段初始化后，可以使用 `input_register_polled_device()` 注册轮询输入设备，该函数成功时返回 0。相反的操作（取消注册）用 `input_unregister_polled_device()` 函数完成：

```
int input_register_polled_device(struct input_polled_dev *dev)
void input_unregister_polled_device(struct input_polled_dev *dev)
```

这类设备 `probe()` 函数的典型例子如下所示：

```
static int button_probe(struct platform_device *pdev)
{
    struct my_struct *ms;
    struct input_dev *input_dev;
```

```
    int retval;
    ms = devm_kzalloc(&pdev->dev, sizeof(*ms), GFP_KERNEL);
    if (!ms)
        return -ENOMEM;
    ms->poll_dev = input_allocate_polled_device();
    if (!ms->poll_dev){
        kfree(ms);
        return -ENOMEM;
    }

    /* 这个 GPIO 没有映射到 IRQ */
    ms->reset_btn_desc = gpiod_get(dev, "reset", GPIOD_IN);

    ms->poll_dev->private = ms ;
    ms->poll_dev->poll = my_btn_poll;
    ms->poll_dev->poll_interval = 200; /*每 200ms 执行一次轮询 */
    ms->poll_dev->open = my_btn_open; /*组成 */
    input_dev = ms->poll_dev->input;
    input_dev->name = "System Reset Btn";

    /* GPIO 属于坐在 I2C 上的扩展器 */
    input_dev->id.bustype = BUS_I2C;
    input_dev->dev.parent = &pdev->dev;

    /* 声明此驱动程序生成的事件 */
    set_bit(EV_KEY, input_dev->evbit);
    set_bit(BTN_0, input_dev->keybit); /*按钮*/

    retval = input_register_polled_device(mcp->poll_dev);
    if (retval) {
        dev_err(&pdev->dev, "Failed to register input device\n");
        input_free_polled_device(ms->poll_dev);
        kfree(ms);
    }
    return retval;
}
```

struct my_struct 结构如下：

```
struct my_struct {
    struct gpio_desc *reset_btn_desc;
    struct input_polled_dev *poll_dev;
}
```

open 函数如下：

```
static void my_btn_open(struct input_polled_dev *poll_dev)
{
    struct my_strut *ms = poll_dev->private;
    dev_dbg(&ms->poll_dev->input->dev, "reset open()\n");
}
```

open 方法用于准备设备所需的资源。这个例子并不真正需要该方法。

17.3　产生和报告输入事件

设备分配和注册是必不可少的，但它们并不是输入设备驱动程序的主要目标，其设计用于向输入内核报告事件。根据设备可支持的事件类型不同，内核提供相应的 API 将其报告给输入内核。

对于具有 EV_XXX 功能的设备，相应的报告函数将是 input_report_xxx()。重要事件类型及其报告函数之间的对应关系如表 17-1 所示。

表 17-1　　　　　　　　　　　　　事件类型及其报告函数

事件类型	报告函数	代码示例
EV_KEY	input_report_key()	input_report_key(poll_dev->input, BTN_0, gpiod_get_value(ms-> reset_btn_desc) & 1);
EV_REL	input_report_rel()	input_report_rel(nunchuk->input, REL_X, (nunchuk->report.joy_x - 128)/10);
EV_ABS	input_report_abs()	input_report_abs(bma150->input, ABS_X, x_value); input_report_abs(bma150->input, ABS_Y, y_value); input_report_abs(bma150->input, ABS_Z, z_value);

它们各自的原型如下：

```
void input_report_abs(struct input_dev *dev,
                      unsigned int code, int value)
void input_report_key(struct input_dev *dev,
                      unsigned int code, int value)
void input_report_rel(struct input_dev *dev,
                      unsigned int code, int value)
```

可用的报告函数列表可以在内核源文件 include/linux/input.h 中找到。它们都具有相同的框架。

- dev：负责事件的输入设备。
- code：表示事件代码，例如 REL_X 或 KEY_BACKSPACE。其完整列表在 include/linux/input-event-codes.h 内。
- value：事件所带值。对于 EV_REL 事件类型，其值为相对变化。对于 EV_ABS（游戏杆等）事件类型，它包含绝对新值。对于 EV_KEY 事件类型，按键释放时它应该设置为 0，按下时设置为 1，自动重复设置为 2。

报告所有变化后，驱动程序应在输入设备上调用 input_sync()，表示此事件已完成。输入子系统将这些数据收集到单个包内，并通过/dev/input/event <X>发送，这代表系统上的 struct input_dev 字符设备，其中<X>是输入内核分配给驱动程序的接口号：

```
void input_sync(struct input_dev *dev)
```

来看一个例子，这摘自 drivers/input/misc/bma150.c 中的 bma150 数字加速度传感器驱动程序：

```
static void threaded_report_xyz(struct bma150_data *bma150)
{
  u8 data[BMA150_XYZ_DATA_SIZE];
  s16 x, y, z;
  s32 ret;

  ret = i2c_smbus_read_i2c_block_data(bma150->client,
      BMA150_ACC_X_LSB_REG, BMA150_XYZ_DATA_SIZE, data);
  if (ret != BMA150_XYZ_DATA_SIZE)
    return;

  x = ((0xc0 & data[0]) >> 6) | (data[1] << 2);
  y = ((0xc0 & data[2]) >> 6) | (data[3] << 2);
  z = ((0xc0 & data[4]) >> 6) | (data[5] << 2);

  /* 符号扩展 */
  x = (s16) (x << 6) >> 6;
  y = (s16) (y << 6) >> 6;
  z = (s16) (z << 6) >> 6;

  input_report_abs(bma150->input, ABS_X, x);
  input_report_abs(bma150->input, ABS_Y, y);
  input_report_abs(bma150->input, ABS_Z, z);
```

```
    /* 指示此事件已完成 */
    input_sync(bma150->input);
}
```

在前面的例子中，input_sync()通知输入内核将 3 个报告视为同一个事件。位置有三轴坐标（X，Y，Z）才有意义，不希望 X、Y 或 Z 单独报告。

报告事件的最佳位置是轮询设备的轮询函数内，或者 IRQ 启用设备的 IRQ 例程（线程部分或非线程部分）内。如果执行某些可能会睡眠的操作，则应该在 IRQ 处理程序的线程部分处理报告：

```
static void my_btn_poll(struct input_polled_dev *poll_dev)
{
    struct my_struct *ms = poll_dev->private;
    struct i2c_client *client = mcp->client;
    input_report_key(poll_dev->input, BTN_0,
                        gpiod_get_value(ms->reset_btn_desc) & 1);
    input_sync(poll_dev->input);
}
```

17.4　用户空间接口

每个注册的输入设备都由/dev/input/event <X>字符设备表示，从中可以读取来自用户空间的事件。读取此文件的应用程序将接收到 struct input_event 格式的事件包：

```
struct input_event {
  struct timeval time;
  __u16 type;
  __u16 code;
  __s32 value;
}
```

该结构中每个元素的含义如下。

- time：时间戳，它返回事件发生时的时间。
- type：事件类型。例如，EV_KEY 表示按键或释放，EV_REL 表示相对时刻，EV_ABS 代表绝对时刻。更多类型信息定义在 include/linux/input-event-codes.h 中。
- code：事件代码，例如 REL_X 或 KEY_BACKSPACE，其完整列表也位于 include/linux/input-event-codes.h 中。

- value：事件所带来的值。对于 EV_REL 事件类型，其值是相对变化。对于 EV_ABS（游戏杆等）事件类型，它包含新的绝对值。对于 EV_KEY 事件类型，键释放应设置为 0，键按下时设置为 1，自动重复设置为 2。

用户空间应用程序可以使用阻塞读取和非阻塞读取，还可以使用 poll() 或 select() 系统调用，以便在打开此设备后获得事件通知。以下是使用 select() 系统调用的例子，其完整源代码在本书源代码库中提供：

```
#include <unistd.h>
#include <fcntl.h>
#include <stdio.h>
#include <stdlib.h>
#include <linux/input.h>
#include <sys/select.h>

#define INPUT_DEVICE "/dev/input/event1"

int main(int argc, char **argv)
{
    int fd;
    struct input_event event;
    ssize_t bytesRead;

    int ret;
    fd_set readfds;

    fd = open(INPUT_DEVICE, O_RDONLY);
    /* 打开输入设备 */
    if(fd < 0){
        fprintf(stderr, "Error opening %s for reading", INPUT_DEVICE);
        exit(EXIT_FAILURE);
    }

    while(1){
        /* 等待 fd 输入*/
        FD_ZERO(&readfds);
        FD_SET(fd, &readfds);

        ret = select(fd + 1, &readfds, NULL, NULL, NULL);
        if (ret == -1) {
            fprintf(stderr, "select call on %s: an error ocurred",
                    INPUT_DEVICE);
            break;
        }
```

```
        else if (!ret) { /* 如果我们决定使用超时*/
            fprintf(stderr, "select on %s: TIMEOUT", INPUT_DEVICE);
            break;
        }
        /* 文件描述符现在已经准备好了*/
        if (FD_ISSET(fd, &readfds)) {
            bytesRead = read(fd, &event,
                                sizeof(struct input_event));
            if(bytesRead == -1)
                /* 进程读输入错误*/
            if(bytesRead != sizeof(struct input_event))
            /* 读取值甚至不是输入*/
            /*
             * 有很多代码要找的话，可以做一个 switch/case
             */
            if(event.code == BTN_0) {
                /* it concerns our button */
                if(event.value == 0){
                    /*进程发布 */
                    [...]
                }
                else if(event.value == 1){
                    /* 处理键盘按键*/
                    [...]
                }
            }
        }
    }
    close(fd);
    return EXIT_SUCCESS;
}
```

17.5 回顾

本章到目前为止已经描述了编写输入设备驱动程序所使用的结构，以及如何从用户空间管理它们。

- 根据设备类型：轮询或不轮询，调用 input_allocate_polled_device()
  或 input_allocate_device() 分配新的输入设备。
- 填写必填字段（如有必要）。
- 在 input_dev.evbit 字段上使用帮助宏 set_bit() 指定设备支持的事件的
  类型。

- 根据事件类型不同，如 EV_REL、EV_ABS、EV_KEY 或其他类型，指出此设备可以使用 input_dev.relbit、input_dev.absbit、input_dev.keybit 或其他方式报告代码。
- 指定 input_dev.dev，以设置适当的设备树。
- 如有必要，填写 abs_info。
- 对于轮询的设备，指出应以多长的时间间隔调用 poll() 函数。
- 根据需要编写 open() 函数，在其中准备和设置设备使用的资源。该函数只被调用一次。在此函数中，设置 GPIO，（如果需要）请求中断和初始化设备。
- 编写 close() 函数，在这个函数中释放和取消分配在 open() 函数中申请和分配的资源。例如，释放的 GPIO、IRQ，将设备置于省电模式。
- 将 open() 或 close() 函数（或两者）传递给 input_dev.open 和 input_dev.close 字段。
- 如果是轮询设备，则使用 input_register_polled_device() 注册设备，否则使用 input_register_device() 注册设备。
- 在 IRQ 函数（无论线程化与否）或 poll() 函数中，根据设备的类型不同，使用 input_report_key()、input_report_rel()、input_report_abs() 或其他函数收集和报告事件，然后在输入设备上调用 input_sync() 指示帧的结束（该报告完成）。

通常的方法是在提供 IRQ 的情况下使用通用输入设备，否则作为轮询设备使用：

```
if(client->irq > 0){
    /* 使用通用输入设备*/
} else {
    /* 使用调查设备*/
}
```

要了解如何从用户空间管理这些设备，请参阅本书源代码中提供的示例。

驱动程序示例

读者可以对以下两个驱动程序加以总结。第一个是轮询输入设备，它基于 GPIO，没有映射到 IRQ。轮询输入内核要轮询 GPIO 才能感知到变化。该驱动程序配置为发送 0 键码。每个 GPIO 的状态对应于键按下或键释放：

```
#include <linux/kernel.h>
#include <linux/module.h>
```

```
#include <linux/slab.h>
#include <linux/of.h>                        /* DT*/
#include <linux/platform_device.h>           /* 平台设备 */
#include <linux/gpio/consumer.h>             /* GPIO 接口描述符*/
#include <linux/input.h>
#include <linux/input-polldev.h>

struct poll_btn_data {
    struct gpio_desc *btn_gpiod;
    struct input_polled_dev *poll_dev;
};

static void polled_btn_open(struct input_polled_dev *poll_dev)
{
    /* struct poll_btn_data *priv = poll_dev->private; */
    pr_info("polled device opened()\n");
}

static void polled_btn_close(struct input_polled_dev *poll_dev)
{
    /* struct poll_btn_data *priv = poll_dev->private; */
    pr_info("polled device closed()\n");
}

static void polled_btn_poll(struct input_polled_dev *poll_dev)
{
    struct poll_btn_data *priv = poll_dev->private;

    input_report_key(poll_dev->input, BTN_0,
gpiod_get_value(priv->btn_gpiod) & 1);
    input_sync(poll_dev->input);
}

static const struct of_device_id btn_dt_ids[] = {
    { .compatible = "packt,input-polled-button", },
    { /* 标记*/ }
};

static int polled_btn_probe(struct platform_device *pdev)
{
    struct poll_btn_data *priv;
    struct input_polled_dev *poll_dev;
    struct input_dev *input_dev;
    int ret;
```

```
    priv = devm_kzalloc(&pdev->dev, sizeof(*priv), GFP_KERNEL);
    if (!priv)
        return -ENOMEM;

    poll_dev = input_allocate_polled_device();
    if (!poll_dev){
        devm_kfree(&pdev->dev, priv);
        return -ENOMEM;
    }

    /* 假设这个GPIO是活跃的 */
    priv->btn_gpiod = gpiod_get(&pdev->dev, "button", GPIOD_IN);
    poll_dev->private = priv;
    poll_dev->poll_interval = 200; /* Poll every 200ms */
    poll_dev->poll = polled_btn_poll;
    poll_dev->open = polled_btn_open;
    poll_dev->close = polled_btn_close;
    priv->poll_dev = poll_dev;

    input_dev = poll_dev->input;
    input_dev->name = "Packt input polled Btn";
    input_dev->dev.parent = &pdev->dev;

    /* 声明此驱动程序生成的事件*/
    set_bit(EV_KEY, input_dev->evbit);
    set_bit(BTN_0, input_dev->keybit); /*按钮*/

    ret = input_register_polled_device(priv->poll_dev);
    if (ret) {
        pr_err("Failed to register input polled device\n");
        input_free_polled_device(poll_dev);
        devm_kfree(&pdev->dev, priv);
        return ret;
    }

    platform_set_drvdata(pdev, priv);
    return 0;
}

static int polled_btn_remove(struct platform_device *pdev)
{
    struct poll_btn_data *priv = platform_get_drvdata(pdev);
    input_unregister_polled_device(priv->poll_dev);
    input_free_polled_device(priv->poll_dev);
    gpiod_put(priv->btn_gpiod);
```

```
        return 0;
    }

    static struct platform_driver mypdrv = {
        .probe      = polled_btn_probe,
        .remove     = polled_btn_remove,
        .driver     = {
            .name   = "input-polled-button",
            .of_match_table = of_match_ptr(btn_dt_ids),
            .owner  = THIS_MODULE,
        },
    };
    module_platform_driver(mypdrv);

    MODULE_LICENSE("GPL");
    MODULE_AUTHOR("John Madieu <john.madieu@gmail.com>");
    MODULE_DESCRIPTION("Polled input device");
```

第二个驱动程序根据按钮 GPIO 所映射的 IRQ 将事件发送到输入内核。当使用 IRQ 检测键按下或键释放时，最好在边沿改变时触发中断：

```
    #include <linux/kernel.h>
    #include <linux/module.h>
    #include <linux/slab.h>
    #include <linux/of.h>                    /* DT*/
    #include <linux/platform_device.h>       /* 平台设备*/
    #include <linux/gpio/consumer.h>         /* GPIO 接口描述符*/
    #include <linux/input.h>
    #include <linux/interrupt.h>

    struct btn_data {
        struct gpio_desc *btn_gpiod;
        struct input_dev *i_dev;
        struct platform_device *pdev;
        int irq;
    };

    static int btn_open(struct input_dev *i_dev)
    {
        pr_info("input device opened()\n");
        return 0;
    }

    static void btn_close(struct input_dev *i_dev)
    {
        pr_info("input device closed()\n");
```

```
}

static irqreturn_t packt_btn_interrupt(int irq, void *dev_id)
{
    struct btn_data *priv = dev_id;

    input_report_key(priv->i_dev, BTN_0, gpiod_get_value(priv->btn_gpiod) & 1);
    input_sync(priv->i_dev);
    return IRQ_HANDLED;
}

static const struct of_device_id btn_dt_ids[] = {
    { .compatible = "packt,input-button", },
    { /*标记*/ }
};

static int btn_probe(struct platform_device *pdev)
{
    struct btn_data *priv;
    struct gpio_desc *gpiod;
    struct input_dev *i_dev;
    int ret;

    priv = devm_kzalloc(&pdev->dev, sizeof(*priv), GFP_KERNEL);
    if (!priv)
        return -ENOMEM;

    i_dev = input_allocate_device();
    if (!i_dev)
        return -ENOMEM;

    i_dev->open = btn_open;
    i_dev->close = btn_close;
    i_dev->name = "Packt Btn";
    i_dev->dev.parent = &pdev->dev;
    priv->i_dev = i_dev;
    priv->pdev = pdev;

    /* 声明此驱动程序生成的事件*/
    set_bit(EV_KEY, i_dev->evbit);
    set_bit(BTN_0, i_dev->keybit); /* 按钮*/

    /* 假设这个GPIO是活跃的*/
    gpiod = gpiod_get(&pdev->dev, "button", GPIOD_IN);
    if (IS_ERR(gpiod))
```

```
        return -ENODEV;

    priv->irq = gpiod_to_irq(priv->btn_gpiod);
    priv->btn_gpiod = gpiod;

    ret = input_register_device(priv->i_dev);
    if (ret) {
        pr_err("Failed to register input device\n");
        goto err_input;
    }

    ret = request_any_context_irq(priv->irq,
                            packt_btn_interrupt,
                            (IRQF_TRIGGER_FALLING | IRQF_TRIGGER_RISING),
                            "packt-input-button", priv);
    if (ret < 0) {
        dev_err(&pdev->dev,
            "Unable to acquire interrupt for GPIO line\n");
        goto err_btn;
    }

    platform_set_drvdata(pdev, priv);
    return 0;

err_btn:
    gpiod_put(priv->btn_gpiod);
err_input:
    printk("will call input_free_device\n");
    input_free_device(i_dev);
    printk("will call devm_kfree\n");
    return ret;
}

static int btn_remove(struct platform_device *pdev)
{
    struct btn_data *priv;
    priv = platform_get_drvdata(pdev);
    input_unregister_device(priv->i_dev);
    input_free_device(priv->i_dev);
    free_irq(priv->irq, priv);
    gpiod_put(priv->btn_gpiod);
    return 0;
}

static struct platform_driver mypdrv = {
```

```
    .probe        = btn_probe,
    .remove       = btn_remove,
    .driver       = {
    .name         = "input-button",
    .of_match_table = of_match_ptr(btn_dt_ids),
    .owner        = THIS_MODULE,
    },
};
module_platform_driver(mypdrv);

MODULE_LICENSE("GPL");
MODULE_AUTHOR("John Madieu <john.madieu@gmail.com>");
MODULE_DESCRIPTION("Input device (IRQ based)");
```

对于这两个示例，当设备与模块匹配时，将在/dev/input 目录中创建节点。该节点对应于例子中的 event 0。可以使用 udevadm 工具来显示有关该设备的信息：

```
# udevadm info /dev/input/event0
P: /devices/platform/input-button.0/input/input0/event0
N: input/event0
S: input/by-path/platform-input-button.0-event
E: DEVLINKS=/dev/input/by-path/platform-input-button.0-event
E: DEVNAME=/dev/input/event0
E: DEVPATH=/devices/platform/input-button.0/input/input0/event0
E: ID_INPUT=1
E: ID_PATH=platform-input-button.0
E: ID_PATH_TAG=platform-input-button_0
E: MAJOR=13
E: MINOR=64
E: SUBSYSTEM=input
E: USEC_INITIALIZED=74842430
```

指定输入设备的路径后，能够实际在屏幕上打印出按键事件的工具是 evtest：

```
# evtest /dev/input/event0
input device opened()
Input driver version is 1.0.1
Input device ID: bus 0x0 vendor 0x0 product 0x0 version 0x0
Input device name: "Packt Btn"
Supported events:
Event type 0 (EV_SYN)
Event type 1 (EV_KEY)
Event code 256 (BTN_0)
```

由于第二个模块基于 IRQ，因此可以轻松地检查 IRQ 请求是否成功，以及它触发了多少次：

```
$ cat /proc/interrupts | grep packt
160: 0 0 0 0 gpio-mxc 0 packt-input-button
```

最后，可以连续按下/释放按钮，检查 GPIO 的状态是否改变：

```
$ cat /sys/kernel/debug/gpio | grep button
gpio-193 (button-gpio ) in hi
$ cat /sys/kernel/debug/gpio | grep button
gpio-193 (button-gpio ) in lo
```

17.6　总结

　　本章描述了整个输入框架，重点介绍了轮询和中断驱动输入设备之间的区别。学习本章后，读者即可掌握为任何输入设备编写驱动程序所需的必要知识，而无论这些输入设备是何种类型，以及它们支持什么样的输入事件。本章还讨论了用户空间接口，并提供了示例。第 18 章讨论另一个重要框架——RTC，这是 PC 和嵌入式设备内时间管理的关键元素。

第 18 章
RTC 驱动程序

实时时钟（RTC）设备用于在非易失性存储器中记录绝对时间，它可以位于处理器内部，也可以位于其外部（通过 I2C 或 SPI 总线连接）。

可以使用 RTC 来执行以下操作。

- 读取并设置绝对时钟，在时钟更新期间产生中断。
- 定期产生中断。
- 设置闹钟。

RTC 和系统时钟有不同的用途。前者是硬件时钟，以非易失方式维护绝对时间和日期，而后者是内核维护的软件时钟，用于实现 gettimeofday(2) 和 time(2) 系统调用，以及在文件上设置时间戳等。系统时钟报告从起点开始的秒和微秒，起点定义为 POSIX 纪元：1970-01-01 00:00:00 +0000(UTC)。

本章涉及以下主题。

- 引入 RTC 框架 API。
- 描述这种驱动程序的体系结构，以及仿写的驱动程序示例。
- 处理闹钟。
- 通过 sysfs 接口或使用 hwclock 工具从用户空间管理 RTC 设备。

18.1 RTC 框架数据结构

Linux 系统上的 RTC 框架主要使用 3 种数据结构，它们是 struct rtc_time、struct rtc_device 和 struct rtc_class_ops 结构。第一种是不透明结构，代表指定的日期和时间；第二种结构代表物理 RTC 设备；最后一种结构表示由驱动程序公开的一组操作，RTC 内核用于读取/更新设备的日期/时间/闹钟。

驱动程序获取 RTC 函数所需的唯一头文件如下：

```
#include <linux/rtc.h>
```

同一个文件包含前面列举的所有 3 种结构：

```
struct rtc_time {
    int tm_sec;   /*秒*/
    int tm_min;   /*分- [0, 59] */
    int tm_hour;  /*小时 - [0, 23] */
    int tm_mday;  /* 天 - [1, 31] */
    int tm_mon;   /* 月 - [0, 11] */
    int tm_year;  /*年 1900 */
    int tm_wday;  /* 星期 - [0, 6] */
    int tm_yday;  /* 一年中的天 1 - [0, 365] */
    int tm_isdst; /* 夏令时标志 */
};
```

这个结构与<time.h>中的 struct tm 类似，用于传递时间。下一个结构是 struct rtc_device，它表示内核中的芯片：

```
struct rtc_device {
    struct device dev;
    struct module *owner;

    int id;
    char name[RTC_DEVICE_NAME_SIZE];

    const struct rtc_class_ops *ops;
    struct mutex ops_lock;

    struct cdev char_dev;
    unsigned long flags;

    unsigned long irq_data;
    spinlock_t irq_lock;
    wait_queue_head_t irq_queue;

    struct rtc_task *irq_task;
    spinlock_t irq_task_lock;
    int irq_freq;
    int max_user_freq;

    struct work_struct irqwork;
};
```

该结构内各元素的含义如下。

- dev：设备结构。
- owner：拥有此 RTC 设备的模块。使用 THIS_MODULE 就足够了。
- id：由内核/dev/rtc <id>提供给 RTC 设备的全局索引。
- name：赋予 RTC 设备的名称。
- ops：RTC 设备公开的一组操作（如读取/设置时间/闹钟），它们由核心或用户空间管理。
- ops_lock：内核用来保护 ops 函数调用的互斥锁。
- cdev：与此 RTC 关联的字符设备，/dev/rtc <id>。

下一个重要结构是 struct rtc_class_ops，这是一组用作回调的函数，来执行 RTC 设备上的标准和限制。它是顶层和底层 RTC 驱动程序之间的通信接口：

```
struct rtc_class_ops {
    int (*open)(struct device *);
    void (*release)(struct device *);
    int (*ioctl)(struct device *, unsigned int, unsigned long);
    int (*read_time)(struct device *, struct rtc_time *);
    int (*set_time)(struct device *, struct rtc_time *);
    int (*read_alarm)(struct device *, struct rtc_wkalrm *);
    int (*set_alarm)(struct device *, struct rtc_wkalrm *);
    int (*read_callback)(struct device *, int data);
    int (*alarm_irq_enable)(struct device *, unsigned int enabled);
};
```

前面代码中的所有钩子都被赋予 struct device 结构作参数，这与 struct rtc_device 结构中嵌入的相同。这意味着从这些钩子内，可以在任何指定时间使用构建在 container_of()宏之上的 to_rtc_device()宏来访问 RTC 设备本身。

```
#define to_rtc_device(d) container_of(d, struct rtc_device, dev)
```

当从用户空间在设备上调用 open()、close()或 read()函数时，内核会内部调用 open()、release()和 read_callback()钩子。

read_time()是驱动程序函数，它从设备读取时间，填充 struct rtc_time 输出参数。该函数成功时应返回 0，否则返回负的错误代码。

set_time()是驱动程序函数，它根据作为输入参数指定的 struct rtc_time 结构更新设备时间。返回参数的解释与 read_time 函数相同。

如果设备支持闹钟功能，驱动程序应提供 read_alarm()和 set_alarm()以读取/设置设备上的闹钟。struct rtc_wkalrm 将在本章稍后介绍。还应提供 alarm_irq_ enable()，以启用闹钟。

RTC API

RTC 设备在内核中表示为 struct rtc_device 结构的实例。与其他内核框架设备注册（其中设备作为参数提供给注册函数）不同，RTC 设备由内核构建，并且在 rtc_device 结构返回给驱动程序之前首先注册。该设备使用 rtc_device_register() 函数构建并注册到内核：

```
struct rtc_device *rtc_device_register(const char *name,
                        struct device *dev,
                        const struct rtc_class_ops *ops,
                        struct module *owner)
```

该函数每个参数的含义如下所示。

● name：RTC 设备名称。它可能是芯片的名称，例如 ds1343。
● dev：父设备，为设备模型所用。例如，对于 I2C 或 SPI 总线上的芯片，可以用 spi_device.dev 或 i2c_client.dev 设置 dev。
● ops：RTC 操作，根据 RTC 具有的特性或驱动程序可以支持的功能填写。
● owner：RTC 设备所属模块。多数情况下，使用 THIS_MODULE 就足够了。

应该在 probe 函数中进行注册，显然，可以使用此函数的资源管理版本：

```
struct rtc_device *devm_rtc_device_register(struct device *dev,
                        const char *name,
                        const struct rtc_class_ops *ops,
                        struct module *owner)
```

成功时，这两个函数都会返回内核在 struct rtc_device 结构上构建的指针，否则返回指针错误，在其上应该使用 IS_ERR 和 PTR_ERR 宏读取。

相应的反向操作是 rtc_device_unregister() 和 devm_rtc_device_unregister()：

```
void rtc_device_unregister(struct rtc_device *rtc)
void devm_rtc_device_unregister(struct device *dev,
                        struct rtc_device *rtc)
```

1. 读取和设置时间

驱动程序负责提供读取和设置设备时间的函数（RTC 驱动程序至少要提供这些）。读取时，向读取回调函数传递一个指针，它指向已分配/归零的 struct rtc_time 结构，驱动程序必须填写该结构。因此，RTC 总是以二进制编码的十进制（BCD）格式存储/恢复时间，其中每个 4 位（一系列 4 位）表示 0~9（而不是 0~15）的数字。内核提供两个宏：bcd2bin() 和 bin2bcd()，它们分别把 BCD 编码转换为十进制，或从十进制转换为 BCD 编码。接下来应该注意的是一些 rtc_time 字段，它们有一些边界要求，并且必须进行一些转化。数据从设备中以 BCD 格式读取出来，应该使用 bcd2bin() 进行转换。

由于 struct rtc_time 结构很复杂，因此内核提供辅助函数 rtc_valid_tm()，用于验证给定的 rtc_time 结构，它在成功时返回 0，意味着此结构表示有效的日期/时间：

```
int rtc_valid_tm(struct rtc_time *tm);
```

下面的例子描述 RTC 读取操作回调：

```
static int foo_rtc_read_time(struct device *dev, struct rtc_time *tm)
{
    struct foo_regs regs;
    int error;

    error = foo_device_read(dev, &regs, 0, sizeof(regs));
    if (error)
            return error;

    tm->tm_sec = bcd2bin(regs.seconds);
    tm->tm_min = bcd2bin(regs.minutes);
    tm->tm_hour = bcd2bin(regs.cent_hours);
    tm->tm_mday = bcd2bin(regs.date);
    /*
     * 该设备返回的工作日是 1~7
     * 但 rtc_time 希望是 0~6
     * 需要将 1 减去芯片返回的值
     */
    tm->tm_wday = bcd2bin(regs.day) - 1;

    /*
     * 该设备返回 1~12 月的月份
     * 但是 rtc_time.tm_month 希望是 0~11
     * 需要将 1 减去芯片返回的值
     */
    tm->tm_mon = bcd2bin(regs.month) - 1;
```

```
    /*
     * 设备的 Epoch 是 2000
     * 但是 rtc_time.tm_year 希望从 Epoch 返回 1900
     * 需要将 100 加到芯片返回的值上
     */
    tm->tm_year = bcd2bin(regs.years) + 100;

    return rtc_valid_tm(tm);
}
```

在使用 BCD 转换函数之前，必须包含以下头文件：

```
#include <linux/bcd.h>
```

对于 set_time 函数，将把指向 struct rtc_time 的指针作为输入参数传递给它。该参数中已经填充的值要存储在 RTC 芯片中。不幸的是，这些是十进制编码，应该在发送到芯片之前转换成 BCD 码，bin2bcd 实现该转换。同样应该注意 struct rtc_time 结构的一些字段。以下伪代码描述通用 set_time 函数：

```
static int foo_rtc_set_time(struct device *dev, struct rtc_time *tm)
{

    regs.seconds = bin2bcd(tm->tm_sec);
    regs.minutes = bin2bcd(tm->tm_min);
    regs.cent_hours = bin2bcd(tm->tm_hour);

    /*
     * 该设备预计一周是 1~7
     * 但是 rtc_time.wday 包含 0~6
     * 因此，需要在 rtc_time.wday 给出的值上加 1
     */
    regs.day = bin2bcd(tm->tm_wday + 1);
    regs.date = bin2bcd(tm->tm_mday);
    /*
     * 该设备预计月份是 1~12
     * 但是 rtc_time.tm_mon 包含 0~11
     * 因此，需要在 rtc_time.tm_mon 给出的值上加 1
     */
    regs.month = bin2bcd(tm->tm_mon + 1);
    /*
     * 该设备预计从公元 2000 年开始
     * 但是 rtc_time.tm_year 包含自公元 1900 年以来的年份
     * 可以用剩下的部分除以 100 来提取本世纪的年份
     */
```

```
    regs.cent_hours |= BQ32K_CENT;
    regs.years = bin2bcd(tm->tm_year % 100);

    return write_into_device(dev, &regs, 0, sizeof(regs));
}
```

 RTC 纪元与 POSIX 纪元不同，后者仅用于系统时钟。如果按照 RTC 纪元的年份小于 1970，则认为是 100 年后，即 2000—2069 年。

下面以一个简单的伪驱动程序对前面的概念加以总结，该驱动程序只是在系统上注册 RTC 设备：

```
#include <linux/platform_device.h>
#include <linux/module.h>
#include <linux/types.h>
#include <linux/time.h>
#include <linux/err.h>
#include <linux/rtc.h>
#include <linux/of.h>

static int fake_rtc_read_time(struct device *dev, struct rtc_time *tm)
{
    /*
     * 可以更新 tm 的假值，然后调用
     */
    return rtc_valid_tm(tm);
}

static int fake_rtc_set_time(struct device *dev, struct rtc_time *tm)
{
    return 0;
}

static const struct rtc_class_ops fake_rtc_ops = {
    .read_time = fake_rtc_read_time,
    .set_time = fake_rtc_set_time
};

static const struct of_device_id rtc_dt_ids[] = {
    { .compatible = "packt,rtc-fake", },
    { /* 标记*/ }
};
```

```
static int fake_rtc_probe(struct platform_device *pdev)
{
    struct rtc_device *rtc;
    rtc = rtc_device_register(pdev->name, &pdev->dev,
                        &fake_rtc_ops, THIS_MODULE);

    if (IS_ERR(rtc))
            return PTR_ERR(rtc);

    platform_set_drvdata(pdev, rtc);
    pr_info("Fake RTC module loaded\n");
    return 0;
}

static int fake_rtc_remove(struct platform_device *pdev)
{
    rtc_device_unregister(platform_get_drvdata(pdev));
    return 0;
}

static struct platform_driver fake_rtc_drv = {
    .probe = fake_rtc_probe,
    .remove = fake_rtc_remove,
    .driver = {
            .name = KBUILD_MODNAME,
            .owner = THIS_MODULE,
            .of_match_table = of_match_ptr(rtc_dt_ids),
    },
};
module_platform_driver(fake_rtc_drv);

MODULE_LICENSE("GPL");
MODULE_AUTHOR("John Madieu <john.madieu@gmail.com>");
MODULE_DESCRIPTION("Fake RTC driver description");
```

2. 玩转闹钟

RTC 闹钟是设备在给定时间触发的可编程事件。RTC 闹钟表示为 struct rtc_wkalarm 结构的实例：

```
struct rtc_wkalrm {
unsigned char enabled;  /*0 =报警已禁用，1 =已启用*/
unsigned char pending;  /*0 =报警未挂起，1 =挂起 */
struct rtc_time time;   /* 闹钟的时间设置完成 */
};
```

驱动程序应该提供 set_alarm() 和 read_alarm() 操作以设置和读取应该发生闹钟的时间，以及 alarm_irq_enable()，该函数用于启用/禁用闹钟的功能。当调用 set_alarm() 函数时，它作为输入参数给出，是一个指向 struct rtc_wkalrm 的指针，该结构的 .time 字段包含闹钟必须设置的时间。驱动程序需要以正确的方式提取每个值（必要时使用 bin2dcb()），并将其写入设备相应的寄存器中。rtc_wkalrm.enabled 说明闹钟设置后是否立即启用。如果其值为 true，则驱动程序必须启用芯片中的闹钟。read_alarm() 也是这样，为它提供一个指向 struct rtc_wkalrm 的指针，但是这次是作为输出参数。驱动程序必须使用从设备读取的数据填充结构。

{read| set}_alarm() 和 {read| set}_time() 函数的行为方式相同，只是每对函数读取/存储数据时是对设备不同的寄存器组操作。

在向系统报告闹钟事件之前，必须将 RTC 芯片连接到 SoC 的 IRQ 线，如图 18-1 所示。当闹钟发生时，它依靠 RTC 的 INT 线驱动为低电平。根据制造商不同，线路保持低电平，直到状态寄存器被读取，或特殊位被清除为止。

这时可以使用通用的 IRQ API，例如 request_threaded_irq()，来注册闹钟的 IRQ 处理程序。在 IRQ 处理程序中，重要的事是使用 rtc_update_irq() 函数向内核通知 RTC IRQ 事件：

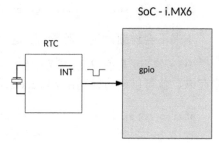

图 18-1　RTC 与 SoC 连接

```
void rtc_update_irq(struct rtc_device *rtc,
            unsigned long num, unsigned long events)
```

- rtc：引发 IRQ 的 RTC 设备。
- num：表示报告了多少个 IRQ（通常是一个）。
- events：RTC_IRQF 掩码，其中包含一个或多个 RTC_PF、RTC_AF、RTC_UF。

```
/* RTC 中断标志*/
#define RTC_IRQF 0x80 /* 下列任何一项都是活动的*/
#define RTC_PF 0x40    /* 周期性中断 */
#define RTC_AF 0x20    /* 报警中断*/
#define RTC_UF 0x10    /* 更新中断为 1Hz 的 RTC */
```

该函数可以从任何上下文中调用，原子上下文或非原子上下文。IRQ 处理程序像下面这样：

```
static irqreturn_t foo_rtc_alarm_irq(int irq, void *data)
{
    struct foo_rtc_struct * foo_device = data;
    dev_info(foo_device ->dev, "%s:irq(%d)\n", __func__, irq);
    rtc_update_irq(foo_device ->rtc_dev, 1, RTC_IRQF | RTC_AF);

    return IRQ_HANDLED;
}
```

请记住，具有闹钟功能的 RTC 设备可以用作唤醒源。也就是说，只要闹钟触发，系统就可以从挂起模式唤醒。该功能依赖于 RTC 设备引发的中断。调用 device_init_wakeup() 函数可以将设备声明为唤醒源。实际唤醒系统的 IRQ 还必须使用 dev_pm_set_wake_irq() 函数注册到电源管理内核：

```
int device_init_wakeup(struct device *dev, bool enable)
int dev_pm_set_wake_irq(struct device *dev, int irq)
```

本书不会详细讨论电源管理。这个想法只是大体介绍 RTC 设备可以改进系统。驱动程序 drivers/rtc/rtc-ds1343.c 有助于实现这些功能。把前面介绍的这些内容集中起来，就可以模仿编写出 SPI foo RTC 设备的 probe 函数：

```
static const struct rtc_class_ops foo_rtc_ops = {
    .read_time  = foo_rtc_read_time,
    .set_time   = foo_rtc_set_time,
    .read_alarm = foo_rtc_read_alarm,
    .set_alarm  = foo_rtc_set_alarm,
    .alarm_irq_enable = foo_rtc_alarm_irq_enable,
    .ioctl      = foo_rtc_ioctl,
};

static int foo_spi_probe(struct spi_device *spi)
{
    int ret;
     /* 初始化和配置RTC芯片 */
    [...]

foo_rtc->rtc_dev =
devm_rtc_device_register(&spi->dev, "foo-rtc",
&foo_rtc_ops, THIS_MODULE);
    if (IS_ERR(foo_rtc->rtc_dev)) {
        dev_err(&spi->dev, "unable to register foo rtc\n");
        return PTR_ERR(priv->rtc);
    }
```

```
    foo_rtc->irq = spi->irq;

    if (foo_rtc->irq >= 0) {
        ret = devm_request_threaded_irq(&spi->dev, spi->irq,
                               NULL, foo_rtc_alarm_irq,
                               IRQF_ONESHOT, "foo-rtc", priv);
        if (ret) {
            foo_rtc->irq = -1;
            dev_err(&spi->dev,
                "unable to request irq for rtc foo-rtc\n");
        } else {
            device_init_wakeup(&spi->dev, true);
            dev_pm_set_wake_irq(&spi->dev, spi->irq);
        }
    }

    return 0;
}
```

18.2　RTC 和用户空间

在 Linux 系统上，从用户空间正确管理 RTC 需要关注两个内核选项。这两个选项是 CONFIG_RTC_HCTOSYS 和 CONFIG_RTC_HCTOSYS_DEVICE。

要使用 CONFIG_RTC_HCTOSYS 应在内核构建过程中包含代码文件 drivers/rtc/hctosys.c，它在启动和恢复时从 RTC 设置系统时间。一旦启用此选项，就将使用从指定 RTC 设备读取的值设置系统时间。RTC 设备应该在 CONFIG_RTC_HCTOSYS_DEVICE 中指定：

```
CONFIG_RTC_HCTOSYS=y
CONFIG_RTC_HCTOSYS_DEVICE="rtc0"
```

前面的例子告诉内核从 RTC 设置系统时间，并且指定要使用的 RTC 是 rtc0。

18.2.1　sysfs 接口

负责在 sysfs 中实例化 RTC 属性的内核代码在内核源码树的 drivers/rtc/rtc-sysfs.c 中定义。一旦注册，RTC 设备就将在/sys/class/rtc 下创建 rtc<id>目录，该目录包含一组只读属性，其中重要的属性如下。

● date。该文件打印 RTC 接口的当前日期：

```
$ cat/sys/class/rtc/rtc0/date
2017-8-28
```

- time。打印此 RTC 的当前时间：

```
$ cat/sys/class/rtc/rtc0/time
14: 54: 20
```

- hctosys。该属性指出 RTC 设备是否是 CONFIG_RTC_HCTOSYS_DEVICE 中指定的设备，也就是在启动和恢复时是否使用该 RTC 设置系统时间。其值为 1 表示真，0 表示假：

```
$ cat/sys/class/rtc/rtc0/hctosys
1
```

- dev。此属性显示设备的主设备号和次设备号。数据格式为主设备号:次设备号：

```
$ cat/sys/class/rtc/rtc0/dev
251: 0
```

- since_epoch。该属性将显示从 UNIX 纪元（自 1970 年 1 月 1 日起）以来的秒数：

```
$ cat/sys/class/rtc/rtc0/since_epoch
1503931738
```

18.2.2　hwclock 工具

硬件时钟（hwclock）工具用于访问 RTC 设备。man hwclock 命令可能比本节讨论的所有内容都更有意义。尽管如此，下面还是编写一些命令，以从系统时钟设置 hwclock RTC：

```
$ sudo ntpd -q      # 确保系统时钟是从网络时间设置的
$ sudo hwclock --systohc   # 从系统时钟设置 RTC
$ sudo hwclock --show       # 设置 RTC
Sat May 17 17:36:50 2017  -0.671045 seconds
```

上面的例子假定主机具有网络连接，可以访问 NTP 服务器。也可以手动设置系统时间：

```
$ sudo date -s '2017-08-28 17:14:00' '+%s' #手动设置系统时钟
$ sudo hwclock --systohc #在系统时间上同步 RTC 芯片
```

如果没有给出参数，hwclock 假定 RTC 设备文件是/ dev/rtc，它实际上是真正 RTC 设备的符号链接：

```
$ ls -l /dev/rtc
lrwxrwxrwx 1 root root 4 août 27 17:50 /dev/rtc -> rtc0
```

18.3　总结

本章介绍了 RTC 框架及其 API。精简的函数集和数据结构使其成为最轻量级的框架，易于用户掌握。使用本章描述的技能即可为现有大多数 RTC 芯片开发驱动程序，甚至可以进一步从用户空间处理这些设备，轻松设置日期和时间，以及闹钟。第 19 章与本章没有任何共同之处，但对于嵌入式工程师来说这是必须要了解的内容。

第 19 章
PWM 驱动程序

脉宽调制（PWM）操作像不断循环开和关的开关一样。这一硬件功能用于控制伺服电机、电压调节等。PWM 知名的应用如下。

- 电机速度控制。
- 灯光控制。
- 电压调节。

下面通过图 19-1 介绍 PWM。

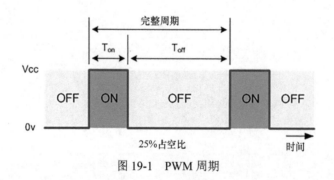

图 19-1　PWM 周期

图 19-1 描述了一个完整的 PWM 周期，在深入研究内核 PWM 框架之前需要进一步澄清如下术语。

- Ton：信号高电平的持续时间。
- Toff：信号低电平的持续时间。
- Period：完整 PWM 周期的持续时间。它是 PWM 信号的 Ton 和 Toff 之和。
- Duty cycle：PWM 信号周期内信号保持为 ON 的时间百分比。

不同公式的详情如下。

- PWM 周期：*Ton + Toff*。

- 占空比：$D = \dfrac{Ton}{Ton + Toff} \times 100 = \dfrac{Ton}{Period} \times 100$。

Linux 的 PWM 框架有两个接口。

- 控制器接口：提供 PWM 线路。它是 PWM 芯片，也就是生产者。
- 消费者接口：消耗由控制器提供的 PWM 线的设备。此类设备的驱动程序使用控制器通过通用 PWM 框架导出的辅助函数。

消费者或生产者接口依赖于以下头文件：

```
#include <linux/pwm.h>
```

本章涉及以下主题。

- 控制器和消费者的 PWM 驱动程序架构和数据结构，以及编写虚拟驱动程序。
- 实例化设备树中的 PWM 设备和控制器。
- 请求并消费 PWM 设备。
- 通过 sysfs 接口在用户空间使用 PWM。

19.1 PWM 控制器驱动程序

就像在编写 GPIO 控制器驱动程序时需要 struct gpio_chip，和编写 IRQ 控制器驱动程序需要 struct irq_chip 一样，PWM 控制器在内核中表示为 struct pwm_chip 结构的实例，PWM 控制器和设备如图 19-2 所示。

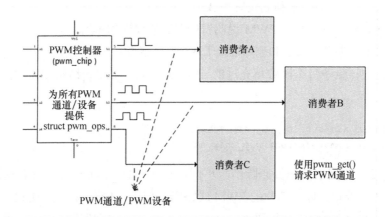

图 19-2　PWM 控制器和设备

```
struct pwm_chip {
    struct device *dev;
    const struct pwm_ops *ops;
    int base;
    unsigned int npwm;

    struct pwm_device *pwms;
    struct pwm_device * (*of_xlate)(struct pwm_chip *pc,
                    const struct of_phandle_args *args);
    unsigned int of_pwm_n_cells;
    bool can_sleep;
};
```

该结构中各个元素的含义如下。

● dev：表示与此芯片关联的设备。

● ops：该数据结构提供此芯片公开给消费者驱动程序的回调函数。

● base：该芯片控制的第一个 PWM 的编号。如果 chip->base < 0，则内核将动态分配基号。

● can_sleep：如果 ops 字段的.config()、.enable()或.disable()操作可以睡眠，芯片驱动程序则将该字段设置为 true。

● npwm：芯片提供的 PWM 通道（设备）数量。

● pwms：该芯片的 PWM 设备数组，由该框架分配给消费者驱动程序。

● of_xlate：可选的回调函数，用于请求指定 DT PWM 说明符的 PWM 设备。如果未定义，它将被 PWM 内核设置为 of_pwm_simple_xlate，这也会把 of_pwm_n_cells 强制设置为 2。

● of_pwm_n_cells：PWM 说明符的 DT 中预期的单元数。

PWM 控制器/芯片的添加和删除依赖于两个基本函数：pwmchip_add()和 pwmchip_remove()，应该赋予每个函数填充过的 struct pwm_chip 结构作为参数。它们各自的原型如下：

```
int pwmchip_add(struct pwm_chip *chip)
int pwmchip_remove(struct pwm_chip *chip)
```

与其他没有返回值的框架删除函数不同，pwmchip_remove()具有返回值。它在成功时返回 0；否则，如果芯片的 PWM 线路仍在使用（仍有请求），则返回-EBUSY。

每个 PWM 驱动程序必须通过 struct pwm_ops 字段实现一些钩子，该字段由 PWM 内核或用户接口使用，以配置和充分利用其 PWM 通道。其中一些是可选的：

```
struct pwm_ops {
    int (*request)(struct pwm_chip *chip, struct pwm_device *pwm);
    void (*free)(struct pwm_chip *chip, struct pwm_device *pwm);
    int (*config)(struct pwm_chip *chip, struct pwm_device *pwm,
                        int duty_ns, int period_ns);
    int (*set_polarity)(struct pwm_chip *chip, struct pwm_device *pwm,
                        enum pwm_polarity polarity);
    int (*enable)(struct pwm_chip *chip,struct pwm_device *pwm);
    void (*disable)(struct pwm_chip *chip, struct pwm_device *pwm);
    void (*get_state)(struct pwm_chip *chip, struct pwm_device *pwm,
                struct pwm_state *state); /* 内核 v4.7*/
    struct module *owner;
};
```

该结构中各个元素的意义如下。

- request：这是可选的钩子，如果提供的话，将在 PWM 通道请求期间执行。
- free：与 request 相同，在 PWM 释放期间运行。
- config：这是 PMW 配置钩子函数。它配置该 PWM 的工作周期和周期长度。
- set_polarity：该钩子配置此 PWM 的极性。
- enable：启用 PWM 线，开始输出切换。
- disable：禁用 PWM 线，停止输出切换。
- apply：自动应用新的 PWM config。状态参数应该用实际硬件配置进行调整。
- get_state：返回当前 PWM 状态。只在 PWM 芯片注册时，每个 PWM 设备仅调用一次该函数。
- owner：拥有该芯片的模块，通常是 THIS_MODULE。

最好在 PWM 控制器驱动程序的 probe 函数中检索 DT 资源、初始化硬件、填写 struct pwm_chip 及其 struct pwm_ops，然后用 pwmchip_add 函数添加 PWM 芯片。

19.1.1 驱动程序示例

下面为具有 3 个通道的 PWM 控制器编写一个驱动程序，对前面所介绍的内容加以总结：

```
#include <linux/module.h>
#include <linux/of.h>
#include <linux/platform_device.h>
#include <linux/pwm.h>
```

```
struct fake_chip {
    struct pwm_chip chip;
    int foo;
    int bar;
    /* 将客户端结构放在这里(SPI/I2C)*/
};

static inline struct fake_chip *to_fake_chip(struct pwm_chip *chip)
{
    return container_of(chip, struct fake_chip, chip);
}


static int fake_pwm_request(struct pwm_chip *chip,
                                    struct pwm_device *pwm)
{
    /*
     * 当控制器的 PWM 通道被请求时，可能需要进行一些初始化
     * 这应该在这里完成
     *
     * 可能会这样做
     *    prepare_pwm_device(struct pwm_chip *chip, pwm->hwpwm);
     */

    return 0;
}

static int fake_pwm_config(struct pwm_chip *chip,
                      struct pwm_device *pwm,
                      int duty_ns, int period_ns)
{

    /*
     * 在这个函数中，一个 ne 可以做类似的事情:
     *    struct fake_chip *priv = to_fake_chip(chip);
     *    return send_command_to_set_config(priv,
     *                  duty_ns, period_ns);
     */

    return 0;
}

static int fake_pwm_enable(struct pwm_chip *chip, struct pwm_device *pwm)
{
    /*
```

```
     * 在这个函数中, 一个 ne 可以做类似的事情:
     *   struct fake_chip *priv = to_fake_chip(chip);
     *
     * return foo_chip_set_pwm_enable(priv, pwm->hwpwm, true);
     */
    pr_info("Somebody enabled PWM device number %d of this chip",
            pwm->hwpwm);
    return 0;
}

static void fake_pwm_disable(struct pwm_chip *chip,
                             struct pwm_device *pwm)
{
    /*
     * 在这个函数中, 一个 ne 可以做类似的事情:
     *   struct fake_chip *priv = to_fake_chip(chip);
     *
     * return foo_chip_set_pwm_enable(priv, pwm->hwpwm, false);
     */
    pr_info("Somebody disabled PWM device number %d of this chip",
            pwm->hwpwm);
}

static const struct pwm_ops fake_pwm_ops = {
    .request = fake_pwm_request,
    .config = fake_pwm_config,
    .enable = fake_pwm_enable,
    .disable = fake_pwm_disable,
    .owner = THIS_MODULE,
};

static int fake_pwm_probe(struct platform_device *pdev)
{
    struct fake_chip *priv;

    priv = devm_kzalloc(&pdev->dev, sizeof(*priv), GFP_KERNEL);
    if (!priv)
        return -ENOMEM;

    priv->chip.ops = &fake_pwm_ops;
    priv->chip.dev = &pdev->dev;
    priv->chip.base = -1;    /* 动态基础 */
    priv->chip.npwm = 3;     /* 3 通道控制器 */

    platform_set_drvdata(pdev, priv);
```

```
    return pwmchip_add(&priv->chip);
}

static int fake_pwm_remove(struct platform_device *pdev)
{
    struct fake_chip *priv = platform_get_drvdata(pdev);
    return pwmchip_remove(&priv->chip);
}

static const struct of_device_id fake_pwm_dt_ids[] = {
    { .compatible = "packt,fake-pwm", },
    { }
};

MODULE_DEVICE_TABLE(of, fake_pwm_dt_ids);

static struct platform_driver fake_pwm_driver = {
    .driver = {
            .name = KBUILD_MODNAME,
.owner = THIS_MODULE,
            .of_match_table = of_match_ptr(fake_pwm_dt_ids),
    },
    .probe = fake_pwm_probe,
    .remove = fake_pwm_remove,
};
module_platform_driver(fake_pwm_driver);

MODULE_AUTHOR("John Madieu <john.madieu@gmail.com>");
MODULE_DESCRIPTION("Fake pwm driver");
MODULE_LICENSE("GPL");
```

19.1.2　PWM 控制器绑定

从 DT 内绑定 PWM 控制器时，最重要的属性是#pwm-cells。它表示用于表示此控制器的 PWM 设备的单元数量。正如前面所介绍的，在 struct pwm_chip 结构中，of_xlate 钩子用于转换指定的 PWM 说明符。如果此钩子没有设置，这里的 pwm-cells 必须设置为 2，否则它应该设置为与 of_pwm_n_cells 相同的值。下面是 DT 中针对 i.MX6 SoC 的 PWM 控制器节点示例：

```
pwm3: pwm@02088000 {
    #pwm-cells = <2>;
    compatible = "fsl,imx6q-pwm", "fsl,imx27-pwm";
    reg = <0x02088000 0x4000>;
```

```
    interrupts = <0 85 IRQ_TYPE_LEVEL_HIGH>;
    clocks = <&clks IMX6QDL_CLK_IPG>,
          <&clks IMX6QDL_CLK_PWM3>;
    clock-names = "ipg", "per";
    status = "disabled";
};
```

与 fake-pwm 驱动程序对应的节点如下：

```
fake_pwm: pwm@0 {
    #pwm-cells = <2>;
    compatible = "packt,fake-pwm";
    /*
     * 驱动程序既不使用 mem、IRQ，也不使用时钟
     */
};
```

19.2   PWM 消费者接口

消费者是实际使用 PWM 通道的设备。PWM 通道在内核中表示为 struct pwm_device 结构的实例：

```
struct pwm_device {
    const char *label;
    unsigned long flags;
    unsigned int hwpwm;
    unsigned int pwm;
    struct pwm_chip *chip;
    void *chip_data;

    unsigned int period;    /* 纳秒 */
    unsigned int duty_cycle; /* 纳秒 */
    enum pwm_polarity polarity;
};
```

- label：PWM 设备的名称。
- flags：表示与 PWM 设备相关的标志。
- hwpwm： PWM 设备在本芯片内的相对索引。
- pwm：PWM 设备的系统全局索引。
- chip：PWM 芯片，提供该 PWM 设备的控制器。
- chip_data：与该 PWM 设备相关的芯片专用数据。

自内核 v4.7 以来，该结构修改为如下形式：

```
struct pwm_device {
    const char *label;
    unsigned long flags;
    unsigned int hwpwm;
    unsigned int pwm;
    struct pwm_chip *chip;
    void *chip_data;

    struct pwm_args args;
    struct pwm_state state;
};
```

- args：表示连接到此 PWM 设备的与开发板有关的 PWM 参数，这些参数通常从 PWM 查找表或设备树中检索。PWM 参数表示用户希望在该 PWM 设备上使用的初始配置，而不是当前 PWM 硬件的状态。
- state：表示当前 PWM 通道的状态。

```
struct pwm_args {
    unsigned int period; /* 设备初期 */
    enum pwm_polarity polarity;
};

struct pwm_state {
    unsigned int period; /* PWM 周期(纳秒)*/
    unsigned int duty_cycle; /* PWM 占空比(纳秒)*/
    enum pwm_polarity polarity; /* PWM 极性*/
    bool enabled; /* PWM 启用状态 */
}
```

随着 Linux 的发展，PWM 框架面临着一些变化。这些变化涉及从消费端请求 PWM 设备的方式。可以将消费者接口分为两部分，或者更精确地说是分为两个版本。

传统版本，其中使用 pwm_request() 和 pwm_free() 来请求 PWM 设备，并在使用后将其释放。

推荐的新 API，使用 pwm_get() 和 pwm_put()。为前者提供消费者设备以及通道名称作为参数以请求 PWM 设备，给第二个函数提供要释放的 PWM 设备作参数。这些函数还存在托管变体：devm_pwm_get() 和 devm_pwm_put()。

```
struct pwm_device *pwm_get(struct device *dev, const char *con_id)
void pwm_put(struct pwm_device *pwm)
```

由于 PWM 内核使用会睡眠的互斥锁，因此无法从原子上下文中调用 `pwm_request()`/ `pwm_get()`和`pwm_free()`/ `pwm_put()`。

请求后，PWM 的配置必须使用：

```
int pwm_config(struct pwm_device *pwm, int duty_ns, int period_ns);
```

要启动/停止切换 PWM 输出，请使用 pwm_enable()/pwm_disable()。这两个函数都将一个指向 `struct pwm_device` 的指针作为参数，都是由控制器通过 pwm_chip.pwm_ops 字段公开的钩子函数到包装：

```
int pwm_enable(struct pwm_device *pwm)
void pwm_disable(struct pwm_device *pwm)
```

pwm_enable()成功时返回 0，失败时返回负的错误代码。内核源代码树中的 drivers/leds/leds-pwm.c 提供很好的 PWM 消费者驱动程序示例。以下是消费者代码例子，驱动 PWM LED：

```
static void pwm_led_drive(struct pwm_device *pwm,
                          struct private_data *priv)
{
    /* 配置 PWM，应用一个周期和占空比 */
    pwm_config(pwm, priv->duty, priv->pwm_period);

    /* 开始切换 */
    pwm_enable(pchip->pwmd);

    [...] /* 做一些工作 */

    /* 停止切换*/
    pwm_disable(pchip->pwmd);
}
```

PWM 客户端绑定

可以通过以下方式将 PWM 设备分配给消费者。
- 设备树。
- ACPI。
- 在开发板 init 文件中的静态查找表。

本书只处理 DT 绑定，因为这是推荐的方法。将 PWM 消费者（客户端）绑定到其驱动程序时，需要提供其链接的控制器的 phandle。

　　建议将名称 pwms 赋予 PWM 属性，由于 PWM 设备属于命名资源，因此可以提供可选属性 pwm-names，它包含字符串列表，用于命名 pwms 属性中列出的每个 PWM 设备。如果没有给出 pwm-names 属性，则用户节点的名称将被当作设备名称。

　　对于使用多个 PWM 设备的设备驱动程序，可以使用 pwm-names 属性将通过 pwm_get() 调用请求的 PWM 设备名称映射到 pwms 属性所指定列表中的索引。

　　下面的例子描述基于 PWM 的背光设备，该代码摘自内核文档有关 PWM 设备绑定部分（请参阅 Documentation/devicetree/bindings/pwm/pwm.txt）：

```
pwm: pwm {
    #pwm-cells = <2>;
};

[...]

bl: backlight {
pwms = <&pwm 0 5000000>;
   pwm-names = "backlight";
};
```

　　PWM 说明符通常对相对于芯片的 PWM 号和以纳秒为单位的 PWM 周期进行编码。采用下面这样的行内容：

```
pwms = <&pwm 0 5000000>;
```

　　0 是相对于控制器的 PWM 索引，5000000 表示以纳秒为单位的周期。请注意，在前面的示例中，指定 pwm-names 是多余的，因为无论如何，都将用 backlight 作后备。因此，驱动程序必须调用：

```
static int my_consummer_probe(struct platform_device *pdev)
{
    struct pwm_device *pwm;

    pwm = pwm_get(&pdev->dev, "backlight");
    if (IS_ERR(pwm)) {
      pr_info("unable to request PWM, trying legacy API\n");
      /*
       * 一些驱动程序使用旧的 API 作为回退，以便请求一个 PWM ID
       * 对系统来说是全局的
       * pwm = pwm_request(global_pwm_id, "pwm beeper");
       */
```

```
    }

    [...]
    return 0;
}
```

 PWM 说明符通常对相对于芯片的 PWM 号和以纳秒为单位的 PWM 周期进行编码。

19.3 通过 sysfs 接口使用 PWM

PWM 核心 sysfs 根路径是 /sys/class/pwm/。这是管理 PWM 设备的用户空间方式。添加到系统的每个 PWM 控制器/芯片都会在 sysfs 根路径下创建 pwmchipN 目录项，其中 N 是 PWM 芯片的基。该目录包含以下文件。

- npwm：只读文件，用于打印该芯片支持的 PWM 通道数量。
- export：只写文件，允许导出用于 sysfs 的 PWM 通道（该功能相当于 GPIO sysfs 接口）。
- unexport：从 sysfs 中取消导出 PWM 通道（只写）。

PWM 通道使用 0～pwm <n-1> 的索引进行编号。这些编号属于芯片本地。每个 PWM 通道导出都会在 pwmchipN 中创建 pwmX 目录，这与包含所用 export 文件的目录是相同的目录。X 是导出通道的编号。每个通道目录包含以下文件。

- Period：可读/可写文件，用来获取/设置 PWM 信号总的周期。值以纳秒为单位。
- duty_cycle：可读/可写文件，用来获取/设置 PWM 信号的占空比。它表示 PWM 信号的有效时间，值以纳秒为单位，并且必须始终小于 Period。
- Polarity：可读/可写文件，只有当 PWM 设备芯片支持极性反转时才能使用。最好只在此 PWM 未启用时更改极性。可取值是字符串 noemal（正常）或 inversed（反转）。
- Enable：可读/可写文件，用于启用（开始切换）/禁用（停止切换）PWM 信号。可接受的值如下。
  - 0：禁用。
  - 1：启用。

以下是通过 sysfs 接口从用户空间使用 PWM 的示例。

- 启动 PWM：

```
# echo 1 > /sys/class/pwm/pwmchip<pwmchipnr>/pwm<pwmnr>/enable
```

- 设置 PWM 周期:

```
# echo <value in nanoseconds>  >
/sys/class/pwm/pwmchip<pwmchipnr>/pwm<pwmnr>/period
```

- 设置 PWM 占空比,占空比的值必须小于 PWM 的周期值:

```
# echo <value in nanoseconds>  >
/sys/class/pwm/pwmchip<pwmchipnr>/pwm<pwmnr>/duty_cycle
```

- 禁用 PWM:

```
# echo 0 > /sys/class/pwm/pwmchip<pwmchipnr>/pwm<pwmnr>/enable
```

完整的 PWM 框架 API 和 sysfs 描述请参阅内核源代码树中的 Documentation/ pwm.txt 文件。

19.4　总结

本章介绍了各种 PWM 控制器,无论它是通过内存映射型还是连接到外部总线型。本章描述的 API 足以帮助读者编写或者增强控制器驱动程序和消费者设备驱动程序。如果还不熟悉 PWM 内核端,则可以充分使用用户空间 sysfs 接口。然而第 20 章要讨论的调节器有时是由 PWM 驱动的。

第 20 章
调节器框架

　　调节器是为其他设备供电的电子设备。由调节器供电的设备称为消费者，也就是说它们消耗由调节器提供的电能。大多数调节器可以启用和禁用其输出，有些还可以控制其输出电压或电流。驱动程序应该通过特定的函数和数据结构向消费者提供这些功能，这就是本章将要讨论的内容。

　　物理上提供调节器的芯片称为电源管理集成电路（PMIC），调节器的形式如图 20-1 所示。

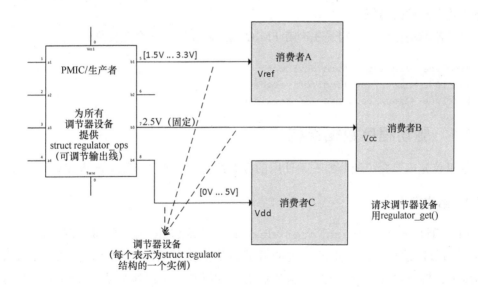

图 20-1　调节器

　　Linux 调节器框架设计用于连接和控制电压和电流调节器。它分为以下 4 个独立的接口。

- 针对 PMIC 驱动程序的调节器驱动程序接口。该接口的结构可以在 include/linux/regulator/driver.h 中找到。
- 针对设备驱动程序的消费者接口。
- 针对开发板配置的机器接口。
- 针对用户空间的 sysfs 接口。

本章涉及以下主题。

- 介绍 PMIC/生产者驱动程序接口、驱动程序方法和数据结构。
- 针对 ISL6271A MIC 给出一个驱动程序示例，以及用于测试目的的虚拟调节器。
- 调节器消费者接口及其 API。
- DT 中绑定的调节器（生产者/消费者）。

20.1　PMIC/生产者驱动程序接口

生产者是产生调节电压或电流的设备。这种设备的名称是 PMIC，可用于控制加电时序、电池管理、DC-DC 转换，或简单的电源开关（开/关）。它借助于软件控制调节来自输入功率的输出功率。

调节器驱动程序，特别是生产者 PMIC 端，需要以下几个头文件：

```
#include <linux/platform_device.h>
#include <linux/regulator/driver.h>
#include <linux/regulator/of_regulator.h>
```

20.1.1　驱动程序数据结构

这里首先简要介绍调节器框架使用的数据结构，本节仅介绍生产者接口。

1. 结构描述

内核通过 struct regulator_desc 结构描述 PMIC 提供的每个调节器，这个结构说明调节器的特点。这里的所说的调节器是指独立调节的输出。例如，Intersil 的 ISL6271A 是一款具有 3 个独立调节输出的 PMIC。因此其驱动程序中应该有 3 个 regulator_desc 实例。该结构包含调节器的固定属性，如下所示：

```
struct regulator_desc {
    const char *name;
    const char *of_match;
```

```
    int id;
    unsigned n_voltages;
    const struct regulator_ops *ops;
    int irq;
    enum regulator_type type;
    struct module *owner;

    unsigned int min_uV;
    unsigned int uV_step;
};
```

为了简单起见，这里省略了一些字段。完整的结构定义可参阅 include/linux/regulator/driver.h。

- name：调节器的名称。
- of_match：用于在 DT 中标识调节器的名称。
- id：调节器的数字标识符。
- owner：代表提供该调节器的模块。将此字段设置为 THIS_MODULE。
- type：表示调节器是电压调节器还是电流调节器。它可以是 REGULATOR_VOLTAGE 或 REGULATOR_CURRENT。任何其他值都会导致调节器注册失败。
- n_voltages：表示该调节器可用的选择器数量。它代表调节器可以输出的数值。对于固定输出电压，应将 n_voltage 设置为 1。
- min_uV：表示该调节器可以提供的最小电压值。这是最低选择器给出的电压。
- uV_step：表示每个选择器的电压增量。
- ops：表示调节器操作表。该结构指向调节器可以支持的一组操作回调。这个字段稍后再讨论。
- irq：调节器的中断号。

2. 约束结构

当 PMIC 向消费者公开调节器时，它必须借助于 struct regulation_constraints 结构为调节器施加一些名义上的限制。这个结构收集调节器的安全限制，定义消费者不能跨越的界限。这是调节器驱动程序和消费者驱动程序之间的一种约定：

```
struct regulation_constraints {
    const char *name;

    /* 电压输出范围 (包括)——用于电压控制 */
    int min_uV;
```

```
        int max_uV;

        int uV_offset;

        /* 电流输出范围(包括)——用于电流控制 */
        int min_uA;
        int max_uA;

        /* 本机调整器工作模式有效 */
        unsigned int valid_modes_mask;

        /* 本机调整器的有效操作 */
        unsigned int valid_ops_mask;

        struct regulator_state state_disk;
        struct regulator_state state_mem;
        struct regulator_state state_standby;
        suspend_state_t initial_state; /* 在 init 处设置挂起状态 */

        /* 模式设置启动 */
        unsigned int initial_mode;

        /* 约束标志 */
        unsigned always_on:1;    /* 当系统开启时，调节器不关闭 */
        unsigned boot_on:1;      /* 引导装载程序/固件启用的调节器 */
        unsigned apply_uV:1;     /* 如果 min 等于 max，则应用 uV 约束*/
};
```

结构中的每个元素描述如下。

- `min_uV`、`min_uA`、`max_uA` 和 `max_uV`：消费者可以设置的最小电压/电流值。
- `uV_offset`：应用于消费者电压偏移量，以补偿电压的下降。
- `valid_modes_mask` 和 `valid_ops_mask`：分别是由消费者可能配置/执行的模式/操作的掩码。
- `always_on`：如果调节器不应该被禁用，则应设置该字段。
- `boot_on`：如果调节器在系统最初启动时启用，则应设置该字段。如果调节器未被硬件或引导加载程序启用，则将在应用约束时启用它。
- `name`：约束的描述性名称，仅用于显示。
- `apply_uV`：初始化时，它应用电压约束。
- `input_uV`：由其他调节器供电时为该调节器提供的输入电压。
- `state_disk`、`state_mem` 和 `state_standby`：分别定义系统挂起处于磁盘

模式、内存模式或待机模式时调节器的状态。

- initial_state：表示默认设置的挂起状态。
- initial_mode：启动时要设置的模式。

3.　初始化数据结构

有两种方式可以将 regulator_init_data 传递给驱动程序——通过电路板初始化文件中的平台数据，或对设备树中的节点调用 of_get_regulator_init_data 函数：

```
struct regulator_init_data {
    struct regulation_constraints constraints;

    /*可选调节器专用的 init */
    int (*regulator_init)(void *driver_data);
    void *driver_data;        /* core 没有触及这个*/
};
```

该结构中元素的含义如下。

- constraints：调节器的约束。
- regulator_init：可选回调函数，在核心注册调节器的给定时刻调用。
- driver_data：传递给 regulator_init 的数据。

正如前面介绍的，struct constraints 结构是 init data 的一部分。以下事实也说明这一点：调节器初始化时，其约束直接应用于它，远在所有消费者可以使用它之前。

（1）将初始化数据放入开发板文件

此方法包括在驱动程序内或在开发板文件中填充约束数组，并将其用作平台数据的一部分。下面例子基于案例研究的设备 Intersil 的 ISL6271A：

```
static struct regulator_init_data isl_init_data[] = {
    [0] = {
            .constraints = {
                .name             = "Core Buck",
                .min_uV           = 850000,
                .max_uV           = 1600000,
                .valid_modes_mask   = REGULATOR_MODE_NORMAL
                            | REGULATOR_MODE_STANDBY,
                .valid_ops_mask     = REGULATOR_CHANGE_MODE
                            | REGULATOR_CHANGE_STATUS,
            },
```

```
                },
        [1] = {
                .constraints = {
                        .name           = "LDO1",
                        .min_uV         = 1100000,
                        .max_uV         = 1100000,
                        .always_on      = true,
                        .valid_modes_mask   = REGULATOR_MODE_NORMAL
                                        | REGULATOR_MODE_STANDBY,
                        .valid_ops_mask     = REGULATOR_CHANGE_MODE
                                        | REGULATOR_CHANGE_STATUS,
                },
        },
        [2] = {
                .constraints = {
                        .name           = "LDO2",
                        .min_uV         = 1300000,
                        .max_uV         = 1300000,
                        .always_on      = true,
                        .valid_modes_mask   = REGULATOR_MODE_NORMAL
                                        | REGULATOR_MODE_STANDBY,
                        .valid_ops_mask     = REGULATOR_CHANGE_MODE
                                        | REGULATOR_CHANGE_STATUS,
                },
        },
};
```

虽然这里介绍了这种方法，但它现在已经过时了。推荐的新方法是 DT，接下来介绍这种方法。

（2）将初始化数据放入 DT

为了获取 DT 内传递的初始化数据，需要引入新的数据类型 struct struct_regulator_match，具体如下：

```
struct of_regulator_match {
    const char *name;
    void *driver_data;
    struct regulator_init_data *init_data;
    struct device_node *of_node;
    const struct regulator_desc *desc;
};
```

在使用该数据结构之前，需要弄清楚如何实现 DT 文件的调节器绑定。

DT 中的每个 PMIC 节点都应该具有名为 regualtors 的子节点，必须在其中把

PMIC 提供的每个调节器声明为专用子节点。换句话说，就是把 PMIC 的每个调节器定义为 regulators 节点的子节点，而它又是 DT 中 PMIC 节点的子节点。

可以在调节器节点中定义标准化的属性。

- regulator-name：字符串，用作调节器输出的描述性名称。
- regulator-min-microvolt：消费者可以设置的最低电压。
- regulator-max-microvolt：消费者可以设置的最高电压。
- regulator-microvolt-offset：应用于电压的偏移量，以补偿电压下降。
- regulator-min-microamp：消费者可以设置的最小电流。
- regulator-max-microamp：消费者可以设置的最大电流。
- regulator-always-on：布尔值，说明调节器永不禁用。
- regulator-boot-on：由引导加载程序/固件启用的调节器。
- <name> - supply：指向父电源/调节器节点的 phandle。
- regulator-ramp-delay：调节器的斜坡延迟（单位 uV/uS）。

这些属性看起来像 struct regulator_init_data 中的字段。回到 ISL6271A 驱动程序，它的 DT 项像下面这样：

```
isl6271a@3c {
    compatible = "isl6271a";
    reg = <0x3c>;
    interrupts = <0 86 0x4>;

    /* 假设调节器由另一个调节器供电 */
    in-v1-supply = <&some_reg>;
    [...]

    regulators {
        reg1: core_buck {
            regulator-name = "Core Buck";
            regulator-min-microvolt = <850000>;
            regulator-max-microvolt = <1600000>;
        };

        reg2: ldo1 {
            regulator-name = "LDO1";
            regulator-min-microvolt = <1100000>;
            regulator-max-microvolt = <1100000>;
            regulator-always-on;
        };
```

```
        reg3: ldo2 {
                regulator-name = "LDO2";
                regulator-min-microvolt = <1300000>;
                regulator-max-microvolt = <1300000>;
                regulator-always-on;
        };
    };
};
```

使用内核辅助函数 of_regulator_match() 时，将 regulators 的子节点作为参数传递给它，该函数将遍历每个调节器设备节点，为其中的每一个构建 struct init_data 结构。probe() 函数中有一个例子，在第 20.1.2 节将讨论它。

4. 配置结构

调节器设备通过 struct regulator_config 结构进行配置，该结构包含调节器描述的可变元素。在向核心注册调节器时，该结构被传递给框架：

```
struct regulator_config {
    struct device *dev;
    const struct regulator_init_data *init_data;
    void *driver_data;
    struct device_node *of_node;
};
```

- dev：代表调节器所属的 struct device 结构。
- init_data：该结构中最重要的字段，因为它包含的元素保存调节器约束（机器特有的结构）。
- driver_data：保存调节器的私有数据。
- of_node：适用于支持 DT 功能的驱动程序。它是解析 DT 绑定的节点，由开发人员负责设置该字段，它也可能是 NULL。

5. 设备操作结构

struct regulator_ops 结构是表示调节器可执行的所有操作的回调列表。这些回调是辅助，由通用内核函数包装而来：

```
struct regulator_ops {
    /* 枚举支持电压*/
    int (*list_voltage) (struct regulator_dev *,
                         unsigned selector);
```

```
/* 获取/设置电压调节器 */
int (*set_voltage) (struct regulator_dev *,
                        int min_uV, int max_uV,
                        unsigned *selector);
int (*map_voltage)(struct regulator_dev *,
                        int min_uV, int max_uV);
int (*set_voltage_sel) (struct regulator_dev *,
                        unsigned selector);
int (*get_voltage) (struct regulator_dev *);
int (*get_voltage_sel) (struct regulator_dev *);

/* 获取/设置电流调节器 */
int (*set_current_limit) (struct regulator_dev *,
                            int min_uA, int max_uA);
int (*get_current_limit) (struct regulator_dev *);

int (*set_input_current_limit) (struct regulator_dev *,
                                    int lim_uA);
int (*set_over_current_protection) (struct regulator_dev *);
int (*set_active_discharge) (struct regulator_dev *,
                                bool enable);

/* 启用/禁用调节器 */
int (*enable) (struct regulator_dev *);
int (*disable) (struct regulator_dev *);
int (*is_enabled) (struct regulator_dev *);

/* 获取/设置调节器工作模式（在 consumer.h 中定义）*/
int (*set_mode) (struct regulator_dev *, unsigned int mode);
unsigned int (*get_mode) (struct regulator_dev *);
};
```

回调名称很好地解释了它们各自的功能。有其他回调在这里没有列出，消费者在能够使用这些回调之前，必须在调节器约束的 valid_ops_mask 或 valid_modes_mask 内启用相应的掩码。可用的操作掩码标志在 include/linux/regulator/machine.h 中定义。

因此，对于给定的 struct regulator_dev 结构，调用 rdev_get_id() 函数可以获得相应调节器的 ID：

```
int rdev_get_id(struct regulator_dev *rdev)
```

20.1.2　驱动程序方法

驱动程序方法由 `probe()` 和 `remove()` 函数组成。如果不理解这部分内容，请参阅前面介绍过的数据结构。

1. probe 函数

PMIC 驱动程序的 probe 函数可分为几个步骤，具体如下。

- 为该 PMIC 提供的所有调节器定义 `struct regulator_desc` 对象数组。在这一步之前，应该定义了有效的 `struct regulator_ops`，以便链接到相应的 `regulator_desc`。假设所有调节器都支持相同的操作，则它们都有相同的 `regulator_ops`。
- 在 probe 函数中，对于每个调节器进行如下操作。
  - 从平台数据中获取合适的 `struct regulator_init_data`，平台数据中必须已经包含有效的 `struct regulatory_constraints`；或者从 DT 构建 `struct regulatory_constraints`，以构建新的 `struct regulator_init_data` 对象。
  - 使用前面的 `struct regulator_init_data` 来设置 `struct regulator_config` 结构。如果驱动程序支持 DT，则可以将 `regulator_config.of_node` 指向用于获取调节器属性的节点。
  - 调用 `regulator_register()`（或托管版本 `devm_regulator_register()`）将调节器注册到内核，并提供之前的 `regulator_desc` 和 `regulator_config` 作为参数。

调用 `regulator_register()` 函数或者托管版本 `devm_regulator_register()` 在内核中注册调节器：

```
struct regulator_dev * regulator_register(const struct regulator_desc
*regulator_desc, const struct regulator_config *cfg)
```

该函数返回的数据类型到目前为止还没有讨论过：`struct regulator_dev` 对象，定义在 `include/linux/regulator/driver.h` 中。该结构代表生产者一端的调节器设备实例（消费者一端的不同）。`struct regulator_dev` 结构的实例不应该被调节器内核和通知注入之外的任何内容直接使用（应该采用互斥锁而不是其他直接访问方式）。也就是说，为了跟踪驱动程序内注册的调节器，应该保存注册函数返回的每个

regulator_dev 对象的引用。

2. remove 函数

remove 函数是删除之前 probe 期间执行的每个操作的位置。因此，当需要从系统中删除调节器时，应该记住的基本函数是 regulator_unregister()：

```
void regulator_unregister(struct regulator_dev *rdev)
```

该函数接收的指针参数指向 struct regulator_dev 结构。这是需要保存每个注册调节器引用的另一个原因。以下是 ISL6271A 驱动程序的 remove 函数：

```
static int __devexit isl6271a_remove(struct i2c_client *i2c)
{
    struct isl_pmic *pmic = i2c_get_clientdata(i2c);
    int i;

    for (i = 0; i < 3; i++)
            regulator_unregister(pmic->rdev[i]);

    kfree(pmic);
    return 0;
}
```

3. 案例研究：Intersil ISL6271A 调节器

前面介绍过，该 PMIC 提供 3 个调节器的设备，其中只有一个可以改变其输出值。另外两个提供固定电压：

```
struct isl_pmic {
    struct i2c_client *client;
    struct regulator_dev    *rdev[3];
    struct mutex            mtx;
};
```

首先定义 ops 回调函数，设置 struct regulator_desc。

（1）处理 get_voltage_sel 操作的回调：

```
static int isl6271a_get_voltage_sel(struct regulator_dev *rdev)
{
    struct isl_pmic *pmic = rdev_get_drvdata(dev);
    int idx = rdev_get_id(rdev);
    idx = i2c_smbus_read_byte(pmic->client);
    if (idx < 0)
```

```
        [...] /* 处理错误 */

    return idx;
}
```

以下是处理 set_voltage_sel 操作的回调：

```
static int isl6271a_set_voltage_sel(
struct regulator_dev *dev, unsigned selector)
{
    struct isl_pmic *pmic = rdev_get_drvdata(dev);
    int err;

    err = i2c_smbus_write_byte(pmic->client, selector);
    if (err < 0)
        [...] /* 处理错误 */

    return err;
}
```

（2）完成回调定义后，可以构建 struct regulator_ops：

```
static struct regulator_ops isl_core_ops = {
    .get_voltage_sel  = isl6271a_get_voltage_sel,
    .set_voltage_sel  = isl6271a_set_voltage_sel,
    .list_voltage     = regulator_list_voltage_linear,
    .map_voltage      = regulator_map_voltage_linear,
};

static struct regulator_ops isl_fixed_ops = {
    .list_voltage     = regulator_list_voltage_linear,
};
```

可以问问自己 regulator_list_voltage_linear 和 regulator_list_voltage_linear 函数来自哪里。与许多其他调节器辅助函数一样，它们也在 drivers/regulator/helpers.c 中定义。内核为线性输出调节器提供辅助函数，ISL6271A 就是如此。

现在该为所有调节器构建 struct regulator_desc 数组：

```
static const struct regulator_desc isl_rd[] = {
    {
        .name     = "Core Buck",
        .id       = 0,
```

```
        .n_voltages = 16,
        .ops        = &isl_core_ops,
        .type       = REGULATOR_VOLTAGE,
        .owner           = THIS_MODULE,
        .min_uV     = ISL6271A_VOLTAGE_MIN,
        .uV_step    = ISL6271A_VOLTAGE_STEP,
    }, {
        .name       = "LDO1",
        .id         = 1,
        .n_voltages = 1,
        .ops        = &isl_fixed_ops,
        .type       = REGULATOR_VOLTAGE,
        .owner           = THIS_MODULE,
        .min_uV     = 1100000,
    }, {
        .name       = "LDO2",
        .id         = 2,
        .n_voltages = 1,
        .ops        = &isl_fixed_ops,
        .type       = REGULATOR_VOLTAGE,
        .owner           = THIS_MODULE,
        .min_uV     = 1300000,
    },
};
```

LDO1 和 LDO2 具有固定输出电压。这就是它们的 n_voltages 属性设置为 1,它们的操作只能提供 regulator_list_voltage_linear 映射的原因。

(3)现在需要在 probe 函数中构建 struct init_data 结构。这里将使用前面介绍的 struct of_regulator_match,应该声明该类型的数组,在其中设置每个调节器的.name 属性,为此需要获取 init_data:

```
static struct of_regulator_match isl6271a_matches[] = {
    { .name = "core_buck",  },
    { .name = "ldo1",       },
    { .name = "ldo2",       },
};
```

仔细观察发现,.name 属性的设置与设备树中调节器标签的值完全相同。应该注意并遵守这一规则。

现在来看一看 probe 函数。ISL6271A 提供 3 个调节器输出,这意味着应该调用 3 次 regulator_register()函数:

```
static int isl6271a_probe(struct i2c_client *i2c,
                          const struct i2c_device_id *id)
{
struct regulator_config config = { };
struct regulator_init_data *init_data     =
dev_get_platdata(&i2c->dev);
struct isl_pmic *pmic;
int i, ret;

    struct device *dev = &i2c->dev;
    struct device_node *np, *parent;

    if (!i2c_check_functionality(i2c->adapter,
                    I2C_FUNC_SMBUS_BYTE_DATA))
        return -EIO;

    pmic = devm_kzalloc(&i2c->dev,
sizeof(struct isl_pmic), GFP_KERNEL);
    if (!pmic)
        return -ENOMEM;

    /* 获取设备（PMIC）节点 */
    np = of_node_get(dev->of_node);
    if (!np)
        return -EINVAL;

    /* 获得 regulators 节点 */
    parent = of_get_child_by_name(np, "regulators");
    if (!parent) {
        dev_err(dev, "regulators node not found\n");
        return -EINVAL;
    }

    /* 填补 isl6271a_matches 数组 */
    ret = of_regulator_match(dev, parent, isl6271a_matches,
                        ARRAY_SIZE(isl6271a_matches));

    of_node_put(parent);
    if (ret < 0) {
        dev_err(dev, "Error parsing regulator init data: %d\n", ret);
        return ret;
    }

    pmic->client = i2c;
    mutex_init(&pmic->mtx);
```

```
    for (i = 0; i < 3; i++) {
        struct regulator_init_data *init_data;
        struct regulator_desc *desc;
        int val;

        if (pdata)
                /* 作为平台数据 */
                config.init_data = pdata->init_data[i];
        else
                /* 从设备树中获取 */
                config.init_data = isl6271a_matches[i].init_data;

        config.dev = &i2c->dev;
config.of_node = isl6271a_matches[i].of_node;
config.ena_gpio = -EINVAL;

        /*
         * config是通过引用传递的，因为内核在内部复制它来创建自己的
         * 副本，以便它可以覆盖某些字段
         */
        pmic->rdev[i] = devm_regulator_register(&i2c->dev,
                                  &isl_rd[i], &config);
        if (IS_ERR(pmic->rdev[i])) {
                dev_err(&i2c->dev, "failed to register %s\n", id->name);
                return PTR_ERR(pmic->rdev[i]);
        }
    }
    i2c_set_clientdata(i2c, pmic);
    return 0;
}
```

ℹ️ 对于固定调节器，init_data 可以为 NULL。这意味着对于 ISL6271A，只有电压输出可能变化的调节器才会被分配 init_data。

```
/* 只有第一个调节器真正需要它*/
if (i == 0)
    if(pdata)
            config.init_data = init_data; /* pdata */
      else
            isl6271a_matches[i].init_data; /* DT */
else
    config.init_data = NULL;
```

前面的驱动程序不会填充 `struct regulator_desc` 的每个字段。它很大程度上取决于编写驱动程序的设备类型。一些驱动程序将整个工作交给了调节器内核，只提供芯片的寄存器地址，调节器内核需要使用该地址。这样的驱动程序使用 regmap API，这是通用的 I2C 和 SPI 寄存器映射库。`drivers/regulator/max8649.c` 就是一个例子。

20.1.3　驱动程序示例

现在通过真实的驱动总结前面所讨论的内容，对于带有两个调节器的虚拟 PMIC，其中第一个电压范围为 850000μV～1600000μV，步长为 50000μV，第二个调节器具有 1300 000μV 的固定电压：

```c
#include <linux/init.h>
#include <linux/module.h>
#include <linux/kernel.h>
#include <linux/platform_device.h>       /* 平台设备*/
#include <linux/interrupt.h>             /* IRQ */
#include <linux/of.h>                    /* DT*/
#include <linux/err.h>
#include <linux/regulator/driver.h>
#include <linux/regulator/machine.h>
#define DUMMY_VOLTAGE_MIN       850000
#define DUMMY_VOLTAGE_MAX       1600000
#define DUMMY_VOLTAGE_STEP      50000

struct my_private_data {
    int foo;
    int bar;
    struct mutex lock;
};

static const struct of_device_id regulator_dummy_ids[] = {
    { .compatible = "packt,regulator-dummy", },
    { /* 标记 */ }
};

static struct regulator_init_data dummy_initdata[] = {
    [0] = {
        .constraints = {
            .always_on = 0,
            .min_uV = DUMMY_VOLTAGE_MIN,
            .max_uV = DUMMY_VOLTAGE_MAX,
```

```
            },
        },
        [1] = {
            .constraints = {
                .always_on = 1,
            },
        },
};

static int isl6271a_get_voltage_sel(struct regulator_dev *dev)
{
    return 0;
}

static int isl6271a_set_voltage_sel(struct regulator_dev *dev,
                        unsigned selector)
{
    return 0;
}


static struct regulator_ops dummy_fixed_ops = {
    .list_voltage   = regulator_list_voltage_linear,
};


static struct regulator_ops dummy_core_ops = {
    .get_voltage_sel = isl6271a_get_voltage_sel,
    .set_voltage_sel = isl6271a_set_voltage_sel,
    .list_voltage   = regulator_list_voltage_linear,
    .map_voltage    = regulator_map_voltage_linear,
};


static const struct regulator_desc dummy_desc[] = {
    {
        .name       = "Dummy Core",
        .id     = 0,
        .n_voltages = 16,
        .ops        = &dummy_core_ops,
        .type       = REGULATOR_VOLTAGE,
        .owner      = THIS_MODULE,
        .min_uV     = DUMMY_VOLTAGE_MIN,
        .uV_step    = DUMMY_VOLTAGE_STEP,
```

```
    }, {
        .name        = "Dummy Fixed",
        .id          = 1,
        .n_voltages  = 1,
        .ops         = &dummy_fixed_ops,
        .type        = REGULATOR_VOLTAGE,
        .owner       = THIS_MODULE,
        .min_uV      = 1300000,
    },
};

static int my_pdrv_probe (struct platform_device *pdev)
{
    struct regulator_config config = { };
    config.dev = &pdev->dev;
    struct regulator_dev *dummy_regulator_rdev[2];
    int ret, i;
    for (i = 0; i < 2; i++){
        config.init_data = &dummy_initdata[i];
        dummy_regulator_rdev[i] = \
            regulator_register(&dummy_desc[i], &config);
        if (IS_ERR(dummy_regulator_rdev)) {
            ret = PTR_ERR(dummy_regulator_rdev);
            pr_err("Failed to register regulator: %d\n", ret);
            return ret;
        }
    }

    platform_set_drvdata(pdev, dummy_regulator_rdev);
    return 0;
}

static void my_pdrv_remove(struct platform_device *pdev)
{
    int i;
    struct regulator_dev *dummy_regulator_rdev = \
                        platform_get_drvdata(pdev);
    for (i = 0; i < 2; i++)
        regulator_unregister(&dummy_regulator_rdev[i]);
}

static struct platform_driver mypdrv = {
    .probe       = my_pdrv_probe,
    .remove      = my_pdrv_remove,
    .driver      = {
```

```
        .name        = "regulator-dummy",
        .of_match_table = of_match_ptr(regulator_dummy_ids),
        .owner       = THIS_MODULE,
    },
};
module_platform_driver(mypdrv);
MODULE_AUTHOR("John Madieu <john.madieu@gmail.com>");
MODULE_LICENSE("GPL");
```

一旦载入该模块，并且设备匹配，内核就将打印如下内容：

```
Dummy Core: at 850 mV
Dummy Fixed: 1300 mV
```

然后可以检查一下内部发生了什么：

```
# ls /sys/class/regulator/
regulator.0 regulator.11 regulator.14 regulator.4 regulator.7
regulator.1 regulator.12 regulator.2 regulator.5 regulator.8
regulator.10 regulator.13 regulator.3 regulator.6 regulator.9
```

regulator.13 和 regulator.14 已由驱动程序添加。下面检查它们的属性：

```
# cd /sys/class/regulator
# cat regulator.13/name
Dummy Core
# cat regulator.14/name
Dummy Fixed
# cat regulator.14/type
voltage
# cat regulator.14/microvolts
1300000
# cat regulator.13/microvolts
850000
```

20.2　调节器消费者接口

消费者接口只需要驱动程序包含一个头文件：

```
#include <linux/regulator/consumer.h>
```

消费者可以是静态的或动态的。静态消费者只需要固定电源，而动态消费者则需要在运行时对调节器进行主动管理。从消费者角度来看，调节器设备在内核中表示为 struct regulator 的实例,该结构在 drivers/regulator/internal.h 中定义,如下所示：

```
/*
 * 结构调节器
 *
 * 每个消费设备有一个
 */
struct regulator {
    struct device *dev;
    struct list_head list;
    unsigned int always_on:1;
    unsigned int bypass:1;
    int uA_load;
    int min_uV;
    int max_uV;
    char *supply_name;
    struct device_attribute dev_attr;
    struct regulator_dev *rdev;
    struct dentry *debugfs;
};
```

这个结构字段的意义清晰，不需要再加以解释。要了解消费调节器有多简单，这里给出一个例子，说明消费者如何获得调节器：

```
[...]
int ret;
struct regulator *reg;
const char *supply = "vdd1";
int min_uV, max_uV;
reg = regulator_get(dev, supply);
[...]
```

20.2.1　调节器设备请求

在访问调节器之前，消费者必须通过 `regulator_get()` 函数请求内核，也可以使用托管版本 `devm_regulator_get()` 函数：

```
struct regulator *regulator_get(struct device *dev,
const char *id)
```

使用该函数的例子如下：

```
reg = regulator_get(dev, "Vcc");
```

消费者传入 struct device 指针和电源 ID。核心通过查询 DT 或机器特定的查找表尝试找到正确的调节器。如果只关注设备树，则* id 应该匹配设备树中调节器电源的 <name> 模式。如果查找成功，则此调用将返回指向为此消费者提供的 struct regulator 的指针。

要释放调节器，消费者驱动程序应该调用：

```
void regulator_put(struct regulator *regulator)
```

在调用此函数之前，驱动程序应确保在该调节器源上的所有 regulator_enable() 调用都通过 regulator_disable() 调用进行平衡。

可以有多个调节器为消费者供电，例如，编解码器消费者具有模拟和数字供电：

```
digital = regulator_get(dev, "Vcc");  /* 数字*/
analog = regulator_get(dev, "Avdd");  /* 模拟 */
```

消费者 probe() 和 remove() 函数是获取和释放调节器的合适位置。

20.2.2　控制调节器设备

调节器控制包括启用、禁用和设置调节器的输出值。

1. 调节器输出的启用和禁用

消费者可以调用以下函数启用其电源：

```
int regulator_enable(regulator);
```

该函数成功时返回 0。其相反的操作是禁用电源，通过调用以下函数：

```
int regulator_disable(regulator);
```

要检查调节器是否已经启用，消费者应该调用该函数：

```
int regulator_is_enabled(regulator);
```

如果调节器已启用，该函数则返回大于 0 的值。由于调节器可能由引导加载程序提前启用或与其他消费者共享，因此可以使用 regulator_is_enabled() 函数检查调节器状态。

下面是一个例子：

```
printk (KERN_INFO "Regulator Enabled = %d\n",
                        regulator_is_enabled(reg));
```

对于共享调节器，仅当启用的引用计数为 0 时，regulator_disable() 才会实际禁用调节器。而调用 regulator_force_disable() 则可以强制禁用，例如在紧急情况下：

```
int regulator_force_disable(regulator);
```

本节后面将要讨论的每个函数实际上都是对 regulator_ops 操作的包装。例如，在检查允许此操作相应的掩码设置后，regulator_set_voltage() 内部调用 regulator_ops.set_voltage 等。

2. 电压的控制和状态

对于需要根据自己的操作模式调整电源的消费者，内核提供以下函数：

```
int regulator_set_voltage(regulator, min_uV, max_uV);
```

min_uV 和 max_uV 是以微伏为单位的最小和最大可接受电压。

如果在调节器禁用时调用该函数，它将改变电压配置，以便在下次启用调节器时实际设置该电压。也就是说，消费者调用 regulator_get_voltage() 获得调节器配置的电压输出，无论调节器是否启用，它都会返回配置的输出电压：

```
int regulator_get_voltage(regulator);
```

这里是一个例子：

```
printk (KERN_INFO "Regulator Voltage = %d\n",
regulator_get_voltage(reg));
```

3. 限流的控制和状态

在电压部分讨论过的内容也适用于此。例如，供电时，USB 驱动程序可能希望将限制设置为 500 mA。

消费者调用下面的函数可以实现对电源电流的限制：

```
int regulator_set_current_limit(regulator, min_uA, max_uA);
```

min_uA 和 max_uA 是可接受的最小和最大电流限制，以微安为单位。

以同样的方式，消费者调用 regulator_get_current_limit() 可以获取调节器配置的限流大小，无论调节器是否启用，它都将返回限流大小：

```
int regulator_get_current_limit(regulator);
```

4. 运行模式的控制和状态

为了实现高效的电源管理，一些消费者可以在其（消费者）运行状态变化时改变其电源的运行模式。消费者驱动程序调用以下函数可以请求改变其电源调节器的运行模式：

```
int regulator_set_optimum_mode(struct regulator *regulator,
int load_uA);
int regulator_set_mode(struct regulator *regulator,
unsigned int mode);
unsigned int regulator_get_mode(struct regulator *regulator);
```

只有当消费者知道调节器并且不与其他消费者共享调节器时，它才应该在调节器上使用 regulator_set_mode()。这被称为直接模式。regulator_set_uptimum_mode()使内核执行一些后台工作，以确定哪种运行模式最适合于所请求的电流。这称作间接模式。

20.3 调节器绑定

本节仅讨论消费者接口绑定。由于 PMIC 绑定包括为该 PMIC 提供的调节器提供初始化数据，因此应参考前面介绍的，将初始化数据放入 DT，以了解生产者绑定。

消费者节点可以使用以下绑定引用其一个或多个电源/调节器：

```
<name>-supply: phandle to the regulator node
```

与 PWM 消费者绑定原理相同。<name>意义明了，这样驱动程序在请求调节器时可以很容易地引用它。也就是说，<name>必须与 regulator_get()函数的* id 参数匹配：

```
twl_reg1: regulator@0 {
    [...]
};

twl_reg2: regulator@1 {
    [...]
};

mmc: mmc@0x0 {
    [...]
    vmmc-supply = <&twl_reg1>;
```

```
    vmmcaux-supply = <&twl_reg2>;
};
```

实际请求电源的消费者代码（这是 MMC 驱动程序）如下所示：

```
struct regulator *main_regulator;
struct regulator *aux_regulator;
int ret;
main_regulator = devm_regulator_get(dev, "vmmc");

/*
 * 在启用调整器之前应用配置是一个很好的实践
 */
if (!IS_ERR(io_regulator)) {
    regulator_set_voltage(main_regulator,
                    MMC_VOLTAGE_DIGITAL,
                    MMC_VOLTAGE_DIGITAL);
    ret = regulator_enable(io_regulator);
}
[...]
aux_regulator = devm_regulator_get(dev, "vmmcaux");
[...]
```

20.4 总结

大量的设备需要平稳地智能供电，利用本章所介绍的内容即可实现对它们的电源管理。PMIC 设备通常位于 SPI 或 I2C 总线上，前面已介绍过这些总线，现在读者应该可以编写出任何 PMIC 驱动程序。第 21 章将讨论帧缓冲驱动程序，这是一个完全不同但同样有趣的话题。

第 21 章
帧缓冲驱动程序

视频卡总有一定数量的 RAM，这些 RAM 是图像数据位图显示缓冲的位置。从软件角度来看，帧缓冲区是字符设备，它提供对该 RAM 的访问。

也就是说，帧缓冲驱动程序提供以下接口。

- 显示模式设置。
- 对视频缓冲区的内存访问。
- 基本 2D 加速操作（如滚动）。

为了提供该接口，帧缓冲驱动程序通常直接与硬件进行通信。众所周知的帧缓冲驱动程序包括以下几种。

- intelfb：各种 Intel 8xx/9xx 兼容的图形设备的帧缓冲器。
- vesafb：使用 VESA 标准接口与视频硬件通信的帧缓冲驱动程序。
- mxcfb：i.MX6 芯片系列的帧缓冲驱动程序。

帧缓冲驱动程序是 Linux 下最简单的图形驱动程序，不要将它们与 X.org 驱动程序（实现诸如 3D 加速等高级功能）或内核模式设置（KMS）驱动程序（它像 X.org 驱动程序一样提供帧缓冲区和 GPU 功能 ）混淆。

 i.MX6 X.org 驱动程序是闭源代码，叫作 vivante。

回到帧缓冲驱动程序，它们是非常简单的 API 驱动程序，它们通过字符设备提供视频卡功能，通过/dev/fbX 项可以从用户空间访问。

本章涉及以下主题。

- 帧缓冲驱动程序的数据结构和方法，因此涵盖整个驱动程序体系结构。
- 帧缓冲设备操作：加速和非加速。
- 从用户空间访问帧缓冲区。

21.1　驱动程序数据结构

帧缓冲驱动程序在很大程度上依赖于 4 个数据结构，它们全部定义在 include/
linux/fb.h 内，在处理帧缓冲的驱动程序内，也应该在代码中包含该头文件：

```
#include <linux/fb.h>
```

这些结构是 fb_var_screeninfo、fb_fix_screeninfo、fb_cmap 和 fb_info。
前 3 个可用于用户空间代码。现在介绍每个结构的目的、意义和用途。

（1）内核使用 struct fb_var_screeninfo 的实例来保存视频卡的可变属性。
这些值是由用户定义的，例如分辨率深度：

```
struct fb_var_screeninfo {
    __u32 xres; /*可见的*/
    __u32 yres;

    __u32 xres_virtual; /* 虚拟的*/
    __u32 yres_virtual;

    __u32 xoffset; /* 从虚拟分辨率到可见分辨率的偏移量 */
    __u32 yoffset;

    __u32 bits_per_pixel; /* 容纳像素所需的位数 */
    [...]

    /* 定时:除 pixclock 外
     */
    __u32 pixclock;    /* 像素时钟，单位为 ps */
    __u32 left_margin;       /*从同步到图片的时间 */
    __u32 right_margin; /* 从图片到同步的时间 */
    __u32 upper_margin; /* 从同步到图片的时间 */
    __u32 lower_margin;
    __u32 hsync_len;   /* 水平同步长度 */
    __u32 vsync_len;   /* 垂直同步长度 */
    __u32 rotate; /* 逆时针旋转 */
};
```

这可以概括为图 21-1 所示的图形。

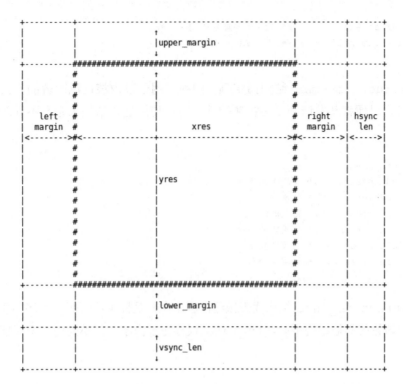

图 21-1　属性

（2）视频卡的某些属性是固定的，它们由制造商设定或者在设置模式时应用，否则不能修改。这通常是硬件信息。一个很好的例子就是帧缓冲区内存的起始位置，即使是用户程序也不能改变。内核将这些信息保存在 struct fb_fix_screeninfo 结构实例中：

```
struct fb_fix_screeninfo {
    char id[16];        /* 标识字符串，如 TT Builtin */
    unsigned long smem_start;      /* 帧缓冲区 smem 的起始位置（物理地址） */
    __u32 smem_len;            /* 帧缓冲区 smem 的长度 */
    __u32 type;        /* see FB_TYPE_* */
    __u32 type_aux;    /* 交叉平面*/
    __u32 visual;        /* FB_VISUAL_*  */
    __u16 xpanstep;      /*如果没有硬件平移，则为零  */
    __u16 ypanstep;        /* 如果没有硬件平移，则为零  */
    __u16 ywrapstep;      /* 如果没有硬件 ywrap，则为零 */
    __u32 line_length;    /* 行长度（以字节为单位） */
    unsigned long mmio_start; /* 内存映射 I/O 的开始（物理地址）*/
    __u32 mmio_len;      /* 映射 I/O 的内存长度  */
```

```
    __u32 accel;          /* 指示有哪种芯片/卡    */
    __u16 capabilities; /* FB_CAP_ */
};
```

（3）struct fb_cmap 结构指定颜色映射，用于以内核可以理解的方式存储用户的颜色定义，以便将其发送到底层视频硬件。可以使用这种结构来定义不同颜色所需的 RGB 比率：

```
struct fb_cmap {
    __u32 start;    /* 第一个元素 */
    __u32 len;      /* 数量 */
    __u16 *red;     /* 红色的值 */
    __u16 *green;   /* 绿色的值 */
    __u16 *blue;    /* 蓝色的值 */
    __u16 *transp;  /* 透明度 */
};
```

（4）struct fb_info 结构代表帧缓冲区本身，是帧缓冲区驱动程序的主要数据结构。与前面讨论的其他结构不同，fb_info 仅存在于内核中，不是用户空间帧缓冲 API 的一部分：

```
struct fb_info {
    [...]
    struct fb_var_screeninfo var;     /* 变量屏幕信息*/
    struct fb_fix_screeninfo fix;     /* 固定屏幕信息 */
    struct fb_cmap cmap;              /* 颜色映射*/
    struct fb_ops *fbops;            /* 驱动操作*/
    char  __iomem *screen_base;      /* 帧缓冲区的虚拟地址 */
    unsigned long screen_size;        /* 帧缓冲区的大小 */
    [...]
    struct device *device;           /* 父设备*/
    struct device *dev;              /* fb 设备 */
#ifdef CONFIG_FB_BACKLIGHT
    /*指定的背光设备在帧缓冲区注册前设置，在注销后移除*/
    struct backlight_device *bl_dev;

    /* 背光水平曲线*/
    struct mutex bl_curve_mutex;
    u8 bl_curve[FB_BACKLIGHT_LEVELS];
#endif
[...]
void *par; /* 私有内存指针 */
};
```

struct fb_info 结构应该始终使用 framebuffer_alloc()动态分配，该函数是内核（帧缓冲内核）辅助函数，用于为帧缓冲设备实例分配内存，以及它们的私有数据内存：

```
struct fb_info *framebuffer_alloc(size_t size, struct device *dev)
```

在这个原型中，size 参数代表私有区域的大小，并将该区域附加到分配的 fb_info 的末尾。使用 fb_info 结构中的.par 指针可以引用该私有区域。framebuffer_release()执行的操作相反：

```
void framebuffer_release(struct fb_info *info)
```

一旦建立，就应该使用 register_framebuffer()向内核注册帧缓冲区，该函数出错时返回负的 errno，成功时返回 0：

```
int register_framebuffer(struct fb_info *fb_info)
```

一旦注册，就可以使用 unregister_framebuffer()函数注销帧缓冲区的注册，该函数出错时也返回负的 errno，成功时返回 0：

```
int unregister_framebuffer(struct fb_info *fb_info)
```

分配和注册应该在设备 probe 期间完成，而注销和取消分配（释放）应该在驱动程序的 remove 函数内完成。

21.2　设备方法

struct fb_info 结构中有一个.fbops 字段，它是 struct fb_ops 结构的实例。该结构包含需要在帧缓冲设备上执行的一些操作的函数集合。这些是 fbdev 和 fbcon 工具的入口点。该结构中的一些方法是必需的，这是保证帧缓冲区工作的最低需求，而其他一些方法则是可选的，它们取决于驱动程序要提供的功能，假若设备本身支持这些功能。

struct fb_ops 结构的定义如下：

```
 struct fb_ops {
/* 打开/释放和使用标记*/
struct module *owner;
```

```
int (*fb_open)(struct fb_info *info, int user);
int (*fb_release)(struct fb_info *info, int user);

/* 具有非线性布局的帧缓冲区或不能正常使用内存映射访问的帧缓冲区*/
ssize_t (*fb_read)(struct fb_info *info, char __user *buf,
                size_t count, loff_t *ppos);
ssize_t (*fb_write)(struct fb_info *info, const char __user *buf,
                size_t count, loff_t *ppos);

/* 检查变量并进行调整, 不修改 par*/
int (*fb_check_var)(struct fb_var_screeninfo *var, struct fb_info *info);

/*根据 info->var 设置视频模式 */
int (*fb_set_par)(struct fb_info *info);

/* 设置颜色注册*/
int (*fb_setcolreg)(unsigned regno, unsigned red, unsigned green,
                unsigned blue, unsigned transp, struct fb_info *info);

/* 批量设置颜色寄存器 */
int (*fb_setcmap)(struct fb_cmap *cmap, struct fb_info *info);

/* 空白显示 */
int (*fb_blank)(int blank_mode, struct fb_info *info);

/* pan 显示 */
int (*fb_pan_display)(struct fb_var_screeninfo *var, struct fb_info *info);

/* 画一个矩形 */
void (*fb_fillrect) (struct fb_info *info, const struct fb_fillrect *rect);

/* 将数据从一个区域复制到另一个区域 */
void (*fb_copyarea) (struct fb_info *info, const struct fb_copyarea *region);

/* 向显示器绘制图像 */
void (*fb_imageblit) (struct fb_info *info, const struct fb_image *image);

/* 画光标 */
int (*fb_cursor) (struct fb_info *info, struct fb_cursor *cursor);

/* 等待 blit 空闲 (可选)*/
int (*fb_sync)(struct fb_info *info);

/* 执行特定于 fb 的 ioctl (可选)*/
```

```
int (*fb_ioctl)(struct fb_info *info, unsigned int cmd,
        unsigned long arg);

/* 处理 32 位 compat ioctl（可选）*/
int (*fb_compat_ioctl)(struct fb_info *info, unsigned cmd,
        unsigned long arg);

/* 执行 fb 特定的 mmap */
int (*fb_mmap)(struct fb_info *info, struct vm_area_struct *vma);

/*获得给定变量的功能*/
void (*fb_get_caps)(struct fb_info *info, struct fb_blit_caps *caps,
            struct fb_var_screeninfo *var);

/*销毁所有与这个帧缓冲区有关的资源*/
void (*fb_destroy)(struct fb_info *info);
[...]
};
```

根据希望实现的功能不同，可以设置不同的回调。

第 4 章介绍了字符设备通过 struct file_operations 结构可以导出文件操作集合，这些是与文件相关的系统调用（如 open()、close()、read()、write()、mmap()、ioctl() 等）入口点。

这就是说，不要混淆 fb_ops 和 file_operations 结构。fb_ops 提供低层操作的抽象，而 file_operations 则供上层系统调用接口。内核在 drivers/video/fbdev/core/fbmem.c 中实现帧缓冲区文件操作，该操作内部调用 fb_ops 中定义的方法。以这种方式就可以根据系统调用接口（file_operations 结构）的需要实现低层硬件操作。例如，当用户 open() 设备时，内核的打开文件操作方法将执行一些核心操作，如果设置了的话，则执行 fb_ops.fb_open() 方法，对于 release、mmap 等方法也是如此。

帧缓冲设备支持 include/uapi/linux/fb.h 中定义的一些 ioctl 命令，用户程序可以使用这些命令操作硬件。这些命令全部由内核的 fops.ioctl 方法处理。对于其中的一些命令，内核的 ioctl 方法可以内部执行 fb_ops 结构中定义的方法。

fb_ops.fb_ioctl 有什么用途？只有当内核不知道给定的 ioctl 命令时，帧缓冲区核心才执行 fb_ops.fb_ioctl。换句话说，fb_ops.fb_ioctl 在帧缓冲核心 fops.ioctl 方法的默认语句中执行。

21.3　驱动程序方法

驱动程序方法由 probe 和 remove 函数组成。在进一步描述这些方法之前，先来设置 fb_ops 结构：

```
static struct fb_ops myfb_ops = {
    .owner        = THIS_MODULE,
    .fb_check_var = myfb_check_var,
    .fb_set_par   = myfb_set_par,
    .fb_setcolreg = myfb_setcolreg,
    .fb_fillrect  = cfb_fillrect, /* 这 3 个 hook 是非加速的，由内核提供*/
    .fb_copyarea  = cfb_copyarea,
    .fb_imageblit = cfb_imageblit,
    .fb_blank     = myfb_blank,
};
```

- probe。驱动程序 probe 函数负责初始化硬件，使用 framebuffer_alloc() 函数创建 struct fb_info 结构，并在其上执行 register_framebuffer()。以下示例假定设备是内存映射型。因此，非内存映射可以存在，如使用 SPI 总线的屏幕。在这种情况下，应该使用总线特定的例程：

```
static int myfb_probe(struct platform_device *pdev)
{
    struct fb_info *info;
    struct resource *res;
    [...]

    dev_info(&pdev->dev, "My framebuffer driver\n");
/*
 * 查询资源，如 DMA 通道、I/O 内存、调节器等
 */
    res = platform_get_resource(pdev, IORESOURCE_MEM, 0);
    if (!res)
        return -ENODEV;
    /* use request_mem_region(), ioremap() and so on */
     [...]
     pwr = regulator_get(&pdev->dev, "lcd");

    info = framebuffer_alloc(sizeof(
struct my_private_struct), &pdev->dev);
```

```
if (!info)
        return -ENOMEM;

/* 设备初始化和默认信息值*/
[...]
info->fbops = &myfb_ops;

 /* 时钟设置,使用 devm_clk_get() 等 */
 [...]

 /* DMA 设置, 使用 dma_alloc_coherent() 等 */
 [...]

 /* 向内核注册 */
ret = register_framebuffer(info);

hardware_enable_controller(my_private_struct);
return 0;
}
```

● remove。remove 应释放 probe 中获取的任何内容，并调用：

```
static int myfb_remove(struct platform_device *pdev)
{

    /* iounmap() 内存和 release_mem_region() */
    [...]
    /* 反向 DMA, dma_free_*();*/
    [...]

    hardware_disable_controller(fbi);

     /* 先注销*/
    unregister_framebuffer(info);
     /* 然后释放内存 */
    framebuffer_release(info);

    return 0;
}
```

假设使用资源分配的托管版本，则只需使用 unregister_framebuffer() 和
framebuffer_release()。其他的一切都将由内核完成。

21.3.1　fb_ops 剖析

下面介绍 fb_ops 结构中声明的一些钩子函数。但在着手编写 framebuffer 驱动程序时，请参考 drivers/video/fbdev/vfb.c，这是内核中一个简单的虚拟帧缓冲驱动程序。也可以参考其他相关的帧缓冲区驱动程序，如 i.MX6 驱动程序 drivers/video/fbdev/imxfb.c，或者内核文档中有关帧缓冲驱动程序 API 的内容 Documentation/fb/api.txt。

1. 检查信息

钩子函数 fb_ops->fb_check_var 负责检查帧缓冲参数，其原型如下：

```
int (*fb_check_var)(struct fb_var_screeninfo *var,
struct fb_info *info);
```

该函数应检查帧缓冲区变量参数，并调整为有效值。var 表示帧缓冲区变量参数，应该检查和调整它们：

```
static int myfb_check_var(struct fb_var_screeninfo *var,
struct fb_info *info)
{
    if (var->xres_virtual < var->xres)
        var->xres_virtual = var->xres;

    if (var->yres_virtual < var->yres)
        var->yres_virtual = var->yres;

    if ((var->bits_per_pixel != 32) &&
(var->bits_per_pixel != 24) &&
(var->bits_per_pixel != 16) &&
(var->bits_per_pixel != 12) &&
        (var->bits_per_pixel != 8))
        var->bits_per_pixel = 16;

    switch (var->bits_per_pixel) {
    case 8:
        /* 调整红色*/
        var->red.length = 3;
        var->red.offset = 5;
        var->red.msb_right = 0;
        /*调整绿色*/
        var->green.length = 3;
```

```
            var->green.offset = 2;
            var->green.msb_right = 0;

            /* 调整蓝色 */
            var->blue.length = 2;
            var->blue.offset = 0;
            var->blue.msb_right = 0;
            /* 调整透明度*/
            var->transp.length = 0;
            var->transp.offset = 0;
            var->transp.msb_right = 0;
            break;
    case 16:
            [...]
            break;
    case 24:
            [...]
            break;
    case 32:
            var->red.length = 8;
            var->red.offset = 16;
            var->red.msb_right = 0;

            var->green.length = 8;
            var->green.offset = 8;
            var->green.msb_right = 0;

            var->blue.length = 8;
            var->blue.offset = 0;
            var->blue.msb_right = 0;

            var->transp.length = 8;
            var->transp.offset = 24;
            var->transp.msb_right = 0;
            break;
    }
    /*
 * *var*中的任何其他字段都可以像
 * var->xres、var->yres、var->bits_per_pixel 和 var->pixclock 等那样调整
 */
    return 0;
}
```

前面的代码根据用户选择的配置调整变量帧缓冲区属性。

2. 设置控制器参数

hook `fp_ops->fb_set_par` 是另一个与硬件相关的钩子，负责将参数发送到硬件。它基于用户设置（`info->var`）对硬件进行编程：

```
static int myfb_set_par(struct fb_info *info)
{
    struct fb_var_screeninfo *var = &info->var;

    /* 进行一些计算或其他健全性检查 */
    [...]
    /*
     * 该函数在适当的寄存器中将值写入硬件
     */
    set_controller_vars(var, info);

    return 0;
}
```

3. 屏幕消隐

钩子 `fb_ops->fb_blank` 是与硬件相关的钩子，负责屏幕消隐。其原型如下：

```
int (*fb_blank)(int blank_mode, struct fb_info *info)
```

`blank_mode` 的参数取值为下列值之一：

```
enum {
    /* screen: unblanked, hsync: on,  vsync: on */
    FB_BLANK_UNBLANK       = VESA_NO_BLANKING

    /* screen: blanked,    hsync:on, vsync:on */
    FB_BLANK_NORMAL        = VESA_NO_BLANKINGH + 1

    /* screen: blanked,    hsync:on, vsync:off */
    FB_BLANK_VSYNC_SUSPEND = VESA_VSYNC_SUSPEND + 1,

    /* screen: blanked,    hsync: off, vsync: on */
    FB_BLANK_HSYNC_SUSPEND = VESA_HSYNC_SUSPEND + 1,

    /* screen: blanked,    hsync: off, vsync: off */
    FB_BLANK_POWERDOWN     = VESA_POWERDOWN + 1
};
```

消隐显示的常用方法是在 blank_mode 参数上执行 switch case，如下所示：

```
static int myfb_blank(int blank_mode, struct fb_info *info)
{
    pr_debug("fb_blank: blank=%d\n", blank);

    switch (blank) {
    case FB_BLANK_POWERDOWN:
    case FB_BLANK_VSYNC_SUSPEND:
    case FB_BLANK_HSYNC_SUSPEND:
    case FB_BLANK_NORMAL:
        myfb_disable_controller(fbi);
        break;

    case FB_BLANK_UNBLANK:
        myfb_enable_controller(fbi);
        break;
    }
    return 0;
}
```

消隐操作应禁用控制器，停止其时钟并将其断电。取消消隐应该执行相反的操作。

4. 加速方法

用户视频操作，如混合、拉伸、移动位图或动态渐变生成，都是繁重的任务。它们需要图形加速，以获得可接受的性能。实现帧缓冲加速方法可以采用 struct fp_ops 结构的以下字段。

- .fb_imageblit()：在显示器上绘制图像，非常有用。
- .fb_copyarea()：把矩形区域从屏幕上的一个区域复制到另一个区域。
- .fb_fillrect()：以优化方式用像素线填充矩形。

因此，内核开发人员考虑没有硬件加速的控制器，为其提供软件优化方法。这使加速实现成为一个选项，因为软件存在运行低效问题。也就是说，如果帧缓冲控制器不提供任何加速机制，则必须用内核通用例程填充这些方法。

这些方法分别如下。

- cfb_imageblit()：内核提供的 imageblit 应变对策。内核在启动时用它在屏幕上输出徽标。
- cfb_copyarea()：用于区域复制操作。
- cfb_fillrect()：帧缓冲区核心非加速方法，实现矩形填充操作。

21.3.2　小结

这一节将总结一下前面讨论的内容。写帧缓冲驱动程序时必须进行如下操作。

- 填充 `struct fb_var_screeninfo` 结构，提供有关帧缓冲变量属性的信息。这些属性可以通过用户空间进行更改。
- 填写 `struct fb_fix_screeninfo` 结构，提供固定参数。
- 设置 `struct fb_ops` 结构，提供所需的回调函数，帧缓冲子系统响应用户操作时要使用它们。
- 仍然是在 `struct fb_ops` 结构内，如果设备支持，必须提供加速函数回调。
- 设置 `struct fb_info` 结构，为它提供前面步骤中填充的结构，在其上调用 `register_framebuffer()`，将其注册到内核。

打算编写简单帧缓冲驱动程序时，可查看 `drivers/video/fbdev/vfb.c`，它是内核中的虚拟帧缓冲驱动程序。可以通过 `CONGIF_FB_VIRTUAL` 选项在内核中启用它。

21.4　用户空间的帧缓冲

通常通过 `mmap()` 命令访问帧缓冲区内存，以便将帧缓冲区内存映射成系统 RAM 的一部分，这样在屏幕上绘制像素就变成一件简单的事情：修改内存值。屏幕参数（可变和固定）通过 `ioctl` 命令提取，特别是 `FBIOGET_VSCREENINFO` 和 `FBIOGET_FSCREENINFO`。完整的列表可访问内核源代码中的 `include/uapi/linux/fb.h`。

以下示例代码在帧缓冲区上绘制一个 300 * 300 正方形：

```c
#include <stdlib.h>
#include <unistd.h>
#include <stdio.h>
#include <fcntl.h>
#include <linux/fb.h>
#include <sys/mman.h>
#include <sys/ioctl.h>

#define FBCTL(_fd, _cmd, _arg)          \
    if(ioctl(_fd, _cmd, _arg) == -1) {  \
        ERROR("ioctl failed");          \
        exit(1); }

int main()
{
```

```
int fd;
int x, y, pos;
int r, g, b;
unsigned short color;
void *fbmem;

struct fb_var_screeninfo var_info;
struct fb_fix_screeninfo fix_info;

fd = open(FBVIDEO, O_RDWR);
if (tfd == -1 || vfd == -1) {
    exit(-1);
}

/* 收集可变屏幕信息(虚拟和可见)*/
FBCTL(fd, FBIOGET_VSCREENINFO, &var_info);

/* 收集固定屏幕信息 */
FBCTL(fd, FBIOGET_FSCREENINFO, &fix_info);

printf("****** Frame Buffer Info ******\n");
printf("Visible: %d,%d  \nvirtual: %d,%d \n  line_len %d\n",
        var_info.xres, this->var_info.yres,
        var_info.xres_virtual, var_info.yres_virtual,
        fix_info.line_length);
printf("dim %d,%d\n\n", var_info.width, var_info.height);

/* mmap 帧缓冲区内存 */
fbmem = mmap(0, v_var.yres_virtual * v_fix.line_length, \
                PROT_WRITE | PROT_READ, \
                MAP_SHARED, fd, 0);

if (fbmem == MAP_FAILED) {
    perror("Video or Text frame bufer mmap failed");
    exit(1);
}

/* 左上角(100,100)，正方形的宽度是 300 像素 */
for (y = 100; y < 400; y++) {
    for (x = 100; x < 400; x++) {
        pos = (x + vinfo.xoffset) * (vinfo.bits_per_pixel/8)
                + (y + vinfo.yoffset) * finfo.line_length;
        /* 如果是 32 位/像素*/
        if (vinfo.bits_per_pixel == 32) {
            /* 蓝色 */
            *(fbmem + pos) = 100;
```

```
                            /* 绿色 */
                            *(fbmem + pos + 1) = 15+(x-100)/2;

                            /* 红色 */
                            *(fbmem + pos + 2) = 200-(y-100)/5;

                            /* 不透明 */
                            *(fbmem + pos + 3) = 0;
                    } else  { /* 假设为 16bpp */
                            r = 31-(y-100)/16;
                            g = (x-100)/6;
                            b = 10;
                            /* 计算颜色 */
                            color = r << 11 | g << 5 | b;
                            *((unsigned short int*)(fbmem + pos)) = color;
                    }
            }
    }

    munmap(fbp, screensize);
    close(fbfd);
    return 0;
}
```

使用 cat 或 dd 命令也可以将帧缓冲区内存转储为原始图像：

 # cat /dev/fb0 > my_image

将其写回到帧缓冲区：

** # cat my_image > /dev/fb0**

可以通过特殊方式/sys/class/graphics/fb\<N>/blank sysfs 来消隐/取消消隐屏幕，其中\<N>是帧缓冲区索引。写入 1 会消隐屏幕，而 0 则会对其取消消隐：

 # echo 0 > /sys/class/graphics/fb0/blank
 # echo 1 > /sys/class/graphics/fb0/blank

21.5　总结

　　帧缓冲驱动程序是形式最简单的 Linux 图形驱动程序，其实现所需的工作很少，它们高度抽象硬件。在这个阶段，可以增强现有的驱动程序功能（如图形加速功能），或者从头开始编写一个新的驱动程序。但是，建议依靠现有的驱动程序，其硬件要与为其编写驱动程序的硬件共享尽可能多的特性。第 22 章也是最后一章，将讨论网络设备。

第 22 章
网络接口卡驱动程序

众所周知，联网是 Linux 内核固有的功能。几年前，可能只因网络性能称道而选用 Linux，但现在情况已经改变，Linux 不再仅仅是服务器，它运行在数十亿台嵌入式设备上。多年来，Linux 赢得了最佳网络操作系统的美誉。尽管如此，Linux 也无法做到一切。鉴于现有以太网控制器种类繁多，Linux 发现只能向开发人员公开 API，开发人员需要为网络设备编写驱动程序，或以通用方式执行内核网络开发。该 API 提供高度抽象层，能够保证开发代码的共享，以及向其他体系结构的移植。本章简要介绍该 API 中有关网络接口卡（NIC）驱动程序开发的部分，并讨论其数据结构和方法。

本章将介绍以下主题。

- NIC 驱动程序的数据结构，及其主要的套接字缓冲区结构。
- NIC 驱动程序的体系结构和方法描述，以及数据包的传输和接收。
- 开发虚拟 NIC 驱动程序进行测试。

22.1 驱动程序数据结构

处理 NIC 设备时需要使用两种数据结构。

- struct sk_buff 结构在 include/linux/skbuff.h 中定义，这是 Linux 网络代码中的基本数据结构，下面的头文件应该包含在代码中：

```
#include <linux/skbuff.h>
```

使用此数据结构处理每个数据包的发送或接收。

- struct net_device 结构是所有 NIC 设备在内核中都采用的形式。它是数据传输发生的接口，定义在 include/linux/netdevice.h 中，代码中也应该包含它：

```
#include <linux/netdevice.h>
```

代码中应包含的其他文件包括针对 MAC 和以太网相关函数（如 alloc_etherdev()）的 include/linux/etherdevice.h，以及用于 ethtools 支持的 include/linux/ethtool.h：

```
#include <linux/ethtool.h>
#include <linux/etherdevice.h>
```

22.1.1　套接字缓冲区结构

该结构封装通过 NIC 传输的所有数据包：

```
struct sk_buff {
  struct sk_buff * next;
  struct sk_buff * prev;
  ktime_t tstamp;
  struct rb_node     rbnode; /* 用于 Netem 和 TCP 协议栈 */
  struct sock * sk;
  struct net_device * dev;
  unsigned int       len;
  unsigned int       data_len;
  __u16              mac_len;
  __u16              hdr_len;
  unsigned int len;
  unsigned int data_len;
  __u16 mac_len;
  __u16 hdr_len;
  __u32 priority;
  dma_cookie_t dma_cookie;
  sk_buff_data_t tail;
  sk_buff_data_t end;
  unsigned char * head;
  unsigned char * data;
  unsigned int truesize;
  atomic_t users;
};
```

该结构中元素的含义如下。

- next 和 prev：表示列表中的下一个和上一个缓冲区。
- sk：与包相关的套接字。
- tstamp：数据包到达/离开时的时间。
- rbnode：红黑树中的另一种 next/prev 表示方法。
- dev：表示数据包到达/离开的设备。该字段与此处未列出的两个其他字段相关——

input_dev 和 real_dev，它们记录与数据包相关的设备。因此，input_dev 总是指向接收数据包的设备。

- len：数据包的总字节数。套接字缓冲区（SKB）由线性数据缓冲区以及可选的一组称为室的区域组成。如果有这样的室，data_len 将保存数据区域的总字节数。
- mac_len：保存 MAC 头的长度。
- csum：保存数据包的校验和。
- priority：表示 QoS 中包的优先级。
- truesize：记录数据包消耗多少字节系统内存，包括 struct sk_buff 结构本身占用的内存。
- user：用于 SKB 对象的引用计数。
- head：head、data 和 tail 是指向套接字缓冲区中不同区域（室）的指针。
- end：指向套接字缓冲区的末尾。

这里只讨论了这个结构中的个别字段，include/linux/skbuff.h 中提供了完整的描述，处理套接字缓冲区时应该包含该头文件。

套接字缓冲区分配

套接字缓冲区的分配有一点麻烦，因为它至少需要 3 个不同的方法。

- 整个内存分配应该用 netdev_alloc_skb() 函数实现。
- 用 skb_reserve() 函数增加并对齐头室。
- 用 skb_put() 函数扩展缓冲区的已用数据区（它将包含数据包）。

套接字缓冲区的分配过程如图 22-1 所示。

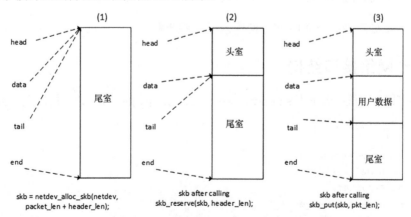

图 22-1　套接字缓冲区的分配过程

（1）调用 netdev_alloc_skb() 函数分配足够大的缓冲区，以包含数据包和以太网报头：

```
struct sk_buff *netdev_alloc_skb(struct net_device *dev,
                                 unsigned int length)
```

该函数失败时返回 NULL。因此，即使分配内存，也可以从原子上下文中调用 netdev_alloc_skb()。

由于以太网报头长度为 14 字节，因此需要进行对齐，以便 CPU 在访问缓冲区这部分时不会遇到任何性能问题。header_len 参数的合适名称应该是 header_alignment，因为此参数用于对齐。通常该值是 2，这就是内核在 include/linux/skbuff.h 中为此专门定义一个宏 NET_IP_ALIGN 的原因：

```
#define NET_IP_ALIGN 2
```

（2）通过减少尾室为头部保留对齐的内存。实现此功能的函数是 skb_reserve()：

```
void skb_reserve(struct sk_buff *skb, int len)
```

（3）调用 skb_put() 函数将缓冲区的已用数据区扩展为与包一样大。该函数返回指向数据区第一个字节的指针：

```
unsigned char *skb_put(struct sk_buff *skb, unsigned int len)
```

分配的套接字缓冲区应该转发到内核网络层。这是套接字缓冲区生命周期的最后一步。这应该调用 netif_rx_ni() 函数实现：

```
int netif_rx_ni(struct sk_buff *skb)
```

将在本章处理数据包接收部分使用前面这些步骤。

22.1.2　网络接口结构

网络接口在内核中表示为 struct net_device 结构的实例，该结构定义在 include/linux/netdevice.h 中：

```
struct net_device {
    char name[IFNAMSIZ];
    char *ifalias;
    unsigned long mem_end;
    unsigned long mem_start;
```

```
    unsigned long base_addr;
    int irq;
    netdev_features_t features;
    netdev_features_t hw_features;
    netdev_features_t  wanted_features;
    int ifindex;
    struct net_device_stats stats;
    atomic_long_t rx_dropped;
    atomic_long_t  tx_dropped;
    const struct net_device_ops *netdev_ops;
    const struct ethtool_ops *ethtool_ops;
    unsigned int flags;
    unsigned int priv_flags;
    unsigned char link_mode;
        unsigned char if_port;
    unsigned char dma;
    unsigned int mtu;
    unsigned short type;
    /* 接口地址信息*/
    unsigned char perm_addr[MAX_ADDR_LEN];
    unsigned char addr_assign_type;
    unsigned char addr_len;
    unsigned short neigh_priv_len;
    unsigned short dev_id;
    unsigned short dev_port;
    unsigned long last_rx;
    /* eth_type_trans()中使用的接口地址信息*/
    unsigned char *dev_addr;

    struct device dev;
    struct phy_device *phydev;
};
```

struct net_device 结构属于需要动态分配的内核数据结构,具有自己的分配函数。调用 alloc_etherdev() 函数在内核中分配 NIC。

```
struct net_device *alloc_etherdev(int sizeof_priv);
```

该函数失败时返回 NULL。sizeof_priv 参数表示为私有数据结构分配的内存大小,该数据结构属于此 NIC,可以用 netdev_priv() 函数来获取它:

```
void *netdev_priv(const struct net_device *dev)
```

struct priv_struct 是私有结构,以下代码说明怎样分配网络设备以及私有数据结构：

```
struct net_device *net_dev;
struct priv_struct *priv_net_struct;
net_dev = alloc_etherdev(sizeof(struct priv_struct));
my_priv_struct = netdev_priv(dev);
```

不使用的网络设备应该通过 free_netdev() 函数释放，该函数也释放为私有数据分配的内存。只有在设备从内核注销后，才应该调用此方法：

```
void free_netdev(struct net_device *dev)
```

net_device 结构完成并填充后，应该在其上调用 register_netdev()。该函数将在本章第 22.3 节介绍。请记住，该函数将网络设备注册到内核，这样就可以使用它。话虽如此，但在调用这个函数之前应该确保设备能真正处理网络操作：

```
int register_netdev(struct net_device *dev)
```

22.2　设备方法

网络设备属于不出现在/dev 目录中的设备类别（与块、输入或字符设备不同）。像所有这类设备一样，NIC 驱动程序为了执行而提供一系列功能，内核通过 struct net_device_ops 结构公开可以在网络接口上执行的操作,该结构是 struct net_device 结构的字段，代表网络设备（dev-> netdev_ops）。struct net_device_ops 字段的描述如下：

```
struct net_device_ops {
    int (*ndo_init)(struct net_device *dev);
    void (*ndo_uninit)(struct net_device *dev);
    int (*ndo_open)(struct net_device *dev);
    int (*ndo_stop)(struct net_device *dev);
    netdev_tx_t (*ndo_start_xmit) (struct sk_buff *skb,
                            struct net_device *dev);
    void (*ndo_change_rx_flags)(struct net_device *dev, int flags);
    void (*ndo_set_rx_mode)(struct net_device *dev);
    int (*ndo_set_mac_address)(struct net_device *dev, void *addr);
    int (*ndo_validate_addr)(struct net_device *dev);
    int (*ndo_do_ioctl)(struct net_device *dev,
                            struct ifreq *ifr, int cmd);
    int (*ndo_set_config)(struct net_device *dev, struct ifmap *map);
    int (*ndo_change_mtu)(struct net_device *dev, int new_mtu);
    void (*ndo_tx_timeout) (struct net_device *dev);
```

```
struct net_device_stats* (*ndo_get_stats)(
struct net_device *dev);
};
```

该结构中各元素的含义如下。

- int(*ndo_init)(struct net_device *dev) 和 void(*ndo_uninit) (struct net_device *dev)：额外的初始化/取消初始化函数，在驱动程序调用 register_netdev()/unregister_netdev() 向内核注册/取消注册网络设备时分别执行它们。大多数驱动程序不提供这些功能，因为真正的工作是由 ndo_open() 和 ndo_stop() 函数完成的。

- int(*ndo_open)(struct net_device *dev)：准备和打开接口。每当 ip 或 ifconfig 实用程序激活接口时，都会打开它。在该方法中，驱动程序应该请求/映射/注册它需要的任何系统资源（I/O 端口、IRQ、DMA 等）、打开硬件和执行设备所需的任何其他设置。

- int(*ndo_stop)(struct net_device *dev)：内核在接口关闭时执行此函数（例如 ifconfig <name> down 等）。这个函数应该执行与 ndo_open() 相反的操作。

- int(*ndo_start_xmit) (struct sk_buff *skb, struct net_device *dev)：每当内核要通过此接口发送数据包时调用此方法。

- void(*ndo_set_rx_mode)(struct net_device *dev)：调用此方法更改接口地址列表过滤模式——组播或混杂。建议提供此函数。

- void(*ndo_tx_timeout)(struct net_device *dev)：数据包传输无法在合理时间（通常用于 dev-> watchdog tick）内完成时，内核调用此方法。驱动程序应该检查发生原因，处理问题，并恢复数据包传输。

- struct net_device_stats *(*get_stats)(struct net_device *dev)：此方法返回设备统计信息。这些信息与运行 netstat -i 或 ifconfig 时看到的信息一样。

前面的描述错过了很多字段。完整的结构描述可查找 include/linux/netdevice.h 文件。实际上，只有 ndo_start_xmit 是必需的，但一个好的做法是，设备有多少功能就提供多少辅助钩子函数。

22.2.1 打开和关闭

只要授权用户（如管理员）使用用户空间实用程序（如 ifconfig 或 ip）配置网

络接口，内核就会调用 ndo_open() 函数。

与其他网络设备操作一样，ndo_open() 函数接收 struct net_device 对象作为其参数，驱动程序从中获取设备特有的对象，该对象在分配 net_device 对象时存储在 priv 字段内。

网络控制器通常会在收到或完成数据包传输时引发中断。驱动程序需要注册中断处理程序，只要控制器引发中断就会调用它。驱动程序可以在 init()/probe() 例程或 open 函数内注册中断处理程序。有些设备需要通过设置硬件中的特殊寄存器来启用中断。在这种情况下，可以在 probe 函数中请求中断，只需在打开/关闭方法中设置/清除 enable 位。

下面总结一下 open 函数应该执行的操作。

（1）更新接口 MAC 地址（以防用户更改它，如果设备允许的话）。

（2）必要时复位硬件，让其退出低功耗模式。

（3）请求所有资源（I/O 存储器、DMA 通道、IRQ）。

（4）映射 IRQ，注册中断处理程序。

（5）检查接口链路状态。

（6）在设备上调用 net_if_start_queue()，通知内核设备已准备好传输数据包。

下面是 open 函数的一个例子：

```
/*
 * 这个程序应该在每次打开时设置新的内容
 * 甚至在引导时应该只需要设置一次的寄存器
 * 因此，如果出现问题，可以通过非重新启动的方式进行恢复
 */
static int enc28j60_net_open(struct net_device *dev)
{
    struct priv_net_struct *priv = netdev_priv(dev);

    if (!is_valid_ether_addr(dev->dev_addr)) {
        [...] /* 也许打印一条调试消息*/
        return -EADDRNOTAVAIL;
    }
    /*
* 重置这里的硬件，把它从低点取出来
* 电源模式
*/
    my_netdev_lowpower(priv, false);

    if (!my_netdev_hw_init(priv)) {
```

```
        [...] /* 处理硬件复位失败 */
        return -EINVAL;
    }

    /* 更新 MAC 地址(以防用户更改)
     * 新地址存储在 netdev->dev_addr field 字段中
 */
set_hw_macaddr_registers(netdev, MAC_REGADDR_START,
netdev->addr_len, netdev->dev_addr);

    /* 启用中断*/
    my_netdev_hw_enable(priv);

    /* 已经准备好接收来自网络排队层的传输请求
     */
    netif_start_queue(dev);

    return 0;
}
```

netif_start_queue()只是允许上层调用设备的 ndo_start_xmit 例程。换句话说,它通知内核设备已准备好处理传输请求。

另一方面,关闭方法只需要完成与设备打开时所做操作相反的操作:

```
/* net_open()的逆程序 */
static int enc28j60_net_close(struct net_device *dev)
{
    struct priv_net_struct *priv = netdev_priv(dev);

    my_netdev_hw_disable(priv);
    my_netdev_lowpower(priv, true);

     /**
      *    netif_stop_queue——停止传输数据包
      *    停止上层调用设备 ndo_start_xmit 程序
      *    用于传输资源不可用时的流控制
      */
    netif_stop_queue(dev);

    return 0;
}
```

netif_stop_queue()只是执行与 netif_start_queue()相反的操作,告诉内核停止调用设备的 ndo_start_xmit 例程。之后就不能再处理传输请求。

22.2.2 数据包处理

数据包处理包括数据包在内的传输和接收,这是所有网络接口驱动程序的主要任务。传输指向外发送的帧,而接收指接收进来的帧。

驱动网络数据交换有两种方式:通过轮询或中断。轮询就像定时器驱动的中断,轮询期间内核按指定的时间间隔持续检查设备的变化。另外,在中断模式下,内核不需要做任何事情,它侦听 IRQ 线路,等待设备通知变化。中断驱动数据交换在高流量时会增加系统开销。这就是一些驱动程序混用这两种方法的原因。允许混用这两种方法的内核部分称为新 API(NAPI),它在高流量时使用轮询,在流量正常时使用中断 IRQ 驱动管理。如果硬件支持,新的驱动程序应该使用 NAPI。但是,本章不讨论 NAPI,而重点介绍中断驱动方法。

1. 数据包接收

数据包到达网络接口卡时,驱动程序必须为其建立新的套接字缓冲区,并将数据包复制到 sk_ff-> data 字段内。这种复制并不重要,DMA 也可以使用。驱动程序通常通过中断了解新的数据到达。NIC 接收到数据包时,会引发中断,中断由驱动程序处理,它必须检查设备中断状态寄存器,检查中断产生的真正原因(可能是 RX 正常或 RX 错误等)。与引发中断事件对应的位将被设置在状态寄存器中。

棘手的部分是分配和建立套接字缓冲区。但幸运的是,本章前面已经讨论过了。因此,不要浪费时间,接下来跳转到 RX 处理程序示例。驱动程序接收到多少个数据包,就必须执行多少次 sk_buff 分配:

```
/*
 * RX 处理程序
 * 此函数在负责包接收(下半部)处理程序的工作中调用
 * 访问设备(位于 SPI 总线上)可能会休眠
 */
static int my_rx_interrupt(struct net_device *ndev)
{
    struct priv_net_struct *priv = netdev_priv(ndev);
    int pk_counter, ret;

    /* 得到设备接收到的数据包数量 */
    pk_counter = my_device_reg_read(priv, REG_PKT_CNT);
    if (pk_counter > priv->max_pk_counter) {
        /* 更新统计数据 */
```

```
        priv->max_pk_counter = pk_counter;
    }
    ret = pk_counter;

    /* 设置接收缓冲区启动*/
    priv->next_pk_ptr = KNOWN_START_REGISTER;
    while (pk_counter-- > 0)
            /*
 * 通过在while循环中调用这个内部帮助器函数
 * 数据包从设备和转发器一个接一个地提取到网络层
 */
            my_hw_rx(ndev);

    return ret;
}
```

以下辅助程序负责从设备获取一个数据包, 将其转发给内核网络, 并递减数据包计数器:

```
/*
 * 硬件接收功能
 * 读取缓冲区内存, 更新FIFO指针释放缓冲区
 * 这个函数使包计数器变小
 */
static void my_hw_rx(struct net_device *ndev)
{
    struct priv_net_struct *priv = netdev_priv(ndev);
    struct sk_buff *skb = NULL;
    u16 erxrdpt, next_packet, rxstat;
    u8 rsv[RSV_SIZE];
    int packet_len;

    packet_len = my_device_read_current_packet_size();
    /* 不能跨越边界 */
    if ((priv->next_pk_ptr > RXEND_INIT)) {
        /* packet address corrupted: reset RX logic */
        [...]
        /* Update RX errors stats */
        ndev->stats.rx_errors++;
        return;
    }
    /* 读取下一个数据包指针和RX状态向量
     * 这是特定于设备的
     */
```

```
        my_device_reg_read(priv, priv->next_pk_ptr, sizeof(rsv), rsv);

        /* 检查设备 RX 状态 reg 中的错误
         * 相应地更新错误统计信息
         */
        if(an_error_is_detected_in_device_status_registers())
                /* 取决于误差
                 * stats.rx_errors++;
                 * ndev->stats.rx_crc_errors++;
                 * ndev->stats.rx_frame_errors++;
                 * ndev->stats.rx_over_errors++;
                 */
        } else {
                skb = netdev_alloc_skb(ndev, len + NET_IP_ALIGN);
                if (!skb) {
                        ndev->stats.rx_dropped++;
                } else {
                        skb_reserve(skb, NET_IP_ALIGN);
                        /*
                         * 将数据包从设备的接收缓冲区复制到套接字缓冲区数据
                         * 存储器
                         * skb_put()返回一个指向数据区域开头的指针
                         */
                        my_netdev_mem_read(priv,
                                rx_packet_start(priv->next_pk_ptr),
                                len, skb_put(skb, len));
                        /*设置数据包的协议 ID */
                        skb->protocol = eth_type_trans(skb, ndev);
                        /* 更新 RX 统计 */
                        ndev->stats.rx_packets++;
                        ndev->stats.rx_bytes += len;

                        /* 提交套接字缓冲区到网络层 */
                        netif_rx_ni(skb);
                }
        }
        /* 将 RX 读指针移动到下一个接收包的开始位置*/
        priv->next_pk_ptr = my_netdev_update_reg_next_pkt();
}
```

当然，在延迟工作中调用 RX 处理程序的唯一原因是使用了 SPI 总线。对于 MMIO 设备，所有上述操作都可以在 hwriq 内执行。

2. 数据包发送

当内核需要将数据包发送出接口时，它会调用驱动程序的 `ndo_start_xmit` 方法，该方法成功时应该返回 `NETDEV_TX_OK`，失败时返回 `NETDEV_TX_BUSY`，在这种情况下，无法对套接字缓冲区执行任何操作，因为当错误返回时，它仍然被网络队列层拥有。这意味着不能修改任何 SKB 字段或者释放 SKB 等。该函数通过自旋锁保护免受并发调用。

数据包发送在大多数情况下是异步完成的。传输数据包的 `sk_buff` 由上层填充。其 `data` 字段包含要发送的数据包。驱动程序应从 `sk_buff-> data` 中提取数据包并将其写入设备硬件 FIFO，或者在将其写入设备硬件 FIFO 之前把其放入临时 TX 缓冲区（如果设备在发送之前需要某种大小的数据）。只有在 FIFO 达到阈值（通常由驱动程序定义，或在设备数据手册中提供），或通过设置特殊寄存器中的位（类似触发器）有意让驱动程序启动传输时，数据才真正发送。这就是说，驱动程序需要通知内核在硬件准备好接收新数据之前不要开始任何传输。这个通知是由 `netif_stop_queue()` 函数完成的。

```
void netif_stop_queue(struct net_device *dev)
```

发送数据包后，网络接口卡会引发中断。中断处理程序应该检查中断发生的原因。在传输中断情况下，它应该更新其统计信息（`net_device-> stats.tx_errors` 和 `net_device-> stats.tx_packets`），并通知内核该设备可以发送新数据包。该通知由 `netif_wake_queue()` 完成：

```
void netif_wake_queue(struct net_device *dev)
```

总之，包传输分为以下两部分。
- `ndo_start_xmit` 操作：通知内核设备繁忙，请进行配置，开始传输。
- TX 中断处理程序：更新 TX 统计信息，通知内核设备再次可用。

`ndo_start_xmit` 函数必须大致包含以下步骤。
（1）在网络设备上调用 `netif_stop_queue()` 以通知内核设备忙于数据传输。
（2）将 `sk_buff->data` 内容写入设备 FIFO。
（3）触发传输（指示设备开始传输）。

> **ⓘ** 操作（2）和（3）可能导致慢速总线（如 SPI）上的设备进入睡眠状态，可能需要延迟。这里的例子就是这种情况。

一旦传输数据包，TX 中断处理程序就应执行以下步骤。

（4）根据设备是内存映射型还是位于总线上（其访问函数可能睡眠），下面的操作可分为直接在 hwirq 处理程序中执行，或者在工作（或线程化 IRQ）中调度执行。

- 检查中断是否是传输中断。
- 读取传输描述符状态寄存器，查看数据包的状态。
- 如果传输中有任何问题，则增加错误统计。
- 递增成功传输数据包的统计数据。
- 调用 netif_wake_queue() 启动传输队列，允许内核再次调用驱动程序的 ndo_start_xmit 方法。

下面用一个简短的例子加以总结：

```
/* 在代码的某个地方 */
NIT_WORK(&priv->tx_work, my_netdev_hw_tx);

static netdev_tx_t my_netdev_start_xmit(struct sk_buff *skb,
                          struct net_device *dev)
{
    struct priv_net_struct *priv = netdev_priv(dev);

    /* 通知内核设备将繁忙 */
    netif_stop_queue(dev);

    /*记住用于延迟处理的 skb */
    priv->tx_skb = skb;

    /* 这项工作将数据从 sk_buffer->data 复制到硬件的 FIFO 并开始传输
     */
    schedule_work(&priv->tx_work);

    /* 运行顺利 */
    return NETDEV_TX_OK;
}
The work is described below:
/*
 *硬件传输函数
 *填充缓存储器并将传输缓冲区的内容发送到网络
 */
static void my_netdev_hw_tx(struct priv_net_struct *priv)
{
    /* 将数据包写入硬件设备 TX 缓存储器*/
```

```
my_netdev_packet_write(priv, priv->tx_skb->len,
priv->tx_skb->data);

/*
 * 这个网络设备支持写验证吗
 * 执行
 */
[...];

    /* 设置 TX 请求标志
     * 这样硬件就可以执行传输
     * 这是特定于设备的
     */
        my_netdev_reg_bitset(priv, ECON1, ECON1_TXRTS);
}
```

TX 中断管理将在 22.2.4 节讨论。

22.2.3　驱动程序示例

下面以一个伪以太网驱动程序对上面讨论的概念加以总结：

```
#include <linux/module.h>
#include <linux/kernel.h>
#include <linux/errno.h>
#include <linux/init.h>
#include <linux/netdevice.h>
#include <linux/etherdevice.h>
#include <linux/ethtool.h>
#include <linux/skbuff.h>
#include <linux/slab.h>
#include <linux/of.h>                    /* DT*/
#include <linux/platform_device.h>       /* 平台设备*/

struct eth_struct {
    int bar;
    int foo;
    struct net_device *dummy_ndev;
};


static int fake_eth_open(struct net_device *dev) {
    printk("fake_eth_open called\n");
    /* 现在已经准备好接收来自网络排队层的传输请求
```

```
        */
    netif_start_queue(dev);
     return 0;
}


static int fake_eth_release(struct net_device *dev) {
    pr_info("fake_eth_release called\n");
    netif_stop_queue(dev);
    return 0;
}


static int fake_eth_xmit(struct sk_buff *skb, struct net_device *ndev) {
    pr_info("dummy xmit called...\n");
    ndev->stats.tx_bytes += skb->len;
    ndev->stats.tx_packets++;

    skb_tx_timestamp(skb);
    dev_kfree_skb(skb);
    return NETDEV_TX_OK;
}


static int fake_eth_init(struct net_device *dev)
{
    pr_info("fake eth device initialized\n");
    return 0;
};


static const struct net_device_ops my_netdev_ops = {
    .ndo_init = fake_eth_init,
    .ndo_open = fake_eth_open,
    .ndo_stop = fake_eth_release,
    .ndo_start_xmit = fake_eth_xmit,
    .ndo_validate_addr   = eth_validate_addr,
    .ndo_validate_addr   = eth_validate_addr,
};


static const struct of_device_id fake_eth_dt_ids[] = {
    { .compatible = "packt,fake-eth", },
    { /*标记*/ }
};
```

```
static int fake_eth_probe(struct platform_device *pdev)
{
    int ret;
    struct eth_struct *priv;
    struct net_device *dummy_ndev;

    priv = devm_kzalloc(&pdev->dev, sizeof(*priv), GFP_KERNEL);
    if (!priv)
        return -ENOMEM;

    dummy_ndev = alloc_etherdev(sizeof(struct eth_struct));
    dummy_ndev->if_port = IF_PORT_10BASET;
    dummy_ndev->netdev_ops = &my_netdev_ops;
    /* 如果需要, dev->ethtool_ops = &fake_ethtool_ops; */
    ret = register_netdev(dummy_ndev);
    if(ret) {
        pr_info("dummy net dev: Error %d initalizing card ...", ret);
        return ret;
    }

    priv->dummy_ndev = dummy_ndev;
    platform_set_drvdata(pdev, priv);
    return 0;
}


static int fake_eth_remove(struct platform_device *pdev)
{
    struct eth_struct *priv;
    priv = platform_get_drvdata(pdev);
    pr_info("Cleaning Up the Module\n");
    unregister_netdev(priv->dummy_ndev);
    free_netdev(priv->dummy_ndev);

    return 0;
}

static struct platform_driver mypdrv = {
    .probe      = fake_eth_probe,
    .remove     = fake_eth_remove,
    .driver     = {
        .name       = "fake-eth",
        .of_match_table = of_match_ptr(fake_eth_dt_ids),
        .owner      = THIS_MODULE,
    },
```

```
};
module_platform_driver(mypdrv);

MODULE_LICENSE("GPL");
MODULE_AUTHOR("John Madieu <john.madieu@gmail.com>");
MODULE_DESCRIPTION("Fake Ethernet driver");
```

一旦模块加载且设备匹配，系统就会创建以太网接口。看一看 dmesg 命令的显示内容：

```
# dmesg
[...]
[146698.060074] fake eth device initialized
[146698.087297] IPv6: ADDRCONF(NETDEV_UP): eth0: link is not ready
```

如果运行 ifconfig -a 命令，网络接口将打印在屏幕上：

```
# ifconfig -a
[...]
eth0 Link encap:Ethernet HWaddr 00:00:00:00:00:00
BROADCAST MULTICAST MTU:1500 Metric:1
RX packets:0 errors:0 dropped:0 overruns:0 frame:0
TX packets:0 errors:0 dropped:0 overruns:0 carrier:0
collisions:0 txqueuelen:1000
RX bytes:0 (0.0 B) TX bytes:0 (0.0 B)
```

配置网络接口，分配 IP 地址，以便可以用 ifconfig 显示它：

```
# ifconfig eth0 192.168.1.45
# ifconfig
[...]
eth0 Link encap:Ethernet HWaddr 00:00:00:00:00:00
inet addr:192.168.1.45 Bcast:192.168.1.255 Mask:255.255.255.0
BROADCAST MULTICAST MTU:1500 Metric:1
RX packets:0 errors:0 dropped:0 overruns:0 frame:0
TX packets:0 errors:0 dropped:0 overruns:0 carrier:0
collisions:0 txqueuelen:1000
RX bytes:0 (0.0 B) TX bytes:0 (0.0 B)
```

22.2.4　状态和控制

设备控制是指内核自行需要或响应用户操作而更改接口属性这种情况。它可以使用前面介绍过的 struct net_device_ops 结构公开的操作，也可以使用另一个控制工具 ethtool，这需要驱动程序引入一组新的钩子，后面将讨论这些钩子。状态包括报告接口的状态。

1. 中断处理程序

到目前为止,只处理了两种不同的中断:新数据包到达时或往外传输的数据包完成时,但现在,硬件接口越来越智能,它们能够出于健全目的或数据传输目的报告其状态。这样,网络接口还可以对信号错误、链路状态更改等产生中断。它们都应在中断处理程序中处理。

下面是 hwrirq 处理程序例子:

```
static irqreturn_t my_netdev_irq(int irq, void *dev_id)
{
    struct priv_net_struct *priv = dev_id;

    /*
     * 不能在中断上下文中做任何事情,因为需要阻塞(spi_sync()正在阻
     * 塞),所以触发中断处理工作队列
     * 请记住,通过 SPI 总线通过 spi_sync()调用访问 netdev 寄存器
     */
    schedule_work(&priv->irq_work);

    return IRQ_HANDLED;
}
```

由于这里的设备位于 SPI 总线上,因此所有内容都被推迟到 work_struct 内,其定义如下:

```
static void my_netdev_irq_work_handler(struct work_struct *work)
{
    struct priv_net_struct *priv =
            container_of(work, struct priv_net_struct, irq_work);
    struct net_device *ndev = priv->netdev;
    int intflags, loop;

    /* 进一步禁用中断 */
    my_netdev_reg_bitclear(priv, EIE, EIE_INTIE);

    do {
        loop = 0;
        intflags = my_netdev_regb_read(priv, EIR);
        /* DMA 中断处理程序(当前未使用)*/
        if ((intflags & EIR_DMAIF) != 0) {
            loop++;
```

```
                handle_dma_complete();
                clear_dma_interrupt_flag();
        }
        /* LINK 改变处理程序*/
        if ((intflags & EIR_LINKIF) != 0) {
                loop++;
                my_netdev_check_link_status(ndev);
                clear_link_interrupt_flag();
        }
        /* TX 完整的处理程序*/
        if ((intflags & EIR_TXIF) != 0) {
                bool err = false;
                loop++;
                priv->tx_retry_count = 0;
                if (locked_regb_read(priv, ESTAT) & ESTAT_TXABRT)
                        clear_tx_interrupt_flag();
        }
        /* TX 错误处理*/
        if ((intflags & EIR_TXERIF) != 0) {
                loop++;
                /*
                 * 通过在正确的寄存器中设置/清除适当的位来重置 TX 逻辑
                 */
                [...]

                /* 传送延迟碰撞检查，以便重新传送*/
                if (my_netdev_cpllision_bit_set())
                        /* Handlecollision */
                        [...]
        }
        /* RX 错误处理 */
        if ((intflags & EIR_RXERIF) != 0) {
                loop++;
                /* 检查空闲 FIFO 空间以标记 RX 溢出 */
                [...]
        }
        /* RX 处理 */
        if (my_rx_interrupt(ndev))
                loop++;
    } while (loop);

    /* re-enabl 中断*/
    my_netdev_reg_bitset(priv, EIE, EIE_INTIE);
}
```

2. Ethtool 支持

Ethtool 是一个小实用程序，用于检查和调整基于以太网的网络接口。使用 Ethtool 可以控制如下各种参数。

- 速度。
- 介质类型。
- 双工操作。
- 获取/设置 EEPROM 寄存器内容。
- 硬件检验和。
- 局域网唤醒等。

需要 Ethtool 支持的驱动程序应该包含<linux/ethtool.h>。它依赖于 `struct ethtool_ops` 结构，该结构是此功能的核心，它为 Ethtool 操作支持提供一组方法。这些方法大多比较简单，有关的详细信息，请参阅 `include/linux/ethtool.h`。

要使 Ethtool 支持完全成为驱动程序的一部分，驱动程序应该填充 `ethtool_ops` 结构，并将其分配给 `struct net_device` 结构的 `.ethtool_ops` 字段。

```
my_netdev->ethtool_ops = &my_ethtool_ops;
```

宏 `SET_ETHTOOL_OPS` 也可用于此目的。请注意即使接口关闭，也可以调用 Ethtool 方法。

例如，下面的驱动程序实现 Ethtool 支持。

- `drivers/net/ethernet/microchip/enc28j60.c`。
- `drivers/net/ethernet/freescale/fec.c`。
- `drivers/net/usb/rtl8150.c`。

22.3　驱动程序方法

驱动程序方法是 `probe` 和 `remove` 函数。它们负责向内核（取消）注册网络设备。驱动程序必须通过 `struct net_device` 结构的设备方法将其功能提供给内核。这些是可以在网络接口上执行的操作：

```
static const struct net_device_ops my_netdev_ops = {
    .ndo_open        = my_netdev_open,
    .ndo_stop        = my_netdev_close,
    .ndo_start_xmit  = my_netdev_start_xmit,
```

```
    .ndo_set_rx_mode   = my_netdev_set_multicast_list,
    .ndo_set_mac_address    = my_netdev_set_mac_address,
    .ndo_tx_timeout   = my_netdev_tx_timeout,
    .ndo_change_mtu   = eth_change_mtu,
    .ndo_validate_addr      = eth_validate_addr,
};
```

以上是大多数驱动程序操作的实现。

22.3.1　probe 函数

probe 函数很基础，只需执行设备的早期初始化（init），然后将网络设备注册到内核。

（1）使用 alloc_etherdev() 函数（借助于 netdev_priv()）分配网络设备及其私有数据。

（2）初始化私有数据字段（互斥锁、自旋锁、工作队列等）。如果设备位于访问函数可能睡眠的总线（如 SPI）上，则应该使用工作队列（和互斥锁）。在这种情况下，hwirq 只需确认内核代码，调度执行设备上操作的作业即可。另一种解决方案是使用线程化 IRQ。如果设备是 MMIO，则可以使用自旋锁来保护关键部分，摆脱工作队列。

（3）初始化总线特定的参数和功能（SPI、USB、PCI 等）。

（4）请求和映射资源（I/O 内存、DMA 通道、IRQ）。

（5）如有必要，生成随机 MAC 地址，并将其分配给设备。

（6）填写必需的（或有用的）netdev 属性：if_port、irq、netdev_ops、ethtool_ops 等。

（7）将设备置于低功耗状态（open() 函数会将它从此模式中移除）。

（8）在设备上调用 register_netdev()。

对于 SPI 网络设备，probe 函数像下面这样：

```
static int my_netdev_probe(struct spi_device *spi)
{
    struct net_device *dev;
    struct priv_net_struct *priv;
    int ret = 0;

    /* 分配网络接口 */
    dev = alloc_etherdev(sizeof(struct priv_net_struct));
    if (!dev)
        [...] /* 处理错误——ENOMEM */
```

```
    /* 私有数据 */
    priv = netdev_priv(dev);

    /* 设置私有数据和总线特定的参数 */
    [...]

    /* 初始化*/
    INIT_WORK(&priv->tx_work, data_tx_work_handler);
    [...]
    /* 设备初始化 */
    if (!my_netdev_chipset_init(dev))
            [...] /* 处理错误——EIO */

    /* 生成和分配随机 MAC 地址的设备 */
    eth_hw_addr_random(dev);
    my_netdev_set_hw_macaddr(dev);

    /* 安装必须设置相关的边缘触发类型
     * 关卡触发器目前无法工作
     */
    ret = request_irq(spi->irq, my_netdev_irq, 0, DRV_NAME, priv);
    if (ret < 0)
            [...]; /* 处理 IRQ 请求失败*/

    /* 填充一些 netdev 必需的或有用的属性 */
    dev->if_port = IF_PORT_10BASET;
    dev->irq = spi->irq;
    dev->netdev_ops = &my_netdev_ops;
    dev->ethtool_ops = &my_ethtool_ops;

    /* 将设备置于睡眠模式 */
    My_netdev_lowpower(priv, true);

    /* 在内核中注册设备*/
    if (register_netdev(dev))
            [...]; /* 处理注册失败错误*/

    dev_info(&dev->dev, DRV_NAME " driver registered\n");

    return 0;
}
```

本章深受来自 Microchip 的 enc28j60 的启发。

　　register_netdev()函数接收完整的 struct net_device 对象，并将其添加到内核接口，其成功时返回 0，失败时返回负的错误代码。struct net_device 对象应该保存在总线设备结构中，以便以后可以访问它。这就是说，如果网络设备是全局私有结构的一部分，就应该注册该结构。

　　请注意，重复的设备名称可能会导致注册失败。

22.3.2　模块卸载

　　这是清理功能，它依赖于两个函数。驱动程序的 release 函数像下面这样：

```
static int my_netdev_remove(struct spi_device *spi)
{
    struct priv_net_struct *priv = spi_get_drvdata(spi);

    unregister_netdev(priv->netdev);
    free_irq(spi->irq, priv);
    free_netdev(priv->netdev);

    return 0;
}
```

　　unregister_netdev()函数将接口从系统中删除，内核不能再调用它的方法，free_netdev()释放 struct net_device 结构本身使用的内存、为私有数据分配的内存以及与网络设备相关的内部分配的内存。请注意，永远不应该自己释放 netdev->priv。

22.4　总结

　　本章介绍了编写 NIC 设备驱动程序所需的所有内容。即使该章内容依赖于 SPI 总线上的网络接口，但对于 USB 或 PCI 网络接口来说，其原理也是一样的。也可以使用用于测试目的的虚拟驱动程序。在阅读本章之后，网卡驱动程序已经不再神秘。